通信原理答疑解惑与典型题解

吴 婷　刘锁兰　史国川　编著

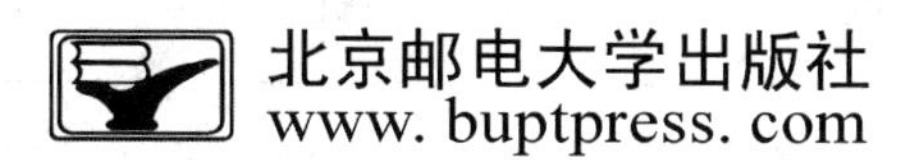
北京邮电大学出版社
www. buptpress. com

内 容 简 介

本书深入浅出、系统全面地介绍了最新的各大高校通信原理练习题与考研题。全书共分 12 章，内容包括绪论、确定信号分析理论、随机过程分析理论、信道与噪声、模拟幅度调制、非线性调制、模拟信号的数字传输、数字信号的基带传输、数字信号的频带传输、同步原理、差错控制和信道编码、课程测试及考研真题。

本书以常见疑惑解答-实践解题编程-考研真题讲解为主线组织编写，每一章的题型归纳都进行了详细分析评注，以便于帮助读者掌握本章的重点及迅速回忆本章的内容。本书结构清晰、易教易学、实例丰富、学以致用、注重能力，对易混淆和历年考题中较为关注的内容进行了重点提示和讲解。

本书既可以作为复习考研的练习册，也可以作为通信原理学习的参考书，更可以用于各类培训班的培训教程。此外，本书也非常适于教师的通信原理教学以及自学人员参考阅读。

图书在版编目(CIP)数据

通信原理答疑解惑与典型题解 / 吴婷，刘锁兰，史国川编著 . -- 北京 : 北京邮电大学出版社，2014.8
ISBN 978-7-5635-4008-2

Ⅰ. ①通… Ⅱ. ①吴… ②刘… ③史… Ⅲ. ①通信原理－高等学校－题解 Ⅳ. ①TN911-44

中国版本图书馆 CIP 数据核字（2014）第 124900 号

书　　名：通信原理答疑解惑与典型题解
著作责任者：吴　婷　刘锁兰　史国川　编著
责 任 编 辑：满志文
出 版 发 行：北京邮电大学出版社
社　　址：北京市海淀区西土城路 10 号（邮编：100876）
发 行 部：电话：010-62282185　传真：010-62283578
E-mail：publish@bupt. edu. cn
经　　销：各地新华书店
印　　刷：北京鑫丰华彩印有限公司
开　　本：787 mm×1 092 mm　1/16
印　　张：17
字　　数：425 千字
版　　次：2014 年 8 月第 1 版　2014 年 8 月第 1 次印刷

ISBN 978-7-5635-4008-2　　定　价：38.00 元

前　　言

为适应高等院校人才的考研需求，本书本着厚基础、重能力、求创新的总体思想，着眼于国家发展和培养造就综合能力人才的需要，着力提高大学生的学习能力、实践能力和创新能力。

1. 关于通信原理

“通信原理”是通信、电子、信息领域中最重要的专业基础课之一，是电子信息系各专业必修的专业基础课。通信技术的发展，特别是近30年来形成了通信原理的主要理论体系，即信息论基础、编码理论、调制与解调理论、同步和信道复用等。本课程教学的重点是介绍通信系统中各种通信信号的产生、传输和解调的基本理论和方法，使学生掌握和熟悉通信系统的基本理论和分析方法，为后续课程打下良好的基础。

2. 本书阅读指南

本书针对通信原理知识点的常见的问题进行了讲解，同时分析了近几年的考研题目，并给出了翔实的参考答案，读者可以充分的了解各个学校考研题目的难度，查缺补漏，有针对性地提高自己的水平。本书共分12章。

第1章是“绪论”，主要讲解通信的相关概念。

第2章是“确定信号分析理论”，主要讲解周期信号的傅里叶级数、傅里叶变换，确定信号的相关函数、线性变换、希尔伯特变换等。

第3章是“随机过程分析理论”，主要讲解高斯随机过程、平稳随机过程、窄带随机过程、余弦波加窄带平稳高斯随机过程、匹配滤波器等。

第4章是“信道与噪声”，主要讲解通信信道的概念、模型噪声的相关概念，以及信道容量的计算等。

第5章是“模拟幅度调制”，主要讲解模拟幅度调制的基本概念、调制原理和解调原理、标准幅度调制、双边带幅度调制、单边带幅度调制、残留边带幅度调制等。

第6章是“非线性调制”，主要讲解非线性调制的概念，调频、调相的方法，各种模拟调制方式的性能比较，预加重与去加重的实现，以及频分复用技术等。

第7章是“模拟信号的数字传输”，主要讲解抽样定理、脉冲调制、模拟信号的量化、脉冲编码调制、增量调制、差分脉冲编码调制、时分复用技术等。

第8章是“数字信号的基带传输”，主要讲解数字基带信号、常用线路传输码、噪声性能分析、基于低通滤波器的接收的误码率分析、奈奎斯特准则等。

第9章是“数字信号的频带传输”，主要讲解数字信号的概念，数字信号的调制、解调及误码率分析，幅移键控、频移键控、相移键控、差分相移键控等。

第10章是“同步原理”，主要讲解同步的基本概念，载波同步、位同步、帧同步、网同步的概念及意义。

第11章是“差错控制和信道编码”，主要讲解差错控制、信道编码的概念，奇偶校验码、线性分组码、汉明码、循环码、卷积码等编码方式。

第 12 章是“课程测试及考研真题”，提供了两套模拟题，为读者提供一个自我分析解决问题的过程。

3. 本书特色与优点

(1) 结构清晰，知识完整。内容翔实、系统性强，依据高校教学大纲组织内容，同时覆盖最新版本的所有知识点，并将实际经验融入基本理论之中。

(2) 内容翔实，解答完整。本书涵盖近几年各大高校的大量题目，示例众多，步骤明确，讲解细致，读者不但可以利用题海战术完善自己的弱项，更可以有针对性地了解某些重点院校的近年考研题目及解题思路。

(3) 学以致用，注重能力。一些例题后面有与其相联系的知识点详解，使读者在解答问题的同时，对基础理论得到更深刻的理解。

(4) 重点突出，实用性强。

4. 本书读者定位

本书既可以作为复习考研的练习册，也可以作为通信原理学习的参考书，更可以用于各类培训班的培训教程。此外，本书也非常适于教师的通信原理教学以及自学人员参考阅读。

本书由吴婷、刘锁兰、史国川等编著，全书框架结构由何光明、吴婷拟定。另外，感谢王珊珊、陈智、陈海燕、吴涛涛、李海、张凌云、陈芳、李勇智、许娟、史春联等同志的关心和帮助。

限于作者水平，书中难免存在不当之处，恳请广大读者批评指正。任何批评和建议请发至：bjbaba@263.net。

编　者

目　录

第 6 章　非线性调制

第7章　模拟信号的数字传输

第8章　数字信号的基带传输

第1章

绪　论

【基本知识点】通信发展史及其技术未来的发展趋势和特征；通信的一般系统模型；模拟通信的系统模型；数字通信的系统模型；通信网系统模型；通信系统的一般分类方法和分类依据；通信系统的主要性能指标；数字通信系统的主要特点；信息源的统计特性描述及信息的度量方法；信息源的信源熵计算；条件熵、联合熵、互信息及其相互关系等。

【重点】通信的一般系统模型；模拟通信的系统模型；数字通信的系统模型；通信系统的主要性能指标；数字通信系统的主要特点；信息论基础知识；信息源的统计特性描述及信息的度量方法；信息源的信源熵计算；信道容量及香农公式等。

1.1 答疑解惑

1.1.1 什么是通信、消息、信息、信号？

(1) 通信：信息的传输和交换称为通信，其目的是传输消息。

(2) 消息：通信中传输的语言、图片、文字、数据等。包括连续消息和离散消息。

(3) 信息：包含在消息中的有意义的内容。

(4) 信号：与消息一一对应的电量，是消息的物理载体，消息的变化引起信号的某一参量随同变化，信号可分为模拟信号和数字信号。

1.1.2 什么是模拟通信和数字通信？

1. 模拟通信与模拟通信系统

信道中传输的是模拟信号（特征为幅度连续，时间可连续也可以不连续）时则称为模拟通信。利用模拟信号传递消息的通信系统则称为模拟通信系统。

2. 数字通信与数字通信系统

信道中传输的是非连续的数字信号（特征为幅度离散，一般时间也离散）时则成为数字通信。利用数字信号传递消息的通信系统则称为数字通信系统。

1.1.3　通信系统的组成有哪些？

通信系统是指通信中所需要的一切技术设备和传输媒质构成的总体一般指点到点通信所需要的全部设施,包括软、硬两个方面。根据信道中所传输的信号种类,可以分为模拟通信系统和数字通信系统。

1. 通信系统的一般模型

点到点通信系统的一般模型如图 1.1 所示。

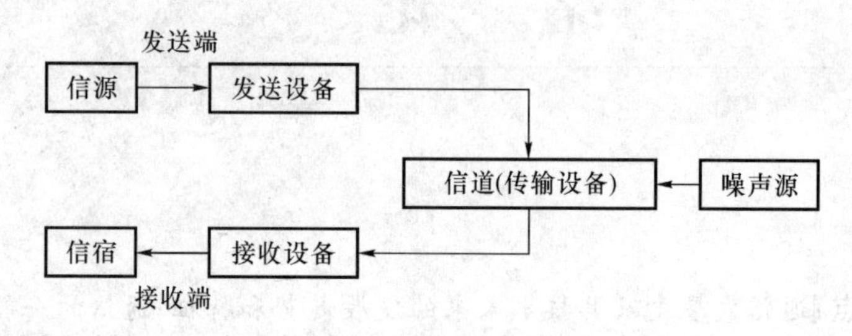

图 1.1　点到点通信系统模型

(1) 信源和信宿:信源是信息的来源,它把消息通过相应设备转换成原始的电信号。信宿是信息的接收者,它把传输后的电信号转换成相应的消息。

(2) 发送设备:将信源输出的原始电信号变换成适合信道传输的信号。变换可包括调制和编码。

(3) 信道:信号传输的通道(传输媒质)。可分为有线和无线两种。

(4) 接收设备:将接收的信号恢复成相应的原始电信号,完成发送设备的反变换。变换可包括解调和译码。

(5) 噪声源:信道中的噪声以及分散在通信系统其他各处的噪声的集中表示。

2. 模拟通信系统的模型

模拟通信系统的一般模型如图 1.2 所示。

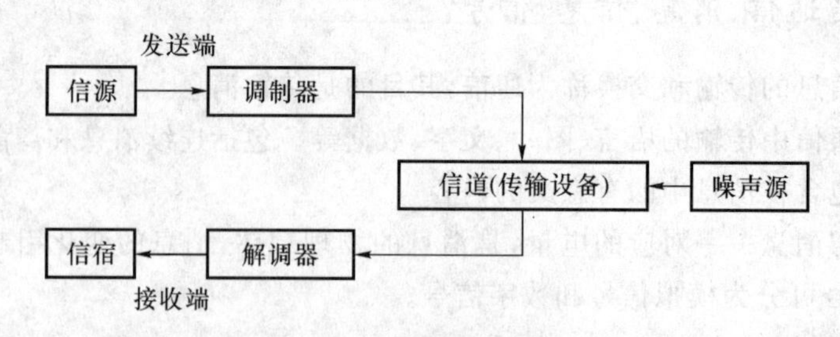

图 1.2　模拟通信系统模型

(1) 基带信号(调制信号):没有经过调制的原始信号。

(2) 频带信号(已调信号):经过调制后的信号。

(3) 基带传输:基带信号直接通过有线传输。

(4) 调制:将信号从低频端搬移到高频端的过程。

(5) 解调:将信号从高频端搬移到低频端的过程。

3. 数字通信系统的模型

数字通信系统的一般模型如图 1.3 所示。

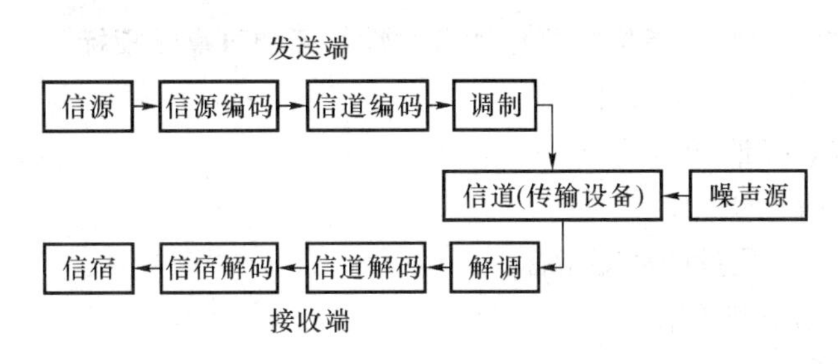

图 1.3 数字通信系统模型

(1) 信源编码和信源解码:信源编码的两个作用,一是对信源信号进行 A/D 转换,二是压缩数据。信源解码是信源编码的逆过程。

(2) 信道编码和信道解码:信道编码是使数字信号适应信道传输的变换,它能够提高通信系统的抗干扰能力。信道解码是信道编码的逆过程。

1.1.4 数字通信系统的特点有哪些?

与模拟通信系统比较,数字通信系统具有如下的优点:

(1)抗干扰能力强,数字信号可以再生而消除噪声积累;

(2)传输差错可以控制,改善了传输质量;

(3)便于加密处理,增强保密性;

(4)便于通信系统的集成化、微型化;

(5)便于利用现代计算技术对信息进行处理,等等。

同时,数字通信系统也具有系统设备较复杂、频带利用率不高、对同步要求高等缺点。

1.1.5 通信系统的分类有哪些?

(1) 按消息物理特征分类:电报、电话、数据、图像等。

(2) 按调制方式分类:连续波调制、脉冲波调制等。

(3) 按传输信号的特征分类:模拟通信、数字通信。

(4) 按通信工作波段分类:长波通信、中波通信、短波通信、远红外线通信、可见光通信等。

(5) 按信号传输介质分类:有线、无线等。

(6) 按传送信号的复用方式分类:频分复用(FDM/FDMA)、时分复用(TDM/TDMA)、码分复用(CDM/CDMA)、波分复用(WDM/WDMA)、空分复用(SDM)等。

按通信方式分类:根据消息传送的方向与时间关系,可分为单工通信、半双工通信和全双工通信;根据数字信号码元排列方法,可分为串行传输和并行传输;根据信道占用方式,可分为专线和通信网。

注意:调制的主要作用:将消息变换为便于传送的信号形式;可以实现频分多路复用;可以改善通信系统的性能。

1.1.6 通信系统的性能指标有哪些？

1. 通信系统的一般性能指标主要包括有效性指标和可靠性指标

(1) 模拟通信系统质量的性能指标。

有效性——有效频带(B)。

可靠性——信噪比(SNR)。

(2) 数字通信系统质量的性能指标。

有效性——传码率和传信率。

可靠性——误码率和误信率。

2. 传输速率

码元传输速率 R_B(简称传码率)是指系统每秒传送的码元数目，其单位为波特(Baud，常用 B 表示)，又称波特率。码元速率与进制数无关，只与传输的码元长度 T 有关：

$$R_B=\frac{1}{T}(\text{Baud})$$

信息传输速率 R_b(简称传信率)是指系统每秒内传输的平均信息量。单位为比特/秒(bit/s)，简记为 b/s。

码元速率和信息速率之间的关系为：

$$R_b=R_B\cdot H(\text{bit/s})$$

式中，H 为信源中每个符号所含的平均信息量(熵)。若等概率传输时，熵具有最大值 $\log_2 M$，信息传输速率也达到最大值，即

$$R_b=R_B\cdot \log_2 M(\text{bit/s})$$

M 为符号的进制数。

3. 频带利用率

频带利用率是指单位频带内的传输速率。

$$\eta=\frac{R_B}{B}(\text{Baud/Hz})$$

对二进制传输可表示为

$$\eta=\frac{R_b}{B}(\text{bit/(s}\cdot\text{Hz))}$$

4. 差错率

误码率 P_e 是指错误接收的码元数在传送总码元数中所占的比例，即码元在传输系统中被传错的概率。

$$P_e=\frac{\text{单位时间内错误接收的码元数}}{\text{单位时间内传输的总码元数}}$$

误信率 P_b 是指错误接收的信息量在传送总信息量中所占的比例，即码元的信息量在传输系统中被丢失的概率。

$$P_b=\frac{\text{单位时间内错误接收的比特数}}{\text{单位时间内传输的总比特数}}$$

注意：对于二进制系统，误码率 P_e 与误信率 P_b 相等。

1.1.7 什么是信息量?

任何信源产生的输出都是随机的,信息量就是对消息中这种不确定性的度量,它是用统计方法来确定的。消息中包含的信息量与消息发生的概率密度相关。消息出现的概率越小,消息中包含的信息量越大。

信息量 I 与消息出现的概率 $P(x)$之间的关系应为

$$I=\log_a \frac{1}{P(x)}=-\log_a P(x)$$

信息量的单位与对数底数 a 有关。$a=2$ 时,信息量的单位为比特(bit);$a=e$ 时,信息量的单位为奈特(nit);$a=10$ 时,信息量的单位为哈特莱(Hartly)。目前广泛使用以 2 为底的比特单位。

1.1.8 信息源的信息度量有哪些?

1. 离散信息源的信息度量

单一符号的信息度量,满足叠加性、与概率变化相反。若 $u_1,u_2,u_3,\cdots,u_N,u_i\notin\{x_j\}$,$j=1,2,\cdots,k$,$x_j$ 出现的概率为 $P(x_j)$。

$$I(x_j)=\log_a \frac{1}{P(x_j)}=-\log_a P(x_j)$$

式中,k 是消息中符号的种类。

对于任意随机序列,若 x_j 出现的次数为 n_j,则可以得到总的信息量为

$$I=-\sum_{j=1}^{k} n_j \cdot \log_a P(x_j)$$

对于多个离散信源的信息度量与互信息,例如任意两个信源 X 和 Y,它们所对应的符号分别为 x_i 和 y_j。

联合信息量:$I(x_i y_j)=-\log_a P(x_i y_j)$;

条件信息量:$I(x_i \mid y_j)=-\log_a P(x_i \mid y_j)$;

互信息量为:$I(x_i,y_j)=\log_a \dfrac{P(x_i \mid y_j)}{P(x_i)}$。

2. 连续信息源的信息度量

由于一个频带受限的连续信号,可以用每秒一定数目的抽样值代替。而每个抽样值又可以用若干个二进制脉冲序列来表示。因此,离散信号的信息量定义和计算同样适用于连续信号。

1.1.9 什么是信息源的信息熵?

消息很长的情况下,用符号出现的概率来计算消息的信息量是比较麻烦的,而改用平均信息量的概念来计算。

平均信息量是指每个符号所含信息量的统计平均值,因此当离散消息源的 N 个符号的出现概率不等时,则可用平均信息量来表示,离散信源的平均信息量(信息熵)定义为

$$H(x)=-\sum_{i=1}^{N} P(x_i)\log_2 P(x_i)\ (\text{bit/symbol})$$

信源熵的性质：

(1) 信源熵是非负的，即 $H(x)\geqslant 0$；

(2) 信源熵具有上凸性，即 $H(x)$ 是 $P(x)$ 的上凸函数。

离散信息源的最大熵为

$$H_{\max}=-\sum_{i=1}^{N}\frac{1}{N}\log_2\frac{1}{N}=\log_2 N(\text{bit/symbol})$$

连续信息源的最大熵为

(1) 峰值受限情形下：(幅度受限)

$$P(x)=1/2A,\quad H_{\max}(x)=\log_2(2A)(\text{bit/symbol})$$

(2) 均方受限情形下：(功率受限)

$$P(x)=\frac{1}{\sqrt{2\pi}\sigma}\mathrm{e}^{-\frac{x^2}{2\sigma^2}},\quad H_{\max}(x)=\log_2\sigma\sqrt{2\pi\mathrm{e}}(\text{bit/symbol})$$

1.1.10 什么是联合熵、条件熵及互信息？

1. 对于多个离散信源

联合熵：

$$H(XY)=-\sum_i\sum_j P(x_i,y_j)\log P(x_i,y_j)$$

条件熵：

$$H(X/Y)=-\sum_i\sum_j P(x_i,y_j)\log P(x_i/y_j)$$

$$H(Y/X)=-\sum_i\sum_j P(y_j,x_i)\log P(y_j/x_i)$$

平均互信息：

$$I(X,Y)=\sum_i\sum_j P(x_i,y_j)I(x_i,y_j)=\sum_i\sum_j P(x_i,y_j)\log\frac{P(x_i/y_j)}{P(x_i)}$$

2. 对于多个连续信源

联合熵：

$$H(XY)=-\int_{-\infty}^{\infty}\int_{-\infty}^{\infty}P(x,y)\log P(x,y)\mathrm{d}x\mathrm{d}y$$

条件熵：

$$H(X/Y)=-\int_{-\infty}^{\infty}\int_{-\infty}^{\infty}P(x,y)\log P(x/y)\mathrm{d}x\mathrm{d}y$$

$$H(Y/X)=-\int_{-\infty}^{\infty}\int_{-\infty}^{\infty}P(x,y)\log P(y/x)\mathrm{d}x\mathrm{d}y$$

平均互信息：

$$I(X,Y)=\int_{-\infty}^{\infty}\int_{-\infty}^{\infty}P(x,y)\log\frac{P(x,y)}{P(x)P(y)}\mathrm{d}x\mathrm{d}y$$

3. 联合熵、条件熵和互信息之间的关系

① $H(XY)=H(X)+H(Y/X)$，$H(XY)=H(Y)+H(X/Y)$；

② $H(X) \geqslant H(X/Y)$，$H(Y) \geqslant H(Y/X)$；

③ $I(X,Y)=H(X)-H(X/Y)$，$I(X,Y)=H(Y)-H(Y/X)$。

注意：各类熵与互信息的相互关系如图1.4所示。

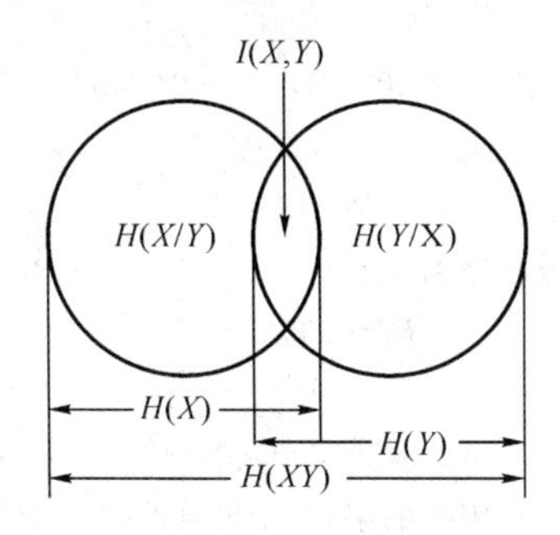

图1.4 各类熵与互信息的相互关系

1.2 典型题解

题型1 通信和通信系统

【例1.1.1】 数字通信有哪些特点？

答：与模拟通信相比，数字通信的优势主要有：抗干扰能力强，数字信号可以再生而消除噪声积累；传输差错可控，能改善传输质量；易于使用现代数字信号处理技术对数字信号进行处理；易于加密，可靠性高；易于实现各种信息的综合传输。但是数字通信的缺点是：系统设备复杂，对同步要求高，比模拟通信占据更宽的频带等。

【例1.1.2】 通信方式是如何确定的？

答：对于点与点之间的通信，按消息传送的方向与时间关系，通信方式可分为单工通信、半双工通信和全双工通信三种。若消息只能单向传输，这种工作方式则为单工通信方式；若通信双方都能收发消息，但不能同时进行收发，这种工作方式则为半双工通信方式；若通信双方可同时进行收发消息，这种工作方式则为全双工通信方式。

【例1.1.3】 衡量通信系统的主要性能指标是什么？

答：通信系统的主要性能指标是传输信息的有效性和可靠性。有效性是指在传输一定的信息量所消耗的信道资源的多少，信道的资源包括信道的带宽和时间；而可靠性是指传输信息的准确程度。有效性和可靠性始终是相互矛盾的。在一定可靠性指标下，尽量提高消息的传输速率；或在一定有效性条件下，使消息的传输质量尽可能提高。根据香农公式，在信道容量一定时，可靠性和有效性之间可以彼此互换。

【例1.1.4】 已知某数字传输系统传送八进制信号。信号速率为3 600 bit/s，试问码元速率应为多少？

分析：本题主要考查码元速率与信息速率的相互关系。

答：设该数字传输系统的传码率为R_B，信息速率为R_b，两者的转换关系为

$$R_B = R_b/\log_2(8)\,(\text{Baud})$$

已知$R_b=3\ 600$ bit/s，于是可得

$$R_B = 3\ 600/3 = 1\ 200\,(\text{Baud})$$

可得码元速率为1 200 Baud。

【例 1.1.5】 已知二进制数字信号在 2 min 内共传送了 72 000 个码元。(1)问其码元速率和信息速率各为多少？(2)若码元宽度不变(即码元速率不变)，但改为八进制数字信号，则其码元速率为多少？信息速率又为多少？

答：(1) 该系统的码元速率为

$$R_B = 72\ 000/120 = 600(\text{Baud})$$

信息速率为

$$R_b = R_B = 600(\text{bit/s})$$

(2) 在系统码元速率不变时，若为八进制数字信号，则其码元速率为

$$R_B = 600(\text{Baud})$$

但其信息速率为

$$R_b = R_B \times \log_2 8 = 600 \times 3 = 1\ 800(\text{bit/s})$$

【例 1.1.6】 一个由字母 A、B、C、D 组成的字，对于传输的每一个字母用二进制脉冲编码，00 代替 B，01 代替 B，10 代替 C，11 代替 D，每个脉冲宽度为 5 ms。

(1) 不同的字母等概率出现时，试计算传输的平均信息速率。

(2) 若每个字母出现的概率分别为 $P_A = \frac{1}{5}, P_B = \frac{1}{4}, P_C = \frac{1}{4}, P_D = \frac{3}{10}$，试计算传输的平均信息速率。

分析：根据公式 $R_b = R_B \times H$ 计算。其中 R_B 为波特率，而 H 是信源的熵，即信号源符号的平均信息量。

答：(1)一个字母用 2 个二进制脉冲代替，属于四进制符号，所以一个字母的持续时间为 2×5 ms。传送字母的符号速率为

$$R_{B4} = \frac{1}{2 \times 5 \times 10^{-3}} = 100(\text{Baud})$$

等概时，平均信息速率为 $R_b = R_{B4} \cdot \log_2 4 = 200(\text{bit/s})$。

(2) 每个符号的平均信息量为

$$H = \frac{1}{5} \cdot \log_2 5 + \frac{1}{4} \cdot \log_2 4 + \frac{1}{4} \cdot \log_2 4 + \frac{3}{10} \cdot \log_2 \frac{10}{3} = 1.985(\text{bit/symbol})$$

则

$$R_b = R_{B4} \times H = 100 \times 1.985 = 198.5(\text{bit/s})$$

由此可知，等概时才能获得最大可能信息速率。

【例 1.1.7】 已知某四进制数字信号传输系统的信息速率为 2 400 bit/s，接收端在半小时之内共收到 216 个错误码元，试计算该系统的误码率的近似值。

答：已知该系统的信息速率为

$$R_b = 2\ 400(\text{bit/s})$$

对于四进制数字信号，则其码元速率为

$$R_B = R_b/2 = 1\ 200(\text{Baud})$$

可知半小时内共收到码元为

$$I_B = R_B \times 3\ 600 \times 0.5 = 2.16 \times 10^6 \text{ 个}$$

则该系统的误码率近似值为

$$P_e \approx 216/(2.16 \times 10^6) = 10^{-4}$$

【例 1.1.8】 某离散信息源输出 $x_1, x_2, \cdots, x_8$ 8 个不同符号，符号速率为 2 400 Baud，其中 4 个符号的出现概率分别为

$$P(x_1) = P(x_2) = \frac{1}{16}, P(x_3) = \frac{1}{8}, P(x_4) = \frac{1}{4}$$

其余符号等概率出现。

(1) 求该信息源的平均信息速率；

(2) 求传送 1 小时的信息量；

(3) 求传送 1 小时可能达到的最大信息量。

分析:某时间内的总信息量可以根据信息速率 R_b 与时间 T 相乘得到。

答:(1) 根据已知条件得到：

$$P(x_5)=P(x_6)=P(x_7)=P(x_8)=\frac{1}{8}$$

信息源的熵

$$\begin{aligned} H &= -\sum P(x_i)\log_2 P(x_i) \\ &= -\left[2\times\frac{1}{16}\log_2\frac{1}{16}+\frac{1}{8}\log_2\frac{1}{8}+\frac{1}{4}\log_2\frac{1}{4}+4\times\frac{1}{8}\log_2\frac{1}{8}\right] \\ &= 2.875(\text{Baud}) \end{aligned}$$

则平均信息速率为 $R_b=R_B\times H=2\ 400\times 2.875=6\ 900(\text{bit/s})$。

(2) 传送 1 小时的信息量为

$$I=T\times R_b=3\ 600\times 6\ 900=2.484\times 107(\text{bit})$$

(3) 等概率时有最大信息熵

$$H_{max}=\log_2 8=3(\text{bit/symbol})$$

此时平均信息速率最大，故有最大信息量为

$$I_{max}=T\times R_B\times H_{max}=3\ 600\times 2\ 400\times 3=2.592\times 107(\text{bit})$$

【例 1.1.9】 设一信息源的输出由 128 个不同符号组成。其中 16 个出现的概率为 1/32，其余 112 个出现概率为 1/224。信息源每秒发出 1 000 个符号，且每个符号彼此独立。试计算该信息源的平均信息速率。

答:每个符号的平均信息量为

$$\begin{aligned} H &= 16\times\frac{1}{32}\log_2\frac{1}{32}+112\times\frac{1}{224}\log_2\frac{1}{224} \\ &= 6.404(\text{bit/symbol}) \end{aligned}$$

已知码元速率 $R_B=1\ 000$ Baud，故该信息源的平均信息速率为

$$R_b=R_B H=1\ 000\times 6.404=6\ 404(\text{bit/s})$$

【例 1.1.10】 如要二进制独立等概率信号，码元宽度为 0.5 ms，求 R_B 和 R_b；有四进制信号，码元宽度为 0.5 ms，求传码率 R_B 和独立等概率时的传信率 R_b。

答:对于二进制信号，由于码元宽度为 $T=0.5$ ms，则传码率

$$R_B=\frac{1}{T}=\frac{1}{0.5\times 10^{-3}}=2\times 10^3(\text{Baud})$$

当符号独立等概率出现时，每符号平均信息量为

$$H=\log_2 2=1(\text{bit/symbol})$$

则传信率为

$$R_b=R_B H=2\ 000\times 1=2\ 000(\text{bit/s})$$

对于四进制信号，由于码元宽度为 $T=0.5$ ms，则传信率

$$R_B=\frac{1}{T}=\frac{1}{0.5\times 10^{-3}}=2\times 10^3(\text{B})$$

当符号独立等概率出现时，每符号平均信息量为

$$H=\log_2 4=2(\text{bit/symbol})$$

则传信率为

$$R_b=R_B H=2\ 000\times 2=4\ 000(\text{bit/s})$$

【例 1.1.11】 在强干扰环境下，某电台在 5 min 内共接收到正确信息量为 355 Mbit，假定系统信息速率为 1 200 kbit/s。

(1) 试问系统误信率 P_b 是多少？

(2) 若具体指出系统所传数字信号为四进制信号，P_b 值是否改变？为什么？

(3)若假定信号为四进制信号，系统码元传输速率为 1 200 kBaud，则 P_b 是多少？

分析：误信率 $P_b=\dfrac{\text{单位时间内错误接收的比特数}}{\text{单位时间内传输的总比特数}}$。

答：(1) 已知信息速率 R_b 为 1 200 kbit/s，可知 5 min 内共接收到的总比特数为 1 200 kbit/s×5 min×60 s＝360 Mbit。5 min 内接收到的正确信息量为 355 Mbit，则错误的信息量为 360 Mbit－355 Mbit＝5 Mbit。误信率 P_b 为 5Mbit÷360Mbit＝0.013 89。

(2) P_b 值不改变，因为已知信息速率，计算误信率 P_b 时与信号进制数是无关的。

(3) 若信号为四进制信号，则当符号独立等概率出现时，每符号平均信息量为

$$H=\log_2 4=2(\text{bit/symbol})$$

系统码元传输速率为 1 200 kBaud，则信息速率 R_b 为 $R_B\times H=1\ 200\times 2=2\ 400$ kbit/s。

5 min 内接收到的总比特数为 2 400 kbit/s×5 min×60 s＝720 Mbit，则接收到的错误信息量为 720 Mbit－355 Mbit＝365 Mbit。误信率 P_b 为 365 Mbit÷720 Mbit＝0.507。

【例 1.1.12】 二进制数字信号以速率 200 bit/s 传输，对此通信系统连续进行 2 h 的误码测试，如果发现 15 bit 差错。问该系统的误码率为多少？如果要求误码率在 1×10^{-7} 以下，原则上应采取一些什么措施？

答：由题意可知，信息速率 R_b＝200 bit/s，2 h 内接收到的总比特数为 $2\times3\ 600\times200=1.44\times10^6$ bit，则系统的误码率 $P_b=15/1.44\times10^6=1.04\times10^{-5}$。

若要求误码率在 1×10^{-7} 以下，应采用差错控制措施。

【例 1.1.13★】 (北京邮电大学考研真题)一个由字母 ABCD 组成的字，对于传输的每个字母用两个二进制符号编码，以 00 表示 A，01 表示 B，10 表示 C，11 表示 D，二进制比特间隔为 0.5 ms；若每个字母出现概率分别为：$P_A=1/8$，$P_B=1/4$，$P_C=1/2$，$P_D=1/8$，试计算每秒传输的平均信息量。

答：每个字母信息量为

$$\frac{1}{8}\log_2 8+\frac{1}{4}\log_2 4+\frac{1}{2}\log_2 2+\frac{1}{8}\log_2 8=\frac{6}{8}+\frac{1}{2}+\frac{1}{2}=1.75(\text{bit/symbol})$$

由二进制间隔为 0.5 ms 得符号速率为 $R_s=\dfrac{1}{2\times0.5\times10^{-3}}=10^3(\text{symbol/s})$

所以，每秒传输的平均信息量 $1.75R_s$＝1 750 bit/s。

题型 2 信息论初步

【例 1.2.1】 一个离散信源由 0、1、2、3 四个符号组成，它们出现的概率分别为 3/8、1/4、1/4、1/8，且每个符号的出现都是独立的。试求某消息 201020130213001203210100321010023102002010312032100120210 的信息量。

分析：主要考查信息量的定义。

答：(1) 用信息想加性的概念来计算

在此消息中，0 出现 23 次，1 出现 14 次，2 出现 13 次，3 出现 7 次，共有 57 个符号，故该消息的信息量为

$$I=23\log_2\frac{8}{3}+14\log_2 4+13\log_2 4+7\log_2 8=108(\text{bit})$$

(2) 用熵的概念来计算

该信息源的熵为

$$H=-\sum_{i=1}^{N}P(x_i)\log_2 P(x_i)$$
$$=\frac{3}{8}\log_2\frac{8}{3}+\frac{1}{4}\log_2 4+\frac{1}{4}\log_2 4+\frac{1}{8}\log_2 8=1.906(\text{bit/symbol})$$

因此可求得该消息的信息量为

$$I=mH=57\times 1.906=108.64(\text{bit})$$

【例 1.2.2】 某信息源的符号集由 A、B、C、D 和 E 组成，设每一符号独立出现，其出现概率分别为 1/4、1/8、1/8、3/16 和 5/16。试求该信息源符号的平均信息量。

分析：本题为平均信息量的计算。主要用到公式：$H=-\sum P(x_i)\log_2 P(x_i)$。

答：信息源符号的平均信息量为

$$H=-\sum P(x_i)\log_2 P(x_i)$$
$$=-\left[\frac{1}{4}\log_2\frac{1}{4}+\frac{1}{8}\log_2\frac{1}{8}+\frac{1}{8}\log_2\frac{1}{8}+\frac{3}{16}\log_2\frac{3}{16}+\frac{5}{16}\log_2\frac{5}{16}\right]$$
$$=2.23(\text{bit/symbol})$$

【例 1.2.3】 国际莫尔斯电码用点和划的序列发送英文字母，划用持续 3 个单位的电流脉冲表示，点用持续 1 个单位的电流脉冲表示，且划出现的概率是点出现概率的 1/3。

(1) 计算点和划的信息量；

(2) 计算点和划的平均信息量。

答：设点和划出现的概率分别为 $P_{点}$ 和 $P_{划}$，由题意知 $P_{划}=\frac{1}{3}P_{点}$，且 $P_{划}+P_{点}=1$，所以 $P_{划}=\frac{1}{4}$，$P_{点}=\frac{3}{4}$。故点的信息量为

$$I_{点}=\log_2\frac{1}{P_{点}}=\log_2\frac{4}{3}=0.415(\text{bit})$$

划的信息量为

$$I_{划}=\log_2\frac{1}{P_{划}}=\log_2 4=2(\text{bit})$$

【例 1.2.4】 一个由字母 A、B、C、D 组成的字，对于传输的每一个字母用二进制脉冲编码，00 代替 A，01 代表 B，10 代替 C，11 代替 D，每个脉冲宽度为 5 ms。

(1) 不同的字母等概率出现时，试计算传输的平均信息速率；

(2) 若每个字母出现的概率分别为 $P_A=\frac{1}{5}$，$P_B=\frac{1}{4}$，$P_C=\frac{1}{4}$，$P_D=\frac{3}{10}$，试计算传输的平均信息速率。

分析：本题是信息速率的计算题目，主要用到公式 $R_b=R_B\times H$。其中 R_B 为波特率，而 H 是信源的熵，即信息源符号的平均信息量。

答：(1) 一个字母用 2 个二进制脉冲代替，属于四进制符号，所以一个字母的持续时间为 2×5 ms。传送字母的符号速率为

$$R_{B4}=\frac{1}{2\times 5\times 10^{-3}}=100(\text{Baud})$$

等概率时，平均信息速率为 $R_{b4}=R_{B4}\log_2 4=200(\text{bit/s})$。

(2) 每个符号的平均信息量为

$$H=-\left[\frac{1}{5}\log_2\frac{1}{5}+\frac{1}{4}\log_2\frac{1}{4}+\frac{1}{4}\log_2\frac{1}{4}+\frac{3}{10}\log_2\frac{3}{10}\right]=1.985(\text{bit/symbol})$$

则

$$R_{b4}=R_{B4}\times H=100\times 1.985=198.5(\text{bit/s})$$

可见，等概率时才能获得最大可能信息速率。

【例 1.2.5】 已知两个二进制随机变量 X 和 Y 服从下列联合分布：

$$P(X=Y=0)=P(X=0,Y=1)=P(X=Y=1)=\frac{1}{3}$$

试求：$H(X)$、$H(Y)$、$H(X|Y)$、$H(Y|X)$和 $H(X,Y)$。

答:由联合分布可得到边际分布为

$$P(X=0)=\sum_{Y}P(X=0,Y)=\frac{2}{3}$$

$$P(X=1)=1-P(X=0)=\frac{1}{3}$$

$$P(Y=1)=\sum_{X}P(X,Y=1)=\frac{2}{3}$$

$$P(Y=0)=1-P(Y=0)=\frac{1}{3}$$

因此

$$H(X)=-\frac{2}{3}\log_2\frac{2}{3}-\frac{1}{3}\log_2\frac{1}{3}=\log_2 3-\frac{2}{3}=0.918(\text{bit/symbol})$$

$$H(Y)=-\frac{2}{3}\log_2\frac{2}{3}-\frac{1}{3}\log_2\frac{1}{3}=H(X)=0.918(\text{bit/symbol})$$

$$\begin{aligned}H(X\mid Y)&=E[-\log_2 P(X\mid Y)]=-E\left[\log_2\frac{P(X,Y)}{P(Y)}\right]\\&=\sum_{X}\sum_{Y}P(X,Y)\log_2\frac{P(Y)}{P(X,Y)}\\&=\frac{1}{3}\log_2\frac{1/3}{1/3}+\frac{1}{3}\log_2\frac{2/3}{1/3}+\frac{1}{3}\log_2\frac{2/3}{1/3}=\frac{2}{3}(\text{bit/symbol})\end{aligned}$$

$$\begin{aligned}H(Y\mid X)&=E\left[-\log_2 P(Y\mid X)\right]=-E\left[\log_2\frac{P(X,Y)}{P(X)}\right]\\&=\sum_{X}\sum_{Y}P(X,Y)\log_2\frac{P(X)}{P(X,Y)}\\&=\frac{1}{3}\log_2\frac{2/3}{1/3}+\frac{2}{3}\log_2\frac{2/3}{1/3}+\frac{1}{3}\log_2\frac{1/3}{1/3}=\frac{2}{3}(\text{bit/symbol})\end{aligned}$$

$$H(X,Y)=H(X)+H(Y\mid X)=\log_2 3=1.585(\text{bit/symbol})$$

【例 1.2.6】 已知某一信源,如表 1.1 所示。

表 1.1

X_i	x_1	x_2	x_3
P_i	0.45	0.35	0.2

试求:

(1) 信源熵 $H(X)=?$

(2) 若进行 Huffman 编码,试问如何编码?并求编码效率 $\eta=?$

答:根据题意可知:

(1) $H(X)=-\sum_{i=1}^{3}P(x_i)\log_2 P(x_i)=0.5184+0.5301+0.46438=1.51(\text{bit/symbol})$

(2) Huffman 编码方式如图 1.5 所示。

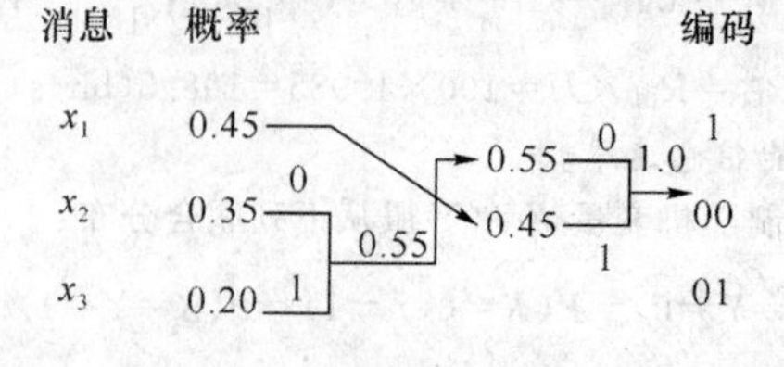

图 1.5

平均码长：$\overline{K}=\sum_{i=1}^{3}P(x_i)k_i=0.45\times1+0.35\times2+0.2\times2=1.55(\text{bit})$

编码效率：$\eta=\frac{H(X)}{\overline{K}}=\frac{1.51}{1.55}=97.4\%$

【例 1.2.7】 试证明：$I(X,Y)=H(X)+H(Y)-H(X,Y)$。

证明：

$$\begin{aligned}I(X,Y)&=H(X)-H(X|Y)\\&=H(X)-E[-\log P(X|Y)]\\&=H(X)+E\left[\log\frac{P(X,Y)}{P(Y)}\right]\\&=H(X)+E[-\log P(Y)]-E[-\log P(X,Y)]\\&=H(X)+H(Y)-H(X,Y)\end{aligned}$$

第2章

确定信号分析理论

【基本知识点】确定信号的分类方法；周期信号的傅里叶级数分析；傅里叶变换；能量谱密度和功率谱密度；确定信号的相关函数；卷积运算；确定信号通过线性系统的分析；希尔伯特变换；解析信号、频带信号、带通系统的相关概念及理论分析等。

【重点】周期信号的傅里叶级数分析；傅里叶变换的运算特性；单位冲击函数的傅里叶变换；功率信号的傅里叶变换；能量谱密度和功率谱密度；确定信号的相关函数；卷积运算；确定信号通过线性系统的分析等。

2.1 答疑解惑

2.1.1 什么是周期信号的傅里叶级数？

1. 确定信号和随机信号

确定信号：指可以用确定的时间函数表示的信号。

随机信号：指具有某种不确定性，并遵从一定统计规律的信号形式。

2. 周期信号和非周期信号

如果 $f(t)=f(t+T)$（式中 T 为任一常数）对于任何 t 值都成立，则称 $f(t)$ 为周期信号，其周期为 T。

若不满足上述条件的 $f(t)$ 信号，则称为非周期信号。

3. 周期信号的性质

(1) 若 T 是 $f(t)$ 的周期，则 nT 也是 $f(t)$ 的周期，其中 n 为任意整数；

(2) 信号 $s(t)=f(at)$，则 $s(t)$ 的周期等于 T/a，可以表示为

$$s(t)=f(at)=f(at+T)=f[a(t+T/a)]$$

(3) $\int_{c}^{c+T} f(t)\mathrm{d}t=\int_{0}^{T} f(t)\mathrm{d}t$，其中 c 为任意常数

(4) 具有相同周期的信号进行和、差、积运算的结果也是周期信号，且具有同一周期。

4. 能量信号和功率信号

(1) 能量信号

如果 $E_f = \int_{-\infty}^{\infty} f^2(t)\,\mathrm{d}t < \infty$ 能量值有限，则称 $f(t)$为能量信号。

注意：能量信号有可能是限时信号（大部分情况）或是非限时信号（不一定），但周期信号绝对不是能量信号。

(2) 功率信号

如果信号 $f(t)$满足式子：

$$0 < \lim_{T_1 \to \infty} \frac{1}{T_1} \int_{-T_1/2}^{+T_1/2} f^2(t)\,\mathrm{d}t < \infty$$

则称 $f(t)$为功率信号。

注意：周期信号必定是功率信号，非周期不限时信号也可能是功率信号。

5. 周期信号的傅里叶级数

(1) 三角函数形式

如果 $f(t)$的周期为 T_1，角频率 $\omega_1 = 2\pi/T_1$，频率 $f_1 = 1/T_1$，傅里叶级数展开表达式为：

$$f(t) = a_0 + \sum_{n=0}^{\infty} [a_n \cos(n\omega_1 t) + b_n \sin(n\omega_1 t)]$$

直流分量：

$$a_0 = 1/T_1 \int_{t_0}^{t_0+T_1} f(t)\,\mathrm{d}t$$

余弦分量的幅度：

$$a_n = 2/T_1 \int_{t_0}^{t_0+T_1} f(t)\cos(n\omega_1 t)\,\mathrm{d}t$$

正弦分量的幅度：

$$b_n = 2/T_1 \int_{t_0}^{t_0+T_1} f(t)\sin(n\omega_1 t)\,\mathrm{d}t$$

式中，$n=1,2,3,\cdots$

傅里叶级数的余弦形式：

$$f(t) = c_0 + \sum_{n=0}^{\infty} c_n \cos(n\omega_1 t + \varphi_n)$$

式中，$c_n = \sqrt{a_n^2 + b_n^2}$，$a_n = c_n \cos\varphi_n$，$b_n = -c_n \sin\varphi_n$，$\tan\varphi_n = -b_n/a_n$，$n=1,2,\cdots$

傅里叶级数的正弦形式：

$$f(t) = d_0 + \sum_{n=0}^{\infty} d_n \sin(n\omega_1 t + \theta_n)$$

式中，$a_0 = d_0$，$d_n = \sqrt{a_n^2 + b_n^2}$，$a_n = d_n \cos\theta_n$，$b_n = d_n \sin\theta_n$，$\tan\theta_n = b_n/a_n$，$n=1,2,\cdots$

(2) 指数形式

$$f(t) = \sum_{n=-\infty}^{\infty} F_n \mathrm{e}^{\mathrm{j}n\omega_1 t}$$

式中，系数 $F_n = \frac{1}{T_1}\int_{t_0}^{t_0+T_1} f(t)\mathrm{e}^{-\mathrm{j}n\omega_1 t}\,\mathrm{d}t$，$n$ 为$-\infty \sim +\infty$的整数。

(3) 周期信号的平均功率(帕斯瓦尔定理)

$$P=\overline{f^2(t)}=\frac{1}{T_1}\int_{t_0}^{t_0+T_1}f^2(t)\mathrm{d}t=a_0^2+\frac{1}{2}\sum_{n=1}^{\infty}(a_n^2+b_n^2)=c_0^2+\frac{1}{2}\sum_{n=1}^{\infty}c_n^2=\sum_{n=-\infty}^{\infty}|F_n|^2$$

该式表明:周期信号的平均功率等于傅里叶级数展开各谐波分量有效值的平方和,即时域和频域的能量守恒。

2.1.2 什么是傅里叶变换?

1. 傅里叶变换定义

(1) 傅里叶正变换:

$$F(\omega)=\mathscr{F}[f(t)]=\int_{-\infty}^{\infty}f(t)\cdot \mathrm{e}^{-\mathrm{j}\omega t}\mathrm{d}t$$

$$F(\omega)=|F(\omega)|\cdot \mathrm{e}^{-\mathrm{j}\Phi(\omega)}$$

(2) 傅里叶逆变换:

$$f(t)=\mathscr{F}^{-1}[F(\omega)]=\frac{1}{2\pi}\int_{-\infty}^{\infty}F(\omega)\cdot \mathrm{e}^{\mathrm{j}\omega t}\mathrm{d}\omega$$

2. 傅里叶变换存在的充要条件

(1) $f(t)$在无限区间内绝对可积,即$\int_{-\infty}^{\infty}|f(t)|\mathrm{d}t<\infty$;

(2) $f(t)$在每一个有限区间上只具有有限个极大值和极小值;

(3) $f(t)$在每一个有限区间上只具有有限个不连续点。

3. 傅里叶变换的主要运算特性

(1) 线性叠加性

如果 $\mathscr{F}[f_i(t)]=F_i(\omega)(i=1,2,\cdots,n)$,则

$$\mathscr{F}\left[\sum_{i=1}^{n}a_i f_i(t)\right]=\sum_{i=1}^{n}a_i F_i(\omega)$$

式中,a_i 为常数,n 为正整数。

(2) 对称性

如果 $F(\omega)=\mathscr{F}[f(t)]$,则

$$\mathscr{F}[f(t)]=2\pi f(-\omega)=f(-f)$$

当 $f(t)$是偶函数时,则

$$\mathscr{F}[F(t)]=2\pi f(\omega)$$

(3) 奇偶虚实性

如果 $\mathscr{F}[f(t)]=F(\omega)$,无论 $f(t)$为实函数或复函数,都具有以下性质:

$$\mathscr{F}[f(-t)]=F(-\omega)$$

$$\mathscr{F}[f^*(t)]=F^*(-\omega)$$

$$\mathscr{F}[f^*(-t)]=F^*(\omega)$$

(4) 尺度变换特性

如果 $\mathscr{F}[f(t)]=F(\omega)$,则

$$\mathscr{F}[f(at)]=\frac{1}{|a|}F\left(\frac{\omega}{a}\right)$$

式中，a 为非零的实常数。

(5) 时移特性

如果 $\mathscr{F}[f(t)]=F(\omega)$，则

$$\mathscr{F}[f(t-t_0)]=\mathrm{e}^{-\mathrm{j}\omega t_0}\cdot F(\omega)$$

$$\mathscr{F}[f(t+t_0)]=\mathrm{e}^{\mathrm{j}\omega t_0}\cdot F(\omega)$$

(6) 频移特性

如果 $\mathscr{F}[f(t)]=F(\omega)$，则

$$\mathscr{F}[f(t)\mathrm{e}^{\mathrm{j}\omega_0 t}]=F(\omega-\omega_0)$$

$$\mathscr{F}[f(t)\mathrm{e}^{-\mathrm{j}\omega_0 t}]=F(\omega+\omega_0)$$

(7)微分特性

如果 $\mathscr{F}[f(t)]=F(\omega)$，则时域微分特性为

$$\mathscr{F}[\mathrm{d}f(t)/\mathrm{d}t]=\mathrm{j}\omega F(\omega)$$

$$\mathscr{F}[\mathrm{d}f^n(t)/\mathrm{d}t^n]=(\mathrm{j}\omega)^n F(\omega)$$

频域微分特性为

$$\mathscr{F}^{-1}[\mathrm{d}F(\omega)/\mathrm{d}\omega]=(-\mathrm{j}t)f(t)$$

$$\mathscr{F}^{-1}[\mathrm{d}F^n(\omega)/\mathrm{d}\omega^n]=(-\mathrm{j}t)^n f(t)$$

(8) 积分特性

如果 $\mathscr{F}[f(t)]=F(\omega)$，则时域积分特性为

$$\mathscr{F}\left[\int_{-\infty}^{t} f(\tau)\mathrm{d}\tau\right]=F(\omega)/(\mathrm{j}\omega)+\pi F(0)\delta(\omega)$$

频域积分特性为

$$\mathscr{F}^{-1}\left[\int_{-\infty}^{\omega} F(\Omega)\mathrm{d}\Omega\right]=-f(t)/(\mathrm{j}t)+\pi f(0)\delta(t)$$

2.1.3 什么是单位冲击函数的傅里叶变换?

1. 单位冲击函数的定义

单位冲击函数又称为狄拉克函数，其定义为

$$\delta(t)=\begin{cases}\infty & t=0\\ 0 & t\neq 0\end{cases}$$

且有 $\int_{-\varepsilon}^{\varepsilon}\delta(t)\mathrm{d}t=1$，假设 ε 为正数。

2. 单位冲击函数的主要性质

(1) 单位冲击函数 $\delta(t)$ 和阶跃函数 $u(t)$ 的关系：

$$\frac{\mathrm{d}u(t)}{\mathrm{d}t}=\delta(t)$$

(2) 单位冲击函数 $\delta(t)$ 具有筛选性：

$$\int_{-\infty}^{+\infty}\Phi(t)\delta(t-t_0)\mathrm{d}t=\delta(t_0)$$

(3) 单位冲击函数 $\delta(t)$ 的平移性：

$$\delta(t-t_0)\Leftrightarrow \mathrm{e}^{-\mathrm{j}\omega t_0},\delta(t+t_0)\Leftrightarrow \mathrm{e}^{\mathrm{j}\omega t_0}$$

(4) 单位冲击函数 $\delta(t)$ 的调制频移性：

$$e^{j\omega_0 t} \Leftrightarrow 2\pi\delta(\omega-\omega_0), e^{-j\omega_0 t} \Leftrightarrow 2\pi\delta(\omega+\omega_0)$$

(5) 单位冲击函数 $\delta(t)$ 的高阶导数：

假设函数 $\Phi(t)$ 在 $t=t_0$ 时存在 n 阶导数，则可以得到：

$$\int_{-\infty}^{+\infty} \Phi(t) \cdot \delta^{(n)}(t-t_0) dt = (-1)^{(n)} \Phi^{(n)}(t_0)$$

3. 单位冲击函数的傅里叶变换

$$\mathscr{F}[\delta(t)] = F(\omega) = \int_{-\infty}^{\infty} \delta(t) \cdot e^{-j\omega t} dt = 1$$

$$\mathscr{F}^{-1}[1] = f(t) = \frac{1}{2\pi}\int_{-\infty}^{\infty} 1 \cdot e^{j\omega t} d\omega = \delta(t)$$

于是可知：$\delta(t) \Leftrightarrow 1$ 为一对傅里叶变换。

2.1.4 什么是功率信号的傅里叶变换？

1. 常数 A 的傅里叶变换

$$A \Leftrightarrow 2\pi A\delta(\omega)$$

2. 正、余弦信号的傅里叶变换

$$\cos \omega_0 t \Leftrightarrow \pi[\delta(\omega-\omega_0)+\delta(\omega+\omega_0)]$$

$$\sin \omega_0 t \Leftrightarrow \frac{\pi}{j}[\delta(\omega-\omega_0)-\delta(\omega+\omega_0)]$$

3. 周期信号的傅里叶变换

假设 $f(t)$ 为周期信号，周期为 T，在满足狄里赫利条件下，$f(t)$ 可展为傅里叶级数：

$$f(t) = \sum_{n=-\infty}^{\infty} F_n e^{jn\omega_0 t}$$

式中，$F_n = \frac{1}{T}\int_{-T/2}^{T/2} f(t) \cdot e^{-jn\omega_0 t} dt, \omega_0 = 2\pi/T$。

对 $f(t)$ 的傅里叶级数形式进行傅里叶变换，可以得到：

$$f(t) \Leftrightarrow 2\pi \sum_{n=-\infty}^{\infty} F_n \cdot \delta(\omega - n\omega_0)$$

4. 符号函数的傅里叶变换

符号函数 $\mathrm{sgn}(t)$ 定义为

$$\mathrm{sgn}(t)=\begin{cases} 1 & t>0 \\ 0 & t=0 \\ -1 & t<0 \end{cases}$$

符号函数 $\mathrm{sgn}(t)$ 的傅里叶变换为

$$\mathrm{sgn}(t) \Leftrightarrow 2/j\omega$$

5. 单位阶跃函数的傅里叶变换

单位阶跃函数 $u(t)$ 定义为

$$u(t)=\begin{cases}1 & t>0\\ 1/2 & t=0\\ 0 & t<0\end{cases}$$
$$=\frac{1}{2}+\frac{1}{2}\mathrm{sgn}(t)$$

单位阶跃函数 $u(t)$ 的傅里叶变换为

$$u(t)\Leftrightarrow\pi\delta(\omega)+\frac{1}{\mathrm{j}\omega}$$

2.1.5 什么是能量谱密度和功率谱密度?

1. 帕斯瓦尔定理

如果 $f(t)$ 为实能量信号,且有 $f(t)\Leftrightarrow F(\omega)$,则 $f(t)$ 的能量为

$$E_{\mathrm{f}}=\int_{-\infty}^{\infty}f^{2}(t)\mathrm{d}t=\frac{1}{2\pi}\int_{-\infty}^{\infty}|F(\omega)|^{2}\mathrm{d}\omega=\int_{-\infty}^{\infty}|F(2\pi f)|^{2}\mathrm{d}f$$

该式,表明信号的总能量等于各频率分量单独的能量的连续和。

2. 能量谱密度

(1) 双边能量谱密度

$$E(\omega)=E(2\pi f)=|F(2\pi f)|^{2}$$
$$E_{\mathrm{f}}=\frac{1}{2\pi}\int_{-\infty}^{\infty}E(\omega)\cdot\mathrm{d}\omega$$

(2) 单边能量谱密度

$$G(\omega)=\begin{cases}2E(\omega)=2|F(2\pi f)|^{2} & \omega>0\\ 0 & \omega<0\end{cases}$$
$$E_{\mathrm{f}}=\frac{1}{2\pi}\int_{0}^{\infty}G(\omega)\cdot\mathrm{d}\omega$$

注意:能量谱反映了信号的能量在频率轴上的分布情况,但它只与信号的幅度有关,与信号的相位信息无关。

3. 功率谱密度

(1) 功率谱

假设对于函数 $f_{\mathrm{T}}(t)$,有 $f_{\mathrm{T}}(t)\Leftrightarrow F_{\mathrm{T}}(\omega)$,于是可以得到其功率谱为

$$P_{\mathrm{f}}=\frac{1}{2\pi}\lim_{T\to\infty}\int_{-\infty}^{+\infty}\frac{|F_{\mathrm{T}}(\omega)|^{2}}{T}\mathrm{d}\omega$$

(2) 双边功率谱密度

$$P_{\mathrm{s}}(\omega)=\lim_{T\to\infty}\frac{|F_{\mathrm{T}}(\omega)|^{2}}{T}$$
$$P_{\mathrm{f}}=\frac{1}{\pi}\int_{0}^{+\infty}P_{\mathrm{s}}(\omega)\cdot\mathrm{d}\omega=2\int_{0}^{+\infty}P_{\mathrm{s}}(2\pi f)\cdot\mathrm{d}f$$

注意:$P_{\mathrm{s}}(\omega)$ 是频率的实偶函数。

(3) 单边功率谱密度

$$B(\omega)=\begin{cases}2P_{\mathrm{s}}(\omega) & \omega>0\\ 0 & \omega<0\end{cases}$$

$$P_{\mathrm{f}}=\frac{1}{2\pi}\int_{0}^{+\infty}B(\omega)\cdot\mathrm{d}\omega=\int_{0}^{+\infty}B(2\pi f)\cdot\mathrm{d}f$$

注意：功率谱反映了信号的功率在频率轴上的分布情况，但它只与信号的幅度有关，与信号的相位信息无关。

2.1.6 什么是确定信号的相关函数？

1. 确定信号的相关函数定义

(1) 若 $f_1(t)$和 $f_2(t)$都为能量信号，那么它们的互相关函数定义为

$$R_{12}(\tau)=\int_{-\infty}^{+\infty}f_1^*(t)\cdot f_2(t+\tau)\mathrm{d}t$$

(2) 若 $f_1(t)$和 $f_2(t)$都为功率信号，那么它们的互相关函数定义为

$$R_{12}(\tau)=\lim_{T\to\infty}\frac{1}{T}\int_{-T/2}^{T/2}f_1^*(t)\cdot f_2(t+\tau)\mathrm{d}t$$

(3) 若 $f_1(t)$和 $f_2(t)$都为周期信号，且周期为 T，那么它们的互相关函数定义为

$$R_{12}(\tau)=\frac{1}{T}\int_{-T/2}^{T/2}f_1^*(t)\cdot f_2(t+\tau)\mathrm{d}t$$

(4) 若 $f_1(t)$和 $f_2(t)$都为功率信号，且有 $f_1(t)=f_2(t)=f(t)$，那么 $f(t)$的自相关函数定义为

$$R(\tau)=\lim_{T\to\infty}\frac{1}{T}\int_{-T/2}^{T/2}f^*(t)\cdot f(t+\tau)\mathrm{d}t$$

(5) 若 $f_1(t)$和 $f_2(t)$都为能量信号，且有 $f_1(t)=f_2(t)=f(t)$，那么 $f(t)$的自相关函数定义为

$$R(\tau)=\int_{-\infty}^{+\infty}f^*(t)\cdot f(t+\tau)\mathrm{d}t$$

注意：互相关函数表征两个不同的函数在不同的时刻间的波形相互关联程度，自相关函数表征信号本身在时移前后的波形关联程度。

2. 相关函数的性质

(1) $R_{12}(\tau)=R_{21}^*(-\tau)$；

(2) $|r_{12}(\tau)|\leqslant 1$；

(3) $R(\tau)=R^*(-\tau)$；

(4) $|R(\tau)|\leqslant R(0)$；

(5) 能量信号的能量为 $E=R(0)$，功率信号的平均功率为 $P=R(0)$；

(6) 周期信号的自相关函数是周期函数，且周期与信号周期相同。

3. 相关函数与能量(功率)谱密度

(1) 能量信号的自相关函数与其能量谱密度互为傅里叶变换：

$$R(\tau)\Leftrightarrow E(\omega)=|F(\omega)|^2$$

(2) 功率信号的自相关函数与其功率谱密度互为傅里叶变换：

$$R(\tau)\Leftrightarrow P(\omega)=\lim_{T\to\infty}\frac{|F(\omega)|^2}{T}$$

4. 互能量谱密度和互功率谱密度

(1) 对于不同的能量信号 $f_1(t)$和 $f_2(t)$，其互相关函数与其互能量谱密度是傅里叶变

换对：

$$R_{12}(\tau) \Leftrightarrow E_{12}(\omega)$$

（2）对于不同的功率信号 $f_1(t)$和 $f_2(t)$，其互相关函数与其互功率谱密度是傅里叶变换对：

$$R_{12}(\tau) \Leftrightarrow P_{12}(\omega)$$

2.1.7　什么是确定信号通过线性系统？

1. 卷积

（1）卷积定义

$$f_1(t) * f_2(t) = \int_{-\infty}^{+\infty} f_1(\tau) \cdot f_2(t-\tau) \mathrm{d}\tau$$

（2）卷积的性质

① 交换律

$$f_1(t) * f_2(t) - f_2(t) * f_1(t)$$

② 分配率

$$f_1(t) * [f_2(t) + f_3(t)] = f_1(t) * f_2(t) + f_1(t) * f_3(t)$$

③ 结合律

$$f_1(t) * [f_2(t) * f_3(t)] = [f_1(t) * f_2(t)] * f_3(t)$$

④ 卷积的微分

$$\frac{\mathrm{d}[f_1(t) * f_2(t)]}{\mathrm{d}t} = f_1{}'(t) * f_2(t) = f_1(t) * f_2{}'(t)$$

（3）卷积定理

① 时域卷积定理

$$f_1(t) * f_2(t) \Leftrightarrow F_1(\omega) F_2(\omega)$$

② 频率卷积定理

$$f_1(t) f_2(t) \Leftrightarrow \frac{1}{2\pi}[F_1(\omega) * F_2(\omega)]$$

（4）函数与单位冲击函数的卷积

① 时域卷积

$$f(t) * \delta(t) = f(t)$$
$$f(t) * \delta(t-t_0) = f(t-t_0)$$
$$f(t-t_1) * \delta(t-t_2) = f(t-t_1-t_2)$$

② 频域卷积

$$F(\omega) * \delta(\omega) = F(\omega)$$
$$F(\omega) * \delta(\omega-\omega_0) = F(\omega-\omega_0)$$
$$F(\omega-\omega_1) * \delta(\omega-\omega_2) = F(\omega-\omega_1-\omega_2)$$

（5）卷积的物理意义（图 2.1）

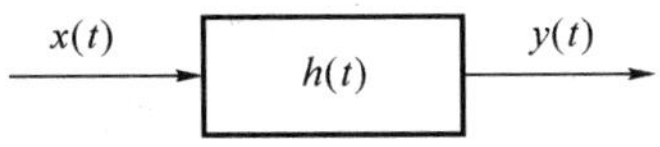

$x(t)$ → $h(t)$ → $y(t)$

图 2.1　卷积的物理意义

对于单位冲击响应为 $h(t)$ 的线性时不变系统，若输入信号为 $x(t)$，经过系统后的输出信号为 $y(t)$，它们之间的关系可以表示为

$$y(t)=x(t)*h(t)$$

频域描述为

$$Y(\omega)=X(\omega)H(\omega)$$

$$H(\omega)=Y(\omega)/X(\omega)=|H(\omega)|e^{j\varphi(\omega)}$$

式中，$|H(\omega)|$ 称为幅-频特性，$\varphi(\omega)$ 称为相-频特性。

注意：幅-频特性和相-频特性反映了正弦信号通过线性系统后幅度与相位的变化与频率的关系。

2. 线性系统的信号不失真条件

信号在线性系统中传输时，只是有幅度上的成比例变化，以及信号整体的固定时延作用，则可以认为输出信号是不失真的。由此可以得到信号传输不失真的条件为

$$y(t)=kx(t-\tau)$$

对于满足信号传输不失真条件的线性系统有

$$h(t)=k\delta(t-\tau)$$

$$H(\omega)\Leftrightarrow k\delta(t-\tau)$$

注意：满足信号不失真条件的系统是理想的，很难在实际情况中达到，一般只能是近似满足此条件的实际系统。

3. 群时延

$$\tau_G(\omega)=-\frac{d\varphi(\omega)}{d\omega}$$

对于满足信号传输不产生相位失真的系统，有：

$$H(\omega)=\int_{-\infty}^{+\infty}k\delta(t-\tau)e^{-j\omega t}dt=ke^{-j\omega\tau}$$

即表明 $|H(\omega)|=k$，$\varphi(\omega)=-\omega\tau(-\infty<\omega<+\infty)$，群时延 $\tau_G(\omega)=-d\varphi(\omega)/d\omega=\tau$（$\tau$ 为常数）。

通过上述分析，可以知道满足信号传输不产生相位失真的条件是其群时延特性应为常数。

4. 理想低通滤波器和理想带通滤波器

(1) 线性系统带宽的定义

一般定义为系统的幅-频特性保持在其频带中心处取值的 0.707 倍以内（即 3 dB 内或半功率点内）的频率区，常称为 3 dB 带宽。同样也存在其他定义方式，如 1 dB 带宽。

(2) 理想低通滤波器

理想低通滤波器传输特性为

$$h(t)=\frac{W}{\pi}\mathrm{Sa}[W(t-\tau)]$$

$$H(\omega)=\mathrm{rect}\left(\frac{\omega}{2W}\right)e^{-j\omega\tau}$$

式中，W 为带宽。

(3) 理想带通滤波器

理想带通滤波器传输特性为

$$h(t)=2AW\cdot \mathrm{Sa}\left[\frac{W(t-\tau)}{2}\right]\cdot\cos[\omega_0(t-\tau)]$$

$$H(\omega)=A\cdot \mathrm{rect}\left(\frac{\omega-\omega_0}{W}\right)\mathrm{e}^{-\mathrm{j}\omega\tau}$$

2.1.8 什么是希尔伯特变换？

1. 希尔伯特变换定义

$$\hat{f}(t)=H[f(t)]=\frac{1}{\pi}\int_{-\infty}^{\infty}\frac{f(\tau)}{t-\tau}\mathrm{d}\tau$$

$$H^{-1}[g(t)]=-\frac{1}{\pi}\int_{-\infty}^{\infty}\frac{g(\tau)}{t-\tau}\mathrm{d}\tau$$

希尔伯特变换也可以写成卷积形式：

$$\hat{f}(t)=f(t)*\frac{1}{\pi t}$$

2. 希尔伯特变换的性质

(1) $H^{-1}[\hat{f}(t)]=f(t)$；

(2) $H[\hat{f}(t)]=\hat{\hat{f}}(t)=-f(t)$；

(3) $\int_{-\infty}^{\infty}f^2(t)\mathrm{d}t=\int_{-\infty}^{\infty}\hat{f}^2(t)\mathrm{d}t$；

(4) 若 $f(t)$为偶函数，则$\hat{f}(t)$为奇函数，若 $f(t)$为奇函数，则$\hat{f}(t)$为偶函数；

(5) $\int_{-\infty}^{\infty}f(t)\hat{f}(t)\mathrm{d}t=0$；

(6) $f(t)$和 $\hat{f}(t)$具有相同的能量谱、自相关函数和总能量。

2.1.9 什么是解析信号？

1. 解析信号的定义

假如复信号 $z(t)$具有如下形式：

$$z(t)=f(t)+\mathrm{j}\hat{f}(t)$$

式中，$f(t)$为实信号。

$$Z(\omega)=F(\omega)[1+\mathrm{sgn}(\omega)]=2F(\omega)U(\omega)$$

一般来说，若复信号的傅里叶变换在 $\omega<0$ 恒为零，则此复信号就是解析信号。

2. 解析信号的性质

(1) $f(t)=R_e[z(t)]$；

(2) $f(t)=\frac{1}{2}[z(t)+z^*(t)]$，其中 $z^*(t)$是 $z(t)$的共轭；

(3) $Z(\omega)=2F(\omega)U(\omega)$；

(4) $z(t)=\frac{1}{2\pi}\int_0^{\infty}2F(\omega)\mathrm{e}^{\mathrm{j}\omega t}\mathrm{d}\omega=\frac{1}{\pi}\int_0^{\infty}F(\omega)\mathrm{e}^{\mathrm{j}\omega t}\mathrm{d}\omega$；

(5) $\mathscr{F}[z^*(t)]=2F(\omega)U(-\omega)$；

(6) $z_1(t)*z_2^*(t)=0, z_{*1}(t)*z_2(t)=0$；

(7) 解析信号的能力等于实信号能量的两倍。

典型题解 绪论

2.2 典型题解

题型1 傅里叶级数和傅里叶变换

【例 2.1.1】 请证明，$\sum_{n=-\infty}^{\infty}\delta(f-\frac{n}{T_s}) = T_s\sum_{m=-\infty}^{\infty}\mathrm{e}^{\mathrm{j}2\pi mfT_s}$。

分析：本题主要考查频率周期函数的傅里叶级数。

答：因为 $\sum_{n=-\infty}^{\infty}\delta\left(f-\frac{n}{T_s}\right)$ 是频率的周期函数，周期为 $1/T_s$。可将它展开为傅里叶级数：

$$\sum_{n=-\infty}^{\infty}\delta(f-\frac{n}{T_s}) = \sum_{m=-\infty}^{\infty}F_m\mathrm{e}^{\mathrm{j}2\pi mfT_s}$$

$$F_m = \frac{1}{1/T_s}\int_{-\frac{1}{2T_s}}^{\frac{1}{2T_s}}\left[\sum_{m=-\infty}^{\infty}\delta(f-\frac{n}{T_s})\right]\mathrm{e}^{-\mathrm{j}2\pi mfT_s}\,\mathrm{d}f$$

式中

$$= T_s\int_{-\frac{1}{2T_s}}^{\frac{1}{2T_s}}\delta(f)\mathrm{e}^{-\mathrm{j}2\pi mfT_s}\,\mathrm{d}f$$

$$= T_s$$

因此

$$\sum_{n=-\infty}^{\infty}\delta(f-\frac{n}{T_s}) = T_s\sum_{m=-\infty}^{\infty}\mathrm{e}^{\mathrm{j}2\pi mfT_s}$$

【例 2.1.2】 对任意实信号 $g_1(t)$，$g_2(t)(-\infty<t<\infty)$，令 $u(t)=g_1(t)+g_2(t)$，$v(t)=g_1(t)-g_2(t)$。求 $u(t)$ 与 $v(t)$ 正交的条件。

分析：若要使 $u(t)$ 与 $v(t)$ 正交，则需 $\int_{-\infty}^{\infty}u(t)v(t)\mathrm{d}t=0$。

答：

$$\int_{-\infty}^{\infty}u(t)v(t)\mathrm{d}t = \int_{-\infty}^{\infty}[g_1(t)+g_2(t)][g_1(t)-g_2(t)]\mathrm{d}t$$

$$= \int_{-\infty}^{\infty}[g_1^2(t)-g_2^2(t)]\mathrm{d}t = E_1-E_2$$

因此，$u(t)$ 与 $v(t)$ 正交的条件就是 $g_1(t)$ 和 $g_2(t)$ 等能量。

【例 2.1.3】 若带通信号 $s(t)$ 的复包络 $s_L(t)$ 的傅里叶变换是 $S_L(f)$，求 $s(t)$ 的傅里叶变换 $S(f)$。

分析：本题主要考查信号傅里叶变换的奇偶虚实性。

答：根据题意有：

$$s(t)=\mathrm{Re}\{s_L(t)\mathrm{e}^{\mathrm{j}2\pi f_c t}\}=\frac{s_L(t)}{2}\mathrm{e}^{\mathrm{j}2\pi f_c t}+\frac{s_L^*(t)}{2}\mathrm{e}^{-\mathrm{j}2\pi f_c t}$$

根据傅里叶变换的奇偶虚实性，可以知道 $s_L^*(t)$ 的傅里叶变换是 $S_L^*(-f)$，所以：

$$S(f)=\frac{1}{2}S_L(f-f_c)+\frac{1}{2}S_L^*(-f-f_c)$$

【例 2.1.4】 求以下带通信号傅里叶变换，已知基带信号 $m(t)$ 是实信号，它的傅里叶变换是 $M(f)$，带宽为 W，$f_c\gg W$，$\hat{m}(t)$ 是 $m(t)$ 的希尔伯特变换。

(1) $s(t)=m(t)\cos 2\pi f_c t$；

(2) $s(t)=m(t)\cos 2\pi f_c t-\hat{m}(t)\sin 2\pi f_c t$。

分析：本题主要考查信号傅里叶变换的频移特性。

答：(1) $s_L(t)=m(t)$，所以

$$S(f)=\frac{M(f-f_c)+M^*(-f-f_c)}{2}$$

又由于 $M^*(-f)=M(f)$，所以

$$S(f)=\frac{M(f-f_c)+M(f+f_c)}{2}$$

也可以这样做

$$s(t)=\frac{m(t)}{2}e^{j2\pi f_c t}+\frac{m(t)}{2}e^{-j2\pi f_c t}$$

利用傅里叶变换的频移特性得到

$$S(f)=\frac{M(f-f_c)+M(f+f_c)}{2}$$

(2) $s_L(t)=m(t)+j\hat{m}(t)$是解析信号，其傅里叶变换为

$$S_L(f)=\begin{cases}2M(f) & f>0\\0 & f<0\end{cases}$$

$$S_L^*(f)=\begin{cases}2M^*(f) & f>0\\0 & f<0\end{cases}=\begin{cases}2M(-f) & f>0\\0 & f<0\end{cases}$$

$$S_L^*(-f)=\begin{cases}2M(f) & f<0\\0 & f>0\end{cases}$$

因此

$$S(f)=\frac{S_L(f+f_c)+S_L^*(-f-f_c)}{2}=\begin{cases}M(f-f_c) & f>f_c\\M(f+f_c) & f<-f_c\\0 & \text{其他}\end{cases}$$

【例 2.1.5】 设有周期信号 $u(t)=\sum\limits_{n=-\infty}^{\infty}x^2(t-nT)$，其中 $x(t)$ 是带宽为 W 的任意实信号。

(1) W 满足何种条件时，$u(t)$具有 $a+b\cos\left(\frac{2\pi t}{T}+\theta\right)$的形式？

(2) W 满足何种条件时，$u(t)$是直流？

分析：$u(t)$ 是 $\sum\limits_{n=-\infty}^{\infty}\delta(t-nT)$ 通过冲激响应为 $h(t)=x^2(t)$ 后的输出。$\sum\limits_{n=-\infty}^{\infty}\delta(t-nT)$ 的傅里叶变换为 $\frac{1}{T}\sum\limits_{n=-\infty}^{\infty}\delta\left(f-\frac{m}{T}\right)$。设 $x(t)$ 的频谱是 $X(f)$，则 $h(t)$ 的频谱 $H(f)$ 是 $X(f)$ 和 $X(f)$ 的卷积，因此 $H(f)$ 的带宽是 $2W$。

答：(1) 若 $H(f)$ 的宽带小于$\frac{2}{T}$，即若 $W<\frac{1}{T}$，则 $\sum\limits_{n=-\infty}^{\infty}\delta(t-nT)$ 经过 $H(f)$ 后的输出不包含频率为$\frac{2}{T}$或更高的谐波。此时 $u(t)$ 必然具有 $a+b\cos\left(\frac{2\pi t}{T}+\theta\right)$的形式。

(2) 若 $H(f)$ 的宽带小于$\frac{1}{T}$，即若 $W<\frac{1}{2T}$，则 $\sum\limits_{n=-\infty}^{\infty}\delta(t-nT)$ 经过 $H(f)$ 后的输出不包含任何谐波分量，此时 $u(t)$ 是直流。

【例 2.1.6】 求解矩形信号 $f(t)=E\cdot[u(t+\tau/2)-u(t-\tau/2)]$的频谱？

分析：本题主要考查信号傅里叶变换的定义。

答：$F(\omega)=\int_{-\infty}^{\infty}f(t)e^{-j\omega t}dt=\int_{-\tau/2}^{\tau/2}E\cdot e^{-j\omega t}dt=(2E/\omega)\sin(\omega\tau/2)=E\tau\cdot \mathrm{Sa}(\omega\tau/2)$。

【例 2.1.7】 求解高斯(钟形)脉冲信号 $f(t)=Ee^{-(t/\tau)^2}$ $(-\infty<t<+\infty)$的频谱?

答:

$$\begin{aligned}F(\omega) &= \int_{-\infty}^{\infty} f(t)e^{-j\omega t}dt = \int_{-\infty}^{\infty} Ee^{-(t/\tau)^2}e^{-j\omega t}dt \\ &= E\int_{-\infty}^{\infty} e^{-(t/\tau)^2}[\cos(\omega t)-j\sin(\omega t)]dt \\ &= 2E\int_{0}^{\infty} e^{-(t/\tau)^2}\cos(\omega t)dt \\ &= \sqrt{\pi}E\tau \cdot e^{-(\omega\tau/2)^2}\end{aligned}$$

【例 2.1.8】 求解升余弦脉冲信号 $f(t)=\frac{E}{2}[1+\cos(\pi t/\tau)](0\leqslant|t|\leqslant\tau)$的频谱?

答:

$$\begin{aligned}F(\omega) &= \int_{-\infty}^{\infty} f(t)e^{-j\omega t}dt = \int_{-\tau}^{\tau}\frac{E}{2}\cdot[1+\cos(\pi t/\tau)]e^{-j\omega t}dt \\ &= \frac{E}{2}\int_{-\tau}^{\tau}e^{-j\omega t}dt+\frac{E}{4}\int_{-\tau}^{\tau}e^{j\pi t/\tau}\cdot e^{-j\omega t}dt+\frac{E}{4}\int_{-\tau}^{\tau}e^{-j\pi t/\tau}\cdot e^{-j\omega t}dt \\ &= E\tau\mathrm{Sa}(\omega\tau)+\frac{E\tau}{2}\mathrm{Sa}[(\omega-\pi/\tau)\tau]+\frac{E\tau}{2}\mathrm{Sa}[(\omega+\pi/\tau)\tau] \\ &= \frac{E\sin(\omega\tau)}{\omega[1-(\omega\tau/\pi)^2]} \\ &= \frac{E\tau\mathrm{Sa}(\omega\tau)}{1-(\omega\tau/\pi)^2}\end{aligned}$$

题型 2 确定信号分析

【例 2.2.1】 设 $s_1(t)$,$s_2(t)$是任意的复信号,$S_1(f)$,$S_1(f)$分别是 $s_1(t)$,$s_2(t)$的傅里叶变换。证明 $\int_{-\infty}^{\infty}s_1^*(t)s_2(t)dt=\int_{-\infty}^{\infty}S_1^*(f)S_2(f)df$。

分析:帕斯瓦尔定理的一般形式是$\int_{-\infty}^{\infty}s_1^*(t)s_2(t)dt=\int_{-\infty}^{\infty}S_1^*(f)S_2(f)df$,其中 $s_1(t)$,$s_2(t)$ 是任意的复信号,$S_1(f)$、$S_1(f)$ 分别是 $s_1(t)$,$s_2(t)$ 的傅里叶变换。它的一个特例是 $s_1(t)=s_2(t)=s(t)$,此时有 $\int_{-\infty}^{\infty}|s(t)|^2dt=\int_{-\infty}^{\infty}|S(f)|^2df$,其中 $S(f)$ 是 $s(t)$ 的傅里叶变换。

证明:

$$\begin{aligned}\int_{-\infty}^{\infty}s_1^*(t)s_2(t)dt &= \int_{-\infty}^{\infty}\left[\int_{-\infty}^{\infty}S_1(f)e^{j2\pi ft}df\right]^*\left[\int_{-\infty}^{\infty}S_2(u)e^{j2\pi ut}du\right]dt \\ &= \int_{-\infty}^{\infty}\int_{-\infty}^{\infty}S_1^*(f)S_2(u)\left[\int_{-\infty}^{\infty}e^{-j2\pi ft+j2\pi ut}dt\right]dudf \\ &= \int_{-\infty}^{\infty}\int_{-\infty}^{\infty}S_1^*(f)S_2(u)\delta(f-u)dudf \\ &= \int_{-\infty}^{\infty}S_1^*(f)S_2(f)df\end{aligned}$$

【例 2.2.2】 已知周期信号 $s(t)=\sum_{n=-\infty}^{\infty}g(t-nT)$,其中:

$$g(t)=\begin{cases}2/T & -T/4\leqslant t<T/4\\ 0 & \text{其他}\end{cases}$$

求 $s(t)$得功率谱密度。

答:$s(t)$可以看成是冲击序列 $x(t)=\sum_{n=-\infty}^{\infty}\delta(t-nT)$ 通过一个冲击响应为 $g(t)$的线性系统的输出。将 $x(t)$展成傅里叶级数,得:

$$x(t)=\sum_{n=-\infty}^{\infty}\delta(t-nT)=\frac{1}{T}\sum_{m=-\infty}^{\infty}e^{j2\pi\frac{m}{T}t}$$

所以 $x(t)$的功率谱密度为

$$P_x(f) = \frac{1}{T^2}\sum_{m=-\infty}^{\infty}\delta\left(f-\frac{m}{T}\right)$$

$g(t)$的傅里叶变换是 $G(t)=\sin c\left(\frac{fT}{2}\right)$，因此

$$P_s(f) = \frac{1}{T^2}\sum_{m=-\infty}^{\infty}\sin c^2\left(\frac{m}{2}\right)\delta\left(f-\frac{m}{T}\right)$$

$$= \frac{1}{T^2}\delta(f)+\frac{1}{T^2}\sum_{m=-\infty}^{\infty}\frac{4}{(2k-1)^2\pi^2}\delta\left(f-\frac{2k-1}{T}\right)$$

【例 2.2.3】 若确知信号 $x(t)=\cos\omega_0 t$，试求其自相关函数、功率谱密度和功率。

分析：本题主要考查确定信号的相关函数与功率谱密度的关系。

答：由自相关函数的定义得：

$$R(\tau) = \lim_{T\to\infty}\frac{1}{T}\int_{-T/2}^{T/2}x(t)\cdot x(t+\tau)\mathrm{d}t$$

$$= \lim_{T\to\infty}\frac{1}{T}\int_{-T/2}^{T/2}\cos\omega_0 t\cdot\cos\omega_0(t+\tau)\mathrm{d}t$$

$$= \lim_{T\to\infty}\frac{1}{T}\int_{-T/2}^{T/2}\frac{1}{2}[\cos(2\omega_0 t+\omega_0\tau)+\cos\omega_0\tau]\mathrm{d}t$$

$$= \frac{1}{2}\cos\omega_0\tau$$

由于 $x(t)$的自相关函数和功率谱密度是一对傅里叶变换，即

$$P(\omega) = \int_{-\infty}^{\infty}R(\tau)\mathrm{e}^{-\mathrm{j}\omega\tau}\mathrm{d}\tau = \int_{-\infty}^{\infty}\frac{1}{2}\cos\omega_0\tau\cdot\mathrm{e}^{-\mathrm{j}\omega\tau}\mathrm{d}\tau$$

$$= \frac{1}{4}\int_{-\infty}^{\infty}(\mathrm{e}^{\mathrm{j}\omega_0\tau}+\mathrm{e}^{-\mathrm{j}\omega_0\tau})\cdot\mathrm{e}^{-\mathrm{j}\omega\tau}\mathrm{d}\tau$$

$$= \frac{\pi}{2}[\delta(\omega+\omega_0)+\delta(\omega-\omega_0)]$$

$$S = \frac{1}{2\pi}\int_{-\infty}^{\infty}P(\omega)\mathrm{d}\omega = \frac{1}{2\pi}\int_{-\infty}^{\infty}\frac{\pi}{2}[\delta(\omega+\omega_0)+\delta(\omega-\omega_0)]\mathrm{d}\omega = \frac{1}{2}$$

【例 2.2.4】 设

$$s_1(t)=\begin{cases}A\cos 2\pi f_1 t & 0\leqslant t<T\\ 0 & \text{其他}\end{cases}$$

$$s_2(t)=\begin{cases}A\cos 2\pi f_2 t & 0\leqslant t<T\\ 0 & \text{其他}\end{cases}$$

式中，$f_1>f_2$，$f_1,f_2\geqslant\frac{1}{T}$，求

(1) $s_1(t)$，$s_2(t)$的自相关函数 $R_1(\tau)$、$R_2(\tau)$；

(2) $s_1(t)$，$s_2(t)$的归一化互相关函数 $\rho_{12}(\tau)$；

(3) f_1-f_2 满足何种关系时，$\rho_{12}(\tau)=0$？

答：(1)$R_1(\tau) = \int_0^T A\cos 2\pi f_1 t\times A\cos(2\pi f_1 t+2\pi f_1\tau)\mathrm{d}t$

$$= \frac{A^2}{2}\left[\int_0^T\cos 2\pi f_1\tau\mathrm{d}t+\int_0^T\cos(4\pi f_1 t+2\pi f_1\tau)\mathrm{d}t\right]$$

$$= \frac{A^2 T}{2}\cos 2\pi f_1\tau$$

同理 $R_2(\tau)=\dfrac{A^2T}{2}\cos 2\pi f_2\tau$

$$(2)\ \rho_{12}(\tau)=\frac{\int_0^T A\cos 2\pi f_1 t\times A\cos(2\pi f_1 t+2\pi f_1\tau)\mathrm{d}t}{\sqrt{R_1(0)R_2(0)}}$$

$$=\frac{1}{T}\left\{\int_0^T\cos[2\pi(f_1-f_2)t-2\pi f_2\tau]\mathrm{d}t+\int_0^T\cos[2\pi(f_1+f_2)t+2\pi f_2\tau]\mathrm{d}t\right\}$$

$$=\frac{1}{T}\{\cos 2\pi f_2\tau\int_0^T\cos 2\pi(f_1-f_2)t\mathrm{d}t+\sin 2\pi f_2\tau\int_0^T\sin 2\pi(f_1-f_2)t\mathrm{d}t\}$$

$$=\frac{\cos 2\pi f_2\tau\sin[2\pi(f_1-f_2)T]+2\sin 2\pi f_2\tau\sin^2[\pi(f_1-f_2)T]}{2\pi(f_1-f_2)T}$$

$$(3)\ \rho_{12}(0)=\frac{\sin[2\pi(f_1-f_2)T]}{2\pi(f_1-f_2)T}=\sin c[2\pi(f_1-f_2)T]$$

当 $2\pi(f_1-f_2)T$ 为正整数时，$\rho_{12}(\tau)=0$，即要求 f_1-f_2 是$\dfrac{1}{2T}$的整数倍。

【例 2.2.5】 求解 $\int_{-\infty}^{+\infty}\sin c(t-y)\cdot\sin c(y)\mathrm{d}y$。

分析：本题主要考查时域卷积定理的应用。

答：令 $s(t)=\sin c(t)$，则其傅里叶变换是

$$S(f)=\begin{cases}1 & |f|\leqslant 1/2\\0 & \text{其他}\end{cases}$$

$u(t)=\int_{-\infty}^{+\infty}\sin c(t-y)\cdot\sin c(y)\mathrm{d}y$ 是 $\sin c(t)$ 和 $\sin c(t)$ 的卷积。时域卷积对应频域乘积，所以 $u(t)$ 的傅里叶变换是

$$u(t)=S(f)S(f)=\begin{cases}1 & |f|\leqslant 1/2\\0 & \text{其他}\end{cases}$$

因此 $u(t)=\sin c(t)$。

【例 2.2.6】 在如图 2.2 所示的线性系统中

$$H(f)=\begin{cases}T_b & |f|\leqslant 1/(2T_b)\\0 & \text{其他}\end{cases}$$

若在图中 A 点加上一个激励 $\delta(t)$，求 B 点的波形 $y(t)$ 及其频谱 $Y(f)$，并请求出输出信号 $y(t)$ 及其振幅谱图。

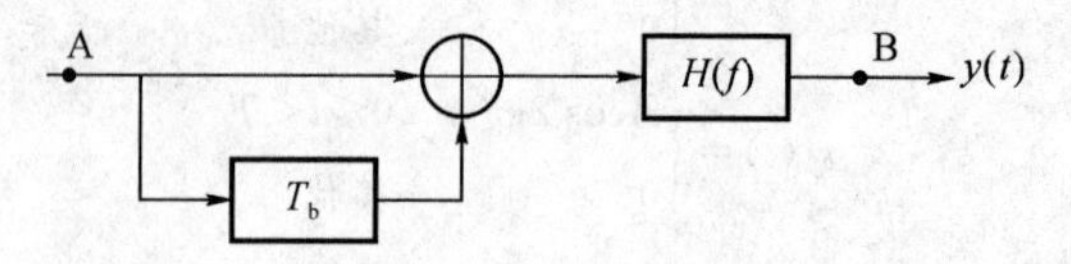

图 2.2

分析：冲击函数的频谱为 1，确定信号通过线性系统的过程可以看成信号的频谱与系统函数的乘积运算。

答：

$$Y(f)=H(f)(1+\mathrm{e}^{-j2\pi fT_b})=H(f)(\mathrm{e}^{j\pi fT_b}+\mathrm{e}^{-j\pi fT_b})\mathrm{e}^{-j\pi fT_b}$$

$$=2H(f)\mathrm{e}^{-j\pi fT_b}\cos\pi fT_b$$

$$|Y(f)|=\begin{cases}2T_b\cos\pi fT_b & |f|\leqslant 1/(2T_b)\\0 & \text{其他}\end{cases}$$

其振幅频谱图如图 2.3 所示。

与 $H(f)$ 对应的冲激响应是：

$$h(t)=\sin c\left(\frac{t}{T_b}\right)$$

所以

$$
\begin{aligned}
y(t) &= h(t)+h(t-T_b) \\
&= \sin c\left(\frac{t}{T_b}\right)+\sin c\left(\frac{t-T_b}{T_b}\right) \\
&= \frac{T_b}{\pi t}\sin\frac{\pi t}{T_b}+\frac{T_b}{\pi(t-T_b)}\sin\frac{\pi(t-T_b)}{T_b} \\
&= \frac{T_b}{\pi t}\sin\frac{\pi t}{T_b}+\frac{T_b}{\pi(t-T_b)}\sin\frac{\pi t}{T_b} \\
&= \frac{T_b}{\pi}\sin\frac{\pi t}{T_b}\left(\frac{1}{t}-\frac{1}{t-T_b}\right) \\
&= \frac{T_b^2\sin\frac{\pi t}{T_b}}{\pi t(T_b-t)}
\end{aligned}
$$

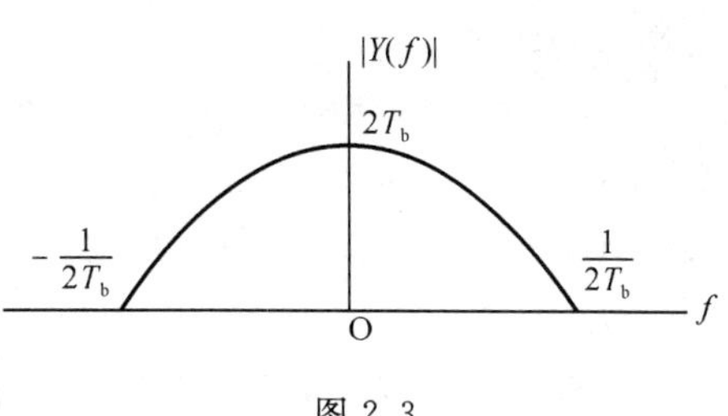

图 2.3

【例 2.2.7】 带通信号 $s(t)=\begin{cases}A\cos 2\pi f_c t & 0\leqslant t<T\\ 0 & \text{others}\end{cases}$ 通过一个冲激响应为 $h(t)$的线性系统，输出为 $y(t)$。若 $f_c=\frac{4}{T}$，$h(t)=\begin{cases}2\cos 2\pi f_c t & 0\leqslant t<T\\ 0 & \text{其他}\end{cases}$，试求

(1) $s(t)$的复包络 $s_L(t)$；

(2) $y(t)$的复包络 $y_L(t)$；

(3) 画出 $y(t)$的波形。

(4) 写出 T 时刻 $y(t)$及其包络 $|y_L(t)|$的瞬时值 $y(T)$及 $|y_L(T)|$。

答：(1) $s_L(t)=\begin{cases}A & 0\leqslant t<T\\ 0 & \text{其他}\end{cases}$

(2) $h(t)$的等效低通响应是

$$h_{eq}(t)=\frac{1}{2}h_L(t)=\begin{cases}1 & 0\leqslant t<T\\ 0 & \text{其他}\end{cases}$$

$$y_L(t)=\int_{-\infty}^{\infty}s_L(t-\tau)h_{eq}(\tau)\mathrm{d}\tau=\int_0^T s_L(t-\tau)\mathrm{d}\tau$$

因此

$$=\begin{cases}At & 0\leqslant t<T\\ AT(2-t/T) & T\leqslant t<2T\\ 0 & \text{其他}\end{cases}$$

(3) $y(t)=Re\{y_L(t)e^{j2\pi f_c t}\}=\begin{cases}At\cos 2\pi f_c t & 0\leqslant t<T\\ AT(2-t/T)\cos 2\pi f_c t & T\leqslant t<2T\\ 0 & \text{其他}\end{cases}$

其图形如图 2.4 所示。

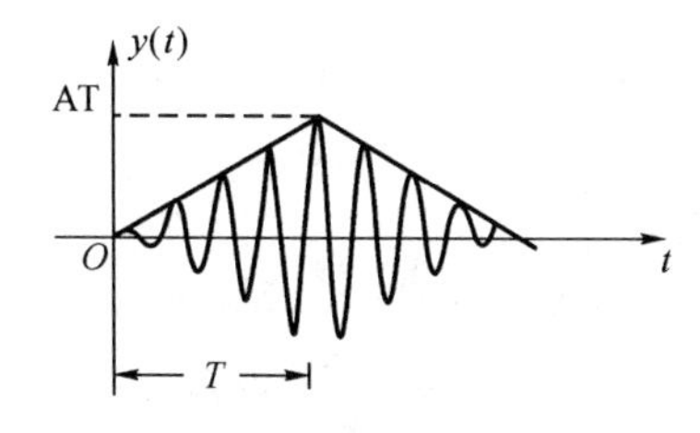

图 2.4

(4) $y(T)=0$，$|y_L(T)|=AT$。

【例 2.2.8】 设基带信号 $m(t)$ 的频谱范围是 $[f_L, f_H]$，其希尔伯特变换是 $\hat{m}(t)$。求下列信号的希尔伯特变换（设：$f_c \geqslant f_H$）。

(1) $x_1(t)=m(t)\cos 2\pi f_c t$

(2) $x_2(t)=m(t)+\mathrm{j}\hat{m}(t)$

(3) $x_3(t)=m(t)\cos 2\pi f_c t-\hat{m}(t)\sin 2\pi f_c t$

(4) $x_4(t) = \mathrm{Re}\{A\mathrm{e}^{\mathrm{j}2\pi[f_c t+K\int_{-\infty}^{t} m(\tau)\mathrm{d}\tau]}\}$

分析：窄带信号的希尔伯特变换就是将载波相位后移 90°，其幅度不变，也就是对复包络乘 $-\mathrm{j}$。

答：设 $m(t)$ 的傅里叶变换为 $M(f)$。

(1) $x_1(t)$ 的频谱为

$$X_1(f)=\frac{1}{2}[M(f-f_c)+M(f+f_c)]=\begin{cases}\dfrac{M(f+f_c)}{2} & f<0\\[2mm] \dfrac{M(f-f_c)}{2} & f>0\end{cases}$$

因此其希尔伯特变换 $\hat{x}_1(t)$ 的频谱为

$$\hat{X}_1(f)=\begin{cases}\mathrm{j}\,\dfrac{M(f+f_c)}{2} & f<0\\[2mm] -\mathrm{j}\,\dfrac{M(f-f_c)}{2} & f>0\end{cases}$$

作傅里叶反变换得

$$\hat{x}_1(t)=\frac{\mathrm{j}}{2}m(t)\mathrm{e}^{-\mathrm{j}2\pi f_c t}-\frac{\mathrm{j}}{2}m(t)\mathrm{e}^{\mathrm{j}2\pi f_c t}=m(t)\sin 2\pi f_c t$$

(2) $\hat{x}_2(t)=\hat{m}(t)+\mathrm{j}\,\hat{\hat{m}}(t)=\hat{m}(t)-\mathrm{j}m(t)=-\mathrm{j}x_2(t)$

(3) $\hat{x}_3(t)=m(t)\sin 2\pi f_c t+\hat{m}(t)\cos 2\pi f_c t$

(4)
$$\begin{aligned}x_4(t) &= \mathrm{Re}\{A\mathrm{e}^{\mathrm{j}2\pi[f_c t+K\int_{-\infty}^{t} m(\tau)\mathrm{d}\tau]}\}\\ &= A\cos[2\pi f_c t + 2\pi k\int_{-\infty}^{t} m(\tau)\mathrm{d}\tau]\\ \hat{x}_4(t) &= A\sin[2\pi f_c t + 2\pi k\int_{-\infty}^{t} m(\tau)\mathrm{d}\tau]\\ &= \mathrm{Re}\{-\mathrm{j}A\mathrm{e}^{\mathrm{j}2\pi[f_c t+K\int_{-\infty}^{t} m(\tau)\mathrm{d}\tau]}\}\end{aligned}$$

【例 2.2.9】 已知实信号 $x(t)$ 的傅里叶变换是 $X(f)$，分别定义其等效矩形时宽 α 和等效矩形带宽 β，$\alpha \triangleq \dfrac{\int_{-\infty}^{\infty}|x(t)|\mathrm{d}t}{|x(t)|_{\max}}$，$\beta \triangleq \dfrac{\int_{-\infty}^{\infty}|X(f)|\mathrm{d}f}{|X(f)|_{\max}}$。

(1) 证明 $\alpha\beta \geqslant 1$；

(2) 指出等号成立的条件，举出满足条件的 $x(t)$。

答：设 t_m 是 $x(t)$ 达到绝对值最大的时间，即 $|x(t_m)|=|x(t)|_{\max}$。设 f_m 是 $X(f)$ 达到绝对值最大的时间，即 $|X(f_m)|=|X(f)|_{\max}$。

(1) 设 t_m 使 $|x(t)|$ 最大，则有

$$\begin{aligned}|x(t)|_{\max} &= |x(t_m)|\\ &= \left|\int_{-\infty}^{\infty} X(f)\mathrm{e}^{\mathrm{j}2\pi f t_m}\mathrm{d}f\right|\\ &\leqslant \int_{-\infty}^{\infty}|X(f)\mathrm{e}^{\mathrm{j}2\pi f t_m}|\mathrm{d}f\\ &= \int_{-\infty}^{\infty}|X(f)|\mathrm{d}f\end{aligned}$$

设 f_m 使 $|X(f)|$ 最大，则有

$$
\begin{aligned}
|X(f)|_{\max} &= |X(f_m)| \\
&= \left|\int_{-\infty}^{\infty} x(t)e^{-j2\pi f_m t}dt\right| \\
&\leqslant \int_{-\infty}^{\infty} |x(t)e^{-j2\pi f_m t}|dt \\
&= \int_{-\infty}^{\infty} |x(t)|dt
\end{aligned}
$$

因此

$$
\begin{aligned}
\alpha\beta &= \frac{\int_{-\infty}^{\infty}|x(t)|dt}{|x(t)|_{\max}} \cdot \frac{\int_{-\infty}^{\infty}|X(f)|df}{|X(f)|_{\max}} \\
&= \frac{\int_{-\infty}^{\infty}|x(t)|dt}{|X(f)|_{\max}} \cdot \frac{\int_{-\infty}^{\infty}|X(f)|df}{|x(t)|_{\max}} \\
&= 1
\end{aligned}
$$

(2) 设 $x(t)$ 满足 $\alpha\beta=1$，则依 α、β 的定义可知，对于任意的时延 τ，$\pm x(t-\tau)$ 也满足 $\alpha\beta=1$。故此，不妨假设 $x(t)$ 在 $t_m=0$ 处到达 $|x(t)|$ 的最大值，且假设 $x(0)>0$。

$\alpha\beta=1$ 当且仅当 $|x(t)|_{\max}=\int_{-\infty}^{\infty}|X(f)|df$ 和 $|X(f)|_{\max}=\int_{-\infty}^{\infty}|x(t)|dt$ 两式成立。

由 $|x(t)|_{\max}=\int_{-\infty}^{\infty}|X(f)|df$ 可以得到

$$X(f)e^{j2\pi f t_m}=|X(f)| \text{ 或 } X(f)e^{j2\pi f t_m}=-|X(f)|$$

由于 $|X(f)|$ 偶对称，因此在 $t_m=0$ 及 $x(0)>0$ 的假设下，$X(f)$ 是非负实偶函数。

由于只有偶函数的傅里叶变换是实函数，所以 $x(t)$ 是偶函数。

由 $|X(f)|_{\max}=\int_{-\infty}^{\infty}|x(t)|dt$ 可以得到

$$x(t)e^{-j2\pi f_m t}=|x(t)| \text{ 或 } x(t)e^{-j2\pi f_m t}=-|x(t)|$$

由于 $x(t)$ 是实函数及 $x(0)>0$ 可知 $f_m=0$ 且 $x(t)$ 是非负函数。

因此满足 $\alpha\beta=1$ 的信号是这样一种 $x(t)$ 的任意延迟，或者其倒极性的任意延迟，此 $x(t)$ 是非负的偶函数，它的傅里叶变换在 $f=0$ 处最大。符合这种情况的实例如三角信号，如图 2.5 所示。

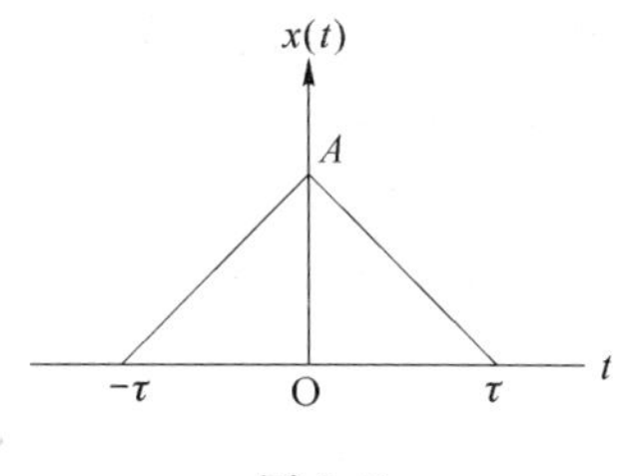

图 2.5

由 $|x(t)|_{\max}=A$，$\int_{-\infty}^{\infty}|x(t)|dt=A\tau$，可求得 $\alpha=\frac{A\tau}{A}=\tau$。由 $X(f)=A\tau\sin c^2(f\tau)$，$\int_{-\infty}^{\infty}|X(f)|df=\int_{-\infty}^{\infty}X(f)df=x(0)=A$，$|X(f)|_{\max}=A\tau$，可求得 $\beta=\frac{A}{A\tau}=\frac{1}{\tau}$，$\alpha\beta=1$。

第3章

随机过程分析理论

【基本知识点】随机过程的统计(概率)特性;高斯随机过程(正态);平稳随机过程通过线性系统;窄带随机过程;余弦波加窄带平稳高斯随机过程;匹配滤波器及其在最佳数字基础接收理论中的应用;循环平稳随机过程等。

【重点】随机过程的统计(概率)特性;高斯随机过程(正态);平稳随机过程通过线性系统等。

3.1 答疑解惑

3.1.1 什么是随机过程?

1. 定义

随机过程是由于某一随机性因素引起的变化过程。

(1) 随机过程 $X(t)$可视为无穷多个样本函数 $X_1(t), X_2(t), \cdots$ 的集合。该概念的意义在于:对平稳及各态历经的随机过程,仅研究一个样本函数即可。

(2) 随机过程 $X(t)$可视为无穷多个样本函数 $X(t_1), X(t_2), \cdots$ 的集合。该概念的意义在于:可由随机变量拓展到随机过程。

注意:随机过程包括随机信号和随机噪声。

2. 概率分布函数

定义随机变量 X 的概率分布函数 $F(x)$是 X 取值小于或等于某个数值 x 的概率 $P(X \leqslant x)$,即

$$F(x) = P(X \leqslant x)$$

在上述定义中,随机变量 X 可以是连续随机变量,也可以是离散随机变量。

对于离散随机变量,其分布函数也可以表示为

$$F(x) = P(X \leqslant x) = \sum_{x_i \leqslant x} P(x_i) \quad (i = 1, 2, 3, \cdots)$$

式中，$P(x_i)(i=1,2,3,\cdots)$是随机变量 X 取值为 x_i 的概率。

3. 概率密度函数

对于连续随机变量 X，其分布函数 $F(x)$若可以表示为

$$F(x)=\int_{-\infty}^{x}f(u)\mathrm{d}u$$

式中，$f(x)$为非负函数，称 $f(x)$为随机变量 X 的概率密度函数(简称概率密度)。

$$f(t)=\frac{\mathrm{d}F(x)}{\mathrm{d}x}$$

4. 随机过程的数字特征

(1) 数学期望(统计平均值)

$$E[X(t)]=\int_{-\infty}^{\infty}x\cdot p_1(x,t)\mathrm{d}x=m_X(t)$$

数学期望反映在孤立时刻点 t 上随机变量的统计平均值，它是时间 t 的函数，表示随机过程的 n 个样本函数曲线的摆动中心。

(2) 方差

$$D[X(t)]=E\{[X(t)-E[X(t)]]^2\}=\int_{-\infty}^{\infty}[x-m_X(t)]^2\cdot p_1(x,t)\mathrm{d}x=\sigma_X^2(t)$$

方差反映了随机变量偏离统计平均量的差的平方的统计平均值。方差等于均方值与数学期望平方之差，表示随机过程在时刻 t 对于均值 $m_X(t)$的偏离程度。

(3) 自相关函数(统计平均)

$$R_X(t_1,t_2)=E[X(t_1)X(t_2)]=\int_{-\infty}^{\infty}\int_{-\infty}^{\infty}x_1x_2p_2(x_1,x_2,t_1,t_2)\mathrm{d}x_1\mathrm{d}x_2$$

自相关函数反映了同一随机过程在不同两个时刻点上随机变量之间的统计联系，一般代表其波形的自相似性。

(4) 自协方差函数

$$\begin{aligned}C_X(t_1,t_2)&=E\{[X(t_1)-m_X(t)][X(t_2)-m_X(t)]\}\\&=\int_{-\infty}^{\infty}\int_{-\infty}^{\infty}[x_1-m_X(t_1)][x_2(t)-m_X(t_2)]p_2(x_1,x_2,t_1,t_2)\mathrm{d}x_1\mathrm{d}x_2\\&=R_X(t_1,t_2)-m_X(t_1)m_X(t_2)\end{aligned}$$

(5) 归一化协方差函数(相关系数)

$$\rho_X(t_1,t_2)=\frac{C_X(t_1,t_2)}{\sigma_X(t_1)\sigma_X(t_2)}$$

在归一化协方差函数(相关系数)中，若 $\rho_X(t_1,t_2)=0$ 或者 $C_X(t_1,t_2)=0$，则称 $X(t_1)$和 $X(t_2)$不相关，即两者相互统计独立。

3.1.2 什么是平稳随机过程?

1. 定义

统计特性与实践起点无关的随机过程。

2. 严格平稳随机过程

严格(狭义)平稳：任何 n 维分布特性与时间起点无关，即满足：

一维分布与时间 t 无关：$f_1(x,t)=f_1(x)$

二维分布只与时间差 τ 有关：$f_2(x_1,x_2,t_1,t_2)=f_2(x_1,x_2,\tau)$

3. 广义平稳随机过程

宽（广义）平稳：数字特征与时间起点无关，即满足

数学期望与时间 t 无关：$m_X(t)=m_X$

方差与时间 t 无关：$\sigma_X^2(t)=\sigma_X^2$

自相关函数只与时间差 τ 有关：$R_X(t_1,t_2)=R_X(\tau)$

4. 平稳随机过程相关函数的性质

对于实平稳过程 $X(t)$，若 $R_X(\tau)$ 是相关函数。则有

(1) $R_X(0)=E[X^2(t)]$；

(2) $R_X(\tau)=R_X(-\tau)$；

(3) $|R_X(\tau)|\leqslant R_X(0)$；

(4) 若 $X(t)=X(t+T)$，即为周期是 T 的随机过程，则有 $R_X(\tau)=R_X(\tau+T)$，它也是周期为 T 的周期函数；

(5) 当 $|\tau|\to\infty$ 时，$X(t)$ 与 $X(t+\tau)$ 相互独立，所以如果 $E[X(t)]=0$，则有

$$\lim_{|\tau|\to\infty} R_x(\tau)=0$$

5. 各态历经性（遍历性）

若有某种平稳随机过程，它的数字特征（均为统计平均）完全可由随机过程中的任一实现（样本函数）的数字特征（均为时间平均）来代替。这也就是说，假设 $x(t)$ 是平稳随机过程 $X(t)$ 的任意一个实现，它的时间均值和时间相关函数则分别满足下式：

$$\overline{m_X}=\overline{x(t)}=\lim_{T\to\infty}\frac{1}{T}\int_{-T/2}^{T/2}x(t)\mathrm{d}t$$

$$\overline{R_X(\tau)}=\overline{x(t)x(t+\tau)}=\lim_{T\to\infty}\frac{1}{T}\int_{-T/2}^{T/2}x(t)x(t+\tau)\mathrm{d}t$$

此时，称该平稳随机过程具有各态历经性。

注意：各态历经性表明随机过程中的任一实现（样本函数）都经历了随机过程的所有可能的状态。

若 $P\{E[X(t)]=\overline{x(t)}\}=1$，则 $X(t)$ 是均值遍历过程；若 $P\{R_X(\tau)=\overline{x(t)x(t+\tau)}\}=1$，则 $X(t)$ 是自相关遍历过程。若 $X(t)$ 是均值和自相关遍历过程，则 $X(t)$ 称为宽遍历随机过程。若 $X(t)$ 的所有统计平均特性和其样本函数所有相应的时间平均特性均以概率为一相等，则称 $X(t)$ 为严遍历过程或窄义遍历过程。

6. 平稳随机过程的功率谱密度

维纳-辛钦定理：$R_X(\tau)\Leftrightarrow P_X(\omega)$

即平稳随机过程的自相关函数与功率谱密度互为傅里叶变换：

$$\left.\begin{aligned}P_X(\omega)&=\int_{-\infty}^{\infty}R_X(\tau)\mathrm{e}^{-\mathrm{j}\omega\tau}\mathrm{d}\tau\\R_X(\tau)&=\frac{1}{2\pi}\int_{-\infty}^{\infty}P_X(\omega)\mathrm{e}^{\mathrm{j}\omega\tau}\mathrm{d}\omega\end{aligned}\right\}$$

7. 平稳随机过程功率谱密度的性质

(1) $P_X(\omega)\geqslant 0$；

(2) $R_X(0)=E[X^2(t)]=\frac{1}{2\pi}\int_{-\infty}^{\infty}P_X(\omega)\mathrm{d}\omega$；

(3) $P_X(0)=\int_{-\infty}^{\infty}R_X(\tau)\mathrm{d}\tau$；

(4) 若 $X(t)$为实平稳随机过程，则 $R_X(\tau)$和 $P_X(\omega)$均为偶函数。

注意：这里的 $P_X(\omega)$为双边功率密度谱。

3.1.3 什么是高斯随机过程(正态)？

1. 高斯随机过程(正态)的定义

如果随机过程 $X(t)$的任意 n 维($n=1,2,\cdots$)分布都是正态分布，则称它为高斯随机过程或正态过程。

2. 高斯随机过程(正态)的性质

(1) 广义平稳⇒狭义平稳(通常，仅反向成立)；

(2) 不相关⇒统计独立(通常，仅反向成立)；

(3) 高斯过程 1+高斯过程 2=高斯过程(数字特征可能改变)；

(4) 输入高斯过程$\xrightarrow{\text{线性系统}}$输出高斯过程(数字特征可能改变)。

由于高斯分布中仅含数学期望 a 和方差 σ^2 两个(套)常数参量，因而输出过程的计算就相当简单。

3. 一维正态分布及其特性

高斯过程在任一时刻上的样值是一个一维高斯随机变量。

(1) 一维概率密度函数

$$f(x)=\frac{1}{\sqrt{2\pi}\sigma}\exp\left[-\frac{(x-a)^2}{2\sigma^2}\right]$$

式中，a 为数学期望，σ^2 为方差。

(2) 一维概率密度函数的性质

① 偶对称(以 $x=a$ 为轴)；

② 钟形：$a\to-\infty$(单调上升)，$a\to+\infty$(单调下降)，$x=a$(最大值)；

③ 单位面积$\int_{-\infty}^{\infty}p_1(x)\mathrm{d}x=1$(概率密度含义)；

④ σ 一定，改变 a：曲线左、右平移，形状不变。可见：a 表示分布中心(概率集中分布的位置)。a 一定，减小(增大)σ：曲线变窄(宽)而高(低)，中心位置不变。可见：σ 表示概率分布的集中程度。σ 越小，分布越集中于 a 附近。

⑤ 标准化分布($a=0,\sigma=1$)

$$f(x)=\frac{1}{\sqrt{2\pi}}\exp(-\frac{x^2}{2})$$

(3) 一维分布函数

$$F(x)=\int_{-\infty}^{x}f(x)\mathrm{d}x=\int_{-\infty}^{x}\frac{1}{\sqrt{2\pi}\sigma}\exp[-\frac{(x-a)^2}{2\sigma^2}]\mathrm{d}x$$

(4) 计算公式

$$
\begin{aligned}
F(x)&=\Phi\left(\frac{x-a}{\sigma}\right)\\
&=\frac{1}{2}+\frac{1}{2}\mathrm{erf}\left(\frac{x-a}{\sqrt{2}\sigma}\right)(\text{当 } x\geqslant a)\\
&=1-\frac{1}{2}\mathrm{erf}\left(\frac{x-a}{\sqrt{2}\sigma}\right)(\text{当 } x\leqslant a)\\
&=1-Q\left(\frac{x-a}{\sigma}\right)
\end{aligned}
$$

式中

概率积分函数：$\Phi(x)=\dfrac{1}{\sqrt{2\pi}}\displaystyle\int_{-\infty}^{x}\exp\left(-\frac{z^2}{2}\right)\mathrm{d}z$

误差函数：$\mathrm{erf}(x)=\dfrac{2}{\sqrt{\pi}}\displaystyle\int_{0}^{x}\mathrm{e}^{-z^2}\mathrm{d}z$

互补误差函数：$\mathrm{erfc}(x)=1-\mathrm{erf}(x)=\dfrac{2}{\sqrt{\pi}}\displaystyle\int_{x}^{\infty}\mathrm{e}^{-z^2}\mathrm{d}z$

Q 函数：$Q(x)=\dfrac{1}{\sqrt{2\pi}}\displaystyle\int_{x}^{\infty}\mathrm{e}^{-z^2/2}\mathrm{d}z$

相互间的关系为

$$
\left.\begin{aligned}
&\mathrm{erf}(x)=2\Phi(\sqrt{2}x)-1\\
&Q(x)=\frac{1}{2}\mathrm{erfc}\left(\frac{x}{\sqrt{2}}\right)
\end{aligned}\right\}
$$

3.1.4 什么是窄带随机过程?

1. 窄带随机过程的定义

频带宽度远远小于其中心频率的过程称为窄带随机过程。

注意:白噪声通过带通系统后就是窄带随机过程,可以写成窄带过程的表达式。

2. 窄带随机过程的表示式

$$X(t)=a(t)\cos[\omega_c t+\varphi(t)]=X_c(t)\cos\omega_c t-X_S(t)\sin\omega_c t$$

则

$$X_c(t)=a(t)\cos\varphi(t),X_S(t)=a(t)\sin\varphi(t)$$

式中,$a(t)$称为瞬时包络,$\varphi(t)$称为瞬时相位,$X_c(t)$称为同相分量,$X_s(t)$称为正交分量。

$X(t)$的解析信号可表示为

$$z(t)=X(t)+\mathrm{j}\hat{X}(t)=X_L(t)\mathrm{e}^{\mathrm{j}\omega_c t}$$

式中,$X_L(t)$称为 $X(t)$的复包络,而 $\mathrm{e}^{\mathrm{j}\omega_c t}$称为复载波。

可以得到:

$$\text{同相分量}:X_c(t)=X(t)\cos\omega_c t+\hat{X}(t)\sin\omega_c t$$

$$\text{正交分量}:X_s(t)=\hat{X}(t)\cos\omega_c t-X(t)\sin\omega_c t$$

3. 窄带随机过程性质

(1) $R_Z(\tau)=2[R_X(\tau)+\mathrm{j}\hat{R}_X(\tau)]$，$P_Z(\omega)=4P_X(\omega)u(\omega)$；

(2) $R_{X_L}(\tau)=R_Z(\tau)\mathrm{e}^{-\mathrm{j}\omega_c\tau}$，$P_{X_L}(\omega)=P_Z(\omega+\omega_C)$；

(3) $X_c(t)$和$X_s(t)$的性质

① 若$X(t)$是高斯过程，则$X_c(t)$和$X_s(t)$也是高斯过程；若$X(t)$是宽平稳过程，则$X_c(t)$和$X_s(t)$为联合宽平稳过程，且互相关函数为

$$R_{X_cX_s}(\tau)=R_{X_cX_s}(-\tau)=-\hat{R}(\tau)\cos\omega_c t+R_X(\tau)\sin\omega_c t$$

② 均值为0的窄带高斯平稳随机过程，其$X_c(t)$和$X_s(t)$也是高斯平稳过程，且均值为0，方差等于$X(t)$的方差，在同一时刻$X_c(t)$和$X_s(t)$相互独立。

③ $R_{X_c}(\tau)=R_{X_s}(\tau)=R_X(\tau)\cos\omega_c t+\hat{R}_X(\tau)\sin\omega_c t$；

$P_{X_c}(\omega)=P_{X_s}(\omega)=P_X(\omega+\omega_c)u(\omega+\omega_c)+P_X(\omega-\omega_c)u(\omega_c-\omega)$；

④ $a(t)$和$\varphi(t)$的概率密度

$$p_a(a)=\frac{a}{\sigma^2}\exp\left(-\frac{a^2}{2\sigma^2}\right)\quad a\geqslant 0 \text{ 服从瑞利分布}$$

$$p_\varphi(\varphi)=\frac{1}{2\pi}\quad (0\leqslant\varphi\leqslant 2\pi)\text{ 服从均匀分布}$$

在同一时刻$a(t)$和$\varphi(t)$相互独立，所以$p_{a,\varphi}(a,\varphi)=p_a(a)p_\varphi(\varphi)$（包络与相位统计独立）。

3.1.5 什么是正弦波加窄带高斯过程？

正弦波加窄带高斯过程的表达式为

$$r(t)=A\cos(\omega_0 t+\theta)+n(t)$$

式中，A为正弦波的确知振幅，ω_0为正弦波的角频率，θ为正弦波的随机相位，$n(t)$为窄带高斯噪声。

$r(t)$的包络的概率密度函数为

$$p_r(x)=\frac{x}{\sigma^2}I_0\left(\frac{Ax}{\sigma^2}\right)\exp\left[-\frac{1}{2\sigma^2}(x^2+A^2)\right]\quad (x\geqslant 0)$$

其为广义瑞利分布（或莱斯分布）。当SNR很小时，其为瑞利分布。式中，σ^2是$n(t)$的方差，$I_0(x)$为零阶修正贝塞尔函数。

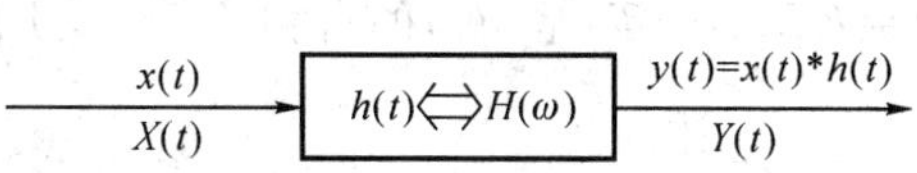

$x(t)$ / $X(t)$ → $h(t)\Leftrightarrow H(\omega)$ → $y(t)=x(t)*h(t)$ / $Y(t)$

图 3.1

3.1.6 $Y(t)$有哪些性质？

令：$R_X(\tau)\Leftrightarrow P_X(\omega)$，$h(t)\Leftrightarrow H(\omega)$，$R_Y(\tau)\Leftrightarrow P_Y(\omega)$

(1) 期望为$m_Y(t)=E[Y(t)]=m_X\int_{-\infty}^{\infty}h(u)\mathrm{d}u=m_X H(0)=m_Y$，与$t$无关。

(2) 自相关函数为$R_Y(t_1,t_2)=\int_{-\infty}^{\infty}\int_{-\infty}^{\infty}R_X(\tau+u-v)h(u)h(v)\mathrm{d}u\mathrm{d}v=R_Y(\tau)$，与$t$无

关，所以 $Y(t)$ 是平稳过程，即平稳过程经过线性系统后仍为平稳过程。

(3) 功率谱密度为 $P_Y(\omega)=|H(\omega)|^2 P_X(\omega)$。

(4) 互相关函数为 $R_{XY}(t_1,t_2)=\int_{-\infty}^{\infty} R_X(\tau-u)h(u)\mathrm{d}u=R_X(\tau)*h(\tau)=R_{XY}(\tau)$。

(5) 互功率谱密度为 $P_{XY}(\omega)=P_X(\omega)H(\omega)$。

(6) 若 $X(t)$ 是正态随机过程，则 $Y(t)$ 也是正态随机过程；若 $X(t)$ 的带宽远远大于系统的带宽，则 $Y(t)$ 趋近正态过程，所以白噪声通过窄带系统后为正态过程。

3.1.7 什么是平稳随机过程通过希尔伯特滤波器后的输出特性？

对于平稳随机过程通过希尔伯特滤波器，有：$h(t)=\frac{1}{\pi t}$，$H(\omega)=-\mathrm{j}\,\mathrm{sgn}(\omega)$，有：

(1) $R_{\hat{X}}(\tau)=R_X(\tau)$，$P_{\hat{X}}(\omega)=P_X(\omega)$；

(2) $R_{X\hat{X}}(\tau)=\hat{R}_X(\tau)$ 为奇函数。

3.1.8 什么是匹配滤波器？

(1) 匹配滤波器的定义

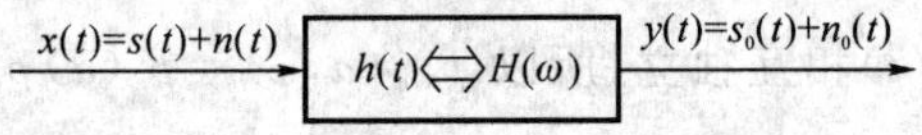

$x(t)=s(t)+n(t)$ → $h(t)\Leftrightarrow H(\omega)$ → $y(t)=s_0(t)+n_0(t)$

图 3.2

我们称能够保证在某时刻 t_0 输出信号 $s_0(t_0)$ 的瞬时功率与输出噪声 $n_0(t)$ 的平均功率之比（称作输出信噪比）最大的线性滤波器为信号 $s(t)$ 的匹配滤波器。

(2) 匹配滤波器的性质

当 $h(t)=Ks(t_0-1)$ 时，线性滤波器在 $t=t_0$ 抽样时刻所能得到最大的输出信噪比为

$$r_{0\max}=\left.\frac{2E}{N_0}\right|_{t=t_0}=\frac{\frac{1}{\pi}\int_{-\infty}^{\infty}|S(\omega)|^2\mathrm{d}\omega}{N_0}$$

为了在物理上实现该滤波器，匹配滤波器的输入信号 $s(t)$ 必须在 t_0 时刻之前消失，若 $s(t)$ 在 T 时刻消失，一般总希望 t_0 尽可能的小，所以选 $t_0=T$，则有

$$h(t)=Ks(T-t)$$

当 $x(t)=s(t)$ 时，$y(t)=KR_S(t-T)$ 是 $s(t)$ 的自相关函数，所以匹配滤波器可以看作是一个相关器。

典型题解 绪论

3.2 典型题解

题型 1 随机过程分析

【例 3.1.1】 设随机过程 $\xi(t)$ 可以表示为 $\xi(t)=2\cos(2\pi t+\theta)$，式中，$\theta$ 是一个离散随机变量，且 $P(\theta=0)=\frac{1}{2}$，$P\left(\theta=\frac{\pi}{2}\right)=\frac{1}{2}$，试求 $E_\xi(1)$ 及 $R_\xi(0,1)$。

分析:由随机过程的理论可知,当一个随机过程的参数 t 固定时,这个随机过程就变为随机变量。本题的关键是明白 $E_\xi(1)$ 及 $R_\xi(0,1)$ 的含义。前者是指当 $t=1$ 时,所得随机变量的均值,后者是指当 $t=0$ 及 $t=1$ 时,所得的两个随机变量的互相关函数。

答:因为 θ 是一个离散随机变量,所以

$$E_\xi(1)=E[2\cos(2\pi t+\theta)]\big|_{t=1}=E[2\cos(2\pi+\theta)]$$
$$=2E[\cos\theta]=2\left(\frac{1}{2}\cos 0+\frac{1}{2}\cos\frac{\pi}{2}\right)=1$$
$$R_\xi(0,1)=E[\xi(0)\xi(1)]=E[2\cos\theta\times 2\cos(2\pi+\theta)]=4E[\cos\theta^2]$$
$$=4\left(\frac{1}{2}\cos^2 0+\frac{1}{2}\cos^2\frac{\pi}{2}\right)=2$$

【例 3.1.2】 求乘积 $z(t)=x(t)y(t)$ 的自相关函数。已知 $x(t)$ 和 $y(t)$ 是统计独立的平稳随机过程,且它们的自相关函数分别为 $R_x(\tau)$,$R_y(\tau)$。

分析:熟练掌握平稳随机过程自相关函数的定义 $R_z(t_1,t_2)=R_z[z(t_1)\cdot z(t_2)]$,及 x 与 y 独立时,$E[xy]=E[x]\cdot E[y]$。

答:

$$R_z(t_1,t_2)-R_z[z(t_1)\cdot z(t_2)]=E[x(t_1)y(t_1)\cdot x(t_2)y(t_2)]$$
$$=E[x(t_1)x(t_2)\cdot y(t_1)y(t_2)]$$
$$=E[x(t_1)x(t_2)]\cdot E[y(t_1)y(t_2)]\text{(因为 }x(t)\text{和 }y(t)\text{统计独立)}$$
$$=R_x(t_2-t_1)R_y(t_2-t_1)\text{(令 }t_2-t_1=\tau)$$
$$=R_x(\tau)R_y(\tau)$$
$$=R_z(\tau)$$

所以,$z(t)$ 也是平稳随机过程,且有 $R_z(\tau)=R_x(\tau)R_y(\tau)$。

【例 3.1.3】 求随机相位正弦波 $x(t)=\cos(\omega_0 t+\theta)$ 的自相关函数、功率谱密度和功率。式中,ω_0 是常数,θ 是在区间 $[0,2\pi]$ 上均匀分布的随机变量。

答:

$$R(\tau)=E[\cos(\omega_0 t+\theta)\cos(\omega_0 t+\omega_0\tau+\theta)]$$
$$=E\{\cos(\omega_0 t+\theta)[\cos(\omega_0 t+\theta)\cos\omega_0\tau-\sin(\omega_0 t+\theta)\sin\omega_0\tau]\}$$
$$=\cos\omega_0\tau\cdot E[\cos^2(\omega_0 t+\theta)]-\sin\omega_0\tau\cdot E[\frac{1}{2}\sin(2\omega_0 t+2\theta)]$$
$$=\frac{1}{2}\cos\omega_0\tau$$
$$P(\omega)=\int_{-\infty}^{\infty}R(\tau)e^{-j\omega\tau}d\tau=\frac{\pi}{2}[\delta(\omega+\omega_0)+\delta(\omega-\omega_0)]$$
$$S=\frac{1}{2\pi}\int_{-\infty}^{\infty}P(\omega)d\omega=\frac{1}{2}$$

【例 3.1.4】 设 $Y(t)=X(t)\cos(2\pi f_c t+\theta)$,其中 $X(t)$ 与 θ 统计独立,$X(t)$ 为 0 均值的平稳随机过程,自相关函数与功率谱密度分别为 $R_X(\tau)$,$P_X(f)$。

(1) 若 θ 在 $(0,2\pi)$ 均匀分布,求 $Y(t)$ 的均值、自相关函数和功率谱密度;

(2) 若 θ 为常数,求 $Y(t)$ 的均值、自相关函数和功率谱密度。

答:无论是(1)还是(2),都有

$$E[Y(t)]=E[X(t)]E[\cos(2\pi f_c t+\theta)]=0$$
$$R_Y(\tau)=E[Y(t)Y(t+\tau)]$$
$$=E[X(t)\cos(2\pi f_c t+\theta)X(t+\tau)\cos(2\pi f_c t+\theta+2\pi f_c\tau)]$$
$$=\frac{1}{2}R_X(\tau)E[\cos 2\pi f_c\tau+\cos(4\pi f_c t+2\theta+2\pi f_c\tau)]$$
$$=\frac{1}{2}R_X(\tau)\cos 2\pi f_c\tau+\frac{1}{2}R_X(\tau)E[\cos(4\pi f_c t+2\theta+2\pi f_c\tau)]$$

在(1)条件下,θ的概率密度函数为

$$p(\theta)=\begin{cases}\dfrac{1}{2\pi} & \theta\in[0,2\pi)\\ 0 & 其他\end{cases}$$

于是

$$E[\cos(4\pi f_c t+2\theta+2\pi f_c\tau)]=\frac{1}{2\pi}\int_0^{2\pi}\cos(4\pi f_c t+2\theta+2\pi f_c\tau)\mathrm{d}t=0$$

因此

$$R_Y(\tau)=\frac{1}{2}R_X(\tau)\cos 2\pi f_c\tau$$

$$\begin{aligned}P_Y(f)&=\int_{-\infty}^{\infty}R_Y(\tau)\mathrm{e}^{-\mathrm{j}2\pi f\tau}\mathrm{d}\tau\\&=\int_{-\infty}^{\infty}R_X(\tau)\frac{\cos 2\pi f_c\tau}{2}\mathrm{e}^{-\mathrm{j}2\pi f\tau}\mathrm{d}\tau\\&=\frac{P_X(f-f_c)+P_X(f+f_c)}{4}\end{aligned}$$

在(2)条件下

$$R_Y(\tau)=\frac{1}{2}R_X(\tau)\cos 2\pi f_c\tau+\frac{1}{2}R_X(\tau)\cos(4\pi f_c t+2\theta+2\pi f_c\tau)$$

表明$Y(t)$是循环平稳随机过程。对时间t平均,由于$\overline{\cos(4\pi f_c t+2\theta+2\pi f_c\tau)}=0$,所以$Y(t)$的平均自相关函数是

$$\overline{R_Y(\tau)}=\frac{1}{2}R_X(\tau)\cos 2\pi f_c\tau$$

因此平均功率谱密度是

$$P_Y(f)=\frac{P_X(f-f_c)+P_X(f+f_c)}{4}$$

【例 3.1.5】 若随机过程$z(t)=m(t)\cos(\omega_0 t+\theta)$,其中$m(t)$是广义平稳随机过程,且自相关函数$R_m(\tau)$为

$$R_m(\tau)=\begin{cases}1+\tau & -1<\tau<0\\ 1-\tau & 0\leqslant\tau<1\\ 0 & 其他\end{cases}$$

θ是服从均匀分布的随机变量,它与$m(t)$彼此统计独立。

(1) 证明$z(t)$是广义平稳的;

(2) 绘出自相关函数$R_z(\tau)$的波形;

(3) 求功率谱密度$P_z(\omega)$及功率S。

分析:证明一个随机过程是广义平稳的,只要证明其均值与时间无关,自相关函数只与时间间隔有关而和时间起点无关即可。另外对于平稳随机过程而言,功率谱密度是自相关函数的傅里叶变换,功率为自相关函数当τ取0时的值。有时傅里叶变换较困难。

答:(1)因为$m(t)$是广义平稳随机过程,所以其均值为$E[m(t)]=a$(常数);而θ是服从均匀分布的,所以$f(\theta)=\dfrac{1}{2\pi}$,$(0\leqslant\theta\leqslant 2\pi)$,又因为$\theta$是与$m(t)$彼此统计独立的,所以

$$\begin{aligned}E[z(t)]&=E[m(t)\cos(\omega_0 t+\theta)]\\&=E\{m(t)[\cos\omega_0 t\cos\theta-\sin\omega_0 t\sin\theta]\}\\&=E[m(t)]E[\cos\omega_0 t\cos\theta-\sin\omega_0 t\sin\theta]\\&=a\int_0^{2\pi}[\cos\omega_0 t\cos\theta-\sin\omega_0 t\sin\theta]\frac{1}{2\pi}\mathrm{d}\theta=0\end{aligned}$$

$$
\begin{aligned}
R_z[t_1,t_2]&=E[z(t_1)z(t_2)]=E[m(t_1)\cos(\omega_0 t_1+\theta)m(t_2)\cos(\omega_0 t_2+\theta)]\\
&=E[m(t_1)m(t_2)]E[\cos(\omega_0 t_1+\theta)\cos(\omega_0 t_2+\theta)]\\
&=0.5R_m(\tau)E\{\cos[\omega_0(t_1+t_2)+2\theta]+\cos\omega_0(t_2-t_1)\}\\
&=0.5R_m(\tau)\{E[\cos\omega_0(t_2-t_1)]+E[\cos\omega_0(t_1+t_2)\cos 2\theta-\sin\omega_0(t_1+t_2)\sin 2\theta]\}\\
&=0.5R_m(\tau)\{E[\cos\omega_0(t_2-t_1)]+0\}\\
&=0.5R_m(\tau)E[\cos\omega_0(t_2-t_1)]\text{(令 } t_2-t_1=\tau)\\
&=0.5R_m(\tau)\cos\omega_0\tau
\end{aligned}
$$

由于 $R_z[t_1,t_2]$ 与时间起点无关，而只与时间间隔有关，且 $E[z(t)]=0$ 与时间无关，所以 $z(t)$ 是广义平稳的。

(2)

$$
R_z(\tau)=0.5R_m(\tau)\cos\omega_0\tau
=\begin{cases}0.5(1+\tau)\cos\omega_0\tau & -1<\tau<0\\ 0.5(1-\tau)\cos\omega_0\tau & 0\leqslant\tau<1\\ 0 & \text{其他}\end{cases}
$$

$R_z(\tau)$ 的波形可以看成一个余弦函数和一个三角波的乘积，如图 3.3 所示。

(3) 因为 $z(t)$ 是广义平稳的，所以，$P_z(\omega)\Leftrightarrow R_z(\tau)$ 即

$$
\begin{aligned}
P_z(\omega)&=\frac{1}{2\pi}\times\pi[\delta(\omega+\omega_0)+\delta(\omega-\omega_0)]*0.5[\mathrm{Sa}\frac{\omega}{2}]^2\\
&=\frac{1}{4}\{\frac{\mathrm{Sa}(\omega+\omega_0)^2}{2}+\frac{\mathrm{Sa}(\omega-\omega_0)^2}{2}\}
\end{aligned}
$$

$$S=R_z(0)=\frac{1}{2}$$

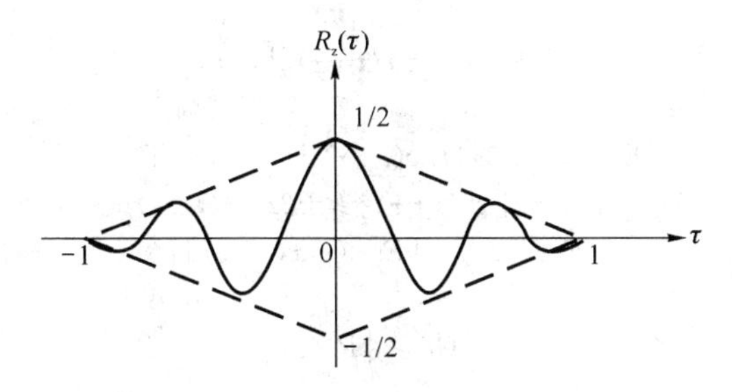

图 3.3

【例 3.1.6】 $\xi(t)$ 是一个平稳随机过程，它的自相关函数是周期为 $2s$ 的周期函数。在区间 $(-1,1)s$ 上该自相关函数 $R(\tau)=1-|\tau|$，如图 3.4 所示。试求 $\xi(t)$ 的功率谱密度 $P_\xi(\omega)$。

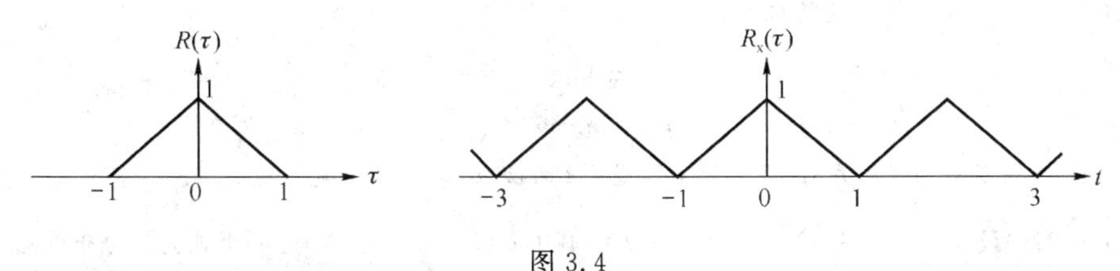

图 3.4

分析：本题仍是利用平稳随机过程功率谱密度是自相关函数的傅里叶变换的性质，其难点是求周期函数的傅里叶变换。

答：因为 $\xi(t)$ 是平稳随机过程，所以 $P_\xi(\omega)\Leftrightarrow R_\xi(\tau)$

$$R_\xi(\tau)=R(\tau)*\delta_T(t)$$

而

$$=R(\tau)*\sum_{n=-\infty}^{\infty}\delta_T(t-nT)$$

所以

$$\begin{aligned} P_\xi(\omega) &= P(\omega)\times\Omega\delta_\Omega(\omega) \\ &= P(\omega)\times\Omega\sum_{n=-\infty}^{\infty}\delta_\Omega(\omega-n\Omega) \\ &= \Omega\sum_{n=-\infty}^{\infty}P(n\Omega)\delta_\Omega(\omega-n\Omega)\text{(其中 }\Omega=\frac{2\pi}{T}=\pi\text{)} \\ &= \pi\sum_{n=-\infty}^{\infty}P(n\pi)\delta(\omega-n\pi) \end{aligned}$$

$$R(\tau)=\begin{cases}1+\tau & -1<\tau<0\\ 1-\tau & 0<\tau<1\\ 0 & \text{其他}\end{cases}$$

对应

$$P(\omega)=\mathrm{Sa}^2\ \frac{\omega}{2}$$

所以

$$P_\xi(\omega)=\pi\sum_{n=-\infty}^{\infty}\mathrm{Sa}^2\left(\frac{n\pi}{2}\right)\delta(\omega-n\pi)$$

【例 3.1.7】 证明平稳随机过程 $x(t)$的自相关函数满足:$R_x(0)\geqslant|R_x(\tau)|$。

分析:根据非负式 $E[x(t)\pm x(t+\tau)]^2\geqslant 0$ 推演而得,注意自相关函数性质。

答:因为 $x(t)$是平稳随机过程,所以有

$$R_x(\tau)=E[x(t)x(t+\tau)]$$

$$R_x(0)=E[x(t)^2]$$

因为

$$E[x(t)\pm x(t+\tau)]^2\geqslant 0$$

所以

$$E[x^2(t)\pm 2x(t)x(t+\tau)+x^2(t+\tau)]\geqslant 0$$

$$E[x^2(t)]+E[x^2(t+\tau)]\geqslant\pm 2E[x(t)x(t+\tau)]$$

$$E[x^2(t)]\geqslant|E[x(t)x(t+\tau)]|$$

即

$$R_x(0)\geqslant|R_x(\tau)|$$

原命题得证。

【例 3.1.8】 设有复随机信号 $\xi(t)=\mathrm{e}^{\mathrm{j}(2\pi f_c t+\theta)}$,其中 θ 等概取值于$\left\{0,\frac{\pi}{3},-\frac{\pi}{3}\right\}$这 3 种相位。求 $\xi(t)$的均值 $E[\xi(t)]$和自相关函数 $E[\xi^*(t)\xi(t+\tau)]$,请问 $\xi(t)$是不是广义平稳过程?

答:$\xi(t)=\mathrm{e}^{\mathrm{j}\theta}\mathrm{e}^{\mathrm{j}2\pi f_c t}$,其中 $\mathrm{e}^{\mathrm{j}\theta}$是随机的。

$$E[\xi(t)]=E[\mathrm{e}^{\mathrm{j}\theta}]\mathrm{e}^{\mathrm{j}2\pi f_c t}=\frac{1}{3}(1+\mathrm{e}^{\mathrm{j}\frac{\pi}{3}}+\mathrm{e}^{-\mathrm{j}\frac{\pi}{3}})\mathrm{e}^{\mathrm{j}2\pi f_c t}=\frac{2}{3}\mathrm{e}^{\mathrm{j}2\pi f_c t}$$

$$E[\xi^*(t)\xi(t+\tau)]=E[(\mathrm{e}^{-\mathrm{j}\theta}\mathrm{e}^{-\mathrm{j}2\pi f_c t})(\mathrm{e}^{\mathrm{j}\theta}\mathrm{e}^{\mathrm{j}2\pi f_c(t+\tau)})]=\mathrm{e}^{\mathrm{j}2\pi f_c\tau}$$

虽然 $\xi(t)$的自相关函数与 t 无关,但因为数学期望是 t 的函数,所以它不是平稳过程。

【例 3.1.9】 设 $x(t)=\frac{1}{\sqrt{N}}\sum_{i=1}^{N}\cos(2\pi it+\theta_i)$,其中 $\theta_i(i=1,2,\cdots,N)$是一组独立同分布的随机变量,θ_i 均匀分布在$[0,2\pi]$内。

(1) 求 $x(t)$的数学期望 $m_x(t)=E[x(t)]$;

(2) 求 $x(t)$的自相关函数 $R_x(t,t+\tau)=E[x(t)x(t+\tau)]$;

(3) 若 $N\to\infty$,求 $x(t)$的一维分布。

答：(1) $m_x(t)=E[x(t)]$

$$=\frac{1}{\sqrt{N}}\sum_{i=1}^{N}E[\cos(2\pi it+\theta_i)]$$

$$=\frac{1}{\sqrt{N}}\sum_{i=1}^{N}\int_0^{2\pi}\frac{1}{2\pi}\cos(2\pi it+\varphi)\mathrm{d}\varphi=0$$

(2) $R_x(t,t+\tau)=E[x(t)x(t+\tau)]$

$$=\frac{1}{N}E\Big[\Big(\sum_{i=1}^{N}\cos(2\pi it+\theta_i)\Big)\Big(\sum_{j=1}^{N}\cos(2\pi jt+2\pi j\tau+\theta_j)\Big)\Big]$$

$$=\frac{1}{N}E\Big[\sum_{i=1}^{N}\sum_{j=1}^{N}\cos(2\pi it+\theta_i)\cos(2\pi jt+2\pi j\tau+\theta_j)\Big]$$

$$=\frac{1}{N}\sum_{i=1}^{N}\sum_{j=1}^{N}E[\cos(2\pi it+\theta_i)\cos(2\pi jt+2\pi j\tau+\theta_j)]$$

由于 θ_i 和 θ_j 独立，所以对于 $i\neq j$

$$E[\cos(2\pi it+\theta_i)\cos(2\pi jt+2\pi j\tau+\theta_j)]$$
$$=E[\cos(2\pi it+\theta_i)]E[\cos(2\pi jt+2\pi j\tau+\theta_j)]=0$$

对于 $i=j$

$$E[\cos(2\pi it+\theta_i)\cos(2\pi jt+2\pi j\tau+\theta_j)]$$
$$=\frac{1}{2}E[\cos 2\pi i\tau+\cos(4\pi it+2\pi i\tau+\theta_i)]$$
$$=\frac{1}{2}E[\cos 2\pi i\tau]+\frac{1}{2}E[\cos(4\pi it+2\pi i\tau+\theta_i)]$$
$$=\frac{\cos 2\pi i\tau}{2}$$

因此

$$R_x(t,t+\tau)=\frac{1}{2N}\sum_{i=1}^{N}\cos 2\pi i\tau=R_x(\tau)$$

上述结果表明 $x(t)$ 是广义平稳过程。

(3) 由中心极限定律知，$N\to\infty$ 时，$x(t)$ 将趋向于高斯分布。其均值为 $m_x=0$，方差为 $R_x(0)=\frac{1}{2}$，故一维分布是

$$p(x)=\frac{1}{\sqrt{\pi}}\mathrm{e}^{-x^2}$$

【例 3.1.10】 设 $D(t)=\sum_{n=-\infty}^{\infty}a_n g(t-nT-t_0)$，其中码元 a_n 等概取值于 ±1，a_n 与 $a_m(n\neq m)$ 互相独立；t_0 是在 $(0,T)$ 内均匀分布的随机变量，且与 a_n 独立。码元波形 $g(t)=\begin{cases}1 & 0\leqslant t\leqslant T\\ 0 & \text{others}\end{cases}$。求 $D(t)$ 的自相关函数和功率谱密度。

答：

$$R_D(t,t+\tau)=E[D(t)D(t+\tau)]$$

$$=E\Big[\sum_{n=-\infty}^{\infty}a_n g(t-nT-t_0)\sum_{m=-\infty}^{\infty}a_m g(t+\tau-mT-t_0)\Big]$$

$$=E\Big[\sum_{n=-\infty}^{\infty}\sum_{m=-\infty}^{\infty}a_n a_m g(t-nT-t_0)g(t+\tau-mT-t_0)\Big]$$

$$=\sum_{n=-\infty}^{\infty}\sum_{m=-\infty}^{\infty}E[a_n a_m]E[g(t-nT-t_0)g(t+\tau-mT-t_0)]$$

$$=\sum_{n=-\infty}^{\infty}E[g(t-nT-t_0)g(t+\tau-nT-t_0)]$$

最后一个等式中的数学期望是对 t_0 进行的，由于 t_0 在 $(0,T)$ 内均匀分布，因此

$$R_D(t,t+\tau)=\sum_{n=-\infty}^{\infty}\frac{1}{T}\int_0^T g(t-nT-t_0)g(t+\tau-nT-t_0)\mathrm{d}t_0$$

令 $x=t-nT-t_0$，则上式右边成为

$$\sum_{n=-\infty}^{\infty}\frac{1}{T}\int_{t-nT-T}^{t-nT}g(x)g(x+\tau)\mathrm{d}x$$

注意到对于任意给定的 t，不同的 n，积分区间 $(t-nT-T,t-nT)$ 两两不相交，且 $\bigcup_n (t-nT-T,t-nT)=(-\infty,\infty)$，所以

$$\begin{aligned}\sum_{n=-\infty}^{\infty}\frac{1}{T}\int_{t-nT-T}^{t-nT}g(x)g(x+\tau)\mathrm{d}x&=\frac{1}{T}\int_{-\infty}^{\infty}g(x)g(x+\tau)\mathrm{d}x\\&=\frac{1}{T}\int_0^T g(x)g(x+\tau)\mathrm{d}x\\&=\begin{cases}1-\dfrac{|\tau|}{T} & |\tau|\leqslant T\\0 & \text{其他}\end{cases}\\&=R_D(\tau)\end{aligned}$$

因此 $D(t)$ 是平稳过程，对 $R_D(\tau)$ 做傅里叶变换得到 $D(t)$ 的功率谱密度为

$$P_D(f)=T\sin c^2(fT)$$

【例 3.1.11】 均值为 0 的高斯随机变量，其方差为 $\sigma_x^2=4$，问 x 在区间 $(0,4)$ 上取值的概率为多少？

分析：本题为已知随机变量类型，求其落在某一区间内的概率。根据已知为高斯分布，可写出该分布的概率密度函数 $f(x)$，然后，可运用公式 $P=\int_a^b f(x)\mathrm{d}x$ 求出落在区间 (a,b) 内的概率 $P(a<x<b)$。

答：高斯随机变量满足高斯分布，所以一维概率密度分布函数为

$$f(x)=\frac{1}{\sqrt{2\pi}\sigma_x}\mathrm{e}^{-\frac{x^2}{2\sigma_x^2}}$$

$$P(0<x<4)=\int_0^4 f(x)\mathrm{d}x=\int_0^4\frac{1}{2\sqrt{2\pi}}\mathrm{e}^{-\frac{x^2}{8}}\mathrm{d}x$$

【例 3.1.12】 已知 $x_1(t)$ 和 $x_2(t)$ 为相互独立的平稳高斯随机过程，$x_1(t)$ 的数学期望为 a_1，方差为 σ_1^2，$x_2(t)$ 的数学期望为 a_2，方差为 σ_2^2，设 $x(t)=x_1(t)+x_2(t)$。

(1) 试求随机过程 $x(t)$ 的数学期望 a 和方差 σ^2；

(2) 试求随机过程 $x(t)$ 的一维概率密度函数 $f(x)$。

分析：本题是求随机过程的线性组合的数字特征和概率密度函数。

答：(1) 因为 $x_1(t)$ 和 $x_2(t)$ 相互独立，

则

$$E[x_1(t)x_2(t)]=E[x_1(t)]E[x_2(t)]$$

且

$$E[x_1(t)]=a_1,E[x_2(t)]=a_2$$

所以

$$\begin{aligned}a&=E[x(t)]=E[x_1(t)+x_2(t)]\\&=E[x_1(t)]+E[x_2(t)]=a_1+a_2\end{aligned}$$

而

$$D[x_1(t)]=\sigma_1^2$$
$$D[x_2(t)]=\sigma_2^2$$
$$D[x(t)]=E[x^2(t)]-E^2[x(t)]$$

$$E[x_1^2(t)]=\sigma_1^2+a_1^2$$
$$E[x_2^2(t)]=\sigma_2^2+a_2^2$$
$$\begin{aligned}\sigma^2&=D[x(t)]=E\{[x_1(t)+x_2(t)]^2\}-E^2[x_1(t)+x_2(t)]\\&=E[x_1^2(t)+2x_1(t)x_2(t)+x_2^2(t)]-(a_1+a_2)^2\\&=E[x_1^2(t)]+2E[x_1(t)]\cdot E[x_2(t)]+E[x_2^2(t)]-(a_1+a_2)^2\\&=\sigma_1^2+a_1^2+2a_1a_2+\sigma_2^2+a_2^2-a_1^2-2a_1a_2-a_2^2=\sigma_1^2+\sigma_2^2\end{aligned}$$

(2) 因为 $x_1(t)$和 $x_2(t)$均为平稳高斯随机过程,$x(t)=x_1(t)+x_2(t)$是线性组合,所以 $x(t)$也是高斯过程,其一维概率密度函数为

$$f(x)=\frac{1}{\sqrt{2\pi}\sigma}\mathrm{e}^{-\frac{(x-a)^2}{2\sigma^2}}=\frac{1}{\sqrt{2\pi(\sigma_1^2+\sigma_2^2)}}\mathrm{e}^{-\frac{(x-a_1-a_2)^2}{2(\sigma_1^2+\sigma_2^2)}}$$

结论:n 个相互独立的平稳高斯随机过程,其线性组合的随机过程性质不变,一维概率密度函数也服从正态分布,均值为 n 个随机过程的线性组合,方差也为 n 个随机过程方差的线性组合。

【例 3.1.13】 设 $z(t)=x_1\cos\omega_0 t-x_2\sin\omega_0 t$ 是一随机过程,若 x_1 和 x_2 是彼此独立且具有均值为 0,方差为 σ^2 的正态随机变量,试求:

(1) $E[z(t)]$,$E[z^2(t)]$,$D[z(t)]$;

(2) $z(t)$的一维概率密度函数 $f(z)$;

(3) $R[t_1,t_2]$。

分析:本题需要的基本知识有以下几点:$E[aX]=aE[X]$,a 为常量;$E[XY]=E[X]E[Y]$,当 X 和 Y 相互独立时;两个相互独立的正态随机变量的线性组合仍为正态随机变量;$R[t_1,t_2]=E[z(t_1)z(t_2)]$。

答:(1)因为 x_1 和 x_2 是彼此独立,所以

$$E[x_1x_2]=E[x_1]E[x_2]=0$$

又因为 $E[x_1]=E[x_2]=0$,$D[x_1]=D[x_2]=\sigma^2$,同时,$\sigma^2=E[x^2]-E^2[x]$所以

$$E[x_1^2]=D[x_1]+E^2[x_1]=\sigma^2$$
$$E[x_2^2]=D[x_2]+E^2[x_2]=\sigma^2$$
$$E[z(t)]=E[x_1\cos\omega_0 t-x_2\sin\omega_0 t]=\cos\omega_0 tE[x_1]-\sin\omega_0 tE[x_2]=0$$
$$\begin{aligned}E[z^2(t)]&=E[(x_1\cos\omega_0 t-x_2\sin\omega_0 t)^2]\\&=E[x_1^2\cos^2\omega_0 t+x_2^2\sin^2\omega_0 t-2x_1x_2\cos\omega_0 t\sin\omega_0 t]\\&=\cos^2\omega_0 tE[x_1^2]+\sin^2\omega_0 tE[x_2^2]-2\cos\omega_0 t\sin\omega_0 tE[x_1x_2]\\&=(\cos^2\omega_0 t+\sin^2\omega_0 t)\sigma^2=\sigma^2\end{aligned}$$
$$D[z(t)]=E[z^2(t)]-E^2[z(t)]=\sigma^2$$

(2) 由于 x_1 和 x_2 是彼此独立的正态随机变量,而 $z(t)$是 x_1 和 x_2 的线性组合,所以 z 也是正态分布的随机变量,其均值为 0,方差为 σ^2,其一维概率密度函数可以写为

$$f(z)=\frac{1}{\sqrt{2\pi}\sigma}\exp\left(-\frac{z^2}{2\sigma^2}\right)$$

(3) $$\begin{aligned}R(t_1,t_2)&=E[z(t)\cdot z(t)]\\&=E\{[x_1\cos\omega_0 t_1-x_2\sin\omega_0 t_1][x_1\cos\omega_0 t_2-x_2\sin\omega_0 t_2]\}\\&=E[x_1^2\cos\omega_0 t_1\cos\omega_0 t_2+x_2^2\sin\omega_0 t_1\sin\omega_0 t_2-x_1x_2\sin\omega_0 t_1\cos\omega_0 t_2-x_1x_2\cos\omega_0 t_1\sin\omega_0 t_2]\\&=\sigma^2[\cos\omega_0 t_1\cos\omega_0 t_2+\sin\omega_0 t_1\sin\omega_0 t_2]\\&=\sigma^2[\cos\omega_0(t_1-t_2)]\end{aligned}$$

【例 3.1.14】 设 $\xi_1=\int_0^T n(t)\varphi_1(t)\mathrm{d}t$,$\xi_2=\int_0^T n(t)\varphi_2(t)\mathrm{d}t$,其中 $n(t)$是双边功率谱密度为$\frac{N_0}{2}$白高斯噪声,$\varphi_1(t)$和 $\varphi_2(t)$为确定函数,求 ξ_1 和 ξ_2 统计独立的条件。

答:$n(t)$是白噪声意味着 $E[n(t)]=0$,否则其功率谱密度将在 $f=0$ 处有冲激。所以

$$E[\xi_1]=E\left[\int_0^T n(t)\varphi_1(t)\mathrm{d}t\right]=\int_0^T E[n(t)]\varphi_1(t)\mathrm{d}t=0$$

$$E[\xi_2]=E\left[\int_0^T n(t)\varphi_2(t)\mathrm{d}t\right]=\int_0^T E[n(t)]\varphi_2(t)\mathrm{d}t=0$$

又因为 $n(t)$ 是高斯过程，所以 ξ_1,ξ_2 是服从联合高斯分布的随机变量，故欲 ξ_1 和 ξ_2 统计独立，需 $E[\xi_1\xi_2]=0$。

$$\begin{aligned}E[\xi_1\xi_2]&=E\left[\int_0^T n(t)\varphi_1(t)\mathrm{d}t\int_0^T n(t)\varphi_2(t)\mathrm{d}t\right]\\&=E\left[\int_0^T\int_0^T n(t)n(t')\varphi_1(t)\varphi_2(t')\mathrm{d}t\mathrm{d}t'\right]\\&=\int_0^T\int_0^T E[n(t)n(t')]\varphi_1(t)\varphi_2(t')\mathrm{d}t\mathrm{d}t'\\&=\int_0^T\int_0^T \frac{N_0}{2}\delta(t'-t)\varphi_1(t)\varphi_2(t')\mathrm{d}t\mathrm{d}t'\\&=\frac{N_0}{2}\int_0^T\varphi_1(t)\varphi_2(t)\mathrm{d}t\end{aligned}$$

所以 ξ_1 和 ξ_2 统计独立的条件为

$$\int_0^T\varphi_1(t)\varphi_2(t)\mathrm{d}t=0$$

即 $\varphi_1(t)$ 和 $\varphi_2(t)$ 正交。

讨论：本题的结果表明，白高斯噪声在任意两个正交信号上的投影是独立的两个高斯随机变量。进而还能证明，如果 $\varphi_1(t)$ 和 $\varphi_2(t)$ 的能量为 1，则投影的方差是 $\frac{N_0}{2}$。更一般化的结论是：白高斯噪声在多维正交信号空间中各维上面的投影是独立同分布的高斯随机变量，其均值为 0，方差为 $\frac{N_0}{2}$。

【例 3.1.15】 已知复平稳遍历高斯噪声 $n(t)=x(t)+\mathrm{j}y(t)$ 的实部和虚部是平稳遍历的高斯过程，$x(t)$、$y(t)$ 的均值为 0，方差为 1。对 $n(t)$ 作大量的采样测量，问采样结果中瞬时幅度超过 2 且相位在 $\pm\frac{\pi}{8}$ 之内的采样数所占的比率是多少？

答：$n(t)$ 的模 $A(t)=|n(t)|$ 服从瑞利分布，其概率密度函数为

$$p_{\mathrm{A}}(A)=A\mathrm{e}^{-\frac{A^2}{2}}$$

$n(t)$ 的相位 $\theta(t)$ 服从均匀分布，其概率密度函数为

$$p_\theta(\theta)=\frac{1}{2\pi},\theta\in[0,2\pi]$$

A 与 θ 独立，再由遍历性可知，所求比率为

$$P(A>2,|\theta|\leqslant\frac{\pi}{8})=P(A>2)P(|\theta|\leqslant\frac{\pi}{8})$$

$$=\int_2^\infty A\mathrm{e}^{-\frac{A^2}{2}}\mathrm{d}A\int_{-\frac{\pi}{8}}^{\frac{\pi}{8}}\frac{1}{2\pi}\mathrm{d}\theta$$

$$=\frac{1}{8\mathrm{e}^2}$$

题型 2　平稳随机过程通过线性系统

【例 3.2.1】 双边功率谱密度为 $\frac{N_0}{2}$ 的白噪声经过传递函数为 $H(f)$ 的滤波器后成为 $X(t)$，若

$$H(f)=\begin{cases}\frac{T_s}{2}(1+\cos\pi fT_s) & |f|\leqslant\frac{1}{T_s}\\0 & \text{其他}\end{cases}$$

求 $X(t)$的功率谱密度及功率。

答:$X(t)$的功率谱密度为

$$P_X(f)=\frac{N_0}{2}|H(f)|^2=\begin{cases}\frac{N_0T_s^2}{8}(1+\cos\pi fT_s)^2 & |f|\leqslant\frac{1}{T_s}\\ 0 & \text{others}\end{cases}$$

$X(t)$的功率为

$$P=\int_{-\infty}^{\infty}P_X(f)\mathrm{d}f=\int_{-1/T_s}^{1/T_s}\frac{N_0T_s^2}{8}(1+\cos\pi fT_s)^2\mathrm{d}f=\frac{3N_0T_s}{8}$$

【例 3.2.2】 将一个均值为零、功率谱密度为$\frac{n_0}{2}$的高斯白噪声加到一个中心角频率为ω_c、带宽为 B 的理想带通滤波器上,如图 3.5 所示。

(1) 求滤波器输出噪声的自相关函数;

(2) 写出输出噪声的一维概率密度函数。

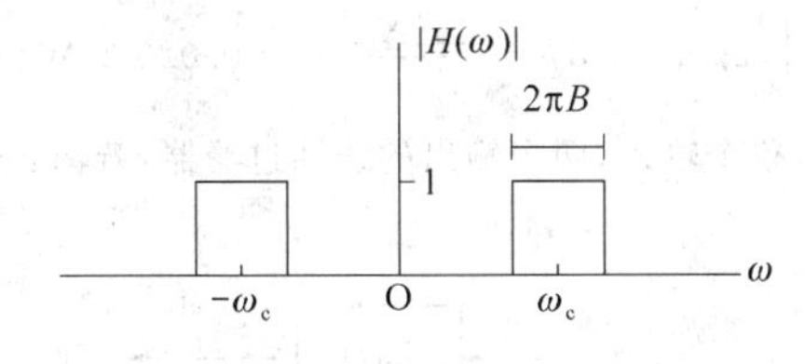

图 3.5

分析:高斯过程经过线性变换后仍是高斯过程,有 $P_o(\omega)=|H(\omega)|^2P_i(\omega)$,$E[\xi_o(t)]=E[\xi_i(t)]H(0)$。另外平稳随机过程和自相关函数与功率谱密度是一对傅里叶变换对,求出自相关函数,进而求出输出过程的均值和方差,即可写出正态分布形式的输出过程的一维概率密度函数。本题难点是传递函数 $H(\omega)$的计算。

答:(1)

$$|H(\omega)|=\begin{cases}1 & \omega_c-\pi B\leqslant|\omega|\leqslant\omega_c+\pi B\\ 0 & \text{others}\end{cases}$$

将高斯白噪声加到一个理想带通滤波器上,其输出是一个窄带高斯白噪声,其功率谱密度为

$$\begin{aligned}P_o(\omega)&=|H(\omega)|^2P_i(\omega)\\&=\begin{cases}n_0/2 & \omega_c-\pi B\leqslant|\omega|\leqslant\omega_c+\pi B\\ 0 & \text{others}\end{cases}\end{aligned}$$

又

$$P_o(\omega)\Leftrightarrow R_o(\tau)$$

所以

$$\begin{aligned}R_o(\tau)&=\frac{1}{2\pi}\int_{-\infty}^{+\infty}P_o(\omega)\mathrm{e}^{\mathrm{i}\omega\tau}\mathrm{d}\omega\\&=\frac{1}{2\pi}\int_{-\omega_c-\pi B}^{-\omega_c+\pi B}\frac{n_0}{2}\mathrm{e}^{\mathrm{i}\omega\tau}\mathrm{d}\omega+\frac{1}{2\pi}\int_{\omega_c-\pi B}^{\omega_c+\pi B}\frac{n_0}{2}\mathrm{e}^{\mathrm{i}\omega\tau}\mathrm{d}\omega\\&=n_0B\mathrm{Sa}(\pi B\tau)\cos\omega_c\tau\end{aligned}$$

(2) 因为高斯过程经过线性系统后仍是高斯过程,所以输出噪声的一维概率密度函数为

$$f(x)=\frac{1}{\sqrt{2\pi}\sigma}\exp\left[-\frac{(x-a)^2}{2\sigma^2}\right]$$

因为

$$a=E[\xi_o(t)]=E[\xi_i(t)]H(0)=0$$

而

$$\sigma^2=R_o(0)-R_o(\infty)=n_0B$$

所以输出噪声的一维概率密度函数为

$$f(x)=\frac{1}{\sqrt{2\pi n_0B}}\exp\left[-\frac{x^2}{2n_0B}\right]$$

【例 3.2.3】 设 $n(t)$是均值为 0、双边功率谱密度为$\frac{N_0}{2}=10^{-6}$ W/Hz 的白噪声，$y(t)=\frac{\mathrm{d}n(t)}{\mathrm{d}t}$，将 $y(t)$通过一个截止频率为 $B=10$ Hz 的理想低通滤波器得到 $y_0(t)$，求

(1) $y(t)$的双边功率谱密度；

(2) $y_0(t)$的平均功率。

答：(1) $P_y(f)=\frac{N_0}{2}|\mathrm{j}2\pi f|^2=2\pi^2N_0f^2=3.95\times10^{-5}f^2$(W/Hz)

(2) $P_{y_0}=\int_{-B}^{B}P_y(f)\mathrm{d}f=2\int_0^B2\pi^2N_0f^2\mathrm{d}f=\frac{4\pi^2N_0B^3}{3}=0.026\ 3$(W)

【例 3.2.4】 如图 3.6 所示，单个输入，两个输出的线性过滤器，若输入过程 $\eta(t)$是平稳的，求 $\xi_1(t)$与 $\xi_1(t)$的互功率谱密度的表示式。

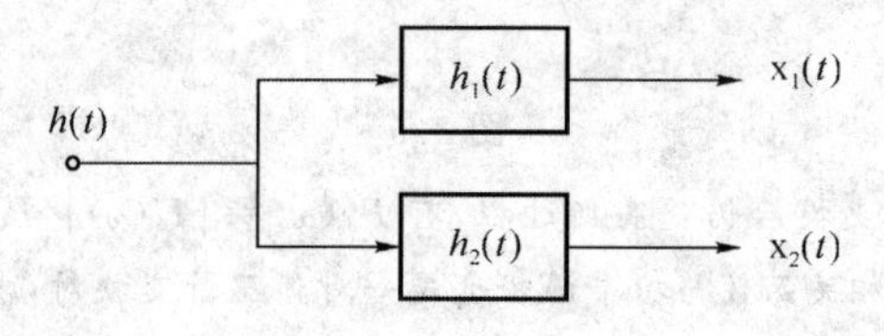

图 3.6

分析：平稳随机过程通过线性系统后仍是平稳随机过程。两个平稳随机过程的互功率谱密度是其互相关函数的傅里叶变换。互相关函数定义为：$R_{12}(t_1,t_2)=E[\xi_1(t_1)\xi_2(t_2)]$。

答：设 $\eta(t)$的自功率谱密度为 $P_\eta(\omega)$

$$\xi_1(t)=\eta(t)*h_1(t)=\int_0^\infty h_1(\tau)\eta(t-\tau)\mathrm{d}\tau$$

$$\xi_2(t)=\eta(t)*h_2(t)=\int_0^\infty h_2(\tau)\eta(t-\tau)\mathrm{d}\tau$$

互相关函数为

$$\begin{aligned}R_{12}(t_1,t_2)&=E[\xi_1(t)\xi_2(t)]\\&=E\left[\int_0^\infty h_1(\alpha)\eta(t_1-\alpha)\mathrm{d}\alpha\int_0^\infty h_2(\beta)\eta(t_2-\beta)\mathrm{d}\beta\right]\\&=\int_0^\infty\int_0^\infty h_1(\alpha)h_2(\beta)E[\eta(t_1-\alpha)\eta(t_2-\beta)]\mathrm{d}\alpha\mathrm{d}\beta\end{aligned}$$

因为 $\eta(t)$平稳，所以

$$E[\eta(t_1-\alpha)\eta(t_2-\beta)]=R_\eta(\tau+\alpha-\beta)\ (\tau=t_2-t_1)$$

所以

$$R_{12}(t_1,t_2)=\int_0^\infty\int_0^\infty h_1(\alpha)h_2(\beta)R_\eta(\tau+\alpha-\beta)\mathrm{d}\alpha\mathrm{d}\beta=R_{12}(\tau)$$

互功率谱密度为

$$\begin{aligned}P_{12}(\omega)&=\int_{-\infty}^{+\infty}R_{12}(\tau)\mathrm{e}^{-\mathrm{j}\omega\tau}\mathrm{d}\tau\\&=\int_{-\infty}^{+\infty}\mathrm{d}\tau\int_0^\infty\mathrm{d}\alpha\int_0^\infty h_1(\alpha)h_2(\beta)R_\eta(\tau+\alpha-\beta)\mathrm{e}^{-\mathrm{j}\omega\tau}\mathrm{d}\beta\end{aligned}$$

令 $\tau'=\tau+\alpha-\beta$，则 $d\tau=d\tau'$，$e^{-j\omega\tau}=e^{-j\omega\tau'}e^{j\omega\alpha}e^{-j\omega\beta}$

所以

$$
\begin{aligned}
P_{12}(\omega) &= \int_0^{\infty} h_1(\alpha)e^{j\omega\alpha}d\alpha\int_0^{\infty} h_2(\beta)e^{-j\omega\beta}d\beta\int_{-\infty}^{+\infty} R_{\eta}(\tau')e^{-j\omega\tau'}d\tau' \\
&= H_1^*(\omega)H_2(\omega)P_{\eta}(\omega)
\end{aligned}
$$

式中，$H_1^*(\omega)$是 $H_2(\omega)$的复共轭。

【例 3.2.5】 若 $\xi(t)$是平稳随机过程，自相关函数为 $R_{\xi}(\tau)$，试求它通过如图 3.7 所示系统后的相关函数及功率谱密度。

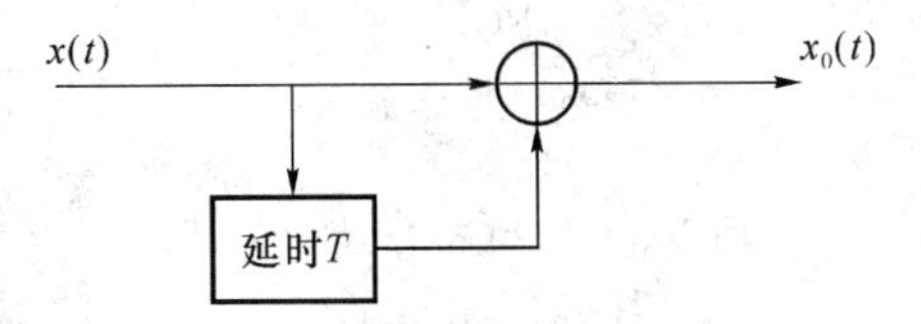

图 3.7

分析：本题仍是平稳随机过程通过线性系统的题目。可以另有一种计算方法，即先求出系统的传输函数，再应用平稳过程通过线性系统的理论求出 $P_o(\omega)$，再对其进行傅里叶反变换，求出 $R_o(t_1,t_2)$。

答：$\xi_o(t)=\xi(t)+\xi(t-T)$

$$R_{\xi}(\tau)=E[\xi(t_1)\xi(t_2)]（令\ t_2-t_1=\tau）$$

$$
\begin{aligned}
R_{\xi_o}(t_1,t_2) &= E[\xi_o(t_1)\xi_o(t_2)] \\
&= E\{[\xi(t_1)+\xi(t_1-T)][\xi(t_2)+\xi(t_2-T)]\} \\
&= E[\xi(t_1)\xi(t_2)+\xi(t_1)\xi(t_2-T)+\xi(t_1-T)\xi(t_2)+\xi(t_1-T)\xi(t_2-T)] \\
&= 2R_{\xi}(\tau)+R_{\xi}(\tau-T)+R_{\xi}(\tau+T)（令\ t_2-t_1=\tau）
\end{aligned}
$$

根据 $R_o(\tau)\Leftrightarrow P_o(\omega)$，$R_{\xi}(\tau)\Leftrightarrow P(\omega)$

$$
\begin{aligned}
P_o(\omega) &= 2P(\omega)+P(\omega)e^{j\omega T}+P(\omega)e^{-j\omega T} \\
&= P(\omega)(2+e^{j\omega T}+e^{-j\omega T}) \\
&= 2P(\omega)(1+\cos\omega T)
\end{aligned}
$$

【例 3.2.6】 RC 低通滤波器如图 3.8 所示。当输入均值为零，功率谱密度为$\frac{n_0}{2}$的高斯白噪声时：

(1) 求输出过程功率谱密度和自相关函数；

(2) 求输出过程的一维概率密度函数。

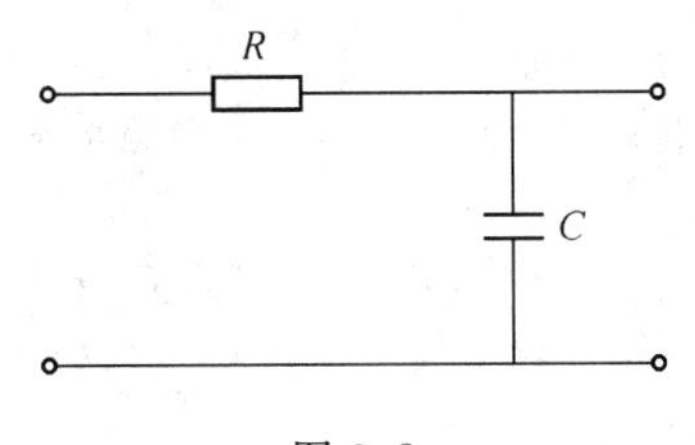

图 3.8

分析：本题仍是平稳随机过程通过线性系统及自相关函数与功率谱密度之间的关系的题目。难点在于系统传输函数 $H(\omega)$的计算。

答：(1)

$$H(\omega)=\frac{\frac{1}{j\omega C}}{R+\frac{1}{j\omega C}}=\frac{1}{1+j\omega RC}$$

$$|H(\omega)|^2=\frac{1}{1+(\omega RC)^2}$$

输出功率谱密度为

$$P_o(\omega)=|H(\omega)|^2P_i(\omega)=\frac{n_0}{2}\cdot\frac{1}{1+(\omega RC)^2}$$

因为 $P_o(\omega)\Leftrightarrow R_o(\tau)$，利用 $e^{-a|\tau|}\Leftrightarrow\frac{2a}{a^2+\omega^2}$

自相关函数为

$$R_o(\tau)=\frac{n_0}{4RC}\exp\left(-\frac{|\tau|}{RC}\right)$$

(2) 因为高斯过程通过线性系统后仍为高斯过程，

而

$$E[\xi_o(t)]=E[\xi_i(t)]H(0)=0$$

$$\sigma^2=R_o(0)-R_o(\infty)=\frac{n_0}{4RC}$$

所以输出过程的一维概率密度函数为

$$f(x)=\frac{1}{\sqrt{2\pi}\sigma}\exp\left(-\frac{x^2}{2\sigma^2}\right)$$

式中，$\sigma^2=\frac{n_0}{4RC}$。

【例 3.2.7】 $Y(t)$是平稳白噪声$n(t)$通过如图 3.9 所示电路的输出，图中滤波器的传递函数如图 3.10 所示，求$Y(t)$的同相分量及正交分量的功率谱密度，并画出功率谱图形。

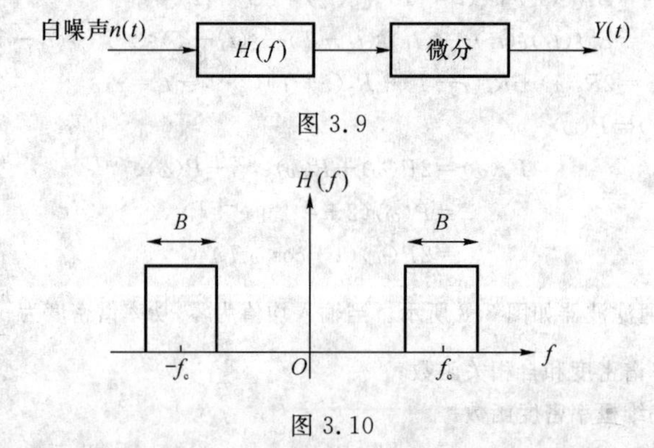

图 3.9

图 3.10

答：由于平稳过程通过线性系统还是平稳过程，所以$Y(t)$是窄带平稳过程，其带宽为B。若$Y(t)$的功率谱密度为$P_Y(f)$，则根据窄带平稳过程的性质可知$Y(t)$的同相分量$Y_c(t)$、正交分量$Y_s(t)$的功率谱密度$P_{Y_c}(f)$及$P_{Y_s}(f)$满足

$$P_{Y_c}(f)=P_{Y_s}(f)=\begin{cases}P_Y(f+f_c)+P_Y(f-f_c) & |f|\leqslant B/2\\ 0 & \text{others}\end{cases}$$

式中

$$P_Y(f)=\frac{N_0}{2}|H(f)|^2|j2\pi f|^2=\begin{cases}2N_0(\pi f)^2 & |f\pm f_c|\leqslant B/2\\ 0 & \text{others}\end{cases}$$

因此

$$P_{Y_c}(f)=P_{Y_s}(f)=\begin{cases}2N_0\pi^2(f+f_c)^2+2N_0\pi^2(f-f_c)^2 & |f|\leqslant B/2\\ 0 & \text{others}\end{cases}$$

$$=\begin{cases}4N_0\pi^2(f^2+f_c^2) & |f|\leqslant B/2\\ 0 & \text{others}\end{cases}$$

其频谱图形如图 3.11 所示。

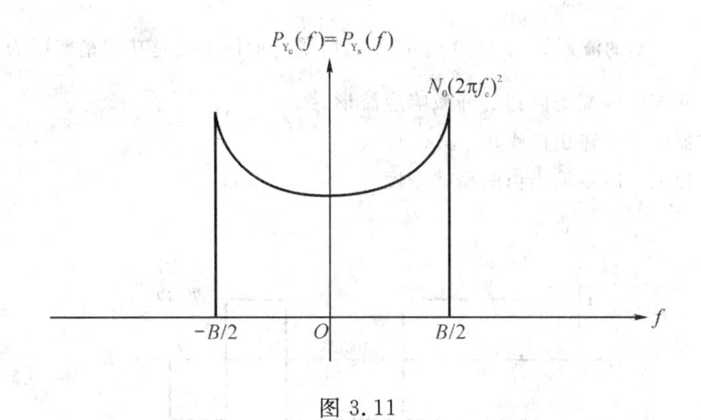

图 3.11

【例 3.2.8】 设 $X(t)=X_c(t)\cos 2\pi f_c t - X_s(t)\sin 2\pi f_c t$ 为窄带高斯平稳随机过程，其均值为 0，方差为 σ_X^2。信号 $A\cos 2\pi f_c t + X(t)$ 经过如图 3.12 所示的电路后成为 $Y(t)$，$Y(t)=u(t)+v(t)$，其中 $u(t)$ 是与 $A\cos 2\pi f_c t$ 对应的输出，$v(t)$ 是与 $X(t)$ 对应的输出。假设 $X_c(t)$ 及 $X_s(t)$ 的带宽等于低通滤波器通频带。

(1) 若 θ 为常数，求 $u(t)$ 和 $v(t)$ 的平均功率之比；

(2) 若 θ 是与 $X(t)$ 独立的 0 均值高斯随机变量，其方差为 σ^2，求 $u(t)$ 和 $v(t)$ 的平均功率之比。

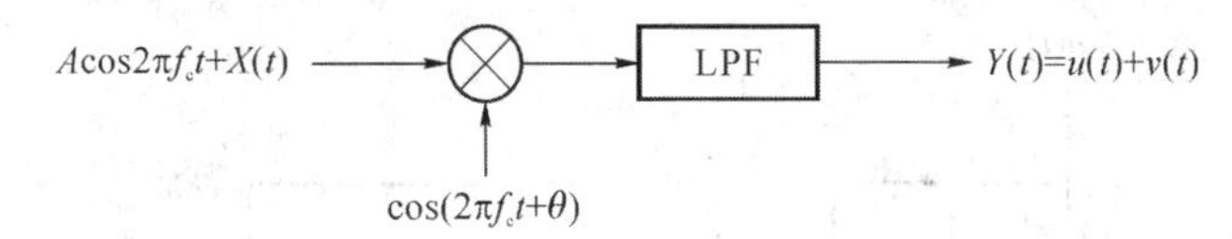

图 3.12

答：$u(t)=[A\cos 2\pi f_c t \times \cos(2\pi f_c t+\theta)]_{\text{LPF}} = \dfrac{A}{2}\cos\theta$

$$v(t)=[(X_c(t)\cos 2\pi f_c t - X_s(t)\sin 2\pi f_c t)\times \cos(2\pi f_c t+\theta)]_{\text{LPF}}$$
$$=\frac{1}{2}X_c(t)\cos\theta + \frac{1}{2}X_s(t)\sin\theta$$

给定 θ 时 $u(t)$ 的功率为

$$P_u=\frac{A^2\cos^2\theta}{4}$$

$v(t)$ 的平均功率为

$$P_v=\frac{\sigma_X^2}{4}\cos^2\theta+\frac{\sigma_X^2}{4}\sin^2\theta=\frac{\sigma_X^2}{4}$$

故在(1)条件下

$$\frac{P_u}{P_v}=\frac{A^2}{\sigma_X^2}\cos^2\theta$$

在(2)的条件下，$v(t)$ 的平均功率仍然是 $P_v=\dfrac{\sigma_X^2}{4}$，但此时 $u(t)$ 的功率是

$$P_u = E\left[\frac{A^2\cos^2\theta}{4}\right] = \frac{A^2}{4}\int_{-\infty}^{\infty}\frac{\cos^2\theta}{\sqrt{2\pi\sigma^2}}e^{-\frac{\theta^2}{2\sigma^2}}d\theta$$

所以

$$\frac{P_u}{P_v} = \frac{A^2}{\sigma_X^2}E[\cos^2\theta] = \frac{A^2}{2\sigma_X^2}E[1+\cos 2\theta]$$
$$= \frac{A^2}{2\sigma_X^2}[1+\int_{-\infty}^{\infty}\frac{1}{\sqrt{2\pi\sigma^2}}e^{-\frac{\theta^2}{2\sigma^2}}\cos 2\theta d\theta]$$
$$= \frac{A^2}{2\sigma_X^2}(1+e^{-2\sigma^2})$$

【例 3.2.9】 已知 $b(t)$ 的波形如图 3.13 所示，$b(t)$ 所受的加性干扰是功率谱密度为 $\frac{N_0}{2}$ 的白高斯噪声。

(1) 画出对 $b(t)$ 匹配的匹配滤波器的冲激响应波形；

(2) 求匹配滤波器的最大输出信噪比 γ_{max}；

(3) 求输出信噪比最大时刻输出值的概率密度。

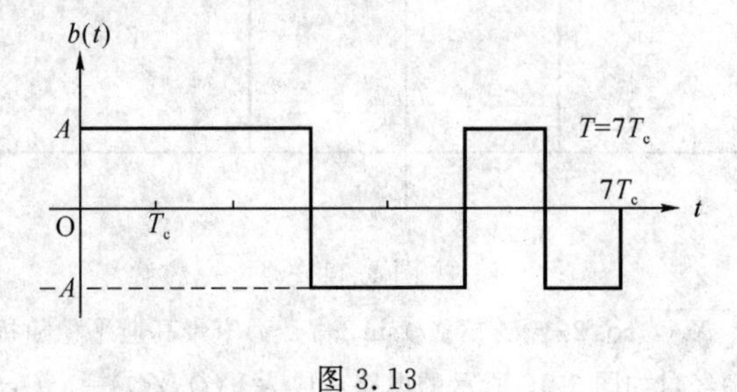

图 3.13

答：

(1) 对 $b(t)$ 匹配的匹配滤波器的冲激响应为 $h(t)=b(t_0-t)$，考虑到因果性，取最佳抽样时刻为 $t_0=T$，于是 $h(t)=b(T-t)$，冲激响应波形如图 3.14 所示。

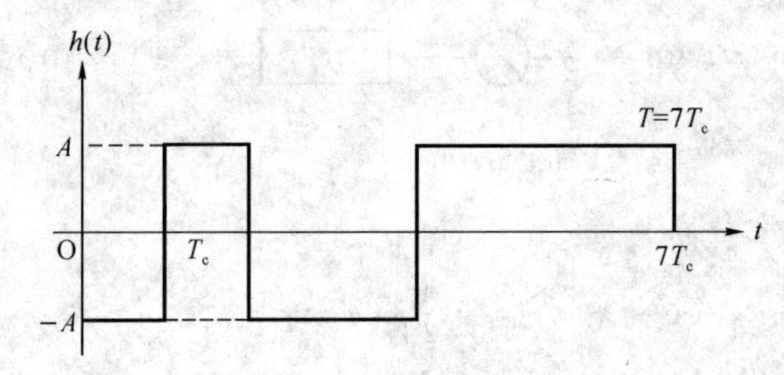

图 3.14

(2) 匹配滤波器输出的噪声分量是平稳过程，在任何抽样点上，其平均功率为

$$\sigma^2=\int_{-\infty}^{\infty}\frac{N_0}{2}|H(f)|^2\mathrm{d}f=\frac{N_0}{2}\int_{-\infty}^{\infty}|H(f)|^2\mathrm{d}f$$

$$=\frac{N_0}{2}\int_{-\infty}^{\infty}h^2(t)\mathrm{d}t=\frac{N_0}{2}A^2T$$

信号分量在最佳取样点 $t=T$ 时刻最大，为

$$\int_{-\infty}^{\infty}b(T-\tau)h(\tau)\mathrm{d}\tau=\int_0^T b(T-\tau)b(T-\tau)\mathrm{d}\tau=A^2T$$

故最大输出信噪比为

$$\gamma_{max}=\frac{(A^2T)^2}{\sigma^2}=\frac{2A^2T}{N_0}$$

(3) 最佳取样时刻的输出值是

$$y=A^2T+n$$

式中，n 是噪声分量，它是均值为 0，方差为 $\sigma^2=\frac{N_0}{2}A^2T$ 的高斯随机变量。因此 y 的概率密度函数为

$$p(y)=\frac{1}{\sqrt{\pi N_0A^2T}}\mathrm{e}^{-\frac{(y-A^2T)^2}{N_0A^2T}}$$

第4章

信道与噪声

【基本知识点】通信信道的基本定义与分类方式；通信信道实例；通信信道的数学模型；分集接收原理和实现方式；分集信号的合并方式；恒参信道特性及其对信号传输的影响；随参信道特性及其对信号传输的影响；通信系统的常见噪声形式；信道容量及香农公式等。

【重点】通信信道的数学模型；分集接收原理和实现方式；分集信号的合并方式；恒参信道特性及其对信号传输的影响；随参信道特性及其对信号传输的影响；信道容量及香农公式等。

4.1 答疑解惑

4.1.1 什么是信道的定义以及分类有哪些?

1. 狭义信道和广义信道

狭义信道:是发送设备和接受设备之间用以传输信号的传输媒介。人们习惯于把它按传输介质是否是导线分为有线信道和无线信道两大类。

广义信道:将传输介质和各种信号形式的转换、耦合等设备都归纳在一起,凡信号经过的一切通道统称为广义信道。广义信道可分为调制信道和编码信道。

2. 通信信道的分类

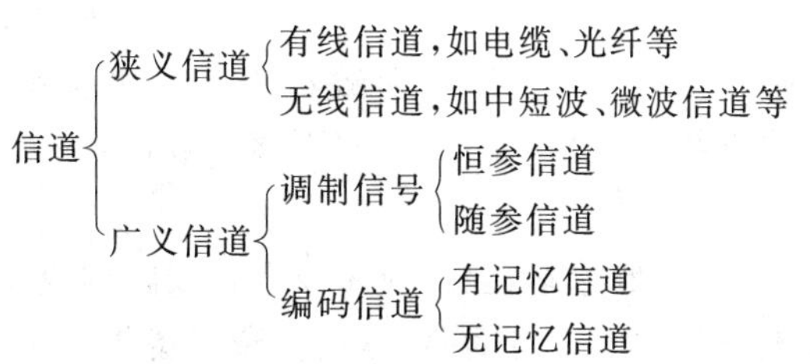

(1) 按信道输入输出端信号的类型可划分为连续信道和离散信道。

根据信道的性质(参数)是否会随时间而变化,又可以将连续信道分为恒参信道和随参信道。

(2) 按照信道的物理性质可划分为无线信道和有线信道：

有线信道包括：架空明线、双绞线、对称电缆、同轴电缆、光纤、波导等。

无线信道包括：超短波及微波接力(视距中继)、卫星中继通信、光波视距传播(激光空间、深空通信)、中长波地表面波传播、短波电离层反射、超短波及微波对流层散射、超短波超视距绕射、移动散射无线电信道等。

3. 恒参信道实例

(1) 架空明线

架空明线是指平行而相互绝缘的架空裸线线路。与电缆相比，它的优点是传输损耗低。但它易受气候和天气的影响，并且对外界噪声干扰比较敏感。

(2) 双绞线

双绞线是由两根彼此绝缘的铜线组成，这两根线按规则的螺线状绞合在一起。每一对线作为一根通信链路使用。通常，将许多这样的线结捆扎在一起，并用坚硬的保护外皮包裹成一根电缆。将线对绞合起来是为了减轻同一根电缆内相邻线对之间的串扰，且相邻线对通常具有不同的绞合长度。

(3) 对称电缆

对称电缆是在同一保护套内有许多对相互绝缘的双导线的传输介质。导线材料是铝或铜，直径为 0.4～1.4 mm。为了减少各线对之间的相互干扰，每一对线都拧成扭绞状。由于这些结构上的特点，故电缆的传输损耗比明线大得多，但其传输特性比较稳定。

(4) 同轴电缆

同轴电缆是由同轴的两个导体构成，外导体是一个圆柱形的空管(在可弯曲的同轴电缆中，它可以由金属丝编织而成)，内导体是金属线(芯线)。它们之间填充着绝缘介质，可能是塑料，也可能是空气。在采用空气绝缘的情况下，内导体依靠有一定间距的绝缘子来定位。抗电磁干扰性能较好。

(5) 光纤

光纤是一种纤细(2～125 μm)柔韧能够传导光线的介质。有多种玻璃和塑料可用于制造光纤，使用超高纯二氧化硅熔丝的光纤可得到最低损耗。光纤的外形是圆柱体，由三个同轴部分组成：纤芯、包层(覆层)以及防护罩。

光纤的特点是：损耗底(目前的技术可使光纤的损耗低于 0.2 dB/km)、通频带宽、重量轻、不怕腐蚀以及不受电磁干扰(因此光纤通信的性质非常稳定，可以看作是典型的恒参信道)等。此外的优点是利用光纤代替电缆可节省大量有色金属。

(6) 无线电视距中继

无线电视距中继是指工作频率在超短波和微波时，电磁波基本上沿视线传播，通信距离依靠中继方式延伸的无线电线路。相邻中继站间距离一般在 40～50 km。

(7) 卫星中继信道

卫星中继信道由通信卫星、地球站、上行线路及下行线路构成。其中上行与下行线路是地球站至卫星及卫星至地球站的电波传播路径，而信道设备集中于地球站与卫星中继站中。相对于地球站来说，同步卫星在空中的位置是静止的。

这种信道具有传输距离远、覆盖地域广、传播稳定可靠、传输容量大等突出的优点。目前广泛用来传输多路电话、电报、数据和电视。

4. 随参信道实例

(1) 短波电离层反射

离地面 60～600 km 的大气层称为电离层。电离层中的反射层，其高度为 250～300 km，故一次反射的最大距离约为 4 000 km，如果通过两次反射，通信距离可达 8 000 km。这种信道存在多径传播现象。

(2) 超短波及微波对流层散射信道

离地面 10～12 km 的大气层称为对流层，对流层散射信道是一种超视距的传播信道，其一跳的传播距离为 100～500 km。

(3) 流星余迹散射信道

当地球外面的小型陨星进入大气层后，由于其高速坠落运动产生的高温使途径上的气体及星体表面物质气化，产生等离子体层，由此形成的临时散射层，可用来进行通信，多用于军事用途。

4.1.2 什么是信道的数学模型分析？

1. 连续调制信道模型及其特征

(1) 特点

调制信道是为研究调制与解调问题所建立的一种广义信道，属于模拟信道。

它具有如下共性特征：

① 有一对(或多对)输入端和一对(或多对)输出端；

② 绝大多数的信道都是线性的，即满足线性叠加原理；

③ 信道通过信道具有固定的或时变的延迟时间；

④ 信号通过信道会受到固定的或时变的损耗；

⑤ 即使没有信号输入，在信道的输出端仍可能有一定的输出(噪声)。

(2) 模型

调制信道的二对端模型如图 4.1 所示。

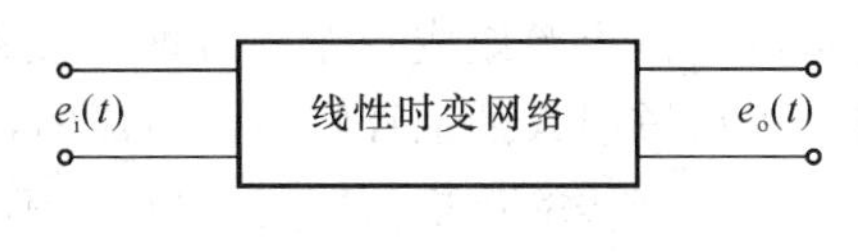

图 4.1 二对端模型

$$e_o(t)=f[e_i(t)]+n(t)$$

式中：$e_i(t)$——输入信号；

$e_o(t)$——输出信号；

$n(t)$——信道内存在的加性干扰(加性噪声)；

f——输出信号 $e_i(t)$ 经由网络的变换。

如果有 $f[e_i(t)]=k(t)e_i(t)$，则

$$e_o(t)=k(t)e_i(t)+n(t)$$

式中，$k(t)$——乘性干扰。乘性干扰会引起信号的畸变，影响较大，需采用专门的技术克服或减小。一般而言，对于恒参信道，常采用均衡技术；对于随参信道，则需采用分集技术。今后在分析通信系统抗噪性能时，只考虑加性噪声。

2. 离散调制信道模型及其特征

(1) 特点

编码信道包括调制信道、调制器和解调器，是一种数字信道或离散信道。由于信道噪声或其他因素的影响，将导致输出数字序列发生错误，因此输入、输出数字序列之间的关系可以用一组信道转移概率来表征。

它具有如下共性特征：

① 为数字信道，有二进制或多进制；

② 内含调制信道，故调制信道质量对编码信道有影响，但着眼于结果。

(2) 模型

编码信道模型用转移概率来描述。二进制无记忆编码信道模型如图 4.2 所示。

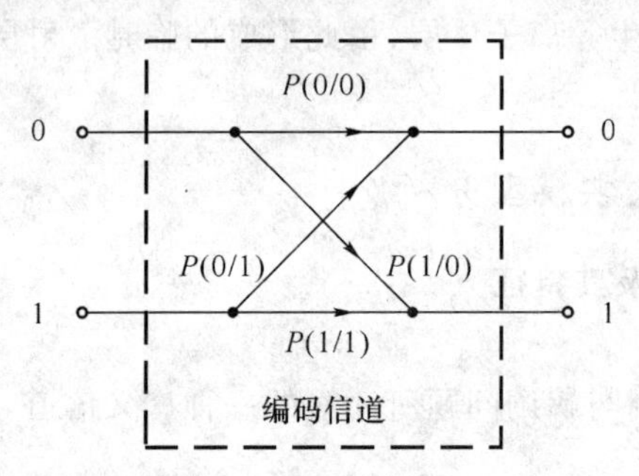

图 4.2 二进制无记忆编码信道模型

其中，$P(0/0)$，$P(1/1)$——正确转移概率；

$P(0/1)$，$P(1/0)$——错误转移概率；

并且有：$P(1/0)=1-P(0/0)$，$P(0/1)=1-P(1/1)$，$P_e=P(0)P(1/0)+P(1)P(0/1)$为误码率。

4.1.3 什么是恒参信道的传输特性及其对信号传输的影响有哪些？

恒参信道的主要特点是可以把信道等效成一个线性时不变网络，传输技术主要解决由线性失真引起的符号间干扰和由信道引入的加性噪声所造成的判断失误。

理想恒参信道就是理想的无失真传输信道(信号经过信道不失真)。

1. 理想恒参信道的传输特性

传输特性：$H(\omega)=K_0\mathrm{e}^{-\mathrm{j}\omega t_d}$；

幅频特性：$|H(\omega)|=K_0$；

相频特性：$\varphi(\omega)=-\omega\cdot t_{\mathrm{d}}$；

群迟延-频率特性：$\tau(\omega)=-\mathrm{d}\varphi(\omega)/\mathrm{d}\omega=t_{\mathrm{d}}$；

冲激响应：$h(t)=K_0\delta(t-t_{\mathrm{d}})$；

若输入为 $s(t)$，则输出为 $r(t)=K_0 s(t-t_{\mathrm{d}})$。

2. 理想恒参信道对信号传输的影响

(1) 对信号在幅度上产生固定的衰减(K_0)；

(2) 对信号在时间上产生固定的延迟(t_{d})。

这种情况也称信号是无失真传输。

3. 恒参信道对信号传输的影响

(1) 幅度-频率失真

幅度-频率失真是由实际信道的幅度频率特性的不理想所引起的,这种失真又称为频率失真,属于线性失真。信道的幅度-频率特性不理想会使通过它的信号波形产生失真,若传输数字信号,则会引起相邻数字信号波形之间在时间上的相互重叠,造成码间干扰。

(2) 相位-频率失真

相位-频率失真也是属于线性失真。它对模拟话音传输影响不明显,主要也是因为人耳对信号相位不敏感所致。如果传输数字信号,相频失真同样会引起码间干扰。

(3) 信道的时延特性及群时延特性

信道的时延特性:

$$\tau(\omega)=-\frac{\varphi(\omega)}{\omega}$$

信道的群时延特性:

$$\tau_G(\omega)=-\frac{d\varphi(\omega)}{d\omega}$$

注意:时延特性为常数时,信号传输不引起信号的波形失真;群时延特性为常数时,信号传输不引起信号包络的失真。

4.1.4 什么是随参信道的传输特性及其对信号传输的影响有哪些?

1. 随参信道的含义及其特性

随参信道是指参数随时间随机变换的信道,也称变参信道,其特性为:

(1) 对信号的衰耗随时间随机变化;

(2) 信号传输的时延随时间随机变化;

(3) 存在多径传播现象。

2. 随参信道的数学模型分析

若取信号发送端的信号形如

$$s(t)=Ab(t)\cos(\omega_c t)$$

式中,当取 A 为信号幅度,a_n 为信息码元,$g(t)$则为信息码元波形,于是 $b(t)$形如:

$$b(t)=\sum_{n=-\infty}^{\infty}a_n g(t-nT)$$

上述信号经由多径传输后到达接收端的信号可表示为

$$\begin{aligned}
r(t)&=A\sum_{i=1}^{L}\mu_i(t)b[t-\tau_i(t)]\cos[\omega_c(t-\tau_i(t))]\\
&=A\sum_{i=1}^{L}\mu_i(t)b[t-\tau_i(t)]\cos[\omega_c t-\varphi_i(t)]\\
&=A\sum_{i=1}^{L}\mu_i(t)b[t-\tau_i(t)]\cos[\omega_c t]\cos[\varphi_i(t)]-\\
&\quad A\sum_{i=1}^{L}\mu_i(t)b[t-\tau_i(t)]\sin[\omega_c t]\sin[\varphi_i(t)]
\end{aligned}$$

这里的 $\varphi_i(t)=-\omega_c\tau_i(t)$。$\mu_i(t)$代表第 i 条路径信号的衰耗因子,它随时间变化;$\varphi_i(t)$

代表第 i 条路径信号的传输时延，它也随时间变化。

注意：实际观察发现，$\mu_i(t)$ 和 $\varphi_i(t)$ 与载波 $\cos(\omega_c t)$ 相比，变化缓慢得多，因此，$r(t)$ 可看作是窄带随机过程。

3. 随参信道对信号传输的影响

随参信道对信号传输会造成一般性衰落以及频率选择性衰落。

(1) 多径传播使单一频率的正弦信号变成了包络和相位受调制的窄带信号，这种信号称为衰落信号，即多径传播使信号产生瑞利型衰落。

(2) 多径传播使单一谱线变成了窄带频谱，即多径传播引起了频率弥散。

4. 随参信道的衰落特性

(1) 瑞利衰落：

指多径传输后的信号之和的同相、正交分量相对于载波而言是慢变化过程，这是一个窄带高斯平稳随机过程，该信号包络的概率分布为瑞利分布，相位则为均匀分布。

(2) 广义瑞利衰落：

指当接收点的信号可视为余弦波加窄带高斯过程时，其包络概率分布为广义瑞利分布或称为莱斯分布。

(3) 慢衰落：

指信道特性慢变化(超过若干小时)引起的信号幅度的随机变化。

(4) 快衰落：

指由于多径传输和信道特性变化引起的衰落频率约为几十、几百赫兹的衰落形式。

5. 分集接收技术

(1) 分集接收原理

分集接收技术是随参信道中抗衰落的一种有效措施。分集接收包含有两重含义：一是分散接收，使接收端能得到多个携带同一信息的、统计独立的衰落信号；二是集中处理，即接收端把收到的多个统计独立的衰落信号进行适当的合并，从而降低衰落的影响，改善系统性能。

(2) 分集接收实现方式

① 空间分集：在接收端架设几幅天线。

② 频率分集：用多个不同载频传送同一个消息。要求不同载波频率的差大于信道的相关带宽。

③ 角度分集：以波束指向不同空间方向的天线，从不同角度接收从同一发射点来的信号。

④ 极化分集：分别接收水平极化波和垂直极化波而构成一种分集方法。

⑤ 时间分集：当采用扩频信号传送信号时，则可以在接收端将不同时延的多径信号分离开，得到不同时延信号的衰落也互不相关，亦称多径分集(Rake 接收)。

(3) 分集信号的合并方式

在分集接收中，所谓合并就是根据某种方式把得到的各个独立衰落信号相加后合并输出，从而获得分集增益。根据加权系数的不同，常用有三种合并方式：选择式合并、等增益合并和最大比值合并。

① 选择式合并

选择式合并是指选择其中信噪比最大的那一路信号作为合并器的输出。

平均输出信噪比：$\overline{r_M} = \overline{r_0} \sum_{k=1}^{N} \frac{1}{k}$

合并增益：$G_M = \frac{\overline{r_M}}{\overline{r_0}} = \sum_{k=1}^{N} \frac{1}{k}$

② 等增益合并

等增益合并是使各个独立衰落信号的加权系数相等。

平均输出信噪比：$\overline{r_M} = \overline{r}\left[1+(N-1)\frac{\pi}{4}\right]$

合并增益：$G_M = \frac{\overline{r_M}}{\overline{r}} = 1+(N-1)\frac{\pi}{4}$

③ 等大比值合并(最佳比例合并)

等大比值合并是将各条支路加权系数与该支路信噪比成正比。若每条支路的平均噪声功率是相等的，可以证明，要使得分集合并后的平均输出信噪比最大，则各支路的加权系数应为

$$a_k = \frac{A_K}{\sigma^2}$$

平均输出信噪比：$\overline{r_M} = N\overline{r}$

合并增益：$G_M = \frac{\overline{r_M}}{\overline{r}} = N$

4.1.5 什么是噪声与干扰？

1. 干扰

常把周期性的、有规律性的有害信号称作干扰。

2. 噪声

把呈现随机性的不确定、不能预测的有害信号称为噪声。

4.1.6 噪声的来源和分类有哪些？

1. 若根据噪声的来源进行分类，一般可以分为三种类型：

(1) 人为噪声：人为噪声是指人类活动所产生的对通信造成干扰的各噪声。其中包括工业噪声和无线电噪声。工业噪声来源于各种电气设备，如开关接触噪声、工业的点火辐射及荧光灯干扰等。无线电噪声来源于各种无线电发射机，如外台干扰、宽带干扰等。

(2) 自然噪声：自然噪声是指自然界存在的各种电磁波源所产生的噪声如雷电、磁暴、太阳黑子、银河系噪声、宇宙射线等。可以说整个宇宙空间都是产生自然噪声的来源。

(3) 内部噪声：内部噪声是指通信设备本身产生的各种噪声。它来源于通信设备的各种电子器件、传输线、天线等。如电阻一类的导体中自由电子的热运动产生的热噪声、电子管中电子的起伏发射或晶体管中载流子的起伏变化产生的散弹噪声等。

2. 如果根据噪声的性质分类，噪声可以分为：

(1) 单频噪声：单频噪声主要是无线电干扰，频谱特性可能是单一频率，也可能是窄带

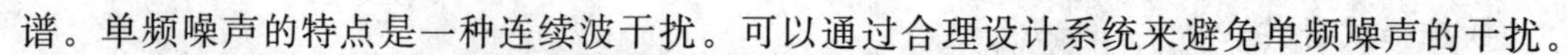

谱。单频噪声的特点是一种连续波干扰。可以通过合理设计系统来避免单频噪声的干扰。

(2) 脉冲噪声:脉冲噪声是在时间上无规则的突发脉冲波形。包括工业干扰中的电火花、汽车点火噪声、雷电等。脉冲噪声的特点是以突发脉冲形式出现、干扰持续时间短、脉冲幅度大、周期是随机的且相邻突发脉冲之间有较长的安静时间。由于脉冲很窄,所以其频谱很宽。但是随着频率的提高,频谱强度逐渐减弱。可以通过选择合适的工作频率、远离脉冲源等措施减小和避免脉冲噪声的干扰。

(3) 起伏噪声:起伏噪声是一种连续波随机噪声,包括热噪声、散弹噪声和宇宙噪声。对其特性的表征可以采用随机过程的分析方法。起伏噪声的特点是具有很宽的频带,并且始终存在,它是影响通信系统性能的主要因素。

3. 按噪声的功率密度谱特征可划分为:

(1) 白噪声:噪声功率谱分布均匀。

(2) 有色噪声:噪声功率谱分布不均匀。

4. 按噪声与输入信号的关系可划分为:

(1) 乘性噪声:与信道有关,当有用信号出现时,有噪声信号出现,有用信号消失时,则该噪声亦同步消失。

(2) 加性噪声:与信号相互独立,并且始终存在,实际中只能采取措施减小加性噪声的影响,而不能彻底消除加性噪声。

4.1.7 通信系统中几种常见的噪声形式及其特征有哪些?

1. 白噪声

白噪声是指在从零到无穷大的频带上都呈现均衡功率谱分布的噪声。

双边谱密度:$P_n(f)=\frac{N_0}{2}$

单边谱密度:$P_n(f)=N_0$

相关函数:$R_n(\tau)=\frac{N_0}{2}\delta(\tau)$

2. 热噪声

热噪声是属于起伏噪声的一种。

单边功率谱密度:$P_n(f)=4Rhf/\left[\exp\left(\frac{hf}{KT}\right)-1\right](\mathrm{V^2/Hz})$

白噪声近似:$P_n(f)=2RKT(\mathrm{V^2/Hz})$

在一定的频率范围内,像热噪声这样的起伏噪声通常被认为是近似高斯白噪声。

双边功率谱密度:$P_n(f)=\frac{n_0}{2}(\mathrm{W/Hz})$

自相关函数:$R_n(f)=\frac{n_0}{2}\delta(\tau)$

注意:如果传输网络是具有窄带特性的线性网络,则其输出的噪声必然为窄带噪声。

3. 散弹噪声

散弹噪声又称散粒噪声或颗粒噪声,是 1918 年肖特基研究此类噪声时,根据打在靶子上的子弹的噪声而命名的。散弹噪声出现在电子管和半导体器件中,电子管中的散弹噪声是由阴极表面发射电子的不均匀性引起的。

散弹噪声的功率谱在 $\omega\tau_a<0.5$ 范围内基本上是平坦的。τ_a 为电子由阴极到阳极的渡越时间，约为 10^{-9} s。因此，大约在 100 MHz 频率范围内功率谱可以被认为是恒定值，即

$$S_I(\omega)=\frac{E[I_N^2]}{2B}=qI_0$$

4. 高斯噪声

高斯噪声是指该噪声的瞬时幅度的概率密度函数服从高斯分布的一类噪声信号。

若取幅度为 $x(t)$，则有分布

$$p_n(x)=\frac{1}{\sqrt{2\pi}\sigma}\exp\left[-\frac{(x-a)^2}{2\sigma^2}\right]$$

式中，a 代表噪声的数学期望(均值)，σ^2 代表噪声的方差。

注意：当 $a=0$ 时，高斯分布又称为正态分布。

5. 高斯型白噪声

高斯型白噪声是指噪声的瞬时幅度分布满足高斯正态分布，并且噪声的功率谱在一定的频率范围之内可以近似看作常数。

6. 窄带高斯噪声

窄带高斯噪声是指噪声带宽比中心载频小很多的高斯噪声。

一般可以表示为

$$n(t)=\rho(t)\cos[\omega_c t+\varphi(t)]$$
$$n(t)=n_I(t)\cos[\omega_c t]-n_Q(t)\sin[\omega_c t]$$

式中，$n_I(t)=\rho(t)\cos[\varphi(t)]$——同相分量；

$n_Q(t)=\rho(t)\sin[\varphi(t)]$——正交分量。

7. 带通型噪声：

在现实通信环境中，起伏噪声是信道中最接近理想白噪声的噪声形式。当它通过调制信道后，在接收端解调器的输入端其噪声形式必然是起伏噪声经过一个带通系统后的某种变换形式，常称为带通型噪声。

4.1.8 什么是等效噪声带宽?

带通型噪声的等效带宽可以定义为

$$B_n=\frac{\int_{-\infty}^{\infty}p_n(f)\mathrm{d}f}{2p_n(f_c)}=\frac{\int_0^{\infty}p_n(f)\mathrm{d}f}{p_n(f_c)}$$

式中，f_c 为带通型噪声的中心频率。

4.1.9 什么是信道容量及香农公式?

信道容量：指单位时间内信道上所能传输的最大信息量。

1. 有扰离散信道

若发送符号集为 $X=\{x_i\}$，$i=1,2,\cdots,L$(其中有 L 种符号)，接收符号集为 $Y=\{y_j\}$，$j=1,2,\cdots,M$(其中有 M 种符号)。

互信息：$I(X,Y)=H(X)-H(X/Y)$；

信息传输速率：$R=r\cdot I(X/Y)$；

信道容量：$C=R_{\max}=r\cdot\max\{I(X,Y)\}=r\cdot\max\{H(X)-H(X/Y)\}$。

2. 有扰连续信道

当抽样速率为 $2W$ 时（W 为信道带宽），信道容量为

$$C=2W\cdot\max[H(X)-H(X/Y)]=2W\cdot\max[H(Y)-H(Y/X)]$$

3. 香农公式

在平均功率受限条件下，对于频带有限的连续信号（带宽 W）采用 $2W$ 抽样频率，则信道容量为

$$\begin{aligned}C&=2W\cdot\max[H(X)-H(X/Y)]=2W\cdot\max[H(Y)-H(Y/X)]\\&=2W\cdot[\log_2\sqrt{2\pi e(S+N)}-\log_2\sqrt{2\pi eN}]\\&=W\log_2\left(1+\frac{S}{N}\right)(\text{bit/s})\end{aligned}$$

注意：香农公式只是给出了信道最大信息传输容量的理论极限。

典型题解　　信道与噪声

4.2 典型题解

题型 1　信道

【例 4.1.1】 已知信道的结构如图 4.3 所示，求信道的冲激响应和传递函数，并说明是恒参信道还是随参信道，何种信号经过信道有明显失真？何种信号经过信道的失真可以忽略？

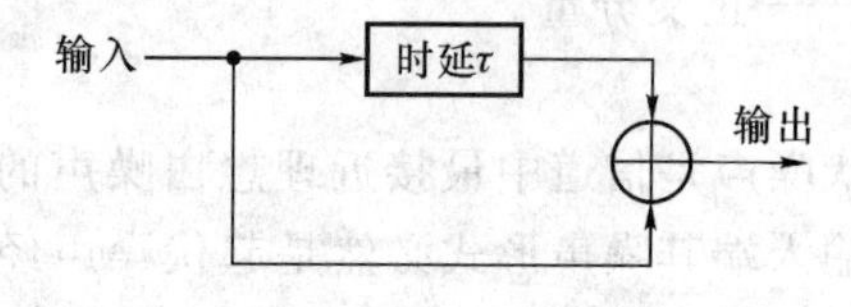

图 4.3

分析：判断恒参信号还是随参信道主要看信道的冲激函数和传递函数是否随时间变化。

答：由图可知信道的冲激响应为

$$h(t)=\delta(t)+\delta(t-\tau)$$

传递函数为

$$H(f)=1+e^{-j2\pi f\tau}$$

若冲激函数和传递函数不随时间变化，则该信道为恒参信道。它是一个二径信道，信道的相干带宽为 $B_c=1/\tau$。因此，若输入信道的带宽远小于 $1/\tau$ 时，输出的失真将可以忽略；若输入信号的带宽与 $1/\tau$ 可比或者更大时，信号经过信道会有明显失真。

【例 4.1.2】 已知信道的传输特性如图 4.4 所示，其输入信号 $s(t)=m(t)\cos\omega_c t$，$s(t)$ 的频谱密度如图 4.5所示，且 $W<\Delta\omega$。

求：信道的输出信号，并说明有无失真。

答：信道的传输特性为

$$H(\omega)=\begin{cases}e^{-j(\omega-\omega_c)t_0} & |\omega-\omega_c|\leqslant\Delta\omega/2\\ e^{-j(\omega+\omega_c)t_0} & |\omega+\omega_c|\leqslant\Delta\omega/2\\ 0 & \text{others}\end{cases}$$

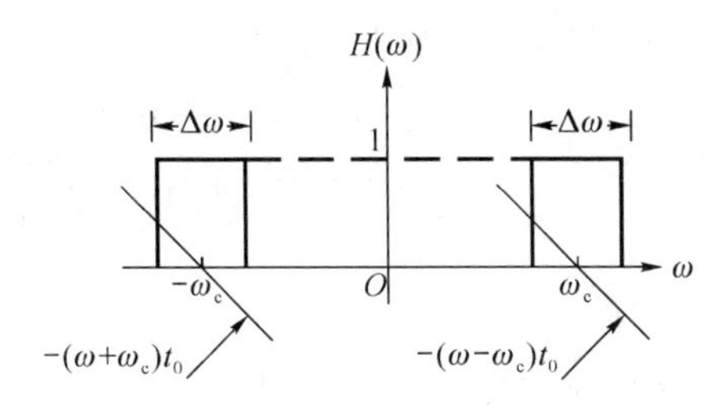

图 4.4

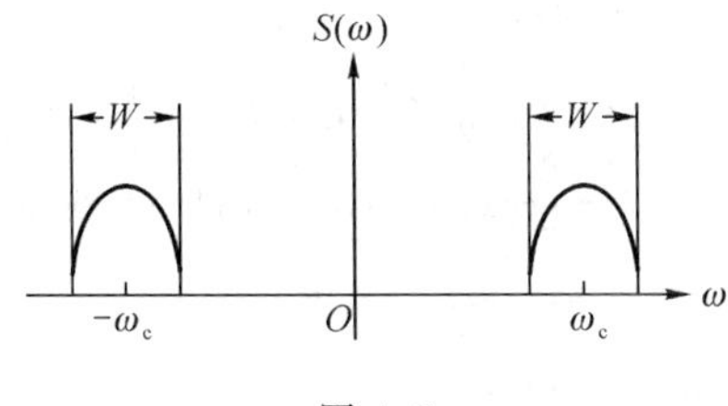

图 4.5

输入信号的傅里叶变换为

$$S(\omega)=\frac{1}{2}M(\omega+\omega_c)+\frac{1}{2}M(\omega-\omega_c)$$

因而输出信号的频谱为

$$Y(\omega)=S(\omega)H(\omega)=\frac{1}{2}M(\omega+\omega_c)e^{-j(\omega+\omega_c)t_0}+\frac{1}{2}M(\omega-\omega_c)e^{-j(\omega-\omega_c)t_0}$$

进行傅里叶变换得

$$y(t)=\frac{1}{2}m(t-t_0)e^{-j\omega_c t}+\frac{1}{2}m(t-t_0)e^{j\omega_c t}=m(t-t_0)\cos\omega_c t$$

对比输入 $s(t)=m(t)\cos\omega_c t$，信号整体有失真，但包络 $m(t)$ 无失真。

【例 4.1.3】 设一恒参信道的幅频特性和相频特性分别为

$$\begin{cases}|H(\omega)|=K_0\\ \varphi(\omega)=-\omega t_d\end{cases}$$

式中，K_0 和 t_d 都是常数。试确定信号 $s(t)$ 通过该信道后的输出信号的时域表示式，并讨论之。

分析：判断信号在传输过程中是否失真，一般先根据已知条件求出系统的传输函数，继而求出幅频特性和相频特性，然后根据信号传输的无失真条件：幅频特性不随 ω 变化，相频特性是 ω 的线性函数来判断输出信号是否有失真。

答：根据题目所给恒参信道的幅频特性和相频特性可得该恒参信道的传输函数为

$$H(\omega)=|H(\omega)|e^{j\varphi(\omega)}=K_0e^{-j\omega t_d}$$

对应的冲激响应为

$$h(t)=K_0\delta(t-t_d)$$

则信号 $s(t)$ 通过该信道后的输出信号为

$$y(t)=s(t)*h(t)=K_0s(t-t_d)$$

该恒参信道满足无失真条件，信号在传输过程中无畸变。

【例 4.1.4】 设某恒参信道的幅频特性为

$$H(\omega)=[1+\cos\omega T_0]e^{-j\omega t_d}$$

式中，t_d 为常数。试确定信号 $s(t)$ 通过该信道后的输出信号表示式，并讨论之。

分析：注意傅里叶变换和卷积简便运算。

答：该恒参信道的传输函数为

$$H(\omega)=[1+\cos\omega T_0]e^{-j\omega t_d}$$
$$=e^{-j\omega t_d}+\frac{1}{2}(e^{j\omega T_0}+e^{-j\omega T_0})e^{-j\omega t_d}$$
$$=e^{-j\omega t_d}+\frac{1}{2}e^{-j\omega(t_d-T_0)}+\frac{1}{2}e^{-j\omega(t_d+T_0)}$$

对应的冲激响应为

$$h(t)=\delta(t-t_d)+\frac{1}{2}\delta(t-t_d+T_0)+\frac{1}{2}\delta(t-t_d-T_0)$$

信号 $s(t)$ 通过该信道后的输出信号为

$$y(t)=s(t)*h(t)$$
$$=s(t-t_d)+\frac{1}{2}s(t-t_d+T_0)+\frac{1}{2}s(t-t_d-T_0)$$

【例 4.1.5】 一信号波形 $s(t)=A(1+m\cos\Omega t)\cos\omega_0 t$ 通过一个线性网络 $H(\omega)$，若该网络幅频特性为均匀特性：$\frac{A}{2}$，相频特性为线性：$\varphi(\omega)=-(\omega-\omega_0)\tau$。试求：

(1) 输出波形表达式 $s_o(t)$ 及其包络 $m_o(t)$；

(2) 网络对输入信号的包络迟延以及网络群迟延。

分析：根据题意可以得到系统的传输函数 $H(\omega)$ 的表达式；网络的群时延为 $\tau(\omega)=\frac{d\varphi(\omega)}{d\omega}$。

答：(1)由于

$$s(t)=A(1+m\cos\Omega t)\cos\omega_0 t$$
$$=A\cos\omega_0 t+mA\cos\Omega t\cos\omega_0 t$$
$$=A\cos\omega_0 t+\frac{1}{2}mA\cos(\omega_0-\Omega)t+\frac{1}{2}mA\cos(\omega_0+\Omega)t$$

其中存在三个频率分量 ω_0、$\omega_0+\Omega$ 及 $\omega_0-\Omega$。而网络的幅频特性为 $\frac{A}{2}$，相频特性为 $\varphi(\omega)=-(\omega-\omega_0)\tau$，即

$$H(\omega)=K_o e^{-j(\omega-\omega_0)\tau}$$

对应的单位冲激响应为

$$h(t)=K_o\delta(\omega-\omega_0)$$

因此其输出波形为

$$s_o(t)=s(t)*h(t)$$
$$=AK_o\cos\omega_0 t+\frac{1}{2}mAK_o\cos[(\omega_0-\Omega)t+\Omega\tau]+\frac{1}{2}mAK_o\cos[(\omega_0+\Omega)t-\Omega\tau]$$
$$=AK_o\cos\omega_0 t+mAK_o\cos\Omega(t-\tau)\cos\omega_0 t$$
$$=AK_o[1+m\cos\Omega(t-\tau)]\cos\omega_0 t$$

其中输出的低频信号为

$$m_0(t)=AK_o[1+m\cos\Omega(t-\tau)]$$

(2) 因为输入信号的包络为

$$m(t)=A[1+m\cos\Omega t]$$

因此输出信号的包络与输出信号的包络存在迟延 τ。

又
$$\varphi(\omega)=-(\omega-\omega_0)\tau$$

对应的网络群迟延为

$$\tau(\omega)=\frac{d\varphi(\omega)}{d\omega}=\frac{d[-(\omega-\omega_0)\tau]}{d\omega}=-\tau$$

由此可知，网络对输入信号的延迟等于网络的群迟延。

【例 4.1.6】 设恒参信道的传输特性为 $H(\omega)=\cos\omega T_0 \mathrm{e}^{-\mathrm{j}\omega t_\mathrm{d}}$，其中 T_0，t_d 均为常数。试求：

(1) 输入信号 $s(t)$ 经由该信道传输后的输出信号 $s_\mathrm{o}(t)$ 表达式；

(2) 该信道会引起什么失真？

(3) 若令 $T_0=0.5\ \mathrm{s}$，$t_d=1s$，画出 $H(\omega)$ 的相频特性。

答：由于恒参信道的传输特性为 $H(\omega)=\cos\omega T_0 \mathrm{e}^{-\mathrm{j}\omega t_\mathrm{d}}$，其单位冲激响应为

$$h(t)=\frac{1}{2}\delta(t-t_\mathrm{d}+T_0)+\frac{1}{2}\delta(t-t_\mathrm{d}-T_0)$$

(1) $s_\mathrm{o}(t)=s(t)*h(t)=\frac{1}{2}s(t-t_\mathrm{d}+T_0)+\frac{1}{2}s(t-t_\mathrm{d}-T_0)$

(2) 由于 $|H(\omega)|=|\cos\omega T_0 \mathrm{e}^{-\mathrm{j}\omega t_\mathrm{d}}|=|\cos\omega T_0|$ 与 ω 有关，因此该信道会引起幅频失真。又

$$\varphi(\omega)=\arg H(\omega)=\arg(\cos\omega T_0)-\omega t_\mathrm{d}$$

在 ωt_d 的主值范围 $(-\pi,\pi)$ 内

$$\varphi(\omega)=\begin{cases}-\omega t_\mathrm{d} & |\omega|<\pi/(2T_0)\\ -\omega t_\mathrm{d}+\pi & \pi/(2T_0)<|\omega|<\pi/T_0\end{cases}$$

即 $\varphi(\omega)$ 并非一条直线，因而也存在相频失真。

(3) 当 $T_0=0.5\ \mathrm{s}$，$t_d=1\ \mathrm{s}$ 时

$$\varphi(\omega)=\begin{cases}-\omega & |\omega|<\pi\\ -\omega+\pi & \pi<|\omega|<2\pi\end{cases}$$

它的相频特性曲线如图 4.6 所示。

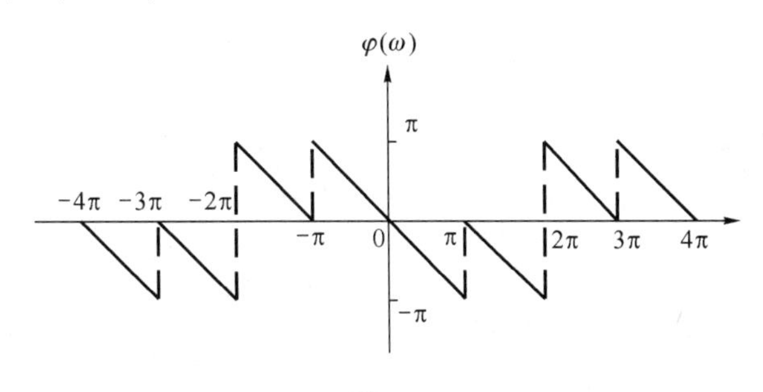

图 4.6

【例 4.1.7】 某恒参信道可用如图 4.7 所示的线性二端网络来等效。试求它的传输函数 $H(\omega)$，并说明信道通过该信道时会产生哪些失真？

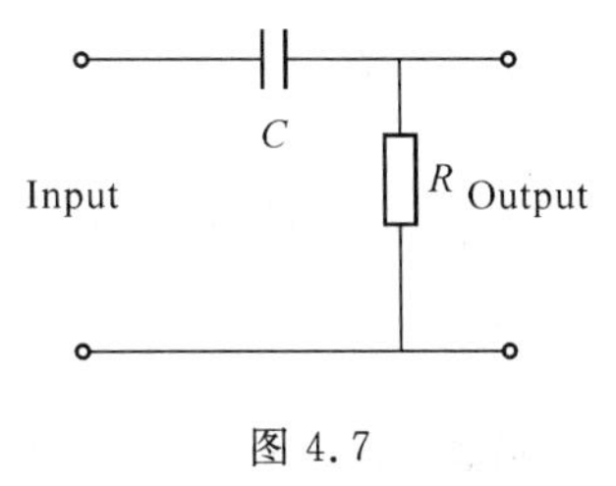

图 4.7

答：题 4-1-7 图中所示信道的传输函数为

$$H(\omega)=\frac{R}{\frac{1}{\mathrm{j}\omega C}+R}=\frac{\mathrm{j}\omega RC}{1+\mathrm{j}\omega RC}$$

其幅频特性为

$$|H(\omega)|=\frac{\omega RC}{\sqrt{1+(\omega RC)^2}}$$

相频特性为

$$\varphi(\omega)=\frac{\pi}{2}-\arctan(\omega RC)$$

【例 4.1.8】 令恒参信道模型如图 4.8 所示，求其时延特性和群时延特性，并说明它们对信号传输的影响。

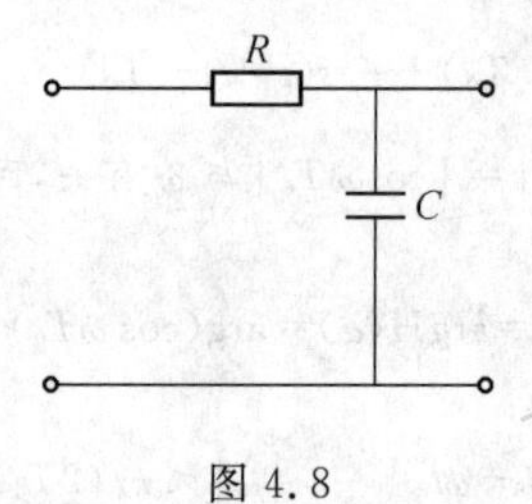

图 4.8

分析：本题主要考查恒参信道基本特性及其对信号传输的影响。

答：信道的传输特性为

$$H(\omega)=\frac{\frac{1}{j\omega C}}{R+\frac{1}{j\omega C}}=\frac{1}{1+j\omega RC}$$

幅频特性为

$$|H(\omega)|=\frac{1}{\sqrt{1+(\omega RC)^2}}$$

相频特性为

$$\varphi(\omega)=-\arctan(\omega RC)$$

时延特性为

$$\tau(\omega)=\frac{\varphi(\omega)}{\omega}=-\frac{\arctan(\omega RC)}{\omega}$$

群时延特性为

$$\tau_G(\omega)=\frac{d\varphi(\omega)}{d\omega}=-\frac{RC}{1+(\omega RC)^2}$$

由于时延特性和群时延特性都不是常数，信号通过此信道会发生失真。但当 $\omega \ll \frac{1}{RC}$ 时

$$H(\omega)=|H(\omega)|e^{j\varphi(\omega)}\approx e^{-j\omega RC}$$

此时该信道近似是一个时延为 RC 的无失真信道。

【例 4.1.9】 一信号波形 $s(t)=A\cos\Omega t\cos\omega_0 t$，通过衰减为固定常数值、存在相移的网络。试证明：若 $\omega_0\geqslant\Omega$，且 $\omega_0\pm\Omega$ 附近的相频特性曲线可近似为线性，则该网络对 $s(t)$ 的迟延等于它的包络的迟延(这一原理常用于测量群迟延特性)。

分析：本题关键在于按照 $\omega_0\pm\Omega$ 附近的相频特性曲线近似为线性这个条件和题目所给出的该网络衰减为固定值，可知这是一个满足无失真传输的系统。

答：根据题意，信号波形为

$$\begin{aligned}s(t)&=A\cos\Omega t\cos\omega_0 t\\&=\frac{A}{2}[\cos(\omega_0+\Omega)t+\cos(\omega_0-\Omega)t]\end{aligned}$$

由 $\omega_0\geqslant\Omega$，$s(t)$ 可视为双边带调制信号，$s(t)$ 的包络为 $A\cos\Omega t$。

设网络传输函数 $\omega_0 \pm \Omega$ 附近的相频特性近似线性为

$$H(\omega)=K_0 e^{-j\omega t_d}$$

对应的冲激响应为

$$h(t)=K_0\delta(t-t_d)$$

输出信号为

$$\begin{aligned}y(t)&=s(t)*h(t)=(A\cos\Omega t\cos\omega_0 t)*K_0\delta(t-t_d)\\&=AK_0\cos\Omega(t-t_d)\cos\omega_0(t-t_d)\end{aligned}$$

由此可知,该网络对 $s(t)$ 的迟延等于它的包络的迟延。

【例 4.1.10】 设某随参信道存在多径效应,其最大时延差 $\tau_{max}=5$ ms 试求为避免频率选择性衰落所要求的数字信号脉冲宽度。

分析:随参信道的多径传播中,为减小频率选择性衰落应满足 $B<1/\tau_{max}$ 或 $B=\left(\frac{1}{3}\sim\frac{1}{5}\right)\frac{1}{\tau_{max}}$,$R_B=\left(\frac{1}{3}\sim\frac{1}{5}\right)\frac{1}{\tau_{max}}$。

答:为避免频率选择性衰落,码元速率 R_B 应满足:

$$R_B=(\frac{1}{3}\sim\frac{1}{5})\frac{1}{\tau_{max}}$$

又,脉冲宽度 $T_s=1/R_B$,得:

$$T_s=(3\sim5)\tau_{max}=15\sim25(\text{ms})$$

实际上,可大不可小。因此有结论:为避免频率选择性衰落,在该信道上传输的数字信号脉冲宽度应在 15~25 ms 之间。

【例 4.1.11】 瑞利型衰落的包络值 V 为何值时,V 的一维概率密度函数有最大值?

分析:一维概率密度函数取最大值时,$\frac{df(V)}{dV}=0$。

答:瑞利型衰落的包络值 V 的一维概率密度函数为

$$f(V)=\frac{V}{\sigma^2}\exp\left(-\frac{V^2}{2\sigma^2}\right),(V\geqslant0,\sigma>0)$$

当 V 的一维概率密度函数最大时,$\frac{df(V)}{dV}=0$,即

$$f'(V)=\frac{1}{\sigma^2}\exp\left(-\frac{V^2}{2\sigma^2}\right)+\frac{V}{\sigma^2}\left(-\frac{V}{\sigma^2}\right)\cdot\exp\left(-\frac{V^2}{2\sigma^2}\right)=0$$

可解得 $V=\sigma$。即当 $V=\sigma$ 时,V 的一维概率密度函数有最大值。

【例 4.1.12】 试根据如下瑞利型衰落的包络值 V 的一维概率密度函数求包络值 V 的数学期望和方差。

$$f(V)=\frac{V}{\sigma^2}\exp\left(-\frac{V^2}{2\sigma^2}\right),(V\geqslant0,\sigma>0)$$

答:由于瑞利型衰落的包络值 V 的一维概率密度函数为

$$f(V)=\frac{V}{\sigma^2}\exp\left(-\frac{V^2}{2\sigma^2}\right),(V\geqslant0,\sigma>0)$$

则包络值 V 的数学期望为

$$\begin{aligned}E(V)&=\int_0^{+\infty}\frac{V^2}{\sigma^2}\exp\left(-\frac{V^2}{2\sigma^2}\right)dV\\&=-V\exp\left(-\frac{V^2}{2\sigma^2}\right)\Big|_0^{+\infty}+\int_0^{+\infty}\exp\left(-\frac{V^2}{2\sigma^2}\right)dV\\&=\sqrt{2\pi}\sigma\cdot\int_0^{+\infty}\frac{1}{\sqrt{2\pi}\sigma}\exp\left(-\frac{V^2}{2\sigma^2}\right)dV\\&=\frac{\sqrt{2\pi}\sigma}{2}=\sqrt{\frac{\pi}{2}}\sigma\end{aligned}$$

V 的方差为：$D(V)=E(V^2)-[E(V)]^2$

而

$$\begin{aligned}E(V^2)&=\int_0^{+\infty}V^2\cdot f(V)\mathrm{d}V\\&=\int_0^{+\infty}\frac{V^3}{\sigma^2}\exp\left(-\frac{V^2}{2\sigma^2}\right)\mathrm{d}V\\&=-V^2\exp\left(-\frac{V^2}{2\sigma^2}\right)\Big|_0^{+\infty}+2\int_0^{+\infty}V\exp\left(-\frac{V^2}{2\sigma^2}\right)\mathrm{d}V\\&=2\sigma^2\int_0^{+\infty}\frac{V}{\sigma^2}\exp\left(-\frac{V^2}{2\sigma^2}\right)\mathrm{d}V\\&=2\sigma^2\end{aligned}$$

因此
$$D(V)=2\sigma^2-\left(\sqrt{\frac{\pi}{2}}\sigma\right)^2=\left(2-\frac{\pi}{2}\right)\sigma^2。$$

【例 4.1.13】 假设某随机信道的两径时延差 τ 为 1 ms，试求该信道在哪些频率上传输的衰耗最大？选用哪些频率传输信号最有利？

分析：两径传播的模特性依赖于 $\left|\cos\frac{\omega\tau}{2}\right|$，对不同的频率，两径传播的结果将有不同的衰减。这就是频率选择性衰落，在两个特殊点上最明显，即在传输极点对传输最有利，在传输零点传输损耗最大。

答：由频率选择性衰落特性可知：

当 $\omega=\frac{1}{\tau}(2n+1)\pi,n=0,1,2,\cdots$ 时，$|H(\omega)|$ 出现传输零点；

当 $\omega=\frac{1}{\tau}2n\pi,n=0,1,2,\cdots$ 时，$|H(\omega)|$ 出现传输极点；

所以，在 $f=\frac{n}{\tau}=n$ kHz（n 为整数）时，对传输信号最有利；

在 $f=\left(n+\frac{1}{2}\right)\cdot\frac{1}{\tau}=\left(n+\frac{1}{2}\right)$kHz（$n$ 为整数）时，对传输信号衰耗最大。

【例 4.1.14】 设两径传输信道模型如图 4.9 所示，试求：

(1) 传输特性 $H(\omega)$；

(2) 幅频特性极点、零点所对应的角频率。

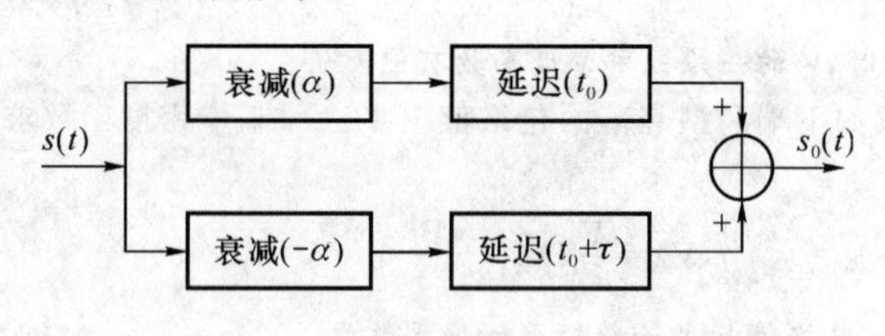

图 4.9

答：(1)
$$\begin{aligned}H(\omega)&=\alpha\mathrm{e}^{-\mathrm{j}\omega t_0}-\alpha\mathrm{e}^{-\mathrm{j}\omega(t_0+\tau)}=\alpha\mathrm{e}^{-\mathrm{j}\omega t_0}[1-\mathrm{e}^{-\mathrm{j}\omega\tau}]\\&=\mathrm{j}2\alpha\sin\left(\frac{\omega\alpha}{2}\right)\mathrm{e}^{-\mathrm{j}\omega\left(t_0+\frac{\tau}{2}\right)}\end{aligned}$$

(2)
$$|H(\omega)|=\left|2\alpha\sin\left(\frac{\omega\alpha}{2}\right)\right|$$

于是 $|H(\omega)|$ 对应的极点频率为 $\omega=\frac{(2n+1)\pi}{\alpha}$，零点频率为 $\omega=\frac{2n\pi}{\alpha}$，$n$ 为整数。

【例 4.1.15】 如图 4.10 所示的传号和空号相间的数字信号通过某随参信道。已知接受信号是通过该信道两条路径的信号之和。设两路径的传输衰减相等（均为 d_0），且时延差 $\tau=T/4$。试画出接受信号的波形示意图。

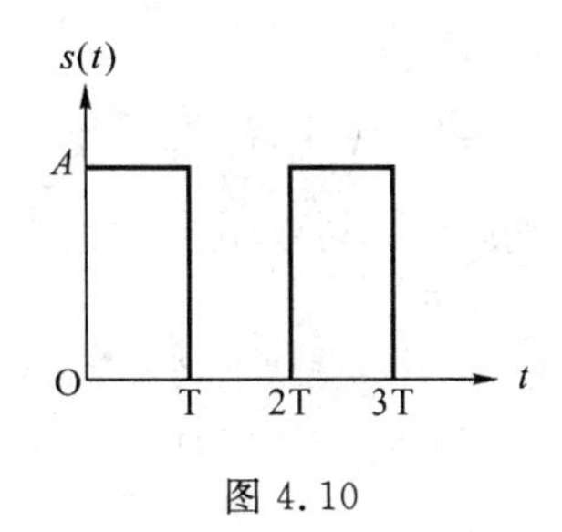

图 4.10

答:根据题意可知输出信号为

$$y(t)=d_0 s(t-t_0)+d_0 s\left(t-t_0-\frac{\pi}{4}\right)$$

式中,t_0 为两条路径的固定时延,则接收信号的波形如图 4.11 所示。

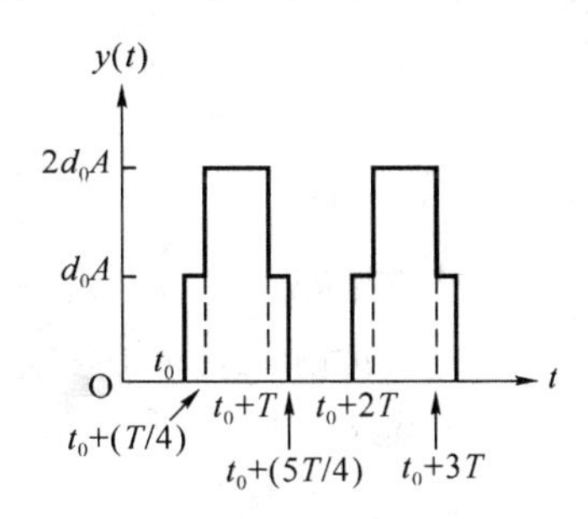

图 4.11

【例 4.1.16★】 (**北京邮电大学考研真题**)什么是信道的群时延特性?它对信号传输的影响如何?如何测量信道的群时延特性?画出测量方法框图,说明工作原理。

答:若 $\varphi(f)$ 是带通信道的相频特性,则 $\tau_G(f)=-\dfrac{\mathrm{d}\varphi(f)}{2\pi \mathrm{d}f}$ 就是信道的群时延—频率特性。群时延特性为常数是带通信号复包络无失真的必要条件。测量信道的群时延特性的一种方法如图 4.12 所示。

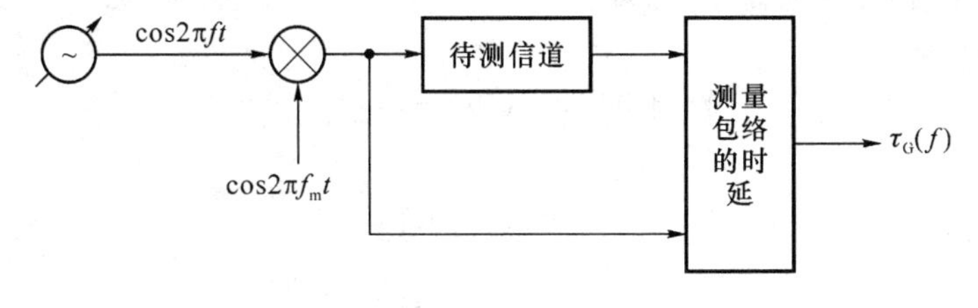

图 4.12

对于给定的 f,测量带通信号 $\cos 2\pi f_m t\cos 2\pi ft$ 的包络经过信道后的时延,其值就是 $\tau_G(f)$,改变 f 可以得到信道带宽范围内的 $\tau_G(f)$ 曲线。

题型 2 通信系统中的噪声及信道容量

【例 4.2.1】 信道中常见的起伏噪声有哪些?其统计特性如何?写出其一维概率密度函数和功率谱密度。

答:常见的起伏噪声有热噪声、散弹噪声和宇宙噪声。其统计特性可等效为高斯噪声。一维概率密度函数为

$$f(\nu)=\frac{1}{\sqrt{2\pi}\sigma_n}\mathrm{e}^{-\frac{\nu^2}{2\sigma_n^2}}$$

功率谱密度为

$$P_n(\omega)=\frac{n_0}{2}(\text{W/Hz})(-\infty<f<\infty)$$

【例 4.2.2】 设某高斯信道的带宽为 4 kHz,信号与噪声的功率比为 1 023,试确定利用此信道组成的理想通信系统的信息传输速率 R_b 和误码率 P_e。

答:理想通信系统是指 R_b 达到信道容量 C,且无差错的通信系统。于是

$$R_b=C=B\log_2(1+1\ 023)=40(\text{kbit/s})$$

$$P_e=0$$

【例 4.2.3】 已知某电话信道的有效带宽为 3.4 kHz,试求:

(1) 接收端信噪比 $S/N=30$ dB 时的信道容量;

(2) 若要求该信道能传输 4 800 bit/s 的数据,则接收端要求最小信噪比为多少?

分析:主要考察香农公式的使用。

答:根据题意可知:

$$W=3\ 400(\text{Hz})$$

(1)当 SNR=30 dB=1 000 时,有:

$$\begin{aligned}C&=W\log_2\left(1+\frac{S}{N}\right)\\&=3\ 400\times\log_2(1+1\ 000)\\&=33\ 889(\text{bit/s})\end{aligned}$$

(2)当 $R_b=4\ 800$ bit/s 时,有

$$R\leqslant C=W\log_2\left(1+\frac{S}{N}\right)$$

$$SNR\geqslant 2^{R/W}-1=2^{4\ 800/3\ 400}-1=2.2(\text{dB})$$

【例 4.2.4】 计算机终端通过电话信道传输计算机数据,电话信道带宽为 3.4 kHz,信道输出的信噪比为 S/N=20 dB。假设该终端可以输出 256 个不同的符号,各符号相互统计独立,并且等概率出现。

(1) 试求该通信系统的信道容量;

(2) 试求无误码传输时的最高符号速率是多少?

答:根据题意可知

$$W=3\ 400(\text{Hz}),\text{SNR}=20\ \text{dB}=100$$

(1)信道容量为

$$\begin{aligned}C&=W\log_2\left(1+\frac{S}{N}\right)\\&=3\ 400\times\log_2(1+100)\\&=22\ 638(\text{bit/s})\end{aligned}$$

(2) 由于信源中各符号等概率分布,则信源熵为

$$H(X)=\log_2 256=8(\text{bit/symbol})$$

$$R_b\leqslant C=W\log_2\left(1+\frac{S}{N}\right)=22\ 638(\text{bit/s})$$

$$R_B=R_b/H(X)=22\ 638/8=2\ 829(\text{Baud})$$

$$\text{SNR}\geqslant 2^{R/W}-1=2^{4\ 800/3\ 400}-1=2.2(\text{dB})$$

【例 4.2.5】 已知在高斯信道理想通信系统传送某一信息所需带宽为 10^6 Hz,信噪比为 20 dB;若将所需信噪比降为 10 dB,求所需信道带宽。

答:根据香农公式:

$$C=W\log_2\left(1+\frac{S}{N}\right)$$

可求得信噪比为 20 dB 时的信道容量为

$$C=10^6\log_2(1+100)(\text{bit/s})$$

当信噪比降为 10 dB 时，为了保持相同的信道容量，要求

$$W\log_2(1+10)=10^6\log_2(1+10^2)$$

由此可得

$$C=\frac{10^6\log_2 101}{\log_2 11}=1.92\times10^6(\text{Hz})$$

【例 4.2.6】 某一待传输的图片约含 2.5×10^6 个像素，为了很好地重现图片，需要将每像素量化为 16 亮度电平之一，假若所有这些亮度电平等概出现且互不相关，并设加性高斯噪声信道中的信噪比为 30 dB，试计算用 3 分钟传送一张这样的图片所需的最小信道带宽（假设不压缩编码）。

答：该图片的信息量为

$$I=2.5\times10^6\times\left(-\log_2\frac{1}{16}\right)=10^7(\text{bit})$$

3 分钟传送该图片所需信道容量为

$$C=\frac{10^7}{180}(\text{bit/s})$$

由香农公式：$C=W\log_2\left(1+\frac{S}{N}\right)$ 可得：

$$\frac{10^7}{180}=W\times\log_2(1+1\ 000)$$

所以

$$W=5.57\times10^3(\text{Hz})$$

【例 4.2.7】 设数字信号的每比特能量为 E_b，高斯白噪声信道的噪声双边功率谱密度为 $n_0/2$，试证明：当要求无差错传输时的信噪比 E_b/n_0 的最小值为 -1.6 dB。

证明：信号功率

$$S=\frac{E_b}{T_b}=E_bR_b$$

噪声功率

$$N=n_0B$$

代入香农公式，得

$$C=W\log_2\left(1+\frac{E_bR_b}{n_0B}\right)$$

对理想通信系统，$R_b=C$，于是

$$\frac{C}{B}=\log_2\left(1+\frac{E_b}{n_0}\frac{C}{B}\right)$$

得

$$\frac{E_b}{n_0}=\frac{2^{\frac{C}{B}}-1}{\frac{C}{B}}$$

于是

$$\left.\frac{E_b}{n_0}\right|_{\min}=\lim_{\frac{C}{B}\to0}\frac{2^{\frac{C}{B}}-1}{\frac{C}{B}}=\lim_{\frac{C}{B}\to0}\frac{2^{\frac{C}{B}}\ln2}{1}=\ln2=0.693$$

即

$$\left.\frac{E_b}{n_0}\right|_{\min}=10\lg0.693=-1.6(\text{dB})$$

讨论：① 对于理想通信系统，其信噪比的最小值是 -1.6 dB。该值又称为香农限，是一切编码方式所

能达到的理论极限。

② 信噪比 E_b/n_0 与信噪比 S/N 间有相同量纲(实际上均为无量纲),但具体数值不同:$\frac{E_b}{n_0}=\frac{S}{N}\frac{B}{R_b}=\frac{S}{N}(BT_b)$。有时称 E_b/n_0 为能量信噪比。

③ C/B 表示归一化信道容量,即单位带宽所能达到的信道容量。

④ 当 $C/B=1$ 时,$E_b/n_0=1$(0 dB)。即当能量信噪比为 0 dB 时,每赫兹带宽能提供 1 bit/s 的信息传输速率。

【例 4.2.8】 设某黑白电视系统的帧频为 25 Hz,每帧含 44 万个像素,每像素灰度等级为 8 级(设等概出现,且相互独立)。若要求接收端输入信噪比为 1 023,试计算为传输此黑白电视图像所需要的最小带宽。

分析:首先根据已知条件得到系统的信息传输速率 R_b,然后根据香农公式得到系统传输图像所需要的最小带宽。

答:共有 $M=8$ 个等概的灰度等级,且相互独立,故每像素的平均信息量为

$$H=\log_2 M=\log_2 8=3(\text{bit/像素})$$

共有 $n=44$ 万个像素,故一帧图像的总信息量为

$$I=Hn=3\times 44\times 10^4=1.32(\text{Mbit})$$

每秒传输 25 帧图像,即

$$f_F=25(\text{Hz})$$

于是

$$R_b=If_F=1.32\times 10^6\times 25=33(\text{Mbit/s})$$

因为

$$R_b\leqslant C=B\log_2\left(1+\frac{S}{N}\right)$$

所以

$$B\geqslant\frac{R_b}{\log_2\left(1+\frac{S}{N}\right)}=\frac{33\times 10^6}{\log_2(1+1\ 023)}=3.3(\text{MHz})$$

即 $B_{\min}=3.3$ MHz。

【例 4.2.9】 设有一个二进制对称信道 BSC,其输入符号 x_1,x_2 的概率分别为 $P(x_1)=\alpha,P(x_2)=\beta=1-\alpha$,输入符号速率为 R_s,信道误码率为 p,试求该 BSC 信道的信道容量 C。

答:由题意可画出信道模型如图 4.13 所示。由于误码率为 p,因此正确传输概率为 $q=1-p$。为求信道容量 C,需先求信息量 $I(X,Y)$,再求其最大值,最后再乘上 R_s 即可。

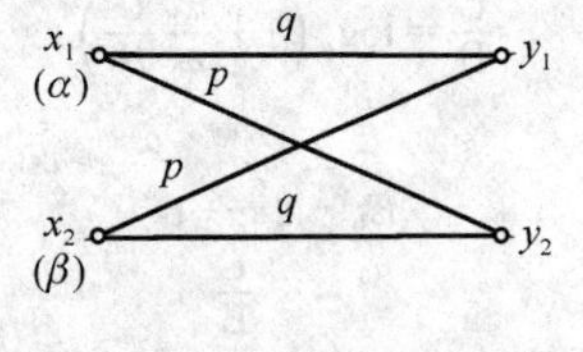

图 4.13

(1) 求 $I(X,Y)$。

$$I(X,Y)=H(X)-H(Y/X)$$

$$H(Y)=-\sum_{j=1}^{m}P(y_j)\log_2 P(y_j)$$

$$H(Y/X)=-\sum_{i=1}^{n}P(x_i)\sum_{j=1}^{m}P(y_j/x_i)\log_2 P(y_j/x_i)$$

$$P(y_1)=P(x_1)P(y_1/x_1)+P(x_2)P(y_1/x_2)=\alpha q+\beta p$$

$$P(y_2)=1-P(y_1)=1-(\alpha q+\beta p)=\alpha p+\beta q(\text{由于 }\alpha+\beta=1\text{ 和 }p+q=1)$$

令 $S=\alpha p+\beta q$,得到

$$P(y_2)=S,P(y_1)=1-S$$

于是

$$\begin{aligned}H(Y)&=-\sum_{j=1}^{m}P(y_j)\log_2 P(y_j)\\&=-P(y_1)\log_2 P(y_1)-P(y_2)\log_2 P(y_2)\\&=-(1-S)\log_2(1-S)-S\log_2 S\end{aligned}$$

可写成

$$H(Y)=H(S)=H(\alpha p+\beta q)$$

又

$$\begin{aligned}H(Y/X)&=-\sum_{i=1}^{n}P(x_i)\sum_{j=1}^{m}P(y_j/x_i)\log_2 P(y_j/x_i)\\&=-P(x_1)[P(y_1/x_1)\log_2 P(y_1/x_1)+P(y_2/x_1)\log_2 P(y_2/x_1)]\\&\quad-P(x_2)[P(y_1/x_2)\log_2 P(y_1/x_2)+P(y_2/x_2)\log_2 P(y_2/x_2)]\\&=-\alpha[q\log_2 q+p\log_2 p]-\beta[p\log_2 p+q\log_2 q]\\&=-p\log_2 p-q\log_2 q=-p\log_2 p-(1-p)\log_2(1-p)\end{aligned}$$

可写成

$$H(Y/X)=H(p)$$

于是

$$I(X,Y)=H(Y)-H(Y/X)=H(S)-H(p)$$

(2) 求$\max\limits_{\{p(x)\}}I(X,Y)=\max\limits_{(\alpha)}I(X,Y)$。

令$\dfrac{\partial I(X,Y)}{\partial\alpha}=0$,求最大值。由于 $H(p)$与 α 无关,故应求:$\dfrac{\partial H(S)}{\partial\alpha}=0$,即

$$\frac{\partial H(S)}{\partial\alpha}=\frac{\partial H(S)}{\partial S}\frac{\partial S}{\partial\alpha}=0$$

由于

$$H(S)=-S\log_2 S-(1-S)\log_2(1-S)$$

令

$$\begin{aligned}\frac{\partial H(S)}{\partial S}&=-\log_2 S-S\,\frac{1}{S}\,\frac{1}{\ln 2}+\log_2(1-S)+(1-S)\frac{1}{(1-S)}\frac{1}{\ln 2}\\&=\log_2\frac{(1-S)}{S}=0\end{aligned}$$

得

$$\frac{(1-S)}{S}=1$$

于是

$$S=\frac{1}{2}$$

由于

$$S=\alpha p+\beta q=\alpha p+(1-\alpha)q=\alpha(p-q)+q$$

令$\dfrac{\partial S}{\partial\alpha}=p-q=0$,得 $p=q$。又 $p+q=1$,所以 $p=q=\dfrac{1}{2}$。代入,得

$$S=\alpha p+\beta q=\frac{1}{2}\alpha+\frac{1}{2}\beta=\frac{1}{2}$$

与$\frac{\partial H(S)}{\partial S}=0$的结果相同。

于是

$$H(Y)=H(S)=H\left(\frac{1}{2}\right)=-\frac{1}{2}\log_2\frac{1}{2}-\left(1-\frac{1}{2}\right)\log_2\left(1-\frac{1}{2}\right)=1$$

最后

$$\max_{(\alpha)} I(X,Y)=1-H(p)$$

(3) $C=\max\limits_{\{p(x)\}} R=R_S \max\limits_{\{p(x)\}} I(X,Y)=R_S[1-H(p)]$(bit/s)

(4) 结论：

① 在二进制对称信道中，当输入信源符号等概时，可以达到信道容量

$$C=R_S[1-H(p)]$$

②实际上，对BSC信道，当输入符号等概时，有$\alpha=\beta=\frac{1}{2}$，从而$S=\frac{1}{2}$，即输出符号亦等概。

③由$\frac{C}{R_S}=1-H(p)$还可进一步画出$\frac{C}{R_S}\sim p$的曲线，如图4.14所示。由图可见：

当$p=0$时，相当于无噪情况，传输无差错，$\frac{C}{R_S}=1$，C达到最大值。

当$p=0.5$时，$\frac{C}{R_S}=0$。此时由于误码概率为$\frac{1}{2}$，发与不发已无任何意义，相当于信道断开，当然$C=0$。

当$p=1$时，$\frac{C}{R_S}=1$，同样达到最大值，相当于噪声极大情况。但本质上看相当于“0”、“1”倒置的无噪情况，故与$p=0$时情况相同。

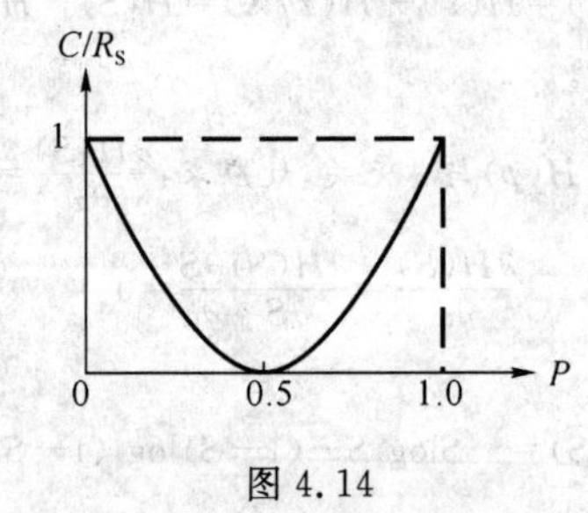

图 4.14

第5章

模拟幅度调制

【基本知识点】模拟幅度调制的基本概念;信号的时域、频域表示式及频谱分析;调制原理和解调原理;标准幅度调制(AM);双边带幅度调制(DSB);单边带幅度调制(SSB);残留边带幅度调制(VSB);各类幅度调制在信道加性白高斯噪声干扰下的抗噪声性能分析等。

【重点】标准幅度调制(AM);双边带幅度调制(DSB);单边带幅度调制(SSB);残留边带幅度调制(VSB);各类幅度调制在信道加性白高斯噪声干扰下的抗噪声性能分析等。

5.1 答疑解惑

5.1.1 什么是调制和解调?

1. 定义

为了使信号便于信道传输,我们需要对原始信号进行调制和解调处理。所谓调制,就是按调制信号(基带信号)的变化规律去改变载波某些参数的过程。解调则是其逆过程。

2. 调制的作用和目的

(1) 将调制信号(基带信号)转换成适合于信道传输的已调信号(频带信号)。其实质就是将基带信号频谱搬移到载频附近以便于信号的发送接收,因为辐射功率正比于频率的四次方。

(2) 可以有效地利用频带,实现信道的多路复用,提高信道利用率。

(3) 减少干扰,提高系统抗干扰能力。

(4) 实现传输带宽与信噪比之间的互换。

3. 调制的分类

调制信号可以是模拟信号,也可以是数字信号,而载波可以是连续波,也可以是脉冲波,所以调制可以分为模拟连续波调制、数字连续波调制、模拟脉冲调制和数字脉冲调制四种类型。

在模拟调制中,常用正弦波作为载波,这种调制方式也称为连续波调制。连续波调制的分类情况如下所示：

- 模拟调制
  - 幅度调制
    - 常规幅度调制(AM)
    - 抑制载波双边带幅度(DSB)
    - 单边带调幅(SSB)
    - 残留边带调幅(VSB)
  - 角度调制
    - 调频(FM)
    - 调相(PM)

5.1.2 什么是常规幅度调制(AM)？

1. 调制模型

常规幅度调制的常见模型如图 5.1 所示。

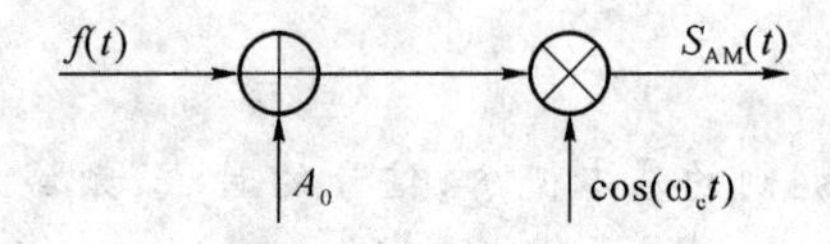

图 5.1 常规幅度调制的模型

其中，A_0 为直流量，$f(t)$为调制信号。

已调信号的波形如图 5.2 所示。

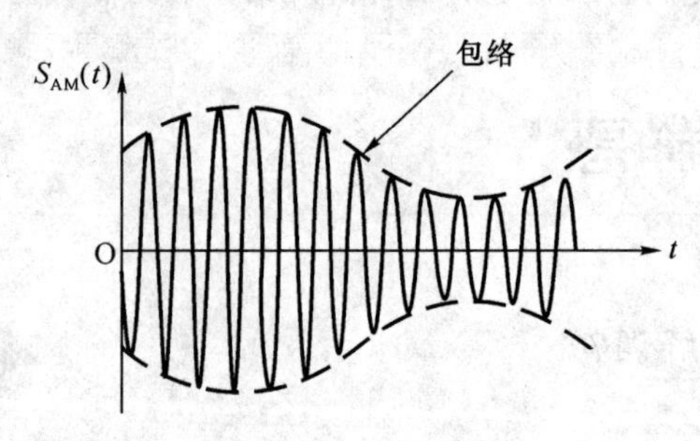

图 5.2 已调信号的波形图

2. 表达式

时域表达式为

$$S_{AM}(t)=[A_0+f(t)]\cos(\omega_c t+\theta_c)$$

频域表达式为

$$S_{AM}(\omega)=\pi A_0[\delta(\omega+\omega_c)+\delta(\omega-\omega_c)]+\frac{1}{2}[F(\omega+\omega_c)+F(\omega-\omega_c)]$$

当调制信号为单频余弦信号时，令 $f(t)=A_m\cos(\Omega_m t+\theta_m)$，则时域表达式可写成：

$$\begin{aligned}S_{AM}(t)&=[A_0+A_m\cos(\Omega_m t+\theta_m)]\cos(\omega_c t+\theta_c)\\&=A_0[1+\beta_{AM}\cos(\Omega_m t+\theta_m)]\cos(\omega_c t+\theta_c)\end{aligned}$$

式中，称 β_{AM} 为调幅系数：$\beta_{AM}=\dfrac{A_m}{A_0}$。

注意：无失真包络检波的条件是 $\beta_{AM}\leqslant 1$。

功率谱密度表达式：

$$\varphi_{AM}(\omega)=\frac{A_0^2}{2}[\pi\delta(\omega-\omega_c)+\pi\delta(\omega+\omega_c)]+\frac{1}{4}[\varphi_f(\omega-\omega_c)+\varphi_f(\omega+\omega_c)]$$

对于随机信号调幅的频域分析方法：

$$\text{随机信号 } f(t)\xrightarrow{\text{自相关}}f(t)\text{的平均自相关函数}\xrightarrow{\text{傅里叶变换}}\text{功率谱}$$

3. 标准调幅的功率分配及效率

功率分配(平均功率)

$$S_{AM}=\overline{S_{AM}^2(t)}=\overline{[A_0+f(t)]^2\cos^2\omega_c t}$$

由于$\overline{f(t)}=0$，$\overline{\cos 2\omega_c t}=0$，所以

$$S_{AM}=\frac{A_0^2}{2}+\frac{\overline{f^2(t)}}{2}=S_c+S_f$$

式中，S_c——载波功率；

S_f——边带功率。

定义调制效率为

$$\eta_{AM}=\frac{S_f}{S_{AM}}=\frac{\overline{f^2(t)}}{A_0^2+\overline{f^2(t)}}$$

当调制信号为单频余弦时，$\overline{f^2(t)}=A_m^2/2$，此时

$$\eta_{AM}=\frac{A_m^2}{2A_0^2+A_m^2}=\frac{\beta_{AM}^2}{2+\beta_{AM}^2}$$

当处于临界点时，$\beta_{AM}=1$，调制效率最大只能为 $\eta_{AM}=1/3$；若调制信号是幅度为 A_0 的方波，调制效率能得到最大值 0.5。

载波分量是不携带信息的，但是却占据了大量的功率，而这部分功率却被浪费，如果能够抑制载波分量，则可以节省这部分功率，这就演变成另外一种调制方式：抑制载波双边带调制。

4. 标准调幅的解调

相干解调：需要本地载波。

非相干解调：不需要本地载波，常用包络检波形式。

5. 标准调幅的特点

优点：结构简单，实现容易，解调简单。一般适用于民用中波广播通信。

缺点：功率利用效率非常低，频谱效率也不高。

5.1.3 什么是双边带幅度调制模型？

双边带幅度调制的常见模型如图 5.3 所示。

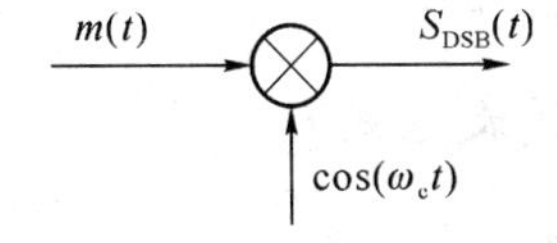

图 5.3 双边带幅度调制的模型

已调信号的波形如图 5.4 所示。

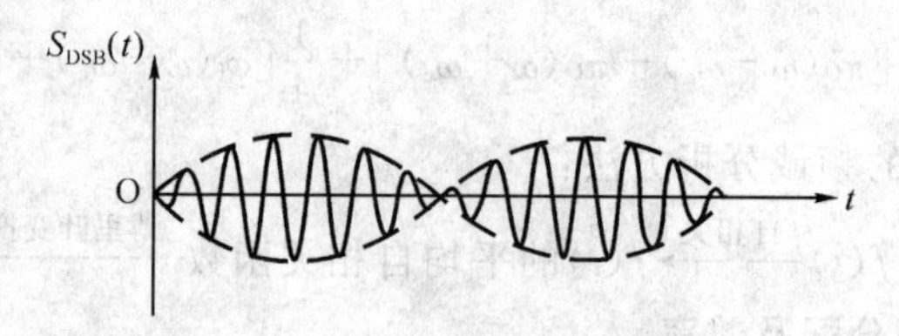

图 5.4 已调信号的波形图

5.1.4 什么是双边带幅度调制的表达式?

1. 时域表达式

$$S_{DSB}(t)=m(t)\cos\omega_c t$$

2. 频域表达式

$$S_{DSB}(\omega)=\frac{1}{2}[M(\omega+\omega_c)+M(\omega-\omega_c)]$$

5.1.5 什么是双边带幅度的调制和解调?

双边带调幅的调制可以利用乘法器实现;调制后的边带分为上、下边带(LSB、USB);调制效率为 1,即 $\eta_{DSB}=1$;系统带宽仍为原始信号带宽的 2 倍。

一般情况下,双边带调幅的解调只能采用相干解调方式,而不能采用非相干解调方式。当在解调端处或调制端插入强载波,也可以采用包络检波的方法。

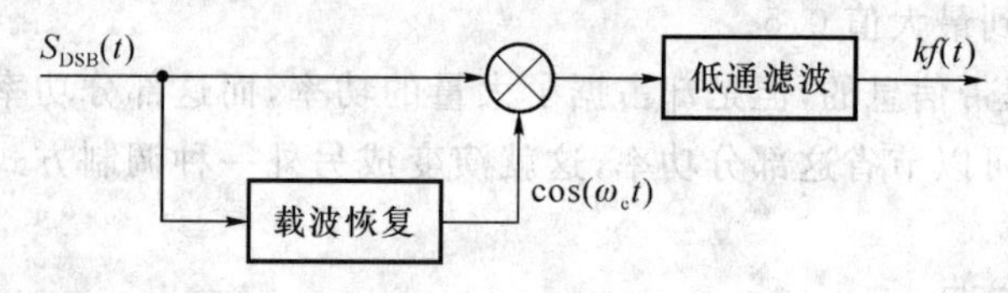

图 5.5

5.1.6 双边带幅度调制的特点有哪些?

优点:结构简单,实现容易,调制效率恒为 1。适用于广播通信。

缺点:带宽仍为信号带宽的 2 倍,解调工作较复杂(相对 AM 来说)。

5.1.7 什么是单边带幅度调制?

在 DSB 信号中,调制结果形成两个边带:频谱中 $|\omega|>\omega_c$ 的边带,称为上边带,$|\omega|<\omega_c$ 的边带称为下边带。如果只传输其中的一个边带,则称为单边带调幅(SSB)。

5.1.8 什么是单边带幅度调制表达式?

SSB 信号与 DSB 信号时域表达式有关系:

$$S_{SSB}(t)=S_{DSB}(t)*h_{SSB}(t)$$

$$\begin{cases} h_{\mathrm{USB}}(t)=\delta(t)-\dfrac{1}{\pi}\dfrac{\sin\omega_c t}{t} \\ h_{\mathrm{LSB}}(t)=\dfrac{1}{\pi}\dfrac{\sin\omega_c t}{t} \end{cases}$$

于是可以得到 SSB 两个边带信号的时域表达式：

$$\begin{cases} S_{\mathrm{LSB}}(t)=\dfrac{1}{2}f(t)\cos\omega_c t+\dfrac{1}{2}\hat{f}(t)\sin\omega_c t \\ S_{\mathrm{USB}}(t)=\dfrac{1}{2}f(t)\cos\omega_c t-\dfrac{1}{2}\hat{f}(t)\sin\omega_c t \end{cases}$$

5.1.9 什么是单边带调制 SSB 的调制和解调？

单边带的调制可以采用滤波法和相依法。采用滤波法时，一般比较难于实现理想的滤波器。相移法的示意图如图 5.6 所示。

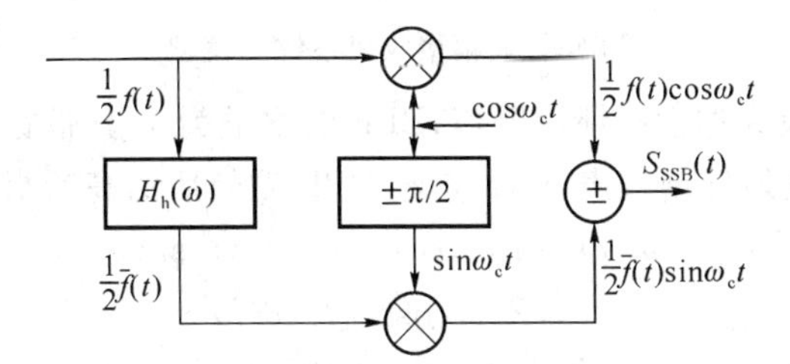

图 5.6 相移法的示意图

单边带调幅的解调可以采用相干解调的方法完成。

5.1.10 什么是残留边带调幅(VSB)信号的调制？

残留边带调制是介于单边带与抑制载波双边带调制之间的一种方法。除了传送一个边带之外，还保留了另一个边带的一部分，即过渡带。残留边带调幅信号的带宽介于 SSB 与 DSB 之间，即 $f_H < B_{\mathrm{VSB}} < 2f_H$。

残留边带调制同样可以采用移相法，实际上大都采用滤波法。

(1) 调制系统框图

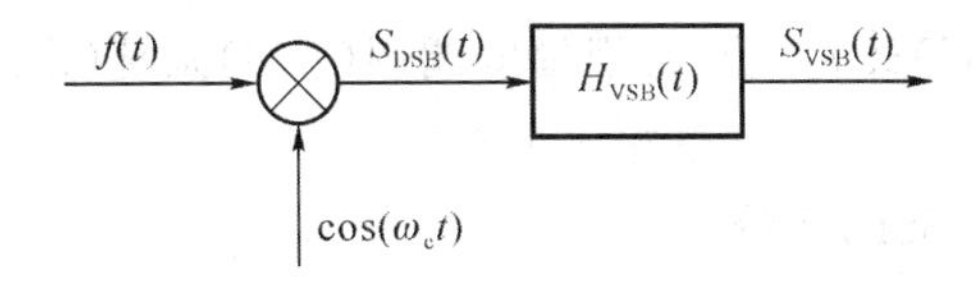

图 5.7

(2) 频率表示

$$S_{\mathrm{VSB}}(\omega)=\frac{1}{2}H_{\mathrm{VSB}}(\omega)[F(\omega-\omega_c)+F(\omega+\omega_c)]$$

5.1.11 什么是残留边带调幅(VSB)的相干解调？

残留边带调幅(VSB)的解调采用相干解调。当经过相干解调和低通滤波后，得到的信

号为

$$S_d(\omega)=\frac{1}{4}F(\omega)[H_{VSB}(\omega-\omega_c)+H_{VSB}(\omega+\omega_c)]$$

为了在不失真地恢复调制信号，则需要滤波器特性满足互补对称性，即

$$|H_{VSB}(\omega-\omega_c)+H_{VSB}(\omega+\omega_c)|=常数$$

与 SSB 信号一样，亦可采用插入强载波，然后利用包络检波法来对 VSB 信号进行解调。

5.1.12 什么是调幅接收机系统模型？

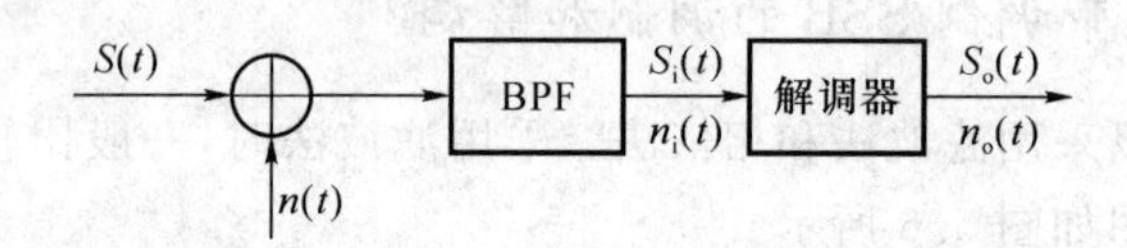

图 5.8 调幅接收机系统的模型

其中，噪声 $n(t)$ 一般为加性高斯白噪声；BPF 的增益为 1，其带宽等于信号带宽，以恰好让信号通过，并最大限度地抑制噪声；$n_i(t)$ 是经 BPF 限带后的高斯窄带噪声（均值为零）：

$$\begin{aligned}n_i(t)&=n_I(t)\cos\omega_c t-n_Q(t)\sin\omega_c t\\&=R(t)\cos[\omega_c t+\theta(t)]\end{aligned}$$

在 $n_i(t)$ 的表达式中，$R(t)$ 是符合瑞利分布，$\theta(t)$ 是符合均匀分布。

5.1.13 什么是相干解调的抗噪声性能？

1. 解调模型

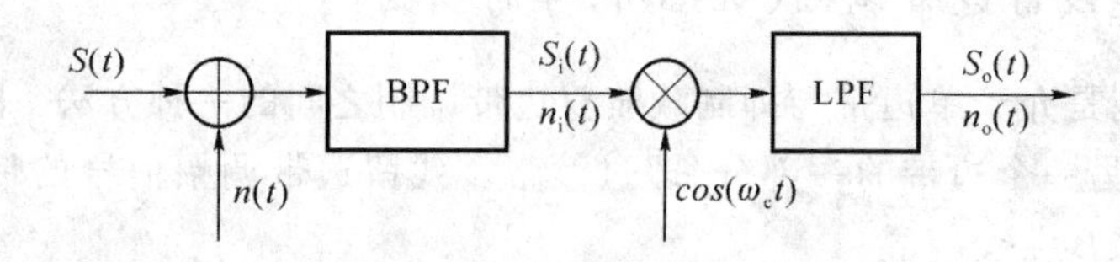

图 5.9 解调模型

2. 数学分析

(1) 双边带幅度调制（DSB）系统、常规幅度调制（AM）系统（采用相关解调）

信噪比增益：$G=2$

(2) 单边带幅度调制（SSB）系统

信噪比增益：$G=1$

(3) 常规幅度调制（AM）系统（采用包络检波）

在大输入信噪比条件下，有：

$$信噪比增益:G=\frac{2\overline{f^2(t)}}{A^2+\overline{f^2(t)}}$$

3. 结论

(1) 对 AM 信号，若采用包络检波器解调时，则必须满足大输入信噪比条件。此外，$G_{max}=2/3$ 是三者中最差的。

(2) 门限效应。含义是:当输入信噪比下降到某值时,若继续下降,则输出信噪比将急剧恶化(快速下降)的现象。该值称为门限值,通常取为 10 dB。门限效应的缘由是包络检波器解调的非线性。由此可知,凡采用包络检波器的场合,均存在门限效应。

(3) 采用相干解调时不存在门限效应,且可证明:采用相干解调时的 G 与采用包络检波时的 G 相同。

5.2 典型题解

题型1 标准幅度调制(AM)

【例 5.1.1】 已知 $s(t)=\cos(2\pi\times10^4 t)+4\cos(2.2\pi\times10^4 t)+\cos(2.4\pi\times10^4 t)$ 是某个 AM 已调信号的展开式。

(1) 写出该信号的傅里叶频谱,画出它的振幅频谱图;

(2) 写出 $s(t)$ 的复包络 $s_L(t)$;

(3) 求出调幅系数和调制信号频率;

(4) 画出该信号的解调框图。

分析:本题主要考查对 AM 调制过程和各信号表达式的理解。

答:(1) $s(t)$ 的频谱为

$$S(f)=\frac{1}{2}[\delta(f+10\times10^3)+\delta(f-10\times10^3)]+2[\delta(f+11\times10^3)+\delta(f-11\times10^3)]$$
$$+\frac{1}{2}[\delta(f+12\times10^3)+\delta(f-12\times10^3)]$$

振幅频谱图如图 5.10 所示。

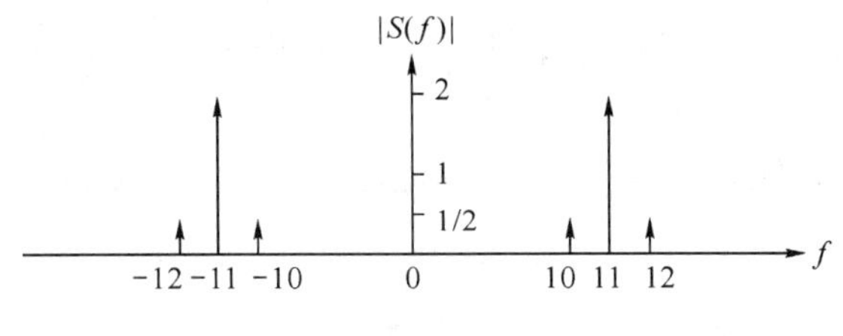

图 5.10

由此可见,次调幅信号的中心频率为 11 kHz,两个边带的频率是 10 kHz 和 12 kHz,因此调制信号的频率是 1 kHz。载频分量是 $4\cos(22\pi\times10^3 t)$。

(2) $s(t)$ 的复包络 $s_L(t)$ 的频谱为

$$S_L(f)=\delta(f+1\,000)+4\delta(f)+\delta(f-1\,000)$$
$$s_L(t)=4+2\cos 2\,000\pi t$$

(3) 由复包络可以写出调制信号为

$$s(t)=\mathrm{Re}\{s_L(t)\mathrm{e}^{\mathrm{j}2\pi f_c t}\}=4(1+0.5\cos 2\,000\pi t)\cos 2\pi f_c t$$

因此调幅系数为 0.5,调制信号的频率是 1 kHz。

(4)解调框图如图 5.11 所示。

输入AM信号 → 包络检波器 → 隔直流 → 输出

图 5.11

【例 5.1.2】 已知 $S_{AM}(t)=(1+K\cos\Omega t+K\cos 2\Omega t)\cos\omega_0 t$，试确定 K 值使 AM 信号无包络失真。

分析：无包络失真，即要求调制的条件是：$1+K\cos\Omega t+K\cos 2\Omega t\geqslant 0$。具体过程中，可以转换成 $1+K\cos\Omega t+K\cos 2\Omega t$ 的极值与 0 进行比较。

答：令 $(1+K\cos\Omega t+K\cos 2\Omega t)'=-K\Omega\sin\Omega t-2K\Omega\sin 2\Omega t=0$

则

$$\sin\Omega t+4\sin\Omega t\cdot\cos\Omega t=\sin\Omega t(1+4\cos\Omega t)=0$$

如果 $\cos\Omega t=-\frac{1}{4}$，则 $\cos^2\Omega t=\frac{1}{16}$，$\sin^2\Omega t=\frac{15}{16}$。

由 $1+K\left(-\frac{1}{4}\right)+K\left(\frac{1}{16}\right)-K\left(\frac{15}{16}\right)\geqslant 0$，解得：$K\leqslant\frac{8}{9}$。

如果 $\sin\Omega t=0$，则 $\cos\Omega t=\cos 2\Omega t=1$，由 $A=1+2K\geqslant 0$，解得：$K\geqslant-\frac{1}{2}$。

故使得不发生过调制的 K 值是：$-\frac{1}{2}\leqslant K\leqslant\frac{8}{9}$。

【例 5.1.3】 已知双音调制信号 $m(t)=A_{m1}\cos\omega_{m1}t+A_{m2}\cos\omega_{m2}t$，载波 $c(t)=\cos\omega_c t$。求：AM 信号（$m_a=0.5$）表达式和频谱，并画出频谱图。

分析：m_a 为调幅（制）指数，对一般调制信号 $m(t)$，$m_a=|m(t)|_{max}/A$。

答：

$$s_{AM}(t)=[A+m(t)]\cos\omega_c t=(A+A_{m1}\cos\omega_{m1}t+A_{m2}\cos\omega_{m2}t)\cos\omega_c t$$
$$=A(1+\frac{A_{m1}}{A}\cos\omega_{m1}t+\frac{A_{m2}}{A}\cos\omega_{m2}t)\cos\omega_c t$$

由于 $\cos\omega_{m1}t$ 和 $\cos\omega_{m2}t$ 当 $t=0$ 时，同时为最大，因而应满足 $\frac{A_{m1}}{A}+\frac{A_{m2}}{A}=0.5$，从而 $A=2(A_{m1}+A_{m2})$。于是

$$s_{AM}(t)=2(A_{m1}+A_{m2})\times[1+\frac{A_{m1}}{2(A_{m1}+A_{m2})}\cos\omega_{m1}t+\frac{A_{m2}}{2(A_{m1}+A_{m2})}\cos\omega_{m2}t]\cos\omega_c t$$

为求 $S_{AM}(\omega)$，可先写成

$$s_{AM}(t)=2(A_{m1}+A_{m2})\cos\omega_c t+A_{m1}\cos\omega_{m1}t\cos\omega_c t+A_{m2}\cos\omega_{m2}t\cos\omega_c t$$
$$=2(A_{m1}+A_{m2})\cos\omega_c t+\frac{A_{m1}}{2}[\cos(\omega_c-\omega_{m1})t+\cos(\omega_c+\omega_{m1})t]$$
$$+\frac{A_{m2}}{2}[\cos(\omega_c-\omega_{m2})t+\cos(\omega_c+\omega_{m2})t]$$

所以

$$S_{AM}(\omega)=2\pi(A_{m1}+A_{m2})[\delta(\omega-\omega_c)+\delta(\omega+\omega_c)]$$
$$+\frac{\pi}{2}A_{m1}[\delta(\omega-\omega_c+\omega_{m1})+\delta(\omega+\omega_c-\omega_{m1})+\delta(\omega-\omega_c-\omega_{m1})+\delta(\omega+\omega_c+\omega_{m1})]$$
$$+\frac{\pi}{2}A_{m2}[\delta(\omega-\omega_c+\omega_{m2})+\delta(\omega+\omega_c-\omega_{m2})+\delta(\omega-\omega_c-\omega_{m2})+\delta(\omega+\omega_c+\omega_{m2})]$$

频谱图如图 5.12 所示。

【例 5.1.4】 调幅度为 100% 的单音调制 AM 信号，经过一个滤波器后，下边频幅度降低了一半，求此信号的时间表达式和波形包络的最大值、最小值。

答：原信号为

$$S_{AM}(t)=(A+A\cos\Omega t)\cos\omega_0 t=A\cos\omega_0 t+\frac{A}{2}\cos(\omega_0+\Omega)t+\frac{A}{2}\cos(\omega_0-\Omega)t$$

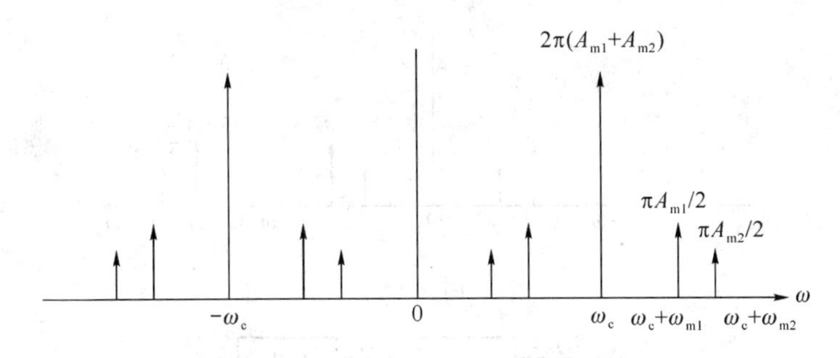

图 5.12

经过滤波器后，为

$$s_0(t)=A\cos\omega_0 t+\frac{A}{2}\cos(\omega_0+\Omega)t+\frac{A}{4}\cos(\omega_0-\Omega)t$$

用矢量$\overrightarrow{\omega_0}$、$\overrightarrow{\omega_0-\Omega}$、$\overrightarrow{\omega_0+\Omega}$分别表示 $s_0(t)$的三个频率分量，其中$\overrightarrow{\omega_0}$为参考矢量，$\overrightarrow{\omega_0-\Omega}$和$\overrightarrow{\omega_0+\Omega}$以相同角速度反方向旋转。当三个矢量方向相同时(如图 5.13(a)所示)合矢量长度为$\frac{7}{4}A$，此即为 $s_0(t)$包络的最大值；当$\overrightarrow{\omega_0-\Omega}$和$\overrightarrow{\omega_0+\Omega}$与$\overrightarrow{\omega_0}$方向相反时(如图 5.13(b)所示)，合矢量长度为$\frac{1}{4}A$，此即为 $s_0(t)$包络的最小值。

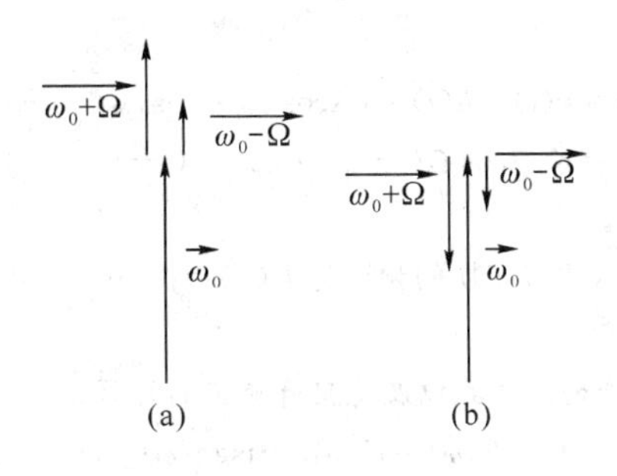

图 5.13

题型 2 双边带幅度调制(DSB)

【例 5.2.1】 已知双音调制信号 $m(t)=A_{m1}\cos\omega_{m1}t+A_{m2}\cos\omega_{m2}t$，载波 $c(t)=\cos\omega_c t$。求：DSB 信号表达式和频谱，并画出频谱图。

分析：本题主要考查对 DSB 调制过程和各信号表达式的理解。

$$s_{DSB}(t)=m(t)\cos\omega_c t=A_{m1}\cos\omega_{m1}t\cos\omega_c t+A_{m2}\cos\omega_{m2}t\cos\omega_c t$$

$$=\frac{A_{m1}}{2}[\cos(\omega_c-\omega_{m1})t+\cos(\omega_c+\omega_{m1})t]+\frac{A_{m2}}{2}[\cos(\omega_c-\omega_{m2})t+\cos(\omega_c+\omega_{m2})t]$$

答：

$$S_{DSB}(\omega)=\frac{\pi}{2}A_{m1}[\delta(\omega-\omega_c+\omega_{m1})+\delta(\omega+\omega_c-\omega_{m1})+\delta(\omega-\omega_c-\omega_{m1})+\delta(\omega+\omega_c+\omega_{m1})]$$

$$+\frac{\pi}{2}A_{m2}[\delta(\omega-\omega_c+\omega_{m2})+\delta(\omega+\omega_c-\omega_{m2})+\delta(\omega-\omega_c-\omega_{m2})+\delta(\omega+\omega_c+\omega_{m2})]$$

频谱图如图 5.14 所示。

【例 5.2.2】 试证明如图 5.15 所示的系统可以产生 DSB 信号，其中 $f(t)$是基带信号，带宽为 f_m。

分析：关键在于分析信号的频谱分布是否具有取出 DSB 信号的可能性。

答：$y(t)=K[A_0\cos\omega_0 t+f(t)]^2=K[f^2(t)+2A_0 f(t)\cos\omega_0 t+\frac{A_0^2}{2}(1+\cos 2\omega_0 t)]$

如果 $f_0>3f_m$，则可以用 BPF 取出 DSB 信号：$2KA_0 f(t)\cos\omega_0 t$。

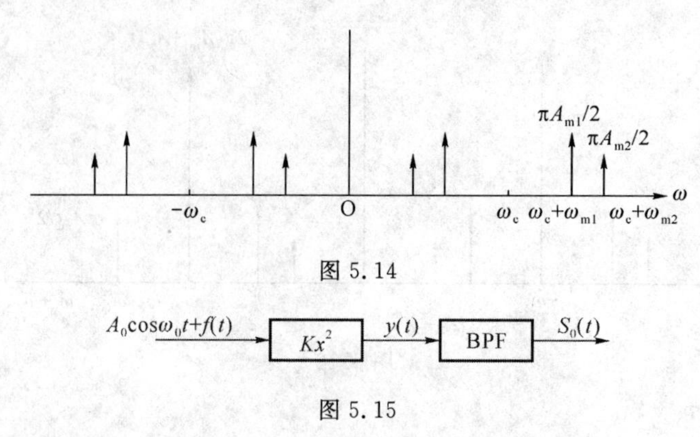

图 5.14

$A_0\cos\omega_0 t+f(t)$ → Kx^2 → $y(t)$ → BPF → $S_0(t)$

图 5.15

注意:$f^2(t)$的最高频率为 $2f_m$。

【例 5.2.3】 信号 $x(t)=A\cos\Omega t\cdot\cos\omega_0 t$ 通过增益为常数且存在相移的网络。试证明:若 $\omega_0\geqslant\Omega$,且在 $\omega_0\pm\Omega$ 附近的相频特性曲线可近似为线性,则该网络对 $x(t)$的延迟等于它的包络的延迟。

分析:分别得到 $x(t)$和 $y(t)$的延时特性。注意网络的表达式。

答:$x(t)$是 DSB 信号,包络为 $|A\cos\Omega t|$。设在 ω_0 附近网络传输特性为 $H(\omega)=K_0 e^{-j\omega t_d}$,其中 t_d 为网络的延迟,则网络的冲激响应为:$h(t)=K_0\delta(t-t_d)$。

对输入 $x(t)$的输出信号为

$$y(t)=x(t)*h(t)=(A\cos\Omega t\cdot\cos\omega_0 t)*K_0\delta(t-t_d)$$
$$=K_0 A\cos\Omega(t-t_d)\cdot\cos\omega_0(t-t_d)=K_0 x(t-t_d)$$

可见 $x(t)$和它的包络都延迟了 t_d。

【例 5.2.4】 已知 $f(t)$的希尔伯特变换的频谱为 $\hat{F}(\omega)=j[\mathrm{Sa}(\omega+\omega_0)-\mathrm{Sa}(\omega-\omega_0)]$,试写出 $f(t)$的表达式。

分析:本题主要考查 DSB 信号的表达式以及傅里叶变换的计算。

答:因为

$$\hat{F}(\omega)=F(\omega)[-j\mathrm{sgn}(\omega)]$$

所以

$$F(\omega)=\mathrm{Sa}(\omega+\omega_0)+\mathrm{Sa}(\omega-\omega_0)$$

由调制定理可知:$f(t)=x(t)\cos\omega_0 t$,并且 $x(t)$的频谱为

$$X(\omega)=2\mathrm{Sa}(\omega)$$

由 $\mathrm{rect}\left(\frac{t}{\tau}\right)\Leftrightarrow\tau\mathrm{Sa}\left(\frac{\omega\tau}{2}\right)$ 可知:$x(t)=\mathrm{rect}\left(\frac{t}{2}\right)$。

即 $f(t)$使如图 5.16 所示的矩形脉冲被 $\cos\omega_0 t$ 调制产生的 DSB 信号。

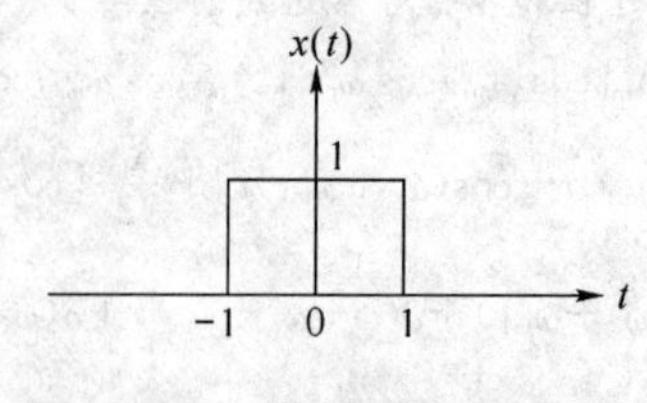

图 5.16

【例 5.2.5】 两个不包含直流分量的模拟基带信号 $m_1(t)$,$m_2(t)$被同一射频信号同时发送,发送信号为 $s(t)=m_1(t)\cos\omega_c t+m_2(t)\sin\omega_c t+K\cos\omega_c t$,其中载频 $f_c=10$ MHz,K 是常数。已知 $m_1(t)$与 $m_2(t)$的傅里叶频谱分别为 $M_1(f)$及 $M_2(f)$,它们的带宽分别为 5 kHz 与 10 kHz。

(1) 请计算 $s(t)$的带宽;

(2) 请写出 $s(t)$的傅里叶频谱表达式;

(3) 画出从 $s(t)$得到 $m_1(t)$及 $m_2(t)$的解调框图。

答：(1)$s(t)$由两个 DSB 及一个单频组成，这两个 DSB 的中心频率相同，带宽分别是 10 kHz 和20 kHz，因此总带宽是 20 kHz。

(2)
$$S(f)=\frac{1}{2}[M_1(f+f_c)+M_1(f-f_c)]+\frac{j}{2}[M_2(f+f_c)-M_2(f-f_c)]$$
$$+\frac{K}{2}[\delta(f+f_c)+\delta(f-f_c)]$$

(3) 解调框图如图 5.17 所示。

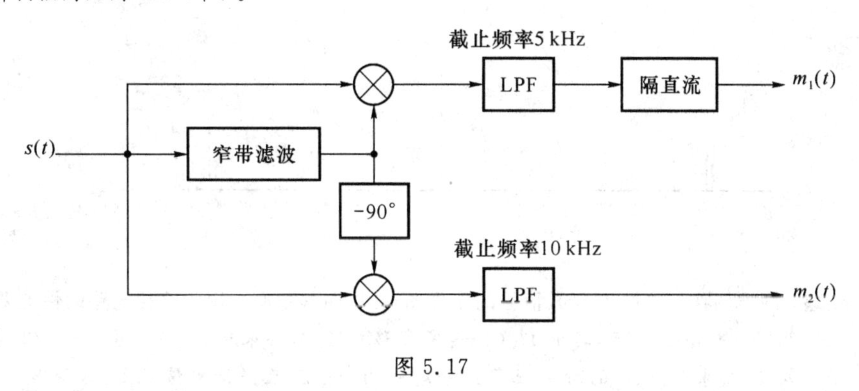

图 5.17

题型 3　单边带幅度调制(SSB)

【例 5.3.1】 已知双音调制信号 $m(t)=A_{m1}\cos\omega_{m1}t+A_{m2}\cos\omega_{m2}t$，载波 $c(t)=\cos\omega_c t$。求：USB 信号表达式和频谱，并画出频谱图。

分析：本题主要考查对 SSB 调制过程和各信号表达式的理解。

答：

方法一：由单边带表达式求。上边带表达式

$$s_{USB}(t)=\frac{1}{2}m(t)\cos\omega_c t-\frac{1}{2}\hat{m}(t)\sin\omega_c t$$

$\hat{m}(t)$为 $m(t)$相移$-\frac{\pi}{2}$

$$m(t)=A_{m1}\cos\omega_{m1}t+A_{m2}\cos\omega_{m2}t$$
$$\hat{m}(t)=A_{m1}\cos\left(\omega_{m1}t-\frac{\pi}{2}\right)+A_{m2}\cos\left(\omega_{m2}t-\frac{\pi}{2}\right)$$
$$=A_{m1}\sin\omega_{m1}t+A_{m2}\sin\omega_{m2}t$$
$$s_{USB}(t)=\frac{1}{2}[A_{m1}\cos\omega_{m1}t+A_{m2}\cos\omega_{m2}t]\cos\omega_c t$$
$$-\frac{1}{2}[A_{m1}\sin\omega_{m1}t+A_{m2}\sin\omega_{m2}t]\sin\omega_c t$$
$$=\frac{A_{m1}}{2}\cos(\omega_c+\omega_{m1})t+\frac{A_{m2}}{2}\cos(\omega_c+\omega_{m2})t$$

方法二：由双边带表达式求。

$$s_{DSB}(t)=\frac{A_{m1}}{2}[\cos(\omega_c-\omega_{m1})t+\cos(\omega_c+\omega_{m1})t]$$
$$+\frac{A_{m2}}{2}[\cos(\omega_c-\omega_{m2})t+\cos(\omega_c+\omega_{m2})t]$$

取其中频率高于 ω_c 的部分，得：

$$s_{USB}(t)=\frac{A_{m1}}{2}\cos(\omega_c+\omega_{m1})t+\frac{A_{m2}}{2}\cos(\omega_c+\omega_{m2})t$$

$$S_{USB}(\omega)=\frac{\pi}{2}A_{m1}[\delta(\omega-\omega_c-\omega_{m1})t+\delta(\omega+\omega_c-\omega_{m1})t]$$

$$+\frac{\pi}{2}A_{m2}[\delta(\omega-\omega_c-\omega_{m2})t+\delta(\omega+\omega_c-\omega_{m2})t]$$

频谱图如图 5.18 所示。

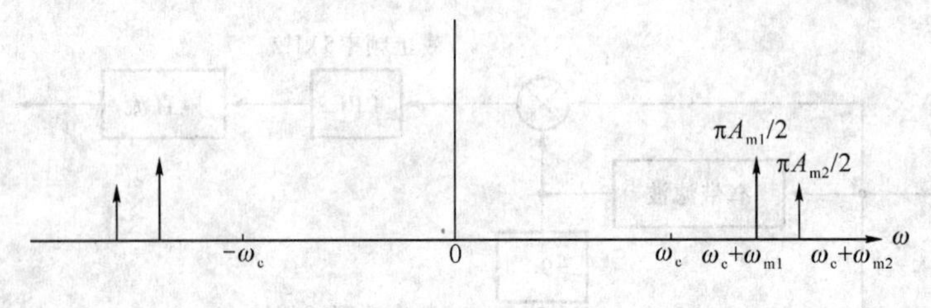

图 5.18

【例 5.3.2】 画出用移相法产生 SSB 信号的原理图，并说明其中所使用的移相电路的性能要求。

答：系统原理图如图 5.19 所示，其中 $H_2(\omega)$是窄带移相器，只要求对 ω_0 频率移相 $-\pi/2$，容易实现。$H_1(\omega)$是宽带移相器，要求对 $f(t)$的所有频率分量均移相 $-\pi/2$，且保持幅值不变，这就是希尔伯特滤波器。

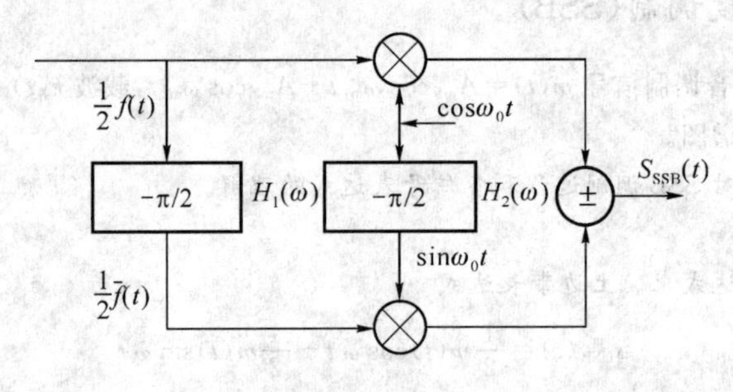

图 5.19

【例 5.3.3】 两级调制法产生 SSB 信号的系统框图如图 5.19 所示，其中基带信号的频率范围是 300～3 400 Hz，$f_{01}=100$ kHz，$f_{02}=10$ MHz，单边带信号都是保留上边带。试：

(1)画出图 5.20 中各信号的频谱和滤波器 $H_1(f)$和 $H_2(f)$的特性；

(2)说明为什么要用这样的方案来产生 SSB 信号。

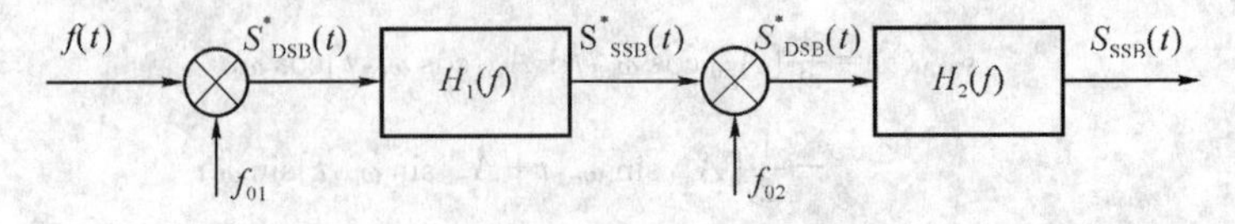

图 5.20

答：(1) 如图 5.21 所示。

(2) 两级调制方式降低了边带滤波器的设计难度。第一次调制后，上、下边带之间的过渡带仅 600 MHz，但载波频率较低，仅 100 kHz，所以 $H_1(f)$容易实现。第二次调制后，载波频率较高，为10 MHz，但是上、下边带之间的过渡带为 200.6 kHz，所以 $H_2(f)$也容易实现。如果直接用 10 MHz 的载波对 $f(t)$进行调制，上、下边带之间的过渡带 600 Hz 太窄，边带滤波器难以实现。

【例 5.3.4】 已调信号 $s(t)=2\cos(2\pi f_m t)\cos(2\pi f_c t)-2\sin(2\pi f_m t)\sin(2\pi f_c t)$，其中调制信号为 $m(t)=2\cos(2\pi f_m t)$，f_c 是载波频率。

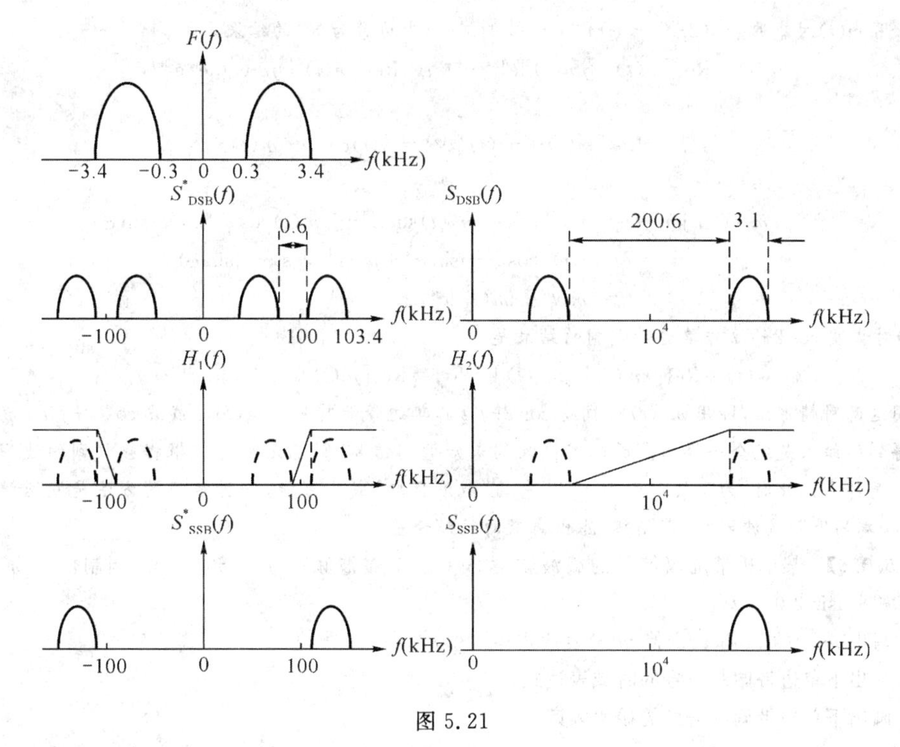

图 5.21

(1) 求该已调信号的傅里叶频谱,并画出振幅谱;

(2) 写出该已调信号的调制方式;

(3) 画出解调框图;

(4) 若调制信号 $m(t)$ 的形式对接收端是未知的,请指出接收端解决载波同步的方法。

答:(1) 由于 $s(t)=2\cos[2\pi(f_m+f_c)t]$

因此

$$S(f)=\delta(f+f_c+f_m)+\delta(f-f_c-f_m)$$

振幅频谱图如图 5.22 所示。

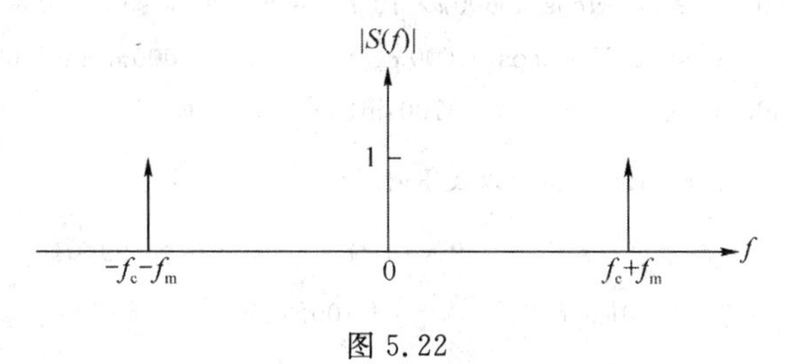

图 5.22

(2) 该调制方式为上边带幅度调制。

(3) 解调框图如图 5.23(b)所示。

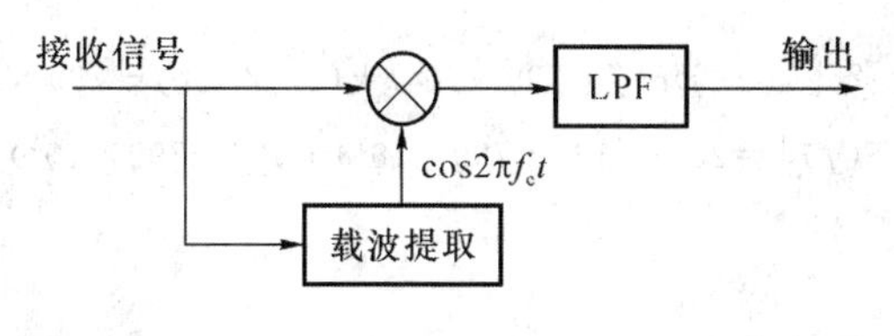

图 5.23

(4) 用 $m(t)$ 对载波 $\cos(2\pi f_c t+\varphi)$ 作单边带调制(以上边带为例)的结果是

$$s_1(t)=\mathrm{Re}\{[m(t)+j\hat{m}(t)]e^{j(2\pi f_c t+\varphi)}\}=\mathrm{Re}\{[m(t)+j\hat{m}(t)]e^{j\varphi}e^{j2\pi f_c t}\}$$

令

$$m_1(t)=\mathrm{Re}\{[m(t)+j\hat{m}(t)]e^{j\varphi}\}=m(t)\cos\varphi-\hat{m}(t)\sin\varphi$$

则

$$\begin{aligned}m_1(t)+j\hat{m}_1(t)&=[m(t)\cos\varphi-\hat{m}(t)\sin\varphi]+j[\hat{m}(t)\cos\varphi+m(t)\sin\varphi]\\&=m(t)(\cos\varphi+j\sin\varphi)+j\hat{m}(t)(\cos\varphi+j\sin\varphi)\\&=[m(t)+j\hat{m}(t)]e^{j\varphi}\end{aligned}$$

用 $m_1(t)$ 对载波 $\cos 2\pi f_c t$ 作单边带调制的结果是

$$s_2(t)=\mathrm{Re}\{[m_1(t)+j\hat{m}_1(t)]e^{j2\pi f_c t}\}=\mathrm{Re}\{[m(t)+j\hat{m}(t)]e^{j\varphi}e^{j2\pi f_c t}\}$$

说明这两种情形下,即用 $m_1(t)$ 对载波 $\cos 2\pi f_c t$ 作单边带调制和用 $m(t)$ 对载波 $\cos(2\pi f_c t+\varphi)$ 作单边带调制得到的结果是完全一样的。因此若接收端未知调制信号,则绝无可能仅根据接收到的波形识别出发送载波是什么。此时,为了使前面图 5.23 中的"载波提取"成为可能,一种常用的方法是发送端加导频分量,接收端用窄带滤波器(或锁相环)滤出离散的载频分量。

【例 5.3.5】 某单边带调幅信号的载波幅度 $A_c=100$,载波频率 $f_c=800$ kHz,调制信号为 $m(t)=\cos 2\,000\pi t+2\sin 2\,000\pi t$。

(1) 写出 $m(t)$ 的 Hilbert 变换 $\hat{m}(t)$ 表达式;

(2) 写出下单边带调制信号的时域表达式;

(3) 画出下单边带调制信号的振幅频谱。

答:(1)$\cos 2\,000\pi t$ 的 Hilbert 变换是 $\sin 2\,000\pi t$,$2\sin 2\,000\pi t$ 的 Hilbert 变换是 $-\cos 2\,000\pi t$,因此 $m(t)=\cos 2\,000\pi t+2\sin 2\,000\pi t$ 的 Hilbert 变换是:

$$\hat{m}(t)=\sin 2\,000\pi t-2\cos 2\,000\pi t$$

(2) 下单边带调制信号为

$$\begin{aligned}s_{下}(t)&=\frac{A_c}{2}m(t)\cos(1\,600\pi\times10^3t)+\frac{A_c}{2}\hat{m}(t)\sin(1\,600\pi\times10^3t)\\&=50(\cos 2\,000\pi t+2\sin 2\,000\pi t)\cos(1\,600\pi\times10^3t)\\&\quad+50(\sin 2\,000\pi t-2\cos 2\,000\pi t)\sin(1\,600\pi\times10^3t)\\&=50[\cos 2\,000\pi t\cos(1\,600\pi\times10^3t)+\sin 2\,000\pi t\sin(1\,600\pi\times10^3t)]\\&\quad+100[\sin 2\,000\pi t\cos(1\,600\pi\times10^3t)-\cos 2\,000\pi t\sin(1\,600\pi\times10^3t)]\\&=50\cos(2\pi\times799\times10^3t)-100\sin(2\pi\times799\times10^3t)\end{aligned}$$

(3) 由 $\cos x=\mathrm{Re}\{e^{jx}\}$,$\sin x=\mathrm{Re}\{-je^{jx}\}$ 以及 $\mathrm{Re}\{z\}=\dfrac{z+z^*}{2}$,得:

$$\begin{aligned}s(t)&=50\cos(2\pi\times799\times10^3t)-100\sin(2\pi\times799\times10^3t)\\&=50\mathrm{Re}\{e^{j(2\pi\times799\times10^3t)}\}+100\mathrm{Re}\{je^{j(2\pi\times799\times10^3t)}\}\\&=50\mathrm{Re}\{(1+2j)e^{j(2\pi\times799\times10^3t)}\}\\&=25\{(1+2j)e^{j(2\pi\times799\times10^3t)}+(1-2j)e^{-j(2\pi\times799\times10^3t)}\}\end{aligned}$$

故

$$S(f)=25[(1+2j)\delta(f-799\times10^3)+(1-2j)\delta(f+799\times10^3)]$$

$$|S(f)|=25\sqrt{5}[\delta(f-799\times10^3)+\delta(f+799\times10^3)]$$

振幅频谱图如图 5.24 所示。

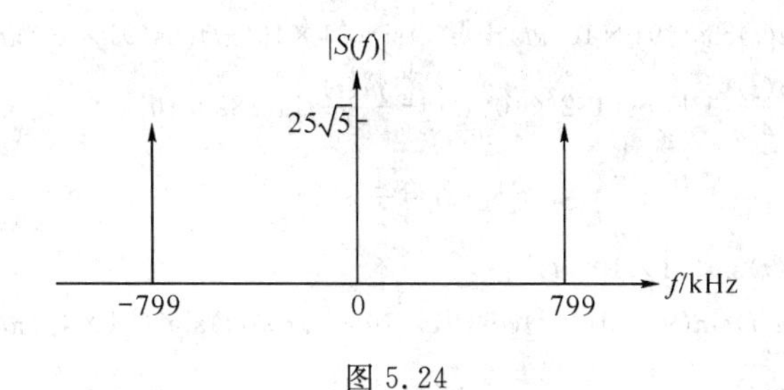

图 5.24

【例 5.3.6】 图 5.25 是一种 SSB-AM 的解调器，其中载频 $f_c=455$ kHz。

(1) 若图中 A 点的输入信号是上边带信号，请写出图中各点表达式；

(2) 若图中 A 点的输入信号是下边带信号，请写出图中各点表达式，并问图中解调器应做何修改方能正确解调出调制信号？

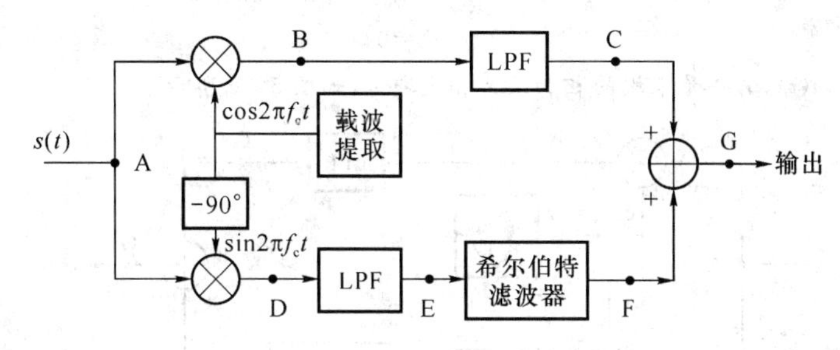

图 5.25

分析：在 SSB 信号的解调过程中，注意对于上边带信号和下边带信号，相加器的不同选择。

答：记 $m(t)$ 为基带调制信号，$\hat{m}(t)$ 为其 Hilbert 变换，不妨设载波幅度为 2($2A_c=2$)。

(1)

A：
$$s_A(t)=m(t)\cos 2\pi f_c t-\hat{m}(t)\sin 2\pi f_c t$$
$$=m(t)\cos(91\times10^4\pi t)-\hat{m}(t)\sin(91\times10^4\pi t)$$

B：
$$s_B(t)=s(t)\cos(91\times10^4\pi t)$$
$$=m(t)\cos^2(91\times10^4\pi t)-\hat{m}(t)\sin(91\times10^4\pi t)\cos(91\times10^4\pi t)$$
$$=\frac{m(t)}{2}[1+\cos(182\times10^4\pi t)]-\frac{\hat{m}(t)}{2}\sin(182\times10^4\pi t)$$

C：
$$s_C(t)=\frac{1}{2}m(t)$$

D：
$$s_D(t)=s(t)\sin(91\times10^4\pi t)$$
$$=m(t)\sin(91\times10^4\pi t)\cos(91\times10^4\pi t)-\hat{m}(t)\sin^2(91\times10^4\pi t)$$
$$=\frac{m(t)}{2}\sin(182\times10^4\pi t)-\frac{\hat{m}(t)}{2}[1-\cos(182\times10^4\pi t)]$$

E：
$$s_E(t)=-\frac{1}{2}\hat{m}(t)$$

F：
$$s_F(t)=-\frac{1}{2}\hat{\hat{m}}(t)=\frac{m(t)}{2}$$

G：
$$s_G(t)=m(t)$$

(2) 当 A 点输入是下单边带信号时，各点信号如下：

A：
$$s_A(t)=m(t)\cos 2\pi f_c t+\hat{m}(t)\sin 2\pi f_c t$$
$$=m(t)\cos(91\times10^4\pi t)+\hat{m}(t)\sin(91\times10^4\pi t)$$

B：
$$s_B(t)=s(t)\cos(91\times10^4\pi t)$$

$$=m(t)\cos^2(91\times10^4\pi t)+\hat{m}(t)\sin(91\times10^4\pi t)\cos(91\times10^4\pi t)$$

$$=\frac{m(t)}{2}[1+\cos(182\times10^4\pi t)]+\frac{\hat{m}(t)}{2}\sin(182\times10^4\pi t)$$

C：
$$s_C(t)=\frac{1}{2}m(t)$$

D：
$$s_D(t)=s(t)\sin(91\times10^4\pi t)$$

$$=m(t)\sin(91\times10^4\pi t)\cos(91\times10^4\pi t)+\hat{m}(t)\sin^2(91\times10^4\pi t)$$

$$=\frac{m(t)}{2}\sin(182\times10^4\pi t)+\frac{\hat{\hat{m}}(t)}{2}[1-\cos(182\times10^4\pi t)]$$

E：
$$s_E(t)=\frac{1}{2}\hat{m}(t)$$

F：
$$s_F(t)=\frac{1}{2}\hat{m}(t)=-\frac{m(t)}{2}$$

G：
$$s_G(t)=0$$

如欲 G 点输出 $m(t)$，需将最末端的相加改为相减即可，如图 5.26 所示。

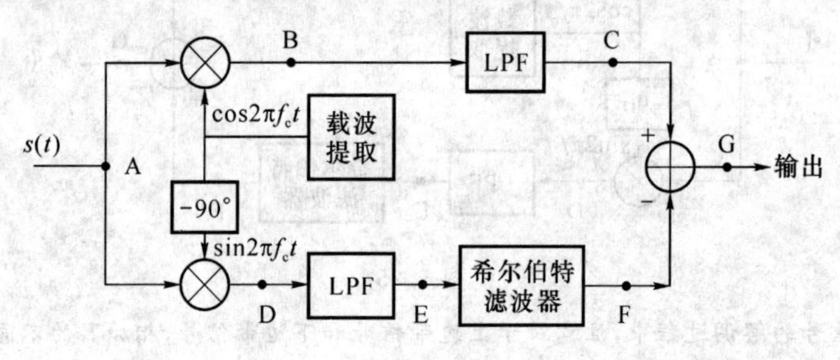

图 5.26

题型 4　残留边带幅度调制(VSB)

【例 5.4.1】 设有一个 AM 波通过一个残余边带滤波器。AM 信号为 $s_{AM}(t)=[1+0.4\cos\omega_{m1}t+0.2\cos\omega_{m2}t]\cos\omega_c t(V)$，$f_{m1}=0.1$ kHz，$f_{m2}=1$ kHz，$f_c=10$ kHz，残余边带滤波器特性如图 5.27 所示。试求：

(1) 输入 $s_{AM}(t)$的频谱 $S_{AM}(\omega)$，并画图表示；

(2) 输出频谱 $S_{VSB}(\omega)$，并画图表示；

(3) 输出 $s_{VSB}(t)$表达式。

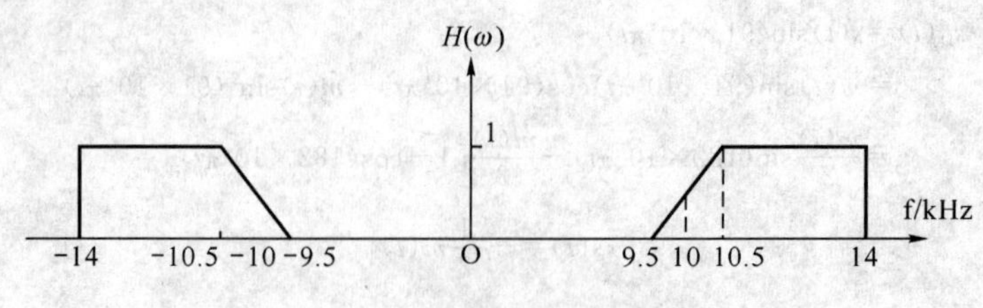

图 5.27

分析：本题主要考查对 VSB 调制过程和各信号表达式的理解。

答：(1)
$$s_{AM}(t)=[1+0.4\cos\omega_{m1}t+0.2\cos\omega_{m2}t]\cos\omega_c t$$

$$=\cos\omega_c t+0.2\cos(\omega_c-\omega_{m1})t+0.2\cos(\omega_c+\omega_{m1})t$$

$$+0.1\cos(\omega_c-\omega_{m2})t+0.1\cos(\omega_c+\omega_{m2})t$$

所以

$$
\begin{aligned}
S_{AM}(\omega)=&\pi[\delta(\omega-\omega_c)+\delta(\omega+\omega_c)]\\
&+0.2\pi[\delta(\omega-\omega_c+\omega_{m1})+\delta(\omega+\omega_c-\omega_{m1})\\
&+\delta(\omega-\omega_c-\omega_{m1})+\delta(\omega+\omega_c+\omega_{m1})]\\
&+0.1\pi[\delta(\omega-\omega_c+\omega_{m2})+\delta(\omega+\omega_c-\omega_{m2})\\
&+\delta(\omega-\omega_c-\omega_{m2})+\delta(\omega+\omega_c+\omega_{m2})]
\end{aligned}
$$

(2) 由特性可见：

当 $f=\pm10$ kHz 时，$H(\pm\omega_c)=0.5$；

当 $f=\pm9.9$ kHz 时，$H[\pm(\omega_c-\omega_{m1})]=0.5-0.1=0.4$；

当 $f=\pm10.1$ kHz 时，$H[\pm(\omega_c+\omega_{m1})]=0.5+0.1=0.6$；

当 $f=\pm9$ kHz 时，$H[\pm(\omega_c-\omega_{m2})]=0$；

当 $f=\pm11$ kHz 时，$H[\pm(\omega_c+\omega_{m2})]=1$。

所以

$$
\begin{aligned}
S_{VSB}(\omega)=&0.5\pi[\delta(\omega-\omega_c)+\delta(\omega+\omega_c)]\\
&+0.08\pi[\delta(\omega-\omega_c+\omega_{m1})+\delta(\omega+\omega_c-\omega_{m1})]\\
&+0.12\pi[\delta(\omega-\omega_c-\omega_{m1})+\delta(\omega+\omega_c+\omega_{m1})]\\
&+0.1\pi[\delta(\omega-\omega_c-\omega_{m2})+\delta(\omega+\omega_c+\omega_{m2})]
\end{aligned}
$$

$S_{AM}(\omega)$和$S_{VSB}(\omega)$频谱如图5.28所示。

(3) $s_{VSB}(t)=0.5\cos\omega_c t+0.08\cos(\omega_c-\omega_{m1})t+0.12\cos(\omega_c+\omega_{m1})t$
$+0.1\cos(\omega_c+\omega_{m2})t$

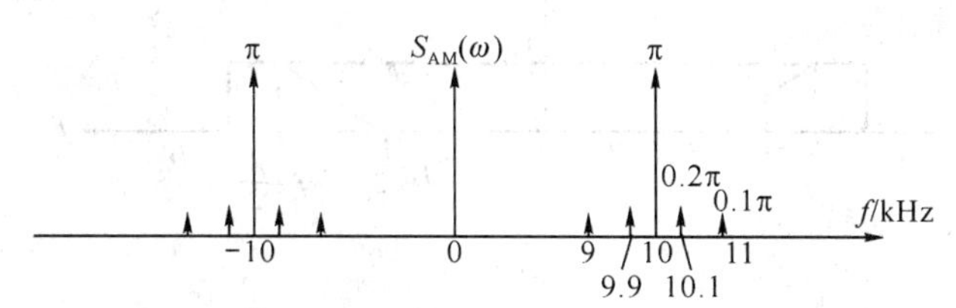

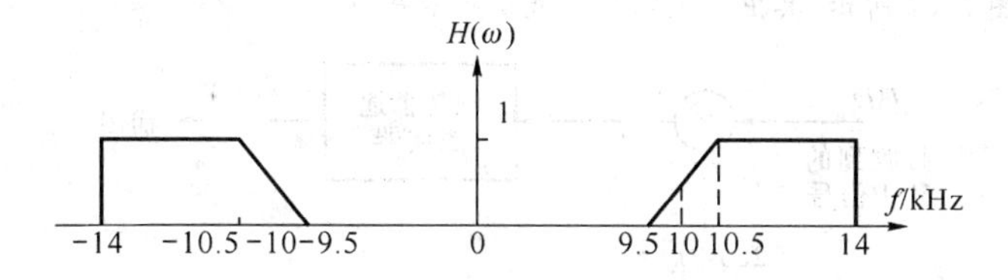

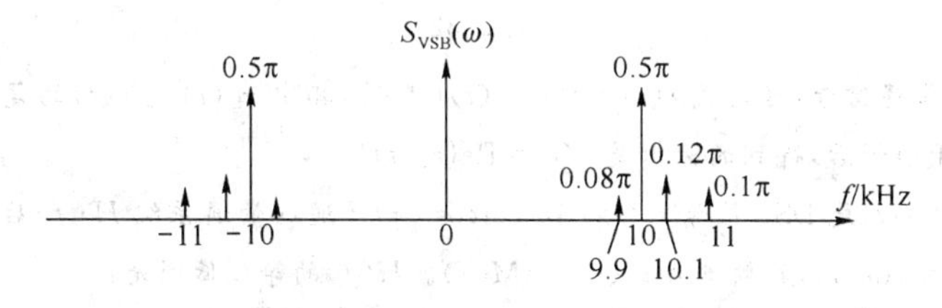

图 5.28

【例 5.4.2】 让已调波 $s(t)=A[\cos(1\,000\pi t)+\cos(3\,000\pi t)]\cos 2\times10^4\pi t$ 通过特性如图5.29所示的滤波器，求输出信号的表达式，并说明它是什么类型的信号。

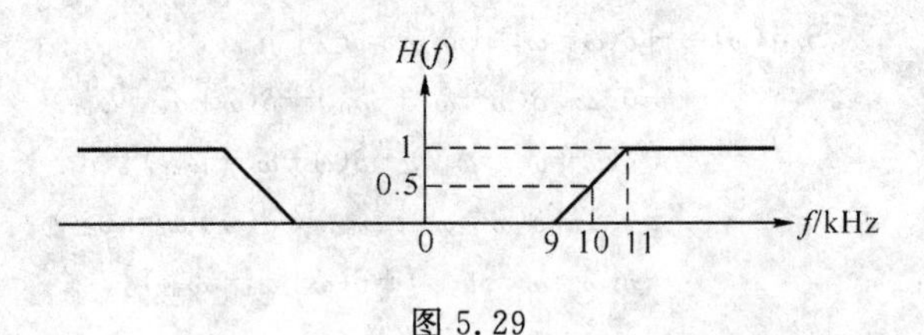

图 5.29

答：$s(t)$有 4 个频率分量：8.5 kHz，9.5 kHz，10.5 kHz，11.5 kHz，幅值都是 $A/2$。

滤波器的输出为

$$s_o(t)=0.125A\cos(1.9\times10^4\pi t)+0.375A\cos(2.1\times10^4\pi t)+0.5A\cos(2.3\times10^4\pi t)$$

可以知道它是 VSB 信号。

【例 5.4.3】 一 VSB 调幅信号的产生框图如图 5.30 所示，其中 BPF 的传递函数 $H(f)$如图 5.31 所示。请画出相应的相干解调框图，并说明解调输出不会失真的理由。

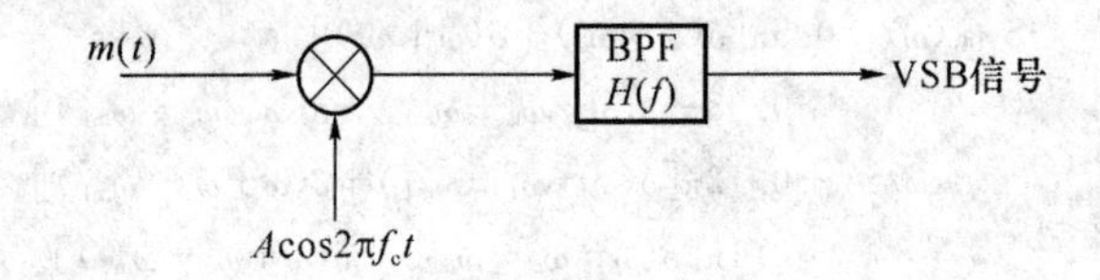

图 5.30

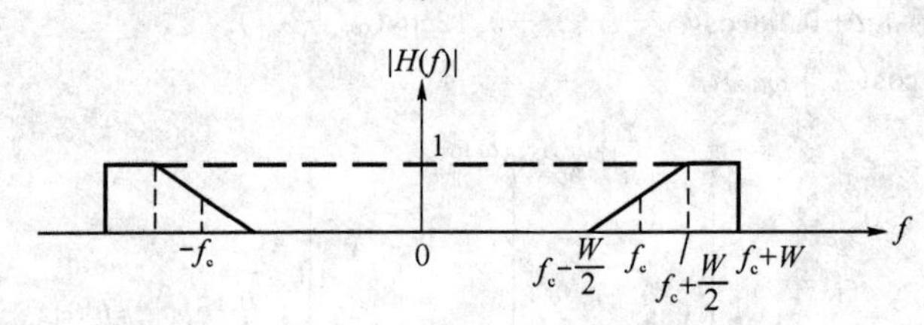

图 5.31

答：解调框图如图 5.32 所示，其中理想低通的截止频率是 W。

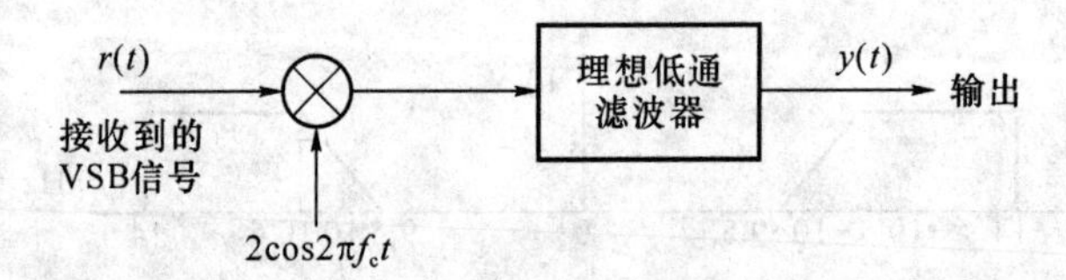

图 5.32

接收信号 $r(t)$为带通信号，可写成 $r(t)=\mathrm{Re}\{r_L(t)e^{j2\pi f_c t}\}$，其中 $r_L(t)$是 $r(t)$的复包络。用载波 $2\cos 2\pi f_c t$ 对 $r(t)$进行相干解调后，得到的输出是 $y(t)=\mathrm{Re}\{r_L(t)\}$。

不考虑噪声，那么 $r(t)$是 DSB 信号 $s(t)=Am(t)\cos 2\pi f_c t$ 通过带通系统 $H(f)$后的输出。DSB 信号 $s(t)$的复包络是 $s_L(t)=Am(t)$，其频谱为 $s_L(t)=AM(f)$。$H(f)$的等效低通是：

$$H_L(f)=\begin{cases}H(f+f_c) & -W/2<f<W\\ 0 & \text{others}\end{cases}$$

因此 $r(t)$的复包络 $r_L(t)$的频谱为

$$R_L(f)=H_L(f)S_L(f)$$

由于

$$y(t)=\mathrm{Re}\{r_L(t)\}=\frac{r_L(t)+r_L^*(t)}{2}$$

$$Y(f)=\frac{1}{2}[R_L(f)+R_L^*(-f)]=\frac{1}{2}[AM(f)H_L(f)+AM(f)H_L^*(-f)]$$
$$=\frac{AM(f)}{2}[H_L(f)+H_L^*(-f)]$$

本题条件中 $H(f)$ 是实函数，再由图 5.33 可知

$$H_L(f)+H_L^*(-f)=1$$

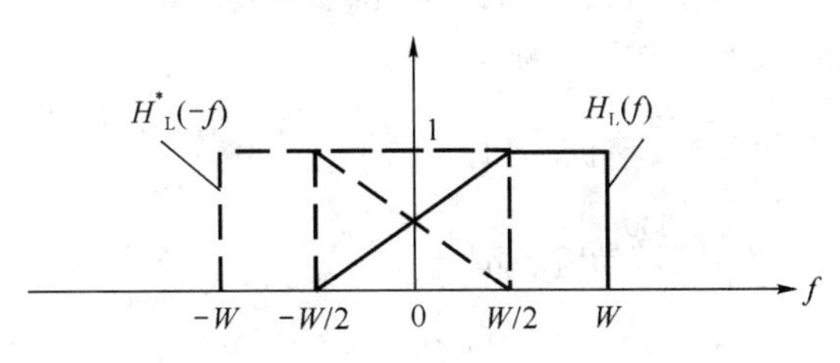

图 5.33

因此，$Y(f)=\frac{A}{2}M(f)$，即 $y(t)=\frac{A}{2}m(t)$，说明解调输出没有失真。

题型 5　模拟线性幅度调制系统噪声性能分析

【例 5.5.1】 发射信号为 10^4 Hz 单音调制产生的 AM 信号，$\beta_{AM}=0.5$，信道衰减为 40 dB，调制器输入的噪声功率谱为 $\frac{n_0}{2}=5\times10^{-9}$ W/Hz，要求解调输出信噪比为 23 dB。

(1) 相干解调：求所需的发送功率 $P_{发}$；

(2) 包络检波解调：求所需的发送功率 $P_{发}$。

答： 因为 $S_{AM}(t)=(A+A\beta_{AM}\cos\omega_m t)\cos\omega_0 t$，载波功率为 $P_0=\frac{A^2}{2}$，边带功率为 $P_{SB}=\frac{A^2\beta_{AM}^2}{4}$，总功率为 $P_{AM}=P_0+P_{SB}$。

故

$$\frac{P_{AM}}{P_{SB}}=\frac{1+\beta^2/2}{\beta^2/2}=\frac{1.125}{0.125}=9$$

另外，$N_i=B\cdot n_0=2\times10^4\times10^{-8}=2\times10^{-4}$W。

(1) 相干解调：

$$\frac{S_i}{N_i}=\frac{S_o/N_o}{2}=\frac{200}{2}=100$$

式中，S_i 为接收信号中的边带功率 P_{SB}。

$$S_i=100N_i=2\times10^{-2}\text{ W},P_{AM}=9\times S_i=0.18\text{ W},P_{发}=10^4\times P_{AM}=1\,800\text{ W}。$$

(2) 包络检波解调：

$$N_o=N_i,S_o=\overline{f^2(t)}=2S_i$$
$$\frac{S_o}{N_o}=\frac{2S_i}{N_i}=200$$

所以

$$S_i=N_i\times100=2\times10^{-2}W,P_{AM}=9\times S_i=0.18\text{ W}$$

故

$$P_{发}=10^4\times P_{AM}=1\,800\text{ W}$$（在大信噪比时两种解调方法效果相同）。

【例 5.5.2】 已知 AM 信号为 $(100+25\cos 2\,000\pi t)\cos 2\pi f_0 t$(mV)，先让它通过一个带通滤波器，其特性为 $H(f)=\begin{cases}\cos\frac{2\pi(f-f_0)}{6\,000} & |f-f_0|\leqslant1500\\ 0 & \text{others}\end{cases}$，再进行相干解调，低通滤波器的截止频率为 1 500 Hz，输

入噪声的功率谱为 $n_0=2\times10^{-9}$ W/Hz，求解调输出信噪比。

答：AM 信号是单音调制，$f_m=1\ 000$ Hz，通过 BPF 后它的边带信号为

$$25\cos\omega_m t\cos\omega_0 t\times\cos\frac{2\pi(f_0+1\ 000-f_0)}{6\ 000}=\frac{25}{2}\cos\omega_m t\cos\omega_0 t(\text{mV})$$

故

$$S_i=(12.5\times10^{-3})^2/4\approx39\times10^{-6}\ W$$

噪声在通过 BPF 后，功率谱密度为 $n_0H^2(f)$，所以

$$N_i=\int_{f_0-1\ 500}^{f_0+1\ 500}n_0\times\left[\cos\frac{2\pi(f-f_0)}{6\ 000}\right]^2\mathrm{d}f=\int_{-1\ 500}^{1\ 500}2\times10^{-9}\times\left[\frac{1}{2}+\frac{1}{2}\cos\frac{\pi}{1\ 500}f\right]\mathrm{d}f$$

$$=3\times10^{-6}+10^{-9}\frac{1\ 500}{\pi}\sin\frac{\pi}{1\ 500}f\bigg|_{-1\ 500}^{1\ 500}=3\times10^{-6}$$

故

$$\frac{S_o}{N_o}=2\times\frac{S_i}{N_i}=2\times\frac{39\times10^{-6}}{3\times10^{-6}}=26$$

【例 5.5.3】 对载波为 30 MHz 的 SSB 信号进行相干解调，要求解调后话音频谱偏移不大于 20 Hz，问：本地载波的频率稳定度应为多少？

答：对 SSB 信号进行相干解调，本地载波的频率同步误差 Δf 将使得解调输出信号较原基带信号发生 Δf 的频率偏移，所以，对本地载波稳定度的要求是：

$$\frac{\Delta f}{f_0}=\frac{20}{30\times10^6}=6.67\times10^{-7}$$

【例 5.5.4】 已知双边带信号为 $A_m\cos\omega_m t\cdot\cos\omega_0 t$，$f_m=2$ kHz，$\sqrt{n_0}=100\ \mu$V，相干解调，求使得输出信噪比为 20 dB 时的 A_m 值。

答：

$$\frac{S_i}{N_i}=\frac{1}{G_{DSB}}\times\frac{S_o}{N_o}=\frac{100}{2}=50,n_o=10^{-8}$$

$$N_i=B\cdot n_o=2\times2\times10^3\times10^{-8}=4\times10^{-5}\ \text{W}$$

故

$$S_i=50N_i=2\times10^{-3}\ \text{W}$$

又 $\frac{A_m^2}{4}=2\times10^{-3}$ W，所以 $A_m=\sqrt{8\times10^{-3}}\approx0.09$ V。

【例 5.5.5】 接收到的 DSB 信号为：$z(t)=x(t)\cos(\omega_0 t+\theta)+n_i(t)$，其中调制信号 $x(t)$ 的自相关函数为 $R_x(\tau)=\cos\omega_m\tau$，随机相位干扰 θ 在 $(0,2\pi)$ 内均匀分布，$n_i(t)$ 为高斯白噪声干扰，$x(t)$、θ、$n_i(t)$ 相互统计独立。

(1) 说明 $z(t)$ 是否为广义平稳随机过程；

(2) 给出相干解调输出结果的表达式；

(3) 如果 $n_i(t)$ 的平均功率为 10^{-4} W，求解调器的输入、输出信噪比和解调增益 G。

答：(1)

$$E[z(t)]=E[x(t)]\cdot E[\cos(\omega_0 t+\theta)]+E[n_i(t)]=0$$

$$R_x(t_1,t_2)=E\{[x(t_1)\cos(\omega_0 t_1+\theta)+n_i(t_1)]\cdot[x(t_2)\cos(\omega_0 t_2+\theta)+n_i(t_2)]\}$$

$$=E[x(t_1)\cdot x(t_2)]\cdot E[\cos(\omega_0 t_1+\theta)\cdot\cos(\omega_0 t_2+\theta)]$$

$$=R_x(\tau)\cdot\frac{1}{2}\cos\omega_0\tau=R_z(\tau)(\tau=t_2-t_1)$$

故 $z(t)$ 是广义平稳随机过程。

(2) 对 $z(t)$ 相干解调：$z(t)\cos\omega_0 t$ 经过 LPF 得到输出：

$$s_0(t)=\frac{1}{2}x(t)\cos\theta,n_0(t)=\frac{1}{2}n_I(t),n_I(t)\text{ 是 }n_i(t)\text{ 的同相分量。}$$

(3) $S_i=\frac{\overline{x^2(t)}}{2}=\frac{R_x(0)}{2}=0.5W, N_i=10^{-4}$ W

故

$$\frac{S_i}{N_i}=5\ 000$$

$s_0(t)$的平均功率为

$$S_0=E\left[\frac{1}{4}\overline{x^2(t)\cos^2\theta}\right]=\frac{1}{8}\overline{x^2(t)}=\frac{1}{8}R_x(0)=\frac{1}{8}\text{ W}$$

而 $N_0=\frac{N_i}{4}=2.5\times10^{-5}$ W

故

$$\frac{S_0}{N_0}=\frac{0.125}{2.5\times10^{-5}}=5\ 000, G=\frac{S_0/N_0}{S_i/N_i}=\frac{5\ 000}{5\ 000}=1。$$

【例 5.5.6】 现有一振幅调制信号 $s(t)=(1+A\cos 2\pi f_m t)\cos 2\pi f_c t$,其中调制信号的频率 $f_m=5$ kHz,载频 $f_c=100$ kHz,常数 $A=15$。

(1) 请问此已调信号能否用包络检波器解调,说明其理由;

(2) 请画出它的解调框图;

(3) 请画出从该接收信号提取载波分量的框图。

答:(1)此信号无法用包络检波解调,因为能包络检波的条件是 $1+A\cos 2\pi f_m t\geqslant0$,而这里的 $A=15$ 使得这个条件不能成立,用包络检波将造成解调波形失真。

(2) 只能用相干解调,解调框图如图 5.34 所示。

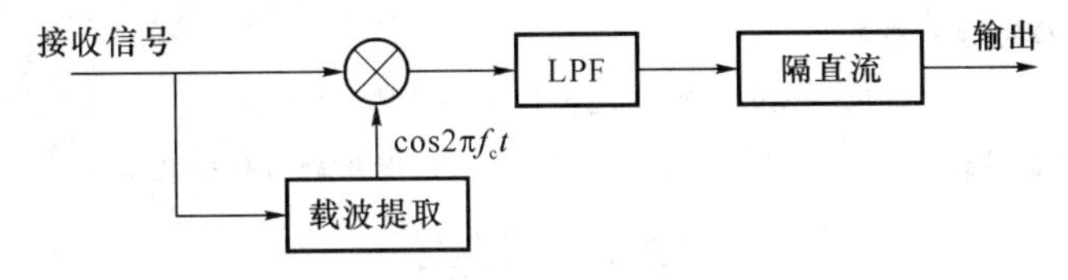

图 5.34

(3)由于接收信号的频谱中有离散的载频分量,所示可以用窄带滤波器滤出载频分量,或利用锁相环作为窄带滤波器,如图 5.35 所示。

图 5.35

【例 5.5.7】 某模拟广播系统中基带信号 $m(t)$的带宽为 $W=10$ kHz,峰值功率比(定义为$\frac{|m(t)|^2_{\max}}{P_M}$,其中 P_M 是 $m(t)$的平均功率密度)是此广播系统的平均发射功率为 40 kW,发射信号经过 80 dB 信道衰减后到达接收端,并在接收端叠加了双边功率谱密度为$\frac{N_0}{2}=10^{-10}$ W/Hz 的白高斯噪声。

(1) 若此系统采用 SSB 调制,求接收机可达到的输出信噪比;

(2) 若此系统采用调幅系数为 0.85 的标准幅度调制(AM),求接收机可达到的输出信噪比。

答:记到达接收机的已调信号为 $s(t)$,记其功率为 P_R,则

$$P_R=40\times10^3\times10^{-8}=4\times10^{-4}\text{ W}$$

(1) 采用 SSB 时,不妨以下单边带为例,接收机输入端的有用信号为

$$s(t)=Am(t)\cos 2\pi f_c t+A\hat{m}(t)\sin 2\pi f_c t$$

式中，f_c 是载波频率，$\hat{m}(t)$ 是 $m(t)$ 的 Hilbert 变换。按照 Hilbert 变换的性质，$m(t)$、$\hat{m}(t)$ 的功率都是 P_M。故而

$$P_R=\frac{A^2P_M}{2}+\frac{A^2P_M}{2}=A^2P_M$$

接收机前端可采用频带为 $[f_c-W,f_c]$ 的理想 BPF 限制噪声，于是输入到解调器输入端的噪声为

$$n(t)=n_c(t)\cos 2\pi f_ct-n_s(t)\sin 2\pi f_ct$$

式中，$n_c(t)$，$n_s(t)$，$n(t)$ 的功率都是

$$P_n=N_0W=2\times10^{-10}\times10^4=2\times10^{-6}\text{W}$$

采用理想相干解调时的解调输出为 $Am(t)+n_c(t)$，因此输出信噪比是

$$\left(\frac{S}{N}\right)_{\text{SSB}}=\frac{A^2P_M}{P_n}=\frac{4\times10^{-4}}{2\times10^{-6}}=200$$

即 23 dB。

(2) 采用 AM 调制时，解调器输入的有用信号为

$$s(t)=A[1+am_n(t)]\cos 2\pi f_ct$$

其中调制指数 $a=0.85$，$m_n(t)=\frac{m(t)}{|m(t)|_{\max}}$，$m_n(t)$ 的功率是

$$P_{M_n}=\frac{P_M}{|m(t)|^2_{\max}}=\frac{1}{5}$$

接收机前端可采用频带为 $[f_c-W,f_c+W]$ 的理想 BPF 限制噪声，于是输入到解调器输入端的噪声为

$$n(t)=n_c(t)\cos 2\pi f_ct-n_s(t)\sin 2\pi f_ct$$

式中，$n_c(t)$，$n_s(t)$，$n(t)$ 的功率都是

$$P_n=2N_0W=2\times2\times10^{-10}\times10^4=4\times10^{-6}$$

采用理想的包络检波器得到的输出为 $A[1+am_n(t)]+n_c(t)$，因此输出信噪比是

$$\left(\frac{S}{N}\right)_{\text{AM}}=\frac{A^2a^2P_{M_n}}{P_n}$$

由于

$$P_R=\frac{A^2}{2}[1+a^2P_{M_n}]=4\times10^{-4}$$

由此得

$$\left(\frac{S}{N}\right)_{\text{AM}}=\frac{2P_R}{1+a^2P_{M_n}}\times\frac{a^2P_{M_n}}{P_n}=\frac{2\times4\times10^{-4}}{\left(1+\frac{1}{0.85^2\times0.2}\right)\times4\times10^{-6}}\approx25.25$$

即 14.02 dB。

【例 5.5.8】 设 $m_1(t)$，$m_2(t)$ 是频率分布在 0～3 400 Hz 内的两个话音信号，功率都是 1。今发送 $s(t)=m_1(t)\cos 2\pi f_ct-m_2(t)\sin 2\pi f_ct$，问

(1) 接收端如何解出 $m_1(t)$、$m_2(t)$？

(2) 若 $s(t)$ 叠加了一个双边功率谱密度为 $N_0/2$ 的白高斯噪声，求解调输出为 $m_1(t)$ 这一支路的输出信噪比。

答：(1) 如图 5.36 所示，BPF 的中心频率是 f_c，带宽是 2×3 400 Hz。

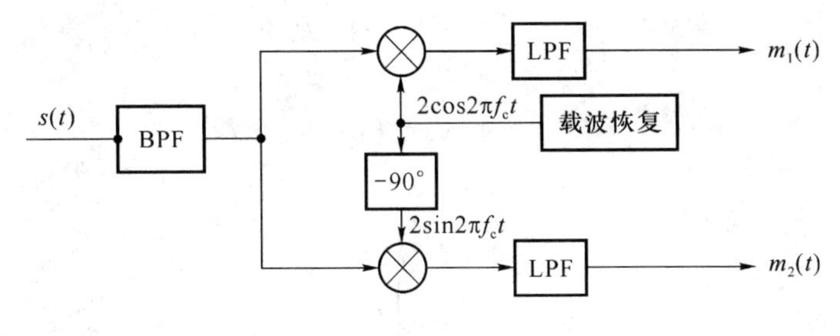

图 5.36

(2) BPF 输出的噪声是

$$n(t)=\mathrm{Re}\{[n_c(t)+\mathrm{j}n_s(t)]e^{\mathrm{j}2\pi f_c t}\}$$
$$=n_c(t)\cos 2\pi f_c t-n_s(t)\sin 2\pi f_c t$$

其平均功率是

$$P_n=\overline{n^2(t)}=\overline{n_c^2(t)}=\overline{n_s^2(t)}=6\ 800N_0$$

图中的上支路解调输出的有用信号是 $m_1(t)$，其功率为 1；输出噪声是 $n_c(t)$，故输出信噪比是 $\frac{1}{6\ 800N_0}$。

【例 5.5.9】 如图 5.37 所示系统中调制信号 $m(t)$ 的均值为 0，功率谱密度为

$$P_M(f)\begin{cases}N_m\left(1-\frac{|f|}{f_m}\right) & |f|\leqslant f_m\\ 0 & |f|>f_m\end{cases}$$

白高斯噪声 $n_W(t)$ 的双边功率谱密度为 $N_0/2$。

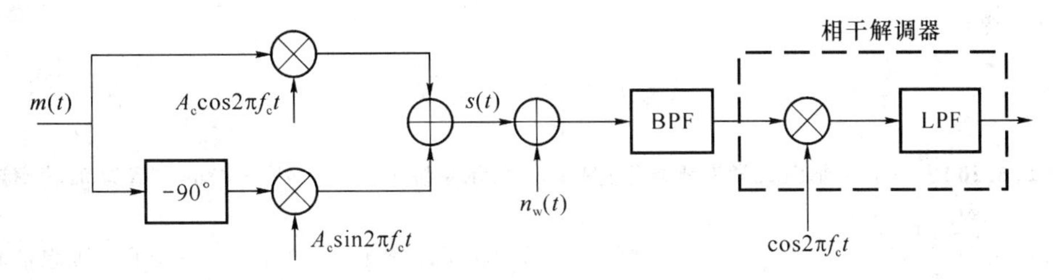

图 5.37

(1) 写出 $s(t)$ 的复包络 $s_L(t)$，画出其功率谱密度；

(2) 图中的 BPF 应该如何设计？

(3) 求相干解调器的输出信噪比。

答：

(1) 由图可见，$s(t)$ 的表达式为

$$s(t)=m(t)A_c\cos 2\pi f_c t+\hat{m}(t)A_c\sin 2\pi f_c t$$

因此 $s(t)$ 的复包络为

$$s_L(t)=A_c[m(t)-\mathrm{j}\hat{m}(t)]$$

$m(t)+\mathrm{j}\hat{m}(t)$ 是解析信号，因此 $z(t)=m(t)-\mathrm{j}\hat{m}(t)=[m(t)+\mathrm{j}\hat{m}(t)]^*$ 的傅里叶谱是

$$Z(f)=\begin{cases}2M(f) & f<0\\ 0 & f>0\end{cases}$$

因此 $s_L(t)$ 的功率谱密度是(如图 5.38 所示)

$$P_{s_L}(f)=\begin{cases}4A_c^2P_M(f) & f<0\\ 0 & f>0\end{cases}$$

$$=\begin{cases}4N_mA_c^2\left(1+\dfrac{f}{f_m}\right) & f<0\\ 0 & f>0\end{cases}$$

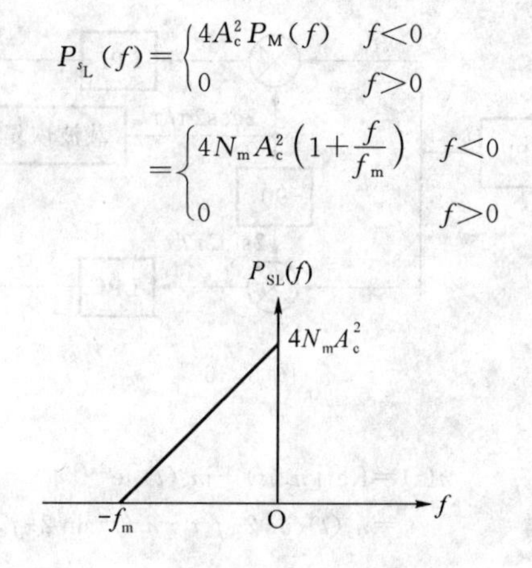

图 5.38

(2) 由于 $s(t)$是下单边带信号，所以 BPF 的通频带应该是$[f_c-f_m,f_c]$。

(3) 为方便计算，假设 LPF 的幅度增益是$\dfrac{2}{A_c}$，这个假设对输出信噪比没有影响。此时，相干解调器的输出是

$$y(t)=m(t)+\frac{1}{A_c}n_c(t)$$

式中，$n_c(t)$是 BPF 输出的窄带噪声的同相分量，其功率为 f_mN_0。由于 $m(t)$的功率是

$$P_M=\int_{-\infty}^{\infty}P_M(f)\mathrm{d}f=2\int_0^{f_m}N_m\left(1-\frac{f}{f_m}\right)\mathrm{d}f=f_mN_m$$

所以输出信噪比是

$$\left(\frac{S}{N}\right)_o=\frac{N_mf_m}{\dfrac{1}{A_c^2}N_0f_m}=\frac{A_c^2N_m}{N_0}$$

【例 5.5.10★】 (**北京邮电大学考研真题**)图 5.39 所示系统中调制信号 $m(t)$的均值为 0，功率谱密度为 $P_m(f)=\begin{cases}\dfrac{N_m}{2}\left(1-\dfrac{|f|}{f_m}\right) & |f|\leqslant f_m\\ 0 & |f|>0\end{cases}$；白噪声 $n(t)$的功率谱密度为 $P_n(f)=\dfrac{N_0}{2}$；BPF 为理想带通滤波器，LPF 为理想低通滤波器。求相干解调器的输入信噪比、输出信噪比以及调制制度增益。

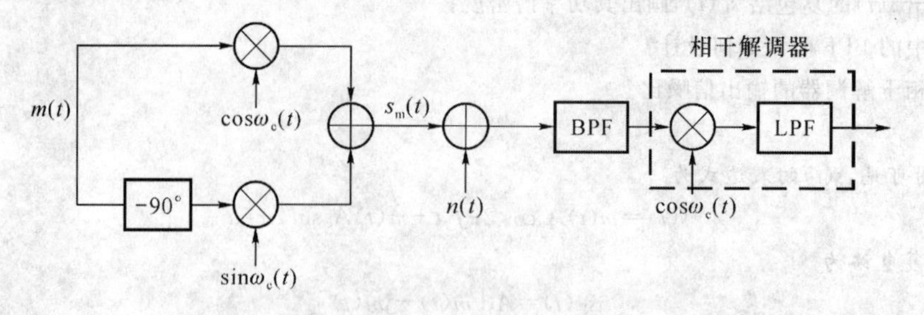

图 5.39

答：

$s_m(t)=m(t)\cos\omega_ct+\hat{m}(t)\sin\omega_ct$ 为下单边带幅度信号，解调器输入信号功率为

$$S_i=\overline{s_m^2(t)}=\overline{[m(t)\cos\omega_c t+\hat{m}(t)\sin\omega_c t]^2}$$
$$=\overline{m^2(t)\cos^2\omega_c t}+\overline{\hat{m}^2(t)\sin^2\omega_c t}+\overline{2m(t)\hat{m}(t)\cos\omega_c t\sin\omega_c t}$$
$$=\frac{1}{2}\overline{m^2(t)}+\frac{1}{2}\overline{\hat{m}^2(t)}=\overline{m^2(t)}$$

式中的$\overline{m^2(t)}$是$P_m(f)$的面积

$$\overline{m^2(t)}=\int_{-\infty}^{\infty}P_m(f)\,df=\frac{N_m}{2}\cdot 2f_m\cdot\frac{1}{2}=\frac{N_m f_m}{2}$$

BPF的输出噪声是

$$n_i(t)=n_c(t)\cos\omega_c t-n_s(t)\sin\omega_c t$$

其功率为$N_i=N_0B$，B是BPF的带宽。按照合理的设计，B应该等于$s_m(t)$的带宽，即$B=f_m$，于是$N_i=N_0f_m$。

解调器输入信噪比为$\gamma_i=\frac{S_i}{N_i}=\frac{N_m}{2N_0}$。

解调器输出信号为$m_o(t)=\frac{1}{2}m(t)$，功率为$S_o=\overline{m_o^2(t)}=\frac{1}{4}\overline{m^2(t)}=\frac{N_m f_m}{8}$。

解调器输出噪声为$n_o(t)=\frac{1}{2}n_c(t)$，功率为$N_o=\frac{E[n_c^2(t)]}{4}=\frac{E[n_i^2(t)]}{4}=\frac{N_0 f_m}{4}$。

输出信噪比$\gamma_o=\frac{S_o}{N_o}=\frac{N_m}{2N_0}$。

调制制度增益为$G=\frac{\gamma_a}{\gamma_i}=1$。

第6章

非线性调制

【基本知识点】非线性调制的分类;调相波和调频波的概念及表达式;窄带角度调制系统和宽带角度调制系统;调频信号的产生与解调方法;角度调制系统的抗噪声性能;角度调制系统的门限效应;预加重与去加重;频分复用技术等。

【重点】调相波和调频波表达式的理解及参数的计算;单音调制时带宽和调制指数的计算,特别是单音调频;调频信号的解调方式以及不同解调方式的性能比较;各种模拟调制方式的性能比较,特别是信噪比的比较;频分复用技术的理解及计算等。

6.1 答疑解惑

6.1.1 什么是非线性调制?

模拟调制分为线性和非线性调制两种,其中非线性调制就是角度调制,包括频率调制(FM)和相位调制(PM),分别简称调频和调相。角度调制的表达式一般为

$$S(t) = A\cos[\omega_c t + \varphi(t)]$$

式中,$\theta(t)=\omega_c t+\varphi(t)$称为瞬时相位;$\varphi(t)$称为瞬时相位偏移;$\omega(t)=\frac{\mathrm{d}\theta(t)}{\mathrm{d}t}$称为瞬时频率;$\Delta\omega=\frac{\mathrm{d}\varphi(t)}{\mathrm{d}t}$称为瞬时角频偏。

6.1.2 什么是调相波?

相位调制:是指瞬时相位偏移随调制信号 $m(t)$变化而线性变化,即

$$\varphi(t)=K_P m(t)$$

式中,K_P 是比例常数。所以调相波的表达式为

$$S_{PM}(t)=A\cos[\omega_c t+K_P m(t)]$$

6.1.3 什么是调频波?

频率调制:是指瞬时角频偏随调制信号 $m(t)$变化而线性变化,即

$$\Delta\omega = K_F m(t)$$

式中，K_F 是比例常数。所以调频波的表达式为

$$S_{FM}(t) = A\cos\left[\omega_c t + \int_{-\infty}^{t} K_F m(\tau)\mathrm{d}\tau\right]$$

6.1.4 什么是单音角度调制?

单音调制就是单频调制，所以设调制信号为 $m(t) = A_m\cos\omega_m t$，则调相波和调频波分别为：

(1) 调相波

调相波表达式为

$$S_{PM}(t) = A\cos[\omega_c t + K_P A_m \cos\omega_m t]$$

可得：最大相位偏移为 $\Delta\varphi_{max} = K_P A_m$；调相指数 $\beta_P = \Delta\varphi_{max} = K_P A_m$

(2) 调频波

调频波的表达式为

$$S_{FM}(t) = A\cos\left[\omega_c t + \frac{K_F A_m}{\omega_m}\text{sins}\ \omega_m t\right]$$

可得：最大角频偏为 $\Delta\omega_{max} = K_F A_m$；调频指数 $\beta_F = \dfrac{K_F A_m}{\omega_m} = \dfrac{\Delta\omega_{max}}{\omega_m} = \dfrac{\Delta f_{max}}{f_m}$

注意：调频波与调相波的调制指数的计算方法、以及在表达式中的位置。

6.1.5 什么是直接调制与间接调制?

1. 直接与间接调相

直接调相：是指将调制信号直接进行调相得到调相波。

间接调相：是将调制信号先微分，然后进行调频，从而得到调相波。

2. 直接与间接调频

直接调频：是指将调制信号直接进行调频得到调频波。

间接调频：是将调制信号先积分，然后进行调相，从而得到调频波。

3. 直接与间接调制的适用范围

由于实际相位调制器的调制范围不大，所以直接调相和间接调频只适用于窄带调制，而直接调频和间接调相可用于宽带调制。

注意：间接调频和间接调相的步骤。

6.1.6 什么是窄带调频(NBFM)?

1. 窄带调频的定义及表达式

当最大相位偏移及相应的最大频率偏移满足

$$\left| K_F\left[\int_{-\infty}^{t} m(t)\mathrm{d}\tau\right]\right|_{max} \ll \frac{\pi}{6}(\text{或 } 0.5)$$

时，属于窄带调频。反之，则称为宽带调频(WBFM)。

时域表达式为

$$S_{\mathrm{NBFM}}(t) \approx A\cos(\omega_c t) - A\left[K_F\int_{-\infty}^{t} m(t)\mathrm{d}\tau\right]\sin(\omega_c t)$$

频谱表达式为

$$S_{\mathrm{NBFM}}(\omega) = A\pi[\delta(\omega+\omega_c)+\delta(\omega-\omega_c)] + \frac{AK_F}{2}\left[\frac{M(\omega-\omega_c)}{\omega-\omega_c} - \frac{M(\omega+\omega_c)}{\omega+\omega_c}\right]$$

2. 单频窄带调频的性质

单频调制时，且设载波幅度 $A=1$，则窄带调频波的表达式近似为

$$S_{\mathrm{NBFM}}(t) = \cos\omega_c t + \frac{A_m K_F}{2\omega_m}[\cos(\omega_c+\omega_m)t - \cos(\omega_c-\omega_m)t]$$

由卡森公式可知，窄带调频波的有效带宽为

$$B_{\mathrm{FM}} = 2(\beta_F+1)f_m$$

通常窄带调频波的 β_F 较小，所以有效带宽为

$$B_{\mathrm{FM}} \approx 2f_m$$

6.1.7　什么是窄带调相(NBPM)？

1. 窄带调相的定义及表达式

当最大瞬时相移满足

$$|K_P m(t)|_{\max} \ll \frac{\pi}{6}$$

时，属于窄带调相。

时域表达式为

$$S_{\mathrm{NBPM}}(t) \approx A\cos(\omega_c t) - AK_P m(t)\sin(\omega_c t)$$

频谱表达式为

$$S_{\mathrm{NBPM}}(\omega) = A\pi[\delta(\omega+\omega_c)+\delta(\omega-\omega_c)] + \frac{jAK_P}{2}[M(\omega-\omega_c) - M(\omega+\omega_c)]$$

2. 单频窄带调相

单频调制时，且设载波幅度 $A=1$，则窄带调相波的表达式近似为

$$S_{\mathrm{NBPM}}(t) = \cos\omega_c t - \frac{A_m K_P}{2}[\sin(\omega_c+\omega_m)t + \sin(\omega_c-\omega_m)t]$$

6.1.8　什么是单频宽带调频？

1. 时域表达式及频谱

单频宽带调频波的时域表达式为

$$\begin{aligned} S_{\mathrm{WBFM}}(t) &= A\cos\omega_c t\cdot\cos(\beta_F\sin\omega_m t) - A\sin\omega_c t\cdot\sin(\beta_F\sin\omega_m t) \\ &= A\sum_{n=-\infty}^{+\infty} J_n(\beta_F)\cos(\omega_c+\omega_m)t \end{aligned}$$

式中，$J_n(\beta_F)$是第一类 n 阶贝塞尔函数，是 β_F 的函数。

根据傅立叶变换，可得频谱为

$$S_{\mathrm{WBFM}}(W) = A\pi\sum_{n=-\infty}^{+\infty} J_n(\beta_F)[\delta(\omega+\omega_c+n\omega_m) + \delta(\omega-\omega_c-n\omega_m)]$$

2. 大指数宽带调频

当 $\beta_F \gg 10$ 时，称为大指数宽带调频，此时有

$$B_{FM} \approx 2\beta_F f_m \approx 2\Delta f_{max}$$

注意：调制指数与最大频偏的关系。

3. 功率分配及效率

总功率为 $P_T = \dfrac{A^2}{2}$；

载波功率为 $P_C = \dfrac{A^2}{2} J_0^2(\beta_F)$；

边频功率为 $P_S = 2 \times \dfrac{A^2}{2} \sum\limits_{n=1}^{+\infty} J_n^2(\beta_F)$；

效率为 $\eta = \dfrac{P_S}{P_T} = 1 - J_0^2(\beta_F) = \sum\limits_{\substack{n=-\infty \\ n\neq 0}}^{+\infty} J_n^2(\beta_F) = 2\sum\limits_{n=1}^{+\infty} J_n^2(\beta_F)$。

6.1.9 什么是单频宽带调相?

1. 时域表达式及频谱

单频宽带调相波的表达式为

$$\begin{aligned} S_{WBPM}(t) &= A\cos(\omega_c t + \beta_P \cos\omega_m t) \\ &= A\sum_{n=1}^{+\infty} J_n(\beta_P)\cos\left[(\omega_c + n\omega_m)t + \frac{n\pi}{2}\right] \end{aligned}$$

式中，$J_n(\beta_P)$是第一类 n 阶贝塞尔函数，是 β_P 的函数。

频谱表达式为

$$S_{WBPM}(\omega) = A\pi \sum_{n=-\infty}^{+\infty} J_n(\beta_P)\left[\delta(\omega + \omega_c + n\omega_m)e^{-j\frac{n\pi}{2}} + \delta(\omega - \omega_c - n\omega_m)e^{j\frac{n\pi}{2}}\right]$$

2. 功率分配和效率

总功率为 $P_T = \dfrac{A^2}{2}$；

载波功率为 $P_C = \dfrac{A^2}{2} J_0^2(\beta_P)$；

边频功率为 $P_S = 2 \times \dfrac{A^2}{2} \sum\limits_{n=1}^{+\infty} J_n^2(\beta_P)$；

效率为 $\eta = \dfrac{P_S}{P_T} = 1 - J_0^2(\beta_P) = \sum\limits_{\substack{n=-\infty \\ n\neq 0}}^{+\infty} J_n^2(\beta_P) = 2\sum\limits_{n=1}^{+\infty} J_n^2(\beta_P)$。

6.1.10 什么是卡森公式及推广?

1. 单频调频的卡森公式

$$B_{FM1} \approx 2(\beta_F + 1)f_m$$

$$B_{FM2} \approx 2(\beta_F + 2)f_m$$

所以有单频调频时的频带宽度为

$$B_{FM}=\frac{B_{FM1}+B_{FM2}}{2}$$

当 $\beta_F \ll 1$ 时，有 $B_{FM}=2f_m$

当 $\beta_F \gg 1$ 时，有 $B_{FM}=2\beta_F f_m=2\Delta f_{max}$

2. 任意信号调频的卡森公式

对于多音或其他任意信号调制的调频系统，已调信号的有效带宽为

$$B_{FM}=2(D_{FM}+1)f_{max}$$

式中，$D_{FM}=\frac{\Delta\omega_{max}}{\omega_{max}}=\frac{\Delta f_{max}}{f_{max}}$称为偏频比。

在实际过程中，通常有 $D_{FM}\gg 2$，这时有效带宽为

$$B_{FM}=2(D_{FM}+2)f_{max}$$

3. 单频调相的卡森公式

单频调相的频带宽度为

$$B_{PM}=2(\beta_P+1)f_m$$

当 $\beta_P \ll 1$ 时，有 $B_{PM}=2f_m$

当 $\beta_P \gg 1$ 时，有 $B_{PM}=2\beta_P f_m=2\Delta f_{max}$

4. 任意信号调相的卡森公式

对于多音或其他任意信号调制的调相系统，已调信号的有效带宽为

$$B_{PM}=2(D_{PM}+1)f_{max}$$

式中，$D_{PM}=\frac{\Delta\omega_{max}}{\omega_{max}}=\frac{\Delta f_{max}}{f_{max}}$称为偏频比。

在实际过程中，通常有 $D_{PM}\gg 2$，这时有效带宽为

$$B_{PM}=2(D_{PM}+2)f_{max}$$

注意：单频调频和单频调相的有效带宽表达式的相同点。

6.1.11 调频信号的产生方法有哪些？

产生调频波的方法有两种：直接法和间接法。

1. 直接法

直接法就是用已调信号直接控制振荡器的频率，使其按调制信号的规律线性变化。原理方框图如图 6.1 所示。

图 6.1 直接法原理方框图

2. 间接法

间接法就是对调制信号积分后，去对载波进行相位调制，从而产生窄带调频信号，然后利用倍频器把窄带调频信号变成宽带调频信号。其原理框图如图 6.2 所示。

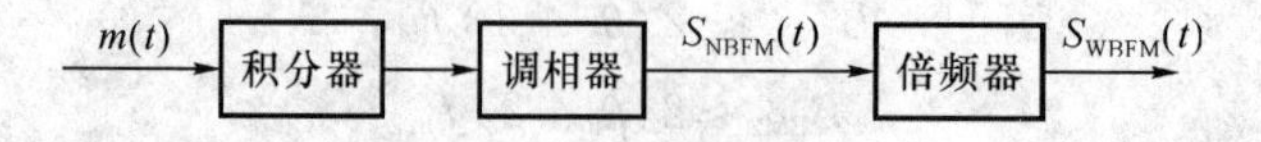

图 6.2 间接法原理方框图

3. 窄带调频波的实现

由窄带调频波的表达式

$$S_{\mathrm{NBFM}}(t)=\cos\omega_c t-\left[K_F\int_{-\infty}^{t}m(\tau)\mathrm{d}\tau\right]\sin\omega_c t$$

可以看出,窄带调频波是由正交分量与同相分量合成,所以实现框图如图 6.3 所示。

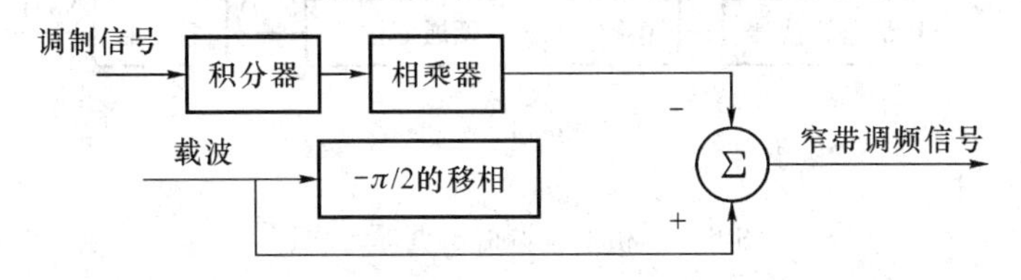

图 6.3 窄带调频波的实现框图

4. 阿姆斯特朗间接法

为了达到所要求的载频和最大频移,常用阿姆斯特朗法来实现宽带调频波,实现原理框图如图 6.4 所示。

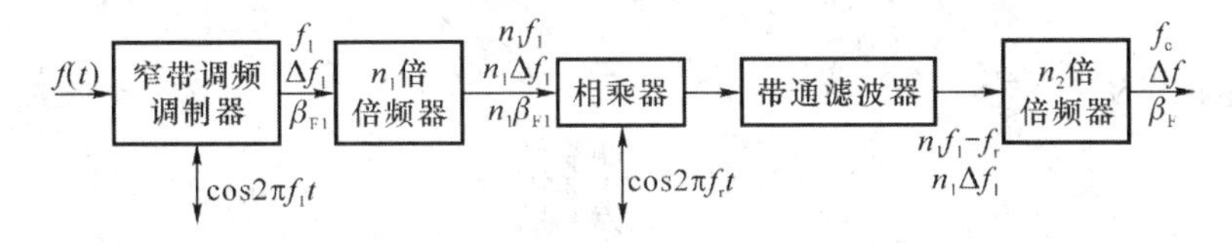

图 6.4 阿姆斯特朗间接法的实现原理框图

$$f_c=n_2(n_1f_1-f_r),\Delta f=n_1n_2\Delta f_1,\beta_F=n_1n_2\beta_{F1}$$

只要选择合适的 f_1、f_r 和 n_1、n_2,就可以达到载波和最大频移的要求。

6.1.12 调频信号的解调有哪些?

调频信号的解调有两种:非相干解调和相干解调。

1. 非相干解调

非相干解调是指不需要本地提供相干载波的解调。解调原理框图如图 6.5 所示。

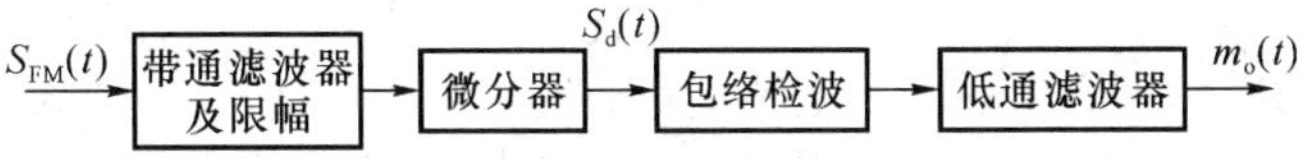

$S_{FM}(t)$ → 带通滤波器及限幅 → 微分器 → $S_d(t)$ → 包络检波 → 低通滤波器 → $m_o(t)$

图 6.5 非相干解调的解调原理框图

其中鉴频器由微分器和包络检波器构成,所以也成为鉴频法。

假设 $S_{FM}(t)=A\cos\left[\omega_c t+K_F\int_{-\infty}^{t}m(\tau)\mathrm{d}\tau\right]$,则

微分器输出为

$$S_d(t)=-A[\omega_c+K_Fm(t)]\sin\left[\omega_c t+K_F\int_{-\infty}^{t}m(\tau)\mathrm{d}\tau\right]$$

经过包络检波和低通滤波之后,输出为

$$m_o(t)=K_dAK_Fm(t)$$

式中,K_d 称为鉴频器的灵敏度。

非相干不需要本地提供相干载波，且适用于解调窄带和宽带调频信号的解调。

2. 相干解调

相干解调是指需要提供本地相干载波的解调。只适用于窄带调频信号的解调，解调原理框图如图 6.6 所示。

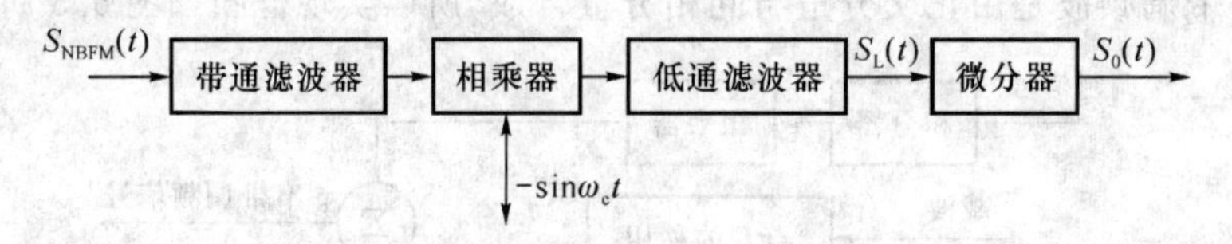

图 6.6 相干解调的解调原理框图

输入的窄带调频信号为

$$S_{NBFM}(t) \approx A\cos(\omega_c t) - \left[AK_F\int_{-\infty}^{t} m(\tau)d\tau\right]\sin(\omega_c t)$$

低通滤波器输出为

$$S_L(t) = \frac{AK_F}{2}\int_{-\infty}^{t} m(\tau)d\tau$$

微分器输出为

$$S_o(t)=\frac{AK_F}{2}m(t)$$

6.1.13 什么是调频系统的噪声性能分析?

1. 非相干解调方式的噪声性能分析

由于非相干解调适用于窄带和宽带调频信号，且不需要相干载波，因此是调频系统的主要解调方式。

假设输入的调频信号为

$$S_{FM}(t) = A\cos\left[\omega_c t + K_F\int_{-\infty}^{t} m(\tau)d\tau\right]$$

噪声为加性高斯白噪声，均值为 0，单边带功率谱密度为 n_0。所以输入信噪比为

$$\frac{S_i}{N_i}=\frac{A^2}{2n_0 B_{FM}}$$

输出信噪比与输入信噪比的大小有很大的关系。在输入信噪比不同时，输出信噪比有很大区别。

(1) 大信噪比情况

在大信噪比条件下，信号和噪声的相互作用可以忽略，此时输出信噪比为

$$\frac{S_o}{N_o} = \frac{3A^2K_F^2E[m^2(t)]}{8\pi^2 n_0 f_m^2}$$

式中，$E[\cdot]$表示期望；f_m 是低通滤波器的截至频率。

若为单频调制时，$m(t)=\cos(\omega_m t)$，则

$$\frac{S_o}{N_o}=\frac{3}{2}\beta_F^2\frac{A^2}{2n_0 f_m}$$

所以解调器的制度增益为

$$G_{FM}=\frac{S_o/N_o}{S_i/N_i}=\frac{3}{2}\beta_F^2\frac{B_{FM}}{f_m}$$

在宽带调频时，信号带宽为

$$B_{FM}=2(\beta_F+1)f_m$$

所以制度增益可化为

$$G_{FM}=3\beta_F^2(\beta_F+1)\approx 3\beta_F^3$$

可以看出：大信噪比时宽带调频系统的制度增益是很高的，它与调制指数的立方成正比。

(2) 小信噪比情况

当 S_i/N_i 减小到一定的程度时，解调器的输出中不存在单独的有用信号项，信号被噪声扰乱，因而 S_o/N_o 急剧下降，称为门限效应。出现门限效应时所对应的 S_i/N_i 输入信噪比称为门限值，记为 $(S_i/N_i)_b$

β_F 不同时，$(S_i/N_i)_b$ 不同，$(S_i/N_i)_b$ 随 β_F 增大而增大；当 $S_i/N_i>(S_i/N_i)_b$ 值时，S_o/N_o 与 S_i/N_i 呈线性关系，且 β_F 越大，S_o/N_o 改善越明显；当 $S_i/N_i<(S_i/N_i)_b$ 时，S_o/N_o 随 S_i/N_i 的下降急剧下载，且 β_F 越大，下降越快。

为了让门限点向低的 S_i/N_i 方向扩展，可以采用锁相环鉴频法和调频负反馈鉴频法。

2. 相干解调方式的噪声性能分析

相干解调只适合窄带调频信号的解调，所以输入信号为

$$S_i(t)=S_{NBFM}(t)=A\cos\omega_c t-AK_F\int_{-\infty}^{t}m(\tau)\mathrm{d}\tau\sin\omega_c t$$

噪声为加性高斯白噪声，均值为0，单边带功率谱密度为 n_0。

则输入信噪比为

$$\mathrm{SNR}_i=\frac{S_i}{N_i}=\frac{A^2}{2n_0f_m}$$

输出信噪比为

$$\mathrm{SNR}_o=\frac{3A^2K_F^2E[m^2(t)]}{8n_0\pi^2f_m^3}$$

则制度增益为

$$G_{NBFM}=\frac{3K_F^2E[m^2(t)]}{2\pi^2f_m^2}$$

$$=6\left(\frac{\Delta\omega_{max}}{\omega_m}\right)^2\frac{E[m^2(t)]}{|m(t)|_{max}^2}$$

式中，$\Delta\omega_{max}=K_F|m(t)|_{max}$。

在单频调制时，$\dfrac{E[m^2(t)]}{|m(t)|_{max}^2}=\dfrac{1}{2}$，$\Delta\omega_{max}=\omega_m$，则有

$$G_{NBFM}=3$$

6.1.14 什么是各种模拟调制技术的抗噪性能比较？

WBFM 抗噪声性能最好，DSB、SSB、VSB 抗噪声性能次之，AM 抗噪声性能最差，NBFM 和 AM 的性能接近。

6.1.15 各种模拟调制技术的特点有哪些？

1. AM 调制

AM 调制的优点是接收设备简单；缺点是功率利用率低，抗干扰能力差，信号频带较宽，频带利用率不高。

2. DSB 调制

DSB 调制的优点是功率利用率高，带宽和 AM 调制相同，接收要求同步解调，设备较复杂。

3. SSB 调制

SSB 调制的优点是功率利用率和频带利用率都较高，抗干扰性能和抗选择性衰落能力较强，缺点是发送和接收设备都复杂。

4. VSB 调制

VSB 调制的诀窍在于部分抑制了发送边带，同时又利用平缓滚降滤波器补偿了被抑制部分，性能和 SSB 相当。

5. FM

WBFM 的抗干扰能力很强，但频带利用率低，且存在门限效应；NBFM 在大干扰的情况下很适用。

6.1.16 什么是各种模拟调制技术参数性能比较？

综合第六章非线性调制的介绍，在相同的解调器输入信号功率 S_i、相同的噪声功率谱密度 n_0、相同的基带信号带宽 f_m 下，而且幅度调制为 100%调制，调制信号为单音正弦波时，各种模拟调制方式的性能如表 6. 1 所示。

表 6.1 各种模拟调制方式的性能

调制方式	信号带宽	制度增益	输出信噪比	设备复杂度	主要运用
DSB	$2f_m$	2	$\frac{S_i}{n_0 f_m}$	中等	较少应用
SSB	f_m	1	$\frac{S_i}{n_0 f_m}$	复杂	短波无线电广播，话音频分多路
VSB	略大于 f_m	近似 SSB	近似 SSB	复杂	商用电视广播
AM	$2f_m$	2/3	$1/3 \cdot \frac{S_i}{n_0 f_m}$	简单	中短波无线电广播
FM	$2(K_F+1)f_m$	$3\beta_F^2(\beta_F+1)$	$\frac{3}{2}K_F^2\frac{S_i}{n_0 f_m}$	中等	超短波小功率电台，微波中继，调频立体声广播

6.1.17 什么是预加重/去加重的概念？

由

$$P_{n_0}(f)=n_0 f^2/A^2$$

可知：调频系统鉴频电路的输出噪声功率谱密度与信号频率的平方成正比，因此高频端信号的输出信噪比将会有很大的损失，也降低了接收设备总的输出信噪比。为了改善这一

非线性输出特性，可采用预加重/去加重技术。

预加重/去加重技术：是指在发送端对信号的高频分量予以提升，以保证解调器输出端高频部分有足够的信噪比，在接收端再对高频分量进行相应的衰减，以恢复原信号的频谱形状。

采用预加重/去加重技术的原理框图如图6.7所示。

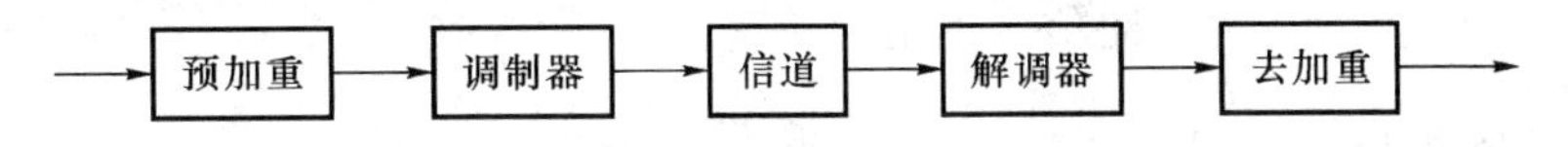

图6.7 预加重/去加重技术的原理框图

采用预加重/去加重技术，要求预加重网络传递函数 $H_T(f)$ 和去加重网络传递函数 $H_R(f)$ 满足关系式

$$H_T(f)=\frac{1}{H_R(f)}$$

6.1.18 什么是预加重/去加重的实现?

预加重/去加重网络可由简单的RC电路构成，预加重网络为高通滤波器，去加重网络为低通滤波器。

所以去加重网络的传递函数为

$$H_R(f)=\frac{1}{1+\mathrm{j}\frac{f}{f_1}}$$

6.1.19 什么是预加重/去加重的性能提高?

采用预加重/去加重技术后，信噪比改善值为

$$\eta=\frac{1}{3}\cdot\frac{(f_m/f_1)^3}{(f_m/f_1)-\arctan(f_m/f_1)}$$

式中，f_1 为滤波器的截止频率；f_m 为基带信号的最高频率。

6.1.20 什么是频分复用技术的概念?

1. 复用

复用：是指若干路独立的信号在同一信道中传送。在一个信道传输多路信号而互不干扰，可以提高信道的利用率。

2. 频分复用(FDM)

频分复用：是按频率分割多路信号的方法，将信道的可用频带分成若干互不交叠的频段，每路信号占据其中的一个频段，在接收端用适当的带通滤波器将多路信号分开，分别进行解调和终端相关处理。

6.1.21 什么是频分复用的参数?

1. 某路的载频

$$f_{c(i+1)}=f_{ci}+(f_m+f_g)$$

式中，f_{ci}、$f_{c(i+1)}$分别为第i路和第$i+1$路的载频；f_m为每一路的最高频率；f_g为邻路间隔防护频带。

2. 频带宽度

n路单边带信号的总频带宽度最小应为

$$B_n = nf_m + (n-1)f_g = (n-1)B_1 + f_m$$

式中，$B_1 = (f_m + f_g)$为一路信号占用的带宽。

6.1.22 频分复用的特点有哪些？

优点：信道利用率高，允许复用的路数多，分路也很方便。

缺点：设备复杂，不仅需要大量的调制器、解调器和带通滤波器，而且还要求接收端必须提供相干载波。

6.1.23 频分复用技术的应用领域有哪些？

频分复用技术作为一种常用的多路复用技术，已经非常成熟，在众多领域都有所应用，主要应用在：载波电话系统、调幅广播、调频广播、广播电视、卫星直播电视、闭路电视广播、模拟移动电话和通信卫星等众多领域。

如果结合其他的复用技术，比如说时分复用、码分复用技术等，被广泛运用到移动通信技术中。

6.2 典型题解

题型1 非线性调制的基本概念

【例6.1.1】 已知载波信号$v_c(t)=V_{cm}\cos\omega_c t=5\cos 2\pi\times 50\times 10^6 t$(V)，调制信号为$v_\Omega(t)=1.5\cos 2\pi\times 2\times 10^3 t$(V)，试求：

(1) 若为调频波，且单位电压产生的频偏为4 kHz，写出$\omega(t)$、$\varphi(t)$和调频波$v(t)$的表达式；

(2) 若为调相波，且单位电压产生的相移为3 rad，写出$\omega(t)$、$\varphi(t)$和调相波$v(t)$的表达式。

分析：本题是基本的求调频波和调相波的例子，只要按照调频波和调相波的定义步骤来求就可以。

答：(1) 若为调频波，则$\Delta\omega = K_F m(t)$，

由题目给的已知条件，可以得到

$$\Delta\omega = K_F v_\Omega(t) = 2\pi\times 6\times 10^3\cos 2\pi\times 2\times 10^3 t\,(\text{rad/s})$$

所以瞬时角频率为

$$\omega(t)=\omega_c+\Delta\omega = 2\pi\times 50\times 10^6 + 2\pi\times 6\times 10^3\cos 2\pi\times 2\times 10^3 t\,(\text{rad/s})$$

对它进行积分，就可以得到瞬时相位为

$$\varphi(t) = 2\pi\times 50\times 10^6 t + 3\sin 2\pi\times 2\times 10^3 t\,(\text{rad})$$

因此调频波表达式就为

$$v(t) = 5\cos(2\pi\times 50\times 10^6 t + 3\sin 2\pi\times 2\times 10^3 t)\,(\text{V})$$

(2) 若为调相波，则瞬时相位偏移为$\Delta\varphi = K_P m(t)$，

由题目给出的条件，代入可得

$$\Delta\varphi = K_P v_\Omega(t) = 4.5\cos 2\pi\times 2\times 10^3 t(\text{rad})$$

所以瞬时相位为

$$\varphi(t) = \omega_c t + \Delta\varphi = 2\pi\times 50\times 10^6 t + 4.5\cos 2\pi\times 2\times 10^3 t(\text{rad})$$

对它进行微分，可得瞬时角频率为

$$\omega(t) = 2\pi\times 50\times 10^6 - 2\pi\times 9\times 10^3 \sin 2\pi\times 2\times 10^3 t(\text{rad/s})$$

所以调相波的表达式为

$$v(t) = 5\cos(2\pi\times 50\times 10^6 t + 4.5\cos 2\pi\times 2\times 10^3 t)(\text{V})$$

【例 6.1.2】 一已调波 $v(t)=V_m\cos(\omega_c + A\omega_1 t)t$，试求它的相位偏移 $\Delta\varphi(t)$ 和频率偏移 $\Delta\omega(t)$ 的表达式。

分析：这是最基本的对已调波表达式的理解，对于一已调波，我们可以认为它的表达式为 $S(t)=A\cos[\omega_c t+\Delta\varphi(t)]$，而 $\Delta\omega(t)=\frac{\mathrm{d}\Delta\varphi(t)}{\mathrm{d}t}$。

答：由分析里面已调波表达式和 $v(t)=V_m\cos(\omega_c + A\omega_1 t)t$ 进行比较，可以得到相位偏移为

$$\Delta\varphi(t) = A\omega_1 t^2$$

对相位偏移进行微分，就可以得到频率偏移为

$$\Delta\omega(t) = 2A\omega_1 t$$

【例 6.1.3】 某角调波为

$$s(t) = 10\cos(2\times 10^6 \pi t + 10\cos 2\,000\pi t)$$

试求：

(1) 其最大频偏、最大相移；

(2) 该已调波是频率调制还是相位调制。

分析：最大相位和最大频偏在【例 6.1.2】已经计算过。

答：(1) 最大相移为

$$\Delta\varphi_{max} = \max(10\cos 2\,000\pi t) = 10 \text{ rad}$$

所以最大频偏为

$$\Delta f_{max} = \max\left\{\frac{1}{2\pi}\frac{\mathrm{d}}{\mathrm{d}t}(10\cos 2\,000\pi t)\right\} = 10 \text{ kHz}$$

(2) 不能判断是频率调制还是相位调制，因为瞬时相位和调制信号的关系不明确。

【例 6.1.4】 某调频信号 $s(t)=10\cos(2\pi\times 10^6 t + 4\cos 200\pi t)$，求其平均功率、调制指数、最大频偏。

分析：掌握调频波的一些参数是怎么定义的，以及它们之间的关系。

答：平均功率为

$$P_s = \frac{10^2}{2} = 50 \text{ W}$$

最大频偏为

$$\Delta f_{max} = \max\left\{\frac{1}{2\pi}\frac{\mathrm{d}}{\mathrm{d}t}(4\cos 200\pi t)\right\} = 400 \text{ Hz}$$

记 $m(t)$ 为调制信号，K_F 为调频灵敏度，则有

$$4\cos 200\pi t = 2\pi K_F\int_{-\infty}^{t} m(\tau)\,\mathrm{d}\tau$$

可得 $m(t)=\frac{-400}{K_F}\sin 200\pi t$，可知其频率为 $f_m=100$ Hz。

因此调频指数为

$$\beta_F = \frac{\Delta f_{max}}{f_m} = \frac{400}{100} = 4$$

※**点评**：调频波的调频指数、最大频偏。

【例 6.1.5】 已知某调频信号

$$s(t)=10\cos[(10^6\pi t)+8\cos(10^3\pi t)]$$

调频器的频偏常数 $K_F=200$ Hz/V,试求:

(1) 载频、调制指数和最大频偏;

(2) 调制信号 $m(t)$。

答:(1) 由于 $s(t)=10\cos[(10^6\pi t)+8\cos(10^3\pi t)]$

所以可以直接看出载频为

$$f_c=\frac{10^6\pi}{2\pi}=5\times10^5 \text{ Hz}$$

最大频偏为

$$\Delta f_{\max}=\max\left\{\frac{1}{2\pi}\frac{d}{dt}(8\cos(10^3\pi t))\right\}=4\ 000 \text{ Hz}$$

设 $m(t)$ 为调制信号,则有

$$8\cos(10^3\pi t)=2\pi K_F\int_{-\infty}^{t}m(\tau)d\tau=400\pi\int_{-\infty}^{t}m(\tau)d\tau$$

可得 $m(t)=-20\sin(10^3\pi t)$,可知其频率为 $f_m=500$ Hz。

故调制指数为

$$\beta_F=\frac{\Delta f_{\max}}{f_m}=\frac{4\ 000}{500}=8$$

(2) 调制信号上一问已经求出,为

$$m(t)=-20\sin(10^3\pi t)$$

※**点评**:从已调信号求调制信号。

【例 6.1.6】 已知 $s(t)=500\cos(2\pi\times10^8 t+20\sin 2\pi\times10^3 t)$(mV),

(1) 若为调频波,试求载波频率、调制频率、调制指数和最大频偏;

(2) 若为调相波,试求调相指数,最大频偏和调制信号(设调相灵敏度 $K_P=5$ rad/V)。

分析:对于单频调制的调频波,如果调制信号为 $m(t)=A_m\cos\omega_m t$,则调频波为

$S_{FM}(t)=A\cos\left[\omega_c t+\frac{K_F A_m}{\omega_m}\sin s\,\omega_m t\right]=A\cos[\omega_c t+\beta_F\sin s\,\omega_m t]$,还有一个调频指数和最大频偏的关系式 $\beta_F=\frac{K_F A_m}{\omega_m}=\frac{\Delta f_{\max}}{f_m}$,所以其中的参数可以直接从给出的表达式中对照写出;而调相波表达式为 $S_{PM}(t)=A\cos[\omega_c t+K_P m(t)]$。

答:(1) 若为调频波,由

$$s(t)=500\cos(2\pi\times10^8 t+20\sin 2\pi\times10^3 t)$$

对比分析里面给出的表达式,可以很容易得到

载波频率为 $f_c=10^8$ Hz

调制频率为 $f_m=10^3$ Hz

调频指数为 $\beta_F=20$

最大频偏为 $\Delta f_{\max}=\beta_F f_m=20$ kHz

(2) 若为调相波,则

调相指数为 $\beta_P=20$

最大频偏为 $\Delta f_{\max}=\beta_P f_m=20$ kHz

调制信号为

$$m(t)=\frac{20\sin 2\pi\times10^3 t}{K_P}=4\sin 2\pi\times10^3 t$$

※**点评**:单频调频信号的表达式及参数的关系。

【例 6.1.7】 某角调系统如图 6.8 所示。

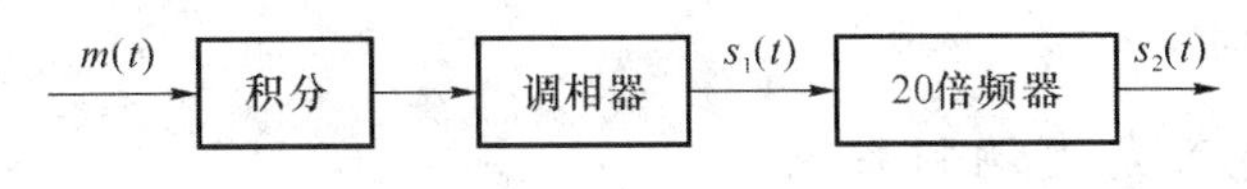

图 6.8

已知调相器的调相灵敏度为 $K_P=5$ ras/V，倍频器输出是

$$s_2(t)=100\cos(2\pi\times10^5t+10\sin4\pi\times10^3t)$$

(1) 说出对于 $m(t)$ 而言，$s_1(t)$ 和 $s_2(t)$ 是调相波还是调频波；

(2) 写出已调信号 $s_1(t)$ 及调制信号 $m(t)$ 的表达式；

(3) 求出 $s_1(t)$、$s_2(t)$ 的最大相位偏移、最大频偏。

分析：本题考查的是间接调频和倍频器的问题。

答：(1) 对于 $m(t)$ 而言，$s_1(t)$ 和 $s_2(t)$ 都是调频波，其中 $s_1(t)$ 由间接调制而来，而 $s_2(t)$ 是由 $s_1(t)$ 通过倍频器得到的。

(2) $s_1(t)$ 和 $s_2(t)$ 是倍频关系，不考虑倍频器的幅度增益的情况下，有

$$s_1(t)=100\cos\left(\frac{2\pi\times10^5t+10\sin4\pi\times10^3t}{20}\right)$$

$$=100\cos\left(10^4\pi t+\frac{1}{2}\sin4\pi\times10^3t\right)$$

此外

$$s_1(t)=100\cos(\omega_c t+K_P\int_{-\infty}^{t}m(\tau)\mathrm{d}\tau)$$

代入可以得到

$$\frac{1}{2}\sin4\pi\times10^3t=5\int_{-\infty}^{t}m(\tau)\mathrm{d}\tau$$

解得：$m(t)=400\pi\cos4\pi\times10^3t$。

(3) $s_1(t)$ 的最大相位偏移为 0.5 rad；最大频偏为 1 000 Hz。

【例 6.1.8】 某调频器(压控振荡器)的输入直流为 0 V 时，输出是幅度为 2 V、频率为 100 kHz 的正弦波，输入为直流 2 V 时，输出是 108 kHz 的正弦波。如果输入是 $m(t)=\sin(2\,000\pi t)$，试写出调频器输出信号 $s(t)$ 的表达式，并求出最大频偏和调频指数。

分析：本题虽然给出了输入调制信号，但是由于不知道调频灵敏度，所以先需要求出调频器的调频灵敏度，输出的频偏与输出的调制信号是线性关系。

答：由已知条件，当输入直流为 0 V 时，输出是幅度为 2 V、频率为 100 kHz 的正弦波，可知：此时没有电压输出，所以输出的就是载波信号。因此可以写出该调频信号的载波表达式为：

$$c(t)=2\cos(2\pi\times10^5t)\,(\mathrm{V})$$

又当输入为直流 2 V 时，输出是 108 kHz 的正弦波，所以可得调频灵敏度为

$$\frac{108-100}{2}=4(\mathrm{kHz/V})$$

所以当输入信号为 $m(t)=\sin(2\,000\pi t)$ 时，则调频器输出的瞬时角频偏为

$$\Delta\omega(t)=2\pi\times4\times10^3\sin(2\,000\pi t)\,(\mathrm{rad/s})$$

则瞬时角频率为

$$\omega(t)=2\pi\times10^5+4\times10^3\sin(2\,000\pi t)\,(\mathrm{rad/s})$$

积分之后可得，瞬时相位为

$$\varphi(t)=2\pi\times10^5t+4\cos(2\,000\pi t)\,(\mathrm{rad})$$

故调频器输出的调频信号为

$$s(t)=2\cos[2\pi\times10^5t+4\cos(2\,000\pi t)]\,(\mathrm{V})$$

从瞬时角频偏的表达式，可以看出，最大频偏为 4 kHz。

从调频信号表达式可以看出，调制指数为 4。

题型 2　窄带和宽带角度调制系统

【例 6.2.1★】(北京邮电大学考研真题)　已知某调频信号中，模拟基带信号 $m(t)=a\cos 2\pi f_m t$，$f_m=1$ kHz，载波信号是 $c(t)=8\cos 2\pi f_c t$，$f_c=8$ MHz。

(1) 若调频器的频率偏移常数 $K_f=10$ kHz/V，调制信号 $m(t)$ 的幅度 $a=0.5$ V，请求出该调频信号的调频指数 β，写出表达式 $s_{FM}(t)$，并求出其带宽 B_c；

(2) 若其他条件不变，但 $m(t)$ 的幅度变成 $a=1$ V，请重复上一问。

分析：直接调频的产生，以及调频波的带宽公式 $B_{FM}=2(\beta_F+1)f_m$。

答：(1) 最大频偏为

$$\Delta f_{max}=K_f a=5 \text{ kHz}$$

所以调制指数为

$$\beta=\frac{\Delta f_{max}}{f_m}=5$$

所以调频信号的表达式为

$$\begin{aligned}s_{FM}(t)&=8\cos(2\pi f_c t+5\sin 2\pi f_m t)\\&=8\cos(2\pi\times 10^7 t+5\sin 2\pi\times 10^3 t)\end{aligned}$$

带宽为

$$B_c=2(1+\beta)f_m=12 \text{ kHz}$$

(2) 当 $m(t)$ 的幅度变成 $a=1$ V 时，可以看出：

最大频偏变为 10 kHz；则调制指数就变为 10；

此时调频信号为

$$\begin{aligned}s_{FM}(t)&=8\cos(2\pi f_c t+10\sin 2\pi f_m t)\\&=8\cos(2\pi\times 10^7 t+10\sin 2\pi\times 10^3 t)\end{aligned}$$

所以带宽为

$$B_c=2(1+\beta)f_m=22 \text{ kHz}$$

※**点评**：最大频偏和什么有关系，有效带宽的求法。

【例 6.2.2】　已知单频调频波的振幅是 10 V，瞬时频率为

$$f(t)=10^6+10^4\cos 2\pi\times 10^3 t(\text{Hz})$$

试求：

(1) 此调频波的表达式；

(2) 此调频波的频率偏移、调频指数和频带宽度；

(3) 调制信号频率提高到 2×10^3 Hz，则调频波的频偏、调频指数和频带宽度如何变化。

答：(1) 该调频波的瞬时角频率为

$$\omega(t)=2\pi f(t)=2\pi\times 10^6+2\pi\times 10^4\cos 2\pi\times 10^3\ t\text{rad/s}$$

因此该调频波的总相位为

$$\theta(t)=\int_{-\infty}^{t}\omega(\tau)\mathrm{d}\tau=2\pi\times 10^6 t+10\sin 2\pi\times 10^3 t$$

所以调频波的表达式为

$$s_{FM}(t)=A\cos\theta(t)=10\cos(2\pi\times 10^6 t+10\sin 2\pi\times 10^3 t)(\text{V})$$

(2) 根据频率偏移的定义，可得

$$\Delta f=|\Delta f(t)|_{max}=10 \text{ kHz}$$

调频指数为

$$\beta_f=\frac{\Delta f}{f_m}=10$$

所以该调频波的带宽为

$$B=2(\Delta f+f_m)=22\ \text{kHz}$$

(3) 频率偏移与调制信号的频率无关，所以频率偏移仍为 10 kHz。所以调频指数为原来的一半：

$$\beta_f=\frac{\Delta f}{f_m}=5$$

则带宽为

$$B=2(\Delta f+f_m)=24\ \text{kHz}$$

可知带宽增加很少。

【例 6.2.3】 2 MHz 载波受 10 kHz 单频正弦调频，最大频偏为 10 kHz，求：

(1) 此已调信号的带宽；

(2) 调制信号幅度加倍时，调制信号的带宽；

(3) 调制信号频率加倍时，调制信号的带宽；

(4) 若最大频偏减为 1 kHz 时，信号的带宽。

分析：调频信号的带宽为 $B=2(\Delta f+f_m)$，所以主要看最大频偏和调制信号的幅度和频率之间的关系，是怎么影响的。

答：(1) 由分析里面给的公式，可以很容易得到

$$B=2(\Delta f+f_m)=40\ \text{kHz}$$

(2) 调制信号的幅度加倍时，最大频偏加倍，所以带宽为

$$B=2(\Delta f+f_m)=60\ \text{kHz}$$

(3) 调制信号的频率加倍时，最大频偏不变，所以带宽为

$$B=2(\Delta f+f_m)=60\ \text{kHz}$$

(4) 最大频偏减为 1 kHz 时，信号的带宽为

$$B=2(\Delta f+f_m)=22\ \text{kHz}$$

【例 6.2.4】 设有一调频信号为

$$s_{FM}(t)=10\cos(2\pi\times10^6t+20\sin2\pi\times10^3t)$$

试求：它的调频指数和发送效率。

分析：对于宽带调频波的发送效率有效率为 $\eta=1-J_0^2(\beta_F)$。

答：由所给的调频信号的表达式可以直接看出调频指数为

$$\beta_F=20$$

属于大指数调频，所以发送效率为

$$\eta=1-J_0^2(\beta_F)=1-J_0^2(20)$$

【例 6.2.5】 调角信号 $s(t)=100\cos(2\pi f_ct+4\sin2\pi f_mt)$，其中载频为 $f_c=10$ MHz，调制信号的频率是 $f_m=1\ 000$ Hz。

(1) 假设该调角信号是相位调制，求其调制指数及发送带宽；

(2) 若调相器的调相灵敏度不变，调制信号的幅度不变，但调制信号的频率 f_m 加倍，则其调制指数和发送带宽又为多少？

分析：本题是调相波的调制指数和带宽的求解，以及和调制信号的频率的关系，和前面讲过的调频信号的调制指数和带宽的求法类似。

答：(1) 由 $4\sin2\pi f_mt=K_Pm(t)$，可得调制信号为

$$m(t)=\frac{4}{K_P}\sin 2\pi f_m t$$

所以调相指数为

$$\beta_P=K_P\cdot A_m=K_P\times\frac{4}{K_P}=4$$

最大频偏为

$$\Delta f_{max}=\max\left\{\frac{1}{2\pi}\frac{d}{dt}(4\sin 2\pi f_m t)\right\}=4f_m=4\ 000\ \text{Hz}$$

发送信号带宽为

$$B=2(\Delta f_{max}+f_m)=10f_m=10\ \text{kHz}$$

(2) 当调相灵敏度不变,调制信号的频率加倍,则此时调相波为

$$\begin{aligned}s(t)&=100\cos\left(2\pi f_c t+K_P\times\frac{4}{K_P}\sin 4\pi f_m t\right)\\&=100\cos(2\pi f_c t+4\sin 4\pi f_m t)\end{aligned}$$

所以可以看出,调相指数没有变,仍为 $\beta_P=4$。

最大频偏为

$$\Delta f_{max}=\max\left\{\frac{1}{2\pi}\frac{d}{dt}(4\sin 4\pi f_m t)\right\}=8f_m=8\ 000\ \text{Hz}$$

则信号带宽为

$$B=2(\Delta f_{max}+2f_m)=20f_m=20\ \text{kHz}$$

※**点评**:调制指数、最大频偏及信号带宽等一般有多种求法,关键是掌握它们之间的关系,这样就不会出错。

【例 6.2.6】 有一单频调制的调频信号,最大角频偏为 $\Delta\omega_{max}=6\pi\times10^4$,调制信号的角频率为 $\omega_m=2\pi\times10^4$,假设调频波的幅度为 A,试求载波分量功率和 4、5 次边频分量功率,以及效率。

分析:充分了解角度调制信号的功率的求法和分配关 系。对于调频波:有载波功率为 $P_C=\frac{A^2}{2}J_0^2(\beta_F)$;边频功率为 $P_S=2\times\frac{A^2}{2}\sum_{n=1}^{+\infty}J_n^2(\beta_F)$;效率为 $\eta=\frac{P_S}{P_T}=1-J_0^2(\beta_F)$。所以只要知道调频指数,其他的就很好求了。

答:由题目给出的最大角频偏和调制信号的角频率,可以求出调频指数为

$$\beta_F=\frac{\Delta\ \omega_{max}}{\omega_m}=3$$

所以载波分量功率为

$$P_C=\frac{A^2}{2}J_0^2(\beta_F)=\frac{A^2}{2}\times J_0^2(3)=\frac{A^2}{2}\times0.068$$

4、5 次边频分量功率分别为

$$P_{S4}=2\times\frac{A^2}{2}\sum_{n=1}^{4}J_n^2(\beta_F)=2\times\frac{A^2}{2}\sum_{n=1}^{4}J_n^2(3)=\frac{A^2}{2}\times0.928$$

$$P_{S5}=2\times\frac{A^2}{2}\sum_{n=1}^{5}J_n^2(\beta_F)=2\times\frac{A^2}{2}\sum_{n=1}^{5}J_n^2(3)=\frac{A^2}{2}\times0.929\ 2$$

所以效率为

$$\eta=\frac{P_S}{P_T}=1-J_0^2(\beta_F)=1-J_0^2(3)=1-0.068=0.932$$

题型 3 调频信号的产生和解调及噪声性能分析

【例 6.3.1】 已知某调频系统中,调制指数是 β_f,到达接收端的 FM 信号功率为 P_R,信道噪声的单边

带功率谱密度是 N_0，基带调制信号 $m(t)$ 的带宽是 W，解调输出的信噪比和输入信噪比之比为 $3\beta_f^2(1+\beta_f)$。

(1) 求解调输出信噪比；

(2) 如果发送端将基带调制信号 $m(t)$ 变成 $2m(t)$，接收端按照此条件设计解调器，请问输出信噪比将大约增大多少分贝。

分析：调频波的带宽 $2(\beta_f+1)W$，所以可以求出输入噪声功率，题目有给出了输出信噪比和输入信噪比之比，所以输出信噪比很容易求出。基带信号的幅度变化了，导致调制指数改变，从而输出信噪比就发生变化。

答：(1) 由分析可知带宽为 $2(\beta_f+1)W$，又知道噪声功率谱密度，
所以输入信噪比为

$$2N_0W(1+\beta_f)$$

则输入信噪比为

$$\left(\frac{S}{N}\right)_i=\frac{P_R}{2N_0W(1+\beta_f)}$$

由给出的输出信噪比与输入信噪比之比，可得输出信噪比为

$$\left(\frac{S}{N}\right)_o=3\beta_f^2(1+\beta_f)\left(\frac{S}{N}\right)_i=\frac{3\beta_f^2(1+\beta_f)P_R}{2N_0W(1+\beta_f)}=\frac{3\beta_f^2P_R}{2N_0W}$$

(2) 当基带调制信号 $m(t)$ 变成 $2m(t)$ 时，调制指数也变为 $2\beta_f$，所以输出信噪比变为原来的 4 倍，即增加了 6 dB。

※**点评**：输出信噪比与哪些参数有关。

【例 6.3.2★】(北京邮电大学考研真题) 说明调频(FM)系统的特点。

答：属于角度调制、带宽宽、抗噪声性能强。

【例 6.3.3★】(西安电子科技大学考研真题) 设 FM 信号调制器原理框图如图 6.9 所示，其中

$$m(t)=\cos(2\times10^3\pi t)$$
$$s(t)=A\cos[2\times10^6\pi t+2\sin(2\times10^3\pi t)]$$

(1) 试确定带通滤波器 $H(\omega)$ 的参数；

(2) 试求输出信号 $s_{FM}(t)$ 的调频指数和最大频偏；

(3) 试画出采用锁相环解调器对 $s_{FM}(t)$ 进行解调的原理框图。

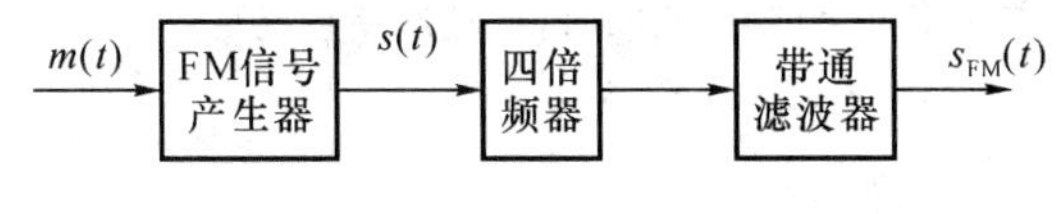

图 6.9

分析：要求带通滤波器的特性参数，就必须知道输入到它的信号的频谱，对于调频波，知道了载频，只要再知道带宽，就知道信号风分量的频谱。

答：(1) 由 $s(t)=A\cos[2\times10^6\pi t+2\sin(2\times10^3\pi t)]$ 可知：
其最大角频偏为 $\Delta\omega_{max}=4\times10^3\pi(\text{rad})$
经过四倍频后，最大角频偏为 $\Delta\omega_{max}=16\times10^3\pi(\text{rad})$
所以输入到带通滤波器的调频信号的带宽为

$$W=2(\Delta\omega_{max}+\omega_m)=36\times10^3\pi(\text{rad})$$

则带通滤波器的特性 $H(\omega)$ 为

$$H(\omega)=\begin{cases}1, & \omega_c-18\,000\pi\leqslant|\omega|\leqslant\omega_c+18000\pi\\0, & \text{其它}\end{cases}$$

(2) 由上一问可以知道，最大频偏为

$$\Delta f_{\max}=\frac{\Delta\omega_{\max}}{2\pi}=8\,000(\text{Hz})$$

所以调频指数为

$$\beta_f=\frac{\Delta f_{\max}}{f_m}=8$$

(3) 采用锁相环解调器对 $s_{FM}(t)$ 进行解调的原理框图如图 6.10 所示。

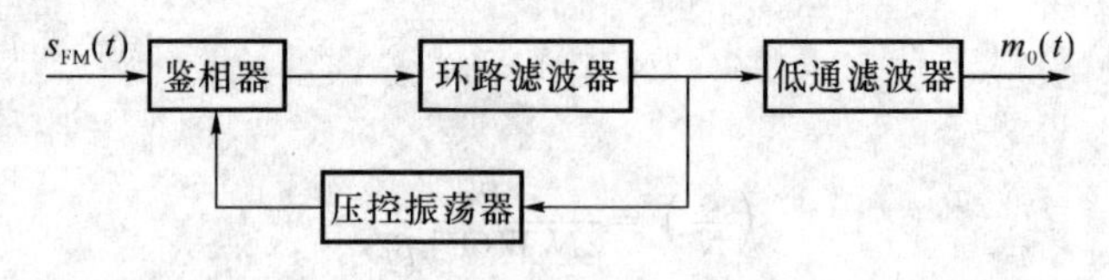

图 6.10

【例 6.3.4】 采用阿姆斯特朗间接法调频产生的调频信号，窄带调频信号经过 n_1 和 n_2 两级倍频，中间插入混频为 f_r。假设单频余弦信号的频率为 $f_m=15$ kHz，窄带调制信号的载频 $f_1=200$ kHz，最大频偏为 $\Delta f_1=25$ Hz，混频器参考信号频率为 $f_r=10.9$ MHz，倍频次数 $n_1=64$，$n_2=48$。试求：

(1) 求窄带调频信号的调制指数；

(2) 求发射信号的载频、最大频偏和调频指数。

分析：充分掌握阿姆斯特朗法宽带调频的过程，及参数的计算。发射信号的载频为 $f_c=n_2(n_1f_1-f_r)$，最大频偏为 $\Delta f=n_1n_2\Delta f_1$，调制指数为 $\beta_F=n_1n_2\beta_{F1}$。

答：(1) 由所给出的最大频偏和调制信号的频率，可以得到窄带调频信号的调制指数为

$$\beta_{F1}=\frac{\Delta f_1}{f_m}=\frac{25}{15\times10^3}=1.67\times10^{-3}$$

(2) 由分析里面给出的公式，可得发射信号载频为

$$f_c=n_2(n_1f_1-f_r)=48\times(64\times200\times10^3-10.9\times10^6)=91.2\text{ MHz}$$

最大频偏为

$$\Delta f=n_1n_2\Delta f_1=48\times64\times25=76.8\text{ kHz}$$

调频指数为

$$\beta_F=n_1n_2\beta_{F1}=48\times64\times1.67\times10^{-3}=5.12$$

【例 6.3.5】 设调频与调幅信号均为单音调制，调制信号频率为 f_m，调幅信号为100%调制。当两者的接收功率 S_i 相等，信道噪声功率谱密度 n_0 相同时，比较调频系统与调幅系统的抗噪声性能。

分析：调频波与调幅的性能参数如表 6.1 所示。

答：调频波的输出信噪比为

$$\left(\frac{S_o}{N_o}\right)_{FM}=G_{FM}\cdot\left(\frac{S_i}{N_i}\right)_{FM}=G_{FM}\cdot\frac{S_i}{n_0\cdot B_{FM}}$$

调幅波的输出信噪比为

$$\left(\frac{S_o}{N_o}\right)_{AM}=G_{AM}\cdot\left(\frac{S_i}{N_i}\right)_{AM}=G_{AM}\cdot\frac{S_i}{n_0\cdot B_{AM}}$$

所以两者的输出信噪比之比为

$$\frac{(S_o/N_o)_{FM}}{(S_o/N_o)_{AM}}=\frac{G_{FM}}{G_{AM}}\cdot\frac{B_{AM}}{B_{FM}}$$

根据已知条件，可以有

$$G_{FM}=3\beta_f^2(1+\beta_f),G_{AM}=\frac{2}{3}$$

$$B_{FM}=3(1+\beta_f)f_m,B_{AM}=2f_m$$

代入可以得到，两者的输出信噪比之比为

$$\frac{(S_o/N_o)_{FM}}{(S_o/N_o)_{AM}}=\frac{G_{FM}}{G_{AM}}\cdot\frac{B_{AM}}{B_{FM}}=4.5\beta_f^2$$

由此可知：在高调频指数时，调频系统的输出信噪比远远大于调幅系统的输出信噪比，但是调频系统这一优越的性能是以牺牲带宽来换取的。

※**点评**：调频波与调幅波的比较，结论可以直接引用。

【例 6.3.6】 设一宽带频率调制系统，载波振幅 100 V(发端)，频率 100 MHz。调制信号 $m(t)$为 $f_m=5$ kHz 的正弦波，最大频偏 $\Delta f=75$ kHz。信道衰耗 80 dB，信道为 AWGN 信道，接收机输入端噪声功率谱密度(单边谱)$n_0=10^{-12}$ W/Hz，

试求：

(1) 解调器输出端的$\frac{S_0}{N_0}$；

(2) 若对 $m(t)$采用 AM 调制，包络检波，比较两系统的占用带宽及输出信噪比。

分析：对于调频波的制度增益为 $3\beta_f^2(1+\beta_f)$，而调幅波与调频波的比较参见【例 6.3.5】。

答：(1) 发送信号的幅度为 100 V，而信道衰耗为 80 dB，即衰减为原来的$\frac{1}{10^{80/20}}=\frac{1}{10^4}$。

所以到达接收机输入端的信号幅度为

$$A=\frac{100}{10^4}=0.01(\text{V})$$

因此输入接收机的信号功率为

$$S_i=\frac{1}{2}A^2=5\times10^{-5}(\text{W})$$

由题目给出的调制信号的频率和最大频偏，可以求出信号的带宽为

$$B=2(\Delta f+f_m)=160\text{ kHz}$$

所以输入噪声功率为

$$N_i=n_0\cdot B=1.6\times10^{-7}(\text{W})$$

因此输入信噪比为

$$\frac{S_i}{N_i}=31.25$$

该调频波的调频指数为

$$\beta_f=\frac{\Delta f}{f_m}=15$$

所以输出信噪比为

$$\frac{S_o}{N_o}=G_{FM}\cdot\frac{S_i}{N_i}=3\beta_f^2(1+\beta_f)\frac{S_i}{N_i}=33\ 750$$

(2) 与 AM 系统相比，两者的带宽比为

$$\frac{B_{FM}}{B_{AM}}=1+\beta_f=16$$

两者的输出信噪比之比为：

$$\frac{(S_o/N_o)_{FM}}{(S_o/N_o)_{AM}}=4.5\beta_f^2=1\ 012.5$$

【例 6.3.7】 类似于 AM/FM 立体声系统，现设所需传输单音信号 $f_m=15$ kHz，先进行单边带 SSB 调制，取下边频，然后进行调频，形成 SSB/FM 发送信号。已知调幅所用载波为 38 kHz，调频后发送信号的幅度为 200 V，而信道给定的匹配带宽为 184 kHz，信道衰减为 60 dB，噪声功率谱密度为 $n_0=4\times10^{-9}$ W/Hz，传输载频设为 ω_0。

(1) 写出已调波表达式；

(2) 求鉴频器输出信噪比；

(3) 最后解调信噪比是多少？能否满意收听？

分析：掌握通信系统整个的传输工程，是一道综合题。

答：由已知可知，最原始信号的调制信号为

$$m(t)=A_m\cos 2\pi\times 15\times 10^3 t$$

第一次用SSB调制后，输出为

$$s_{SSB}(t)=\frac{A_m}{2}\cos 2\pi(38-15)\times 10^3 t$$

将此信号作为调频波的调制信号，则调频波的调制信号为

$$m'(t)=s_{SSB}(t)=\frac{A_m}{2}\cos 2\pi\times 23\times 10^3 t$$

(1) 所以可设已调信号为

$$s_{FM}(t)=200\cos[\omega_0 t+\beta_f\sin(2\pi\times 23\times 10^3 t)]$$

又带宽为184 kHz，且 $f_m=15$ kHz，所以可求得调频指数为

$$\beta_f=\frac{B_{FM}}{2f_m'}-1=\frac{184}{46}-1=3$$

所以得到已调信号为

$$s_{FM}(t)=200\cos[\omega_0 t+3\sin(46\pi\times 10^3 t)]$$

(2) 信号在发送端输出功率为 $P=\frac{200^2}{2}=20\ 000(\text{W})$

由于信道衰减为60 dB(即 10^6)，所以在鉴频器输入端接收到的功率为：

$$S_i=\frac{P}{10^6}=0.02(\text{W})$$

噪声功率为

$$N_i=B_{FM}\cdot n_0=0.736(\text{mW})$$

所以输入信噪比为

$$\frac{S_i}{N_i}=27.173\ 9$$

即14.34 dB。

由于调制信号为单音调制，所以有

$$G_{FM}=3\beta_f^2(1+\beta_f)$$

所以鉴频器输出的信噪比为

$$\frac{S_o}{N_o}=G_{FM}\cdot\frac{S_i}{N_i}=3\beta_f^2(1+\beta_f)\frac{S_i}{N_i}=2\ 934.781\ 2$$

化为dB就是34.67 dB。

(3) 鉴频器的输出就是第二级的调幅波相干解调器的输入，第二级解调器的输入信噪比为34.67 dB，而SSB相干解调的调制制度增益为1，所以最后输出信噪比为34.67 dB，一般能满足收听质量。

【例6.3.8★】(北京邮电大学考研真题) 立体声调频发送端方框图如图6.11所示，其中 $X_L(t)$ 和 $X_R(t)$ 分别表示来自左边和右边传声器发送来的电信号，调频信号的频谱如图6.12所示。请画出立体声调频信号的接受框图。

答：立体声调频信号的接收框图如图6.13所示。

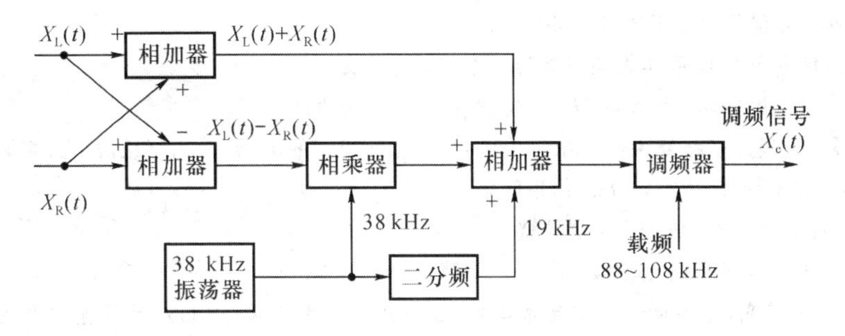

图 6.11

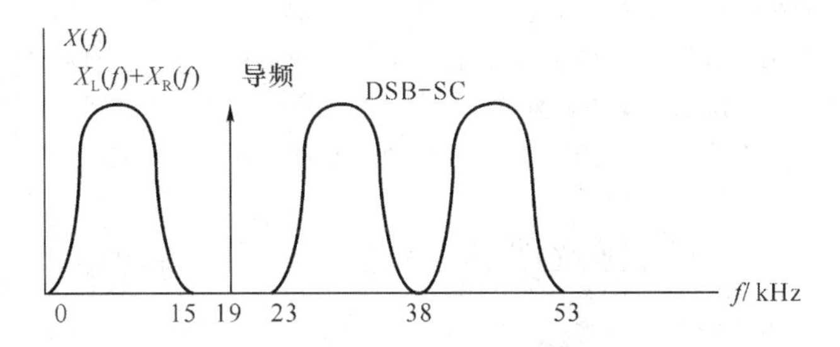

图 6.12

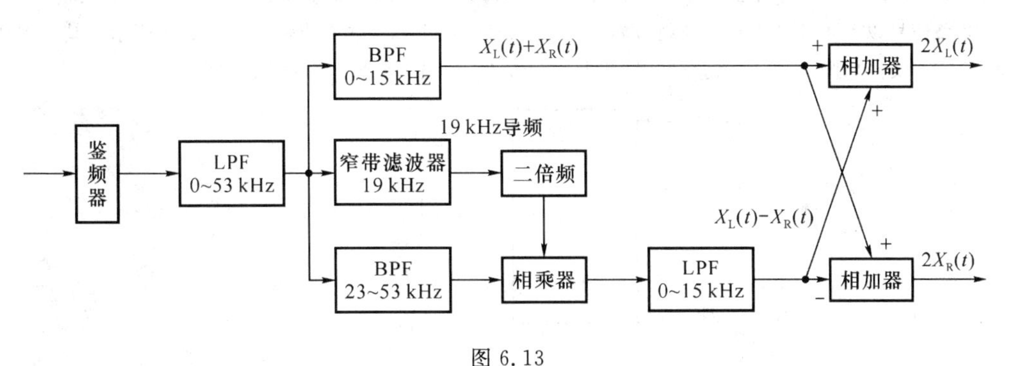

图 6.13

题型 4 预加重/去加重及频分复用技术

【例 6.4.1】 M 路具有 f_m 最高频率的信号进行频分复用，并采用单边带调制，邻路间保持 $0.25f_m$ 的防护频带，试求整个信号频带宽度应为多少？

分析：n 路单边带信号的总频带宽度最小应为：$B_n=nf_m+(n-1)f_g$。

答：由分析所给的公式，直接代入就可以得到整个信号频带宽度为

$$B=Mf_m+(M-1)f_g=\frac{5}{4}f_mM-\frac{1}{4}f_m$$

【例 6.4.2】 有 10 路具有 3 kHz 最高频率的信号进行多路复用，采用 SSB/FM 复合调制。假定不考虑邻路防护频带，调频指数采用 5。试求第二次调制前后的信号频带宽度各为多少？

分析：开始是 SSB 调制，后来是 FM，先根据频分复用算出整个信号的带宽，经过 SSB 调制，可算出第二次进行频率调制前的带宽，知道调频指数，就可以求出调频输出信号的带宽。

答：进行频分复用后的带宽为

$$B_1=10\times3\times10^3=30(\text{kHz})$$

经过 SSB 调制后，带宽没有变，仍为 30 kHz，

也即是第二次调制前信号的频带宽度为 30 kHz。

因为调频指数为 5,所以第二次调制后的信号频带宽度为

$$B_2=2(1+\beta_f)B_1=360(\mathrm{kHz})$$

【例 6.4.3】 一频分多路复用系统用于传送 40 路相同幅度的电话,采用副载波单边带调制,主载波采用调频,每路电话最高频率为 3.4 kHz,信道间隔为 0.6 kHz。

(1) 若最大频偏为 800 kHz,求传输带宽;

(2) 第 40 路电话与第 1 路相比输入信噪比下降多少分贝?

分析:传输系统带宽,先要求调制信号的带宽,可由频分复用来求,调频后的带宽需要主要最大频偏;信噪比主要和带宽有关。

答:(1) 频分复用后的信号带宽为:

$$B=Mf_{\mathrm{m}}+(M-1)f_{\mathrm{g}}=40\times3.4+39\times0.6=159.4\ \mathrm{kHz}$$

又知道最大频偏为 800 kHz,所以传输带宽为

$$B_1=2(B+\Delta f_{\max})=2\times(159.4+800)=1.92\ \mathrm{MHz}$$

(2)

$$\frac{B_{40}}{B_1}=\frac{800+40\times(3.4+0.6)}{800+40}=1.2=0.79\ \mathrm{dB}$$

即输入信噪比下降 0.77 dB。

【例 6.4.4】 有 12 路话音信号 $m_1(t)$,$m_2(t)$,…,$m_{12}(t)$,它们的带宽都限制在(0,4 000)Hz 范围内。将这 12 路信号以 SSB/FDM 方式复用为 $m(t)$,再将 $m(t)$通过 FM 方式传输,如图 6.14 所示。其中 SSB/FDM 的频谱安排如图 6.15 所示。已知调频器的载频为 f_c,最大频偏为 480 kHz。试求:

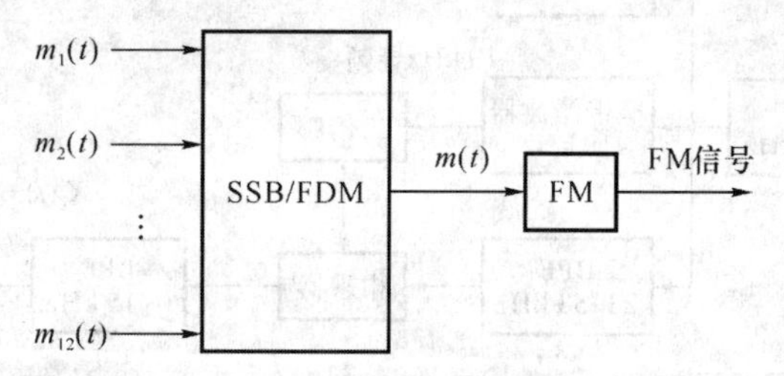

图 6.14

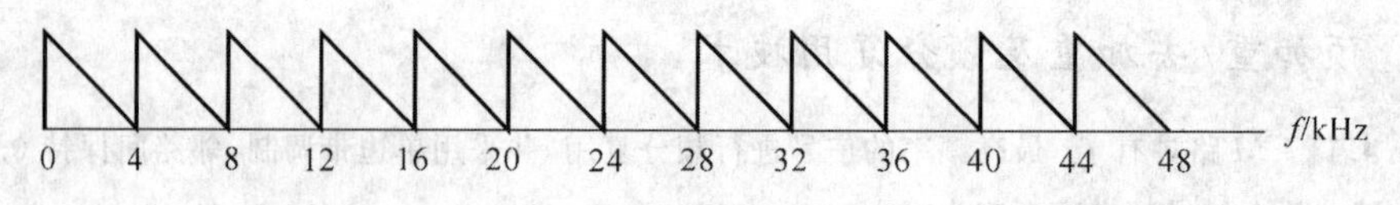

图 6.15

(1) FM 信号的带宽;

(2) 画出解调框图;

(3) 假设 FM 信号在信道传输中受到加性白高斯噪声干扰,求鉴频器输出的第 1 路噪声平均功率与第 12 路噪声平均功率之比。

分析:要求最好输出的带宽,最大频偏知道了,就是要求调制信号的频率,又是复用信号,每一路信号的带宽都有,所以调制信号的带宽知道,从而可以得到最后调频信号的带宽;频分复用信号的解调,需要多个不同中心频率的窄带滤波器;鉴频器输出的噪声功率谱密度与频率的平方成正比。

答:(1) 由已知每路信号的带宽都限制在(0,4 000)Hz 范围内,共有 12 路信号,所以可知调制信号 $m(t)$的带宽为 48 kHz。

又最大频偏为 480 kHz,所以带宽为

$$B=2\times(480+48)=1\ 056\ \text{kHz}$$

(2) 解调框图如图 6.16 所示。其中 $f_i=4(i-1)\,\text{kHz}\ (i=1,2,\cdots,12)$。第 i 个 BPF 的通带 $(f_i, f_i+4)\,\text{kHz}$;LPF 的截止频率是 4 kHz。

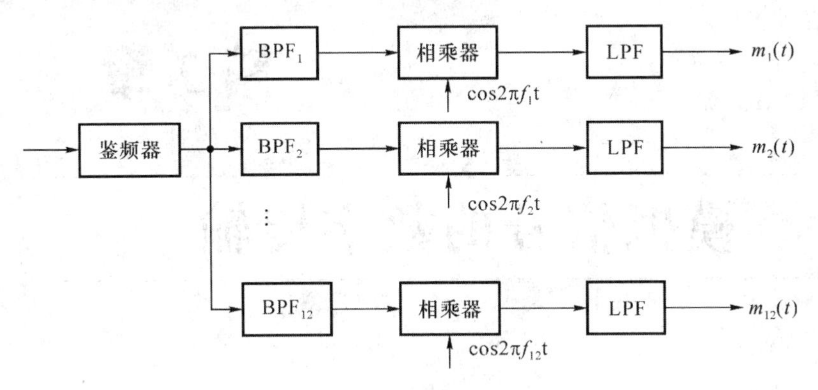

图 6.16

(3) 由分析可知

$$P_{n_0}(f)=Kf^2$$

所以落在第 1 路频带范围内的输出噪声功率为

$$\begin{aligned}P_1&=\int_0^{4\,000}P_{n_0}(f)\mathrm{d}f\\&=\int_0^{4\,000}Kf^2\mathrm{d}f\\&=\frac{(4\,000)^3K}{3}=\frac{4^3\times10^9}{3}K\end{aligned}$$

同理可得落在第 12 路频带范围内的输出噪声功率为

$$\begin{aligned}P_{12}&=\int_{44\,000}^{48\,000}P_{n_0}(f)\mathrm{d}f\\&=\int_{44000}^{48000}Kf^2\mathrm{d}f\\&=\frac{(48000^3-44000^3)K}{3}=\frac{(48^3-44^3)\times10^9}{3}K\end{aligned}$$

所以噪声平均功率比为

$$\frac{P_{12}}{P_1}=\frac{48^3-44^3}{4^3}=397$$

相当于 26 dB。

第7章

模拟信号的数字传输

【基本知识点】抽样定理；脉冲调制的分类；脉冲振幅调制；抽样的分类；模拟信号的量化；脉冲编码调制；A律PCM编码原理；简单增量调制；预测编码的概念；差分脉冲编码调制；时分复用技术的概念及运用等。

【重点】基带信号及频带信号的抽样频率的计算；抽样频谱的计算；均匀量化的计算；A律13折线的原理；A律PCM编码及译码的计算；增量调制的原理及计算；PCM与ΔM系统的比较；时分复用带宽的计算；A律TDM－PCM 30/32制式等。

7.1 答疑解惑

7.1.1 什么是模拟信号的数字化传输原理？

通信系统分为模拟通信系统和数字通信系统两大类，也可以将模拟信号数字化后用数字通信方式传输，称为模拟信号的数字传输。其传输框图如图7.1所示。

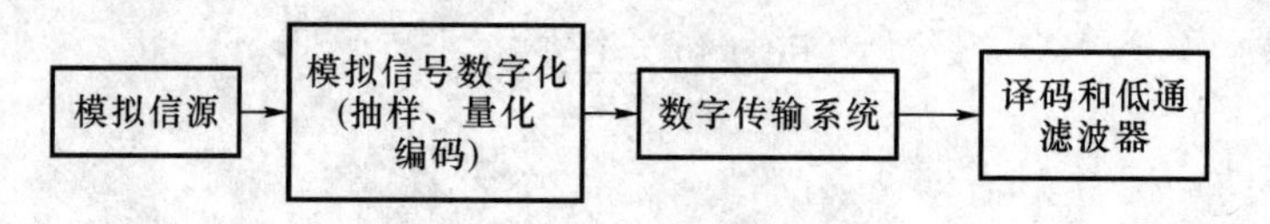

图7.1　传输方框图

模拟信号的数字化有抽样、量化和编码三个过程。

7.1.2 什么是抽样？

抽样：对模拟信号进行时间离散化，有低通型抽样和带通型抽样两种。

7.1.3 什么是低通型抽样？

1. 低通型抽样定理

低通型抽样定理：一个最高截止频率为f_m的时间连续信号$m(t)$，如果以$T_s \leqslant \frac{1}{2f_m}$的时间间隔对其进行等间隔抽样，则 $m(t)$就可以被样值信号 $m_S(t)$唯一的表示。

2. 理想抽样

理想抽样：是指抽样序列是一个周期性冲击序列，表达式为 $\delta_T(t)=\sum_{n=-\infty}^{\infty}\delta(t-nT_s)$。

3. 样值信号

抽样是由乘法器来实现的，所以样值信号的时域表达式为

$$m_S(t)=m(t)\cdot\delta_T(t)=\sum_{n=-\infty}^{\infty}m(nT_s)\delta(t-nT_s)$$

由傅里叶变换，可得其频谱为

$$M_S(\omega)=\frac{1}{2\pi}[M(\omega)*\delta_T(\omega)]=\frac{1}{T_s}\sum_{n=-\infty}^{\infty}M(\omega-n\omega_s)$$

4. 原始信号的恢复

将样值信号通过低通滤波器可以恢复原始信号，要无失真地恢复原始信号，抽样频率必须满足抽样定理(奈奎斯特定理)对抽样频率的规定，即 $f_s\geqslant 2f_m$ 或 $T_s\leqslant\frac{1}{2f_m}$。

从时域角度来分析，将样值信号通过截止角频率为 ω_H、增益为 E 的理想低通滤波器后，输出信号为

$$\begin{aligned}m_o(t)&=m_S(t)*h(t)\\&=\sum_{n=-\infty}^{\infty}m(nT_s)\delta(t-nT_s)*E\frac{\omega_H}{\pi}S_a(\omega_H t)\\&=E\frac{\omega_H}{\pi}\sum_{n=-\infty}^{\infty}m(nT_s)S_a[\omega_H(t-nT_s)]\end{aligned}$$

当增益 $E=\frac{1}{2f_H}$时，输出为

$$m_o(t)=\sum_{n=-\infty}^{\infty}m(nT_s)S_a[\omega_H(t-nT_s)]$$

它是重建信号的时域表达式，称为内插公式。其中 $S_a(x)=\frac{\sin x}{x}$称为抽样函数。

7.1.4 什么是带通型抽样？

带通抽样定理

若模拟信号 $m(t)$是带通信号，频率限制在 f_H 和 f_L 之间，带宽 $B=f_H-f_L$，则其最低抽样频率为：

$$f_{smin}=\frac{2f_H}{k}=\frac{2(mB+kB)}{k}=2B\left(1+\frac{m}{k}\right)$$

式中，k 是不超过$\frac{f_H}{B}$的最大正整数，m 为其小数部分。

当 $f_H\gg B$ 时，有 $k\gg 1$，则：$f_s=2B$。

注意：当 $f_s\gg 2B\left(1+\frac{m}{k}\right)$时，与可能会出现频谱混叠现象。

7.1.5 什么是脉冲调制？

脉冲调制：是采用时间上离散的脉冲序列作为载波的调制方式，有脉冲振幅调制(PAM)、脉冲宽度调制(PWM)、脉冲相位调制(PPM)。

7.1.6 什么是脉冲振幅调制？

脉冲振幅调制：是用基带信号 $m(t)$ 去控制脉冲序列的幅度的调制方式，简称为 PAM。

通常用窄脉冲作为载波实现脉冲振幅调制，包括自然抽样脉冲调幅(曲顶抽样脉冲调幅)和瞬时抽样脉冲调幅(平顶抽样脉冲调幅)。

7.1.7 什么是自然抽样？

自然抽样脉冲调幅信号为

$$m_S(t) = m(t) \cdot S_T(t) = m(t) \sum_{n=-\infty}^{\infty} S(t - nT_s)$$

式中

$$S(t)=\begin{cases}1 & |t|\leqslant\dfrac{\tau}{2}\\ 0 & |t|>\dfrac{\tau}{2}\end{cases} \qquad \tau\leqslant T_s$$

由傅里叶变换可得频谱为

$$M_S(\omega) = \frac{\tau}{T_s}\sum_{n=-\infty}^{\infty} S_a\left(\frac{n\omega_s\tau}{2}\right)M(\omega - n\omega_s)$$

由频谱可得：频谱呈周期性，幅度逐渐减小，基带成分无失真，通过低通滤波器可以无失真地恢复原始基带信号。

7.1.8 什么是瞬时抽样？

瞬时抽样脉冲调幅信号的频谱为

$$M_S(\omega) = \frac{\tau}{T_s}S_a\left(\frac{\omega\tau}{2}\right)\sum_{n=-\infty}^{\infty} M(\omega - n\omega_s)$$

由频谱可得：频谱准周期地出现，但是基带成分有失真，产生了所谓的孔径效应，为了无失真的恢复原始信号，需要在接收端增加一个孔径效应均衡网络。

注意：自然抽样和瞬时抽样的频谱表达式的区别。

7.1.9 什么是量化的基本概念？

量化：用预先规定的有限个电平表示模拟抽样值的过程，也即是抽样值离散化的过程。

量化误差：对模拟抽样值的量化过程产生的误差，用均方误差来度量，也称为量化噪声。

量化信噪比：用来衡量量化的好坏程度，表达式为

$$\frac{S}{N_q}=\frac{E[m_q^2(kT_s)]}{E[m(kT_s)-m_q(kT_s)]^2}$$

式中，$m_q(kT_s)$ 是量化后的信号。

从量化间隔可分为均匀量化和非均匀量化。

7.1.10 什么是均匀量化及性能参数？

1. 均匀量化

均匀量化：把输入信号的取值域按等距离分割的量化，也即是量化间隔相等。在均匀量化中，每个量化区间的量化电平取在各区间的中点上。

2. 量化噪声功率

量化噪声功率为

$$N_q=\frac{(\Delta V)^2}{12}=\frac{V^2}{3N^2}$$

式中，$\Delta V=\dfrac{2V}{N}$表示量化间隔。

可以看出：均匀量化的量化噪声功率大小不变，只与量化间隔有关，所以小信号的量化信噪比小，大信号的量化信噪比大。

3. 量化信噪比

当输入信号 $m(t)$在区间$[-a,a]$上具有均匀概率密度函数，对其进行 M 个电平数均匀量化时，其量化信噪比为

$$\frac{S}{N_q}=M^2$$

或

$$\left(\frac{S}{N_q}\right)_{\mathrm{dB}}=20\lg M$$

可以看出：提供编码位数，可以提高量化的信噪比。

注意：信噪比 dB 的求法及与什么有关系。

7.1.11 什么是非均匀量化？

1. 非均匀量化的原理

非均匀量化的原理：是根据信号的不同区间来确定量化间隔的，对于小信号，让其量化间隔小，对于大信号，让其量化间隔大，这样就改善了小信号的量化信噪比，可以得到较高的平均信号量化信噪比。

2. 非均匀量化的实现

非均匀量化的实现方法：是将抽样值通过压缩器压缩后再进行均匀量化来实现的。国际上广泛采用的两种对数压缩律是 μ 律和 A 律压缩律，北美地区和日本采用 μ 律，我国和欧洲地区则广泛采用 A 律。

3. 两种压缩律的压缩特性

μ 律压缩特性为

$$y=\frac{\ln(1+\mu x)}{\ln(1+\mu)},0\leqslant x\leqslant 1$$

A 律压缩特性为

$$y=\begin{cases}\dfrac{Ax}{1+\ln A}, & 0\leqslant x\leqslant\dfrac{1}{A}\\[2ex]\dfrac{1+\ln(Ax)}{1+\ln A}, & \dfrac{1}{A}<x\leqslant 1\end{cases}$$

式中，x 为归一化的压缩器输入电压；y 为归一化的压缩器输出电压；μ、A 为压扩参数，表示压缩的程度。

通常 $\mu=255$，此时 μ 律可用 15 折线法来逼近；$A=87.6$，此时 A 律可用 13 折线法来逼近。

7.1.12　什么是脉冲编码调制?

脉冲编码调制:就是将模拟信号的抽样量化值变换成代码，简称为 PCM。最常用的就是 A 律 13 折线 PCM 编码。

7.1.13　什么是 A 律 13 折线 PCM 编译码?

1. 编码

A 律 13 折线压扩特性曲线如图 7.2 所示。

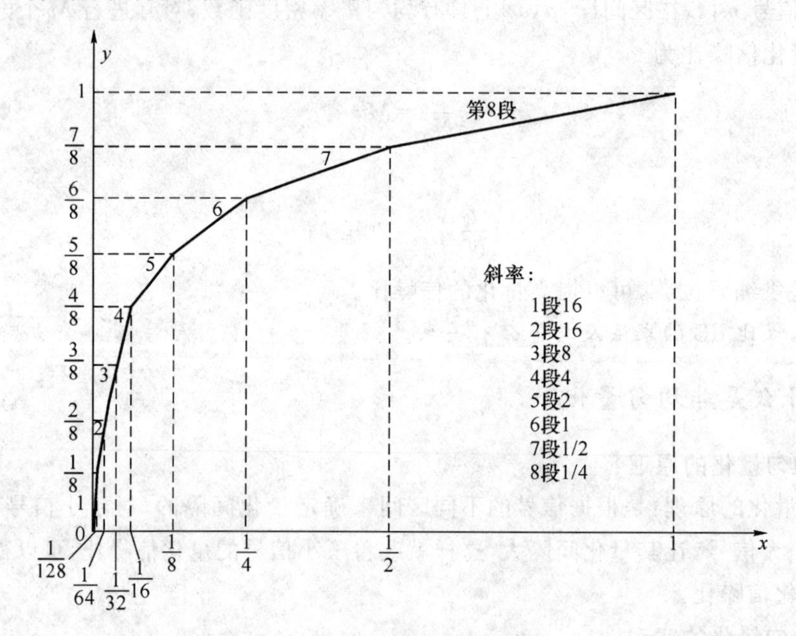

图 7.2　A 律 13 折线压扩特性曲线

13 折线编码方法:在 13 折线编码方法中，无论输入信号是正是负，均按 8 段折线进行编码，用 8 位二进制码 $c_1c_2c_3c_4c_5c_6c_7c_8$ 来表示。其中第一位码 c_1 表示量化值的极性，称为极性码；第二至第四位 3 位码 $c_2c_3c_4$ 的 8 种可能状态来分别代表 8 个段落的起始电平，称为段落码；第五至第八位 4 位码 $c_5c_6c_7c_8$ 的 16 种可能状态来分别代表每一段落的 16 个均匀划分的量化级，称为段内码。从而可得编码特性表如表 7.1 所示。

表 7.1 编码特性表

段落	1	2	3	4	5	6	7	8
量化间隔(Δ)	1	1	2	4	8	16	32	64
起始电平(Δ)	0	16	32	64	128	256	512	1 024
斜率	16	16	8	4	2	1	1/2	1/4

其中 $\Delta=\frac{1}{2\ 048}$归一化长度，称为最小量化间隔，也称一个量化单位。这种编码方法是把压缩、量化和编码合为一体的方法。采用 13 折线编码方法，在保证小信号区间量化间隔相同的条件下，7 位非线性编码与 11 位线性编码效果相同。

量化值＝段落起始电平＋段内码所对应的电平

注意：最小量化间隔为几个单位。

2. 译码

译码时

$$y_i'=y_i+\Delta V_i/2$$

式中，y_i'是译码输出，y_i 是译码输入，ΔV_i表示该段的量化间隔。

注意：最后要加上量化间隔的一半。

7.1.14 什么是增量调制原理？

1. 预测编码方式

预测编码方式：是指根据过去的信号样值预测下一个样值，并且仅仅把预测值与现实值的样值之差(预测误差)加以量化、编码后进行传输的方式。

2. 简单增量调制

简单增量调制：是预测编码最简单的一种，是 PCM 的特例，它是对相邻信号样值的差值进行量化编码的方式，而不是像 PCM 一样对实际样值进行编码，简称 ΔM 或 DM。

ΔM 编码器的原理框图如图 7.3 所示。

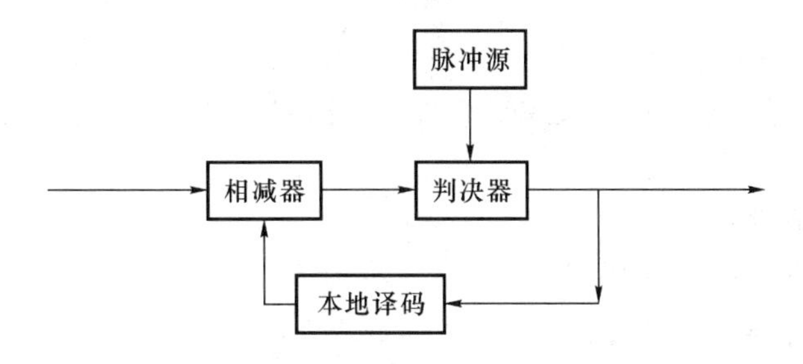

图 7.3 ΔM 编码器的原理框图

7.1.15 增量调制的量化噪声的分类有哪些？

简单增量调制的量化噪声有三种：纯量化误差、斜率过载噪声和空载噪声。

(1) 纯量化误差

纯量化误差：是当 ΔM 的取样速率≥信号的变化速率时产生的正常误差。

(2) 斜率过载噪声

斜率过载噪声：是当 ΔM 的取样速率<信号的变化速率时，也即增量量化跟不上信号的变化。

(3) 空载噪声

空载噪声：当输入信号变化缓慢，甚至为 0 时，输出码流为一个 0 与 1 交替的序列。

7.1.16 什么是增量调制的参数性能？

若抽样频率 $f_s=\frac{1}{\Delta t}$，电压台阶为 σ，则译码器的最大跟踪斜率为

$$k=\frac{\sigma}{\Delta t}=\sigma f_s$$

设输入信号 $m(t)$ 为

$$m(t)=A\sin\omega_k t$$

则编码器能够正常工作的输入信号 $m(t)$ 的振幅范围为

$$\frac{\sigma}{2}\leqslant A\leqslant\frac{\sigma f_s}{\omega_k}$$

式中，$A_{max}=\frac{\sigma f_s}{\omega_k}$ 称为临界振幅。

在临界振幅条件下，系统将有最大的信噪比为

$$\frac{S}{N_q}=\frac{3}{8\pi^2}\cdot\frac{f_s^3}{f_k^2 f_m}\approx 0.04\frac{f_s^3}{f_k^2 f_m}$$

式中，f_m 是接收端低通滤波器的截止频率。

7.1.17 什么是 PCM 和 ΔM 的性能比较？

1. 抽样速率

PCM 系统中，$f_s\geqslant 2f_m$

ΔM 系统中，抽样频率与最大跟踪斜率和信噪比有关，在不发生过载时，f_s 远远大于奈奎斯特速率。

2. 带宽(或数码率)

PCM 系统中，$B_{PCM}=f_{bPCM}=2Nf_m$。

ΔM 系统中，$B_{\Delta M}=f_{b\Delta M}=f_s$。

3. 量化信噪比

在相同的信道带宽(或相同的数码率 f_b)条件下，有：

PCM 系统中，$\left(\frac{S}{N_q}\right)_{PCM}\approx 10\lg 2^N\approx 6N(\text{dB})$

ΔM 系统中，$\left(\frac{S}{N_q}\right)_{\Delta M}\approx 10\lg\left[0.32N^3\left(\frac{f_m}{f_k}\right)^2\right](\text{dB})$

可以看出：在低数码率($N<4$)时，ΔM 系统比 PCM 系统优越；在数码率较高($N\geqslant 4$)

时，PCM 系统比 ΔM 系统优越。

4. 信道误码的影响

PCM 系统对信道误码率的要求较高。

ΔM 系统对误码不太敏感，因为一个码元的误差只损失一个增量。

5. 设备复杂

PCM 系统设备复杂，但质量好，一般用于大容量的干线通信。

ΔM 系统设备简单，一般用于小容量支线通信和军事通信等一些特殊通信中。

7.1.18 什么是差分脉冲编码调制？

差分脉冲编码调制：是指利用信源的相关性，对相邻抽样值的差值而不是抽样值本身进行 PCM 编码，简称 DPCM。其系统原理框图如图 7.4 所示。

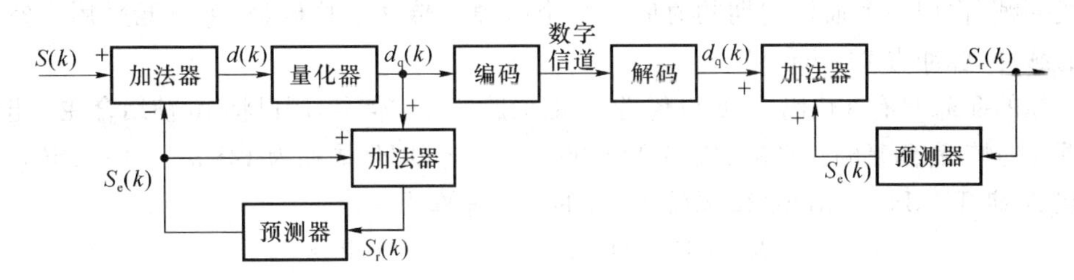

图 7.4 系统原理框图

系统总量化信噪比 SNR 定义为

$$SNR=\frac{E[s^2(k)]}{E[e^2(k)]}=\frac{E[s^2(k)]}{E[d^2(k)]}\cdot\frac{E[d^2(k)]}{E[e^2(k)]}=G_p\cdot \mathrm{SNR}_q$$

式中，$e(k)=d(k)-d_q(k)$；$G_p=\frac{E[s^2(k)]}{E[d^2(k)]}$称为预测增量；$\mathrm{SNR}_q=\frac{E[d^2(k)]}{E[e^2(k)]}$称为量化信噪比。

后来发展起来的自适应差分脉冲调制（ADPCM）就是用自适应预测的方法使 G_p 和 SNR_q 最大，从而使总的量化信噪比达到最大。

7.1.19 什么是时分多路复用的基本概念？

时分复用：是指多路信号在时域上互补重叠、互不干扰的传输方式，简称 TDM。其理论基础是抽样定理，利用对同一信号进行抽样的间隙来传输其他信号的抽样值。

时隙：每路信号所占的时间间隔，不同的时隙分配给不同路的信号。

帧：由周期出现的 N 个时隙结构组成。

时分复用技术的参数有：

(1) 最小抽样频率为 $f_s=2f_m$

(2) 时隙为 $T_i=\frac{T_s}{N}$

(3) 码元宽度为 $T_b=\frac{T_i}{n}=\frac{1}{Nnf_s}=\frac{1}{2Nnf_m}$

(4) 最小信道带宽为 $F_c=\frac{1}{2T_b}=Nnf$

(5) 数码速率为 $f_b=\frac{1}{T_b}=2Nnf_m$

7.1.20 什么是两种 PCM 标准？

国际上通用的 PCM 标准有两种：A 律 TDM－PCM30/32 制式和 μ 律 TDM－PCM24 制式。

1. A 律 TDM－PCM30/32 制式

在 A 律 TDM－PCM30/32 制式中，一个抽样周期被等分为 32 个时隙，每个时隙为 3.91 μs，并顺序从 0 到 31 编号，分别记作 TS_0，TS_1，…，TS_{31}，其中 TS_1 到 TS_{15} 和 TS_{17} 到 TS_{31} 这 30 个路时隙用来传送 30 路电话信号的话音编码组，TS_0 分配给帧同步，TS_{16} 专用于传送 30 个话路的信令码和复帧同步码。帧同步时隙、信令时隙和 30 个话路时隙的信号共同构成一帧，占用一个抽样周期的时间。每个时隙内传送 8 位码，每个码元采用占空比为 50％的脉冲，脉冲占 244 ns。

一帧的 TS_{16} 只有 8 位码，不足以传送 30 路话路的标志信号，所以将 16 帧结合在一起构成一个更大的帧，称为复帧。复帧的频率为 8 000÷16＝500 Hz 周期为 125 μs×16＝2 ms。

在 A 律 TDM－PCM30/32 系统中，总的数码速率为

$$R_b=(8\times 32)\times 8\ 000=2\ 048\ \text{kbit/s}$$

2. μ 律 TDM－PCM24 制式

在 μ 律 TDM－PCM24 制式中，一个抽样周期的 125 μs 被分成 193 个码元，组成一帧。12 个帧构成一个复帧，复帧的周期为 1.5 ms。

每帧 193 个码元中帧首编号为 1 的位交替传送帧同步码和复帧同步码，其中 12 帧中的奇数帧的第 1 位码元构成“101010”帧同步码组，而偶数帧的第 1 位码元构成复帧同步码“00111”，第 12 帧的第 1 位码用作对端告警用。每帧中其余 192 位码元每 8 位构成一路时隙，用于传送 24 路电话信号。

μ 律 TDM－PCM24 制式采用话音时隙内信令，每复帧中的第 6 帧和第 12 帧指定作为信令帧。在每个信令帧中，各路时隙的第 8 位即 PCM 码的最低位，用来传送该路信令。即每 6 帧中有 5 帧的样值按 8 比特编码，而有 1 帧按 7 比特编码。

在 μ 律 TDM－PCM24 系统中，总的数码率为 $R_b=(8\times 24+1)\times 8\ 000=1\ 540$ kbit/s。

7.2 典型题解

题型 1 模拟信号的数字传输原理及抽样

【例 7.1.1】 试确定能重构信号 $x(t)=\sin c(2\ 000t)$所需的最低取样频率 f_s 值。

分析：主要求出该信号的频带，就可以求出它的最低抽样频率。

答：$x(t)$的傅里叶变换是：

$$X(f)=\begin{cases}\frac{1}{2\ 000} & |f|\leqslant 1\ 000\\ 0 & \text{其他}\end{cases}$$

可知其带宽为 1 000 Hz，所以所需的最低取样频率为 $f_s=2\ 000$ Hz。

【例 7.1.2】 已知一个 12 路载波电话占有频率范围为 60～108 kHz，求其最低取样频率为多少。

答：由带通信号的抽样定理可知，其最低抽样频率为

$$f_{smin}=\frac{2f_H}{n}$$

其中有

$$n=\left|\frac{f_H}{B}\right|=\left|\frac{108}{108-60}\right|=2$$

所以最低取样频率为

$$f_{smin}=\frac{2f_H}{n}=f_H=108\ \text{kHz}$$

※点评：带通抽样最低抽样频率。

【例 7.1.3】 设以 400 次/秒的速率对以下信号进行取样

$$f(t)=10\cos(60\pi t)\cos^2(160\pi t)$$

试确定由其取样波形中恢复 $f(t)$ 时所用滤波器截止频率的允许范围。

分析：滤波器的截止频率决定于信号的最大频率分量和抽样频率。

答：由

$$\begin{aligned}f(t)&=10\cos(60\pi t)\cos^2(160\pi t)\\&=10\cos(60\pi t)\frac{1+\cos(320\pi t)}{2}\\&=5\cos(60\pi t)+\frac{5}{2}\cos(260\pi t)+\frac{5}{2}\cos(380\pi t)\end{aligned}$$

可得信号的最大频率分量为

$$f_m=\frac{380\pi}{2\pi}=190\ \text{Hz}$$

所以滤波器的截止频率最小为 190 Hz；

又抽样频率为 $f_s=400$ Hz，

所以滤波器的截止频率最大为：$f_s-f_m=210$ Hz。

综上所述，滤波器的截止频率的允许范围为 190～210 Hz。

※点评：滤波器的截止频率的最大值不要以为是抽样频率。

【例 7.1.4】 已知信号 $s(t)=10\cos 200\pi t\cos 2\ 000\pi t$，对 $s(t)$ 以 f_s 的速率进行理想抽样得到抽样信号 $s_S(t)=\sum_{n=-\infty}^{\infty}s(nT_s)\delta(t-nT_s)$，将 $s_S(t)$ 通过一个

(1) 截止频率为 f_H 的理想低通滤波器；

(2) 中心频率为 f_C 的，带宽为 B 的理想带通滤波器。

其输出还是 $s(t)$，求相应的最小抽样频率和对应的滤波器参数。

分析：本题考查的是低通和带通抽样频率的概念和简单计算。

答：(1) 有题意可得 $s(t)$ 的最高频率分量为 $f_m=1\ 100$ Hz，

所以用低通恢复时，最小的抽样频率为 $f_s=2\ 200$ Hz。

因此对应的低通滤波器的截止频率为 1 100 Hz。

(2) $s(t)$ 的最高频率分量为 $f_m=1\ 100$ Hz，带宽为 $W=200$ Hz，

所以需要的最小抽样频率为

$$f_s=\frac{2f_m}{n}$$

式中，$n=\left|\frac{f_m}{W}\right|=5$。

则 $f_s=\frac{2\ 200}{5}=440$ Hz,对应的理想带通滤波器的带宽 $B=1\ 100-900=200$ Hz。

【例 7.1.5】 已知一基带信号 $m(t)=\cos 2\pi t+2\cos 4\pi t$,对其进行理想抽样:

(1) 为了在接收端能不失真地从已抽样信号 $m_S(t)$ 中恢复 $m(t)$,则抽样间隔应为多少;

(2) 若抽样间隔取为 0.2 s,试求已抽样信号的频谱。

分析:熟练掌握抽样频率的计算方法以及理想抽样频谱的计算。

答:(1) 基带信号 $m(t)$ 的角频率为 $\omega_H=4\pi\text{rad/s}$,$\omega_L=2\pi\text{rad/s}$。可得 $B=\omega_H-\omega_L=\omega_L$,所以仍用低通型抽样定理求抽样频率,为

$$2\pi f_s\geqslant 2\omega_H=8\pi\text{rad/s}$$

则抽样间隔为

$$T_s\leqslant\frac{2\pi}{8\pi}=0.25\ \text{s}$$

(2) $T=0.2$ s,则 $f_s=\frac{1}{T}=5$ Hz

令

$$m_1(t)=\cos 2\pi t,m_2(t)=2\cos 4\pi t$$

所以有

$$\begin{aligned}M(\omega)&=M_1(\omega)+M_2(\omega)\\&=\pi[\delta(\omega+2\pi)+\delta(\omega-2\pi)]+2\pi[\delta(\omega+4\pi)+\delta(\omega-4\pi)]\end{aligned}$$

由题意可知是理想抽样,所以抽样函数为

$$\delta_T(t)=\sum_{n=-\infty}^{\infty}\delta(t-nT_s)$$

其频谱为

$$\delta_T(\omega)=\omega_s\sum_{n=-\infty}^{\infty}\delta(\omega-n\omega_s)$$

因为

$$m_S(t)=m(t)\cdot\delta_T(t)$$

所以有

$$\begin{aligned}M_S(\omega)&=\frac{1}{2\pi}M(\omega)*\delta_T(\omega)\\&=f_s\sum_{n=-\infty}^{\infty}M(\omega-n\omega_s)\\&=5\pi\sum_{n=-\infty}^{\infty}[\delta(\omega-10n\pi+2\pi)+\delta(\omega-10n\pi-2\pi)\\&\quad+2\delta(\omega-10n\pi+4\pi)+2\delta(\omega-10n\pi-4\pi)]\end{aligned}$$

【例 7.1.6】 设输入信号为门函数 $D_\tau(t)$,宽度 $\tau=20$ ms,若忽略其频谱第 10 个零点以外的频谱分量,试求最小采样速率。

分析:本题的重点是要求出门函数第 10 个零点的频率大小。

答:门函数的频谱函数为:

$$D_\tau(\omega)=\tau\text{Sa}(\frac{\tau}{2}\omega)$$

在第 10 个零点处,有$(\frac{\tau}{2}\omega)=10\pi$,

则

$$f=\frac{\omega}{2\pi}=\frac{10}{\tau}=500\ \text{Hz}$$

所以最小抽样频率为

$$f_s = 2f = 1\ 000\ \text{Hz}$$

【例 7.1.7】 已知信号 $m(t)=10\cos 20\pi t\cos 200\pi t$，采用理想抽样，抽样频率 $f_s=250$ Hz。

(1) 求抽样信号 $m_S(t)$的频谱；

(2) 为了满足无失真恢复 $m(t)$，试求出对 $m_S(t)$采用的低通滤波器的截止频率；

(3) 试求无失真恢复 $m(t)$情况下的最低抽样频率 f_s。

分析：熟悉运用余弦函数和理想抽样的频谱公式。

答：(1) 由 $\cos \omega_1 t \Leftrightarrow \pi[\delta(\omega-\omega_1)+\delta(\omega+\omega_1)]$，

且

$$\begin{aligned} m(t) &= 10\cos 20\pi t\cos 200\pi t \\ &= 5\cos 220\pi t + \cos 180\pi t \end{aligned}$$

所以可得

$$M(\omega)=5\pi[\delta(\omega+180\pi)+\delta(\omega-180\pi)+\delta(\omega+220\pi)+\delta(\omega-220\pi)]$$

又理想抽样的频谱公式为

$$M_S(\omega) = \frac{1}{T_s}\sum_{n=-\infty}^{\infty} M(\omega - n\omega_s)$$

由抽样频率可知 $\omega_c=500\pi$，所以抽样信号 $m_S(t)$的频谱为

$$M_S(\omega) = 250\sum_{n=-\infty}^{\infty} M(\omega - n\cdot 500\pi)$$

式中，$M(\omega)=5\pi[\delta(\omega+180\pi)+\delta(\omega-180\pi)+\delta(\omega+220\pi)+\delta(\omega-220\pi)]$。

(2) 由 $m(t)$的表达式可知信号的最大频率为 $f_m=110$ Hz，

且抽样频率为 $f_s=250$ Hz，

所以低通滤波器的截止频率范围为 110～140 Hz。

(3) 无失真的最小抽样频率为 $f_{smin}=2f_m=220$ Hz

【例 7.1.8】 信号 $f(t)$的最高频率为 f_H Hz，用脉冲序列进行自然抽样。已知脉冲的宽度为 τ，幅度为 A，取样频率为 $f_s=2.5f_H$。求已取样信号的时间表达式和频谱表达式。

分析：本题主要要求掌握自然抽样的原理，以及频谱的求法，最重要的是要熟练运用时域与频域中乘法和卷积的转换。

答：由于进行自然抽样，且知道抽样频率，可以写出抽样序列表达式为

$$S_T(t) = A\sum_{n=-\infty}^{\infty} S(t-nT_s)$$

其中

$$S(t)=\begin{cases} 1 & |t|\leqslant \dfrac{\tau}{2} \\ 0 & |t|>\dfrac{\tau}{2} \end{cases} \quad \tau\leqslant T_s,\ T_s=\frac{1}{f_s}=\frac{1}{2.5f_H}$$

则抽样信号的时域表达式为

$$f_S(t) = f(t)\times S_T(t) = Af(t)\cdot\sum_{n=-\infty}^{\infty} S(t-nT_s)$$

由 $S_T(\omega) = \dfrac{2A\pi\tau}{T_s}\sum_{n=-\infty}^{\infty} S_a(\dfrac{n\omega_s\tau}{2})\delta(\omega-n\omega_s)$，所以可得抽样信号的频谱为

$$\begin{aligned} F_S(\omega) &= \frac{1}{2\pi}F(\omega) * S_T(\omega) \\ &= \frac{A\tau}{T_s}\sum_{n=-\infty}^{\infty} S_a\left(\frac{n\omega_s\tau}{2}\right)F(\omega-n\omega_s) \\ &= 2.5f_H\cdot A\tau\sum_{n=-\infty}^{\infty} S_a\left(\frac{5n\pi f_H\tau}{2}\right)F(\omega-5n\pi f_H) \end{aligned}$$

【例 7.1.9】 已知一低通信号 $m(t)$ 的频谱 $M(f)$ 为

$$M(f)=\begin{cases}1-\dfrac{|f|}{200} & |f|\leqslant 200\\ 0 & \text{其他}\end{cases}$$

(1) 若以 $f_s=300$ Hz 的抽样频率对 $m(t)$ 进行理想抽样，试画出抽样信号的频谱图；

(2) 若以 $f_s=400$ Hz 的抽样频率对 $m(t)$ 进行理想抽样，则频谱图又如何。

分析：已抽样信号的频谱图是原基带信号的频谱图以 $\Omega=n\omega_s=2\pi nf_s$ 为间隔的平移和叠加，数学表达式为：$M_S(\omega)=\dfrac{1}{2\pi}[M(\omega)*\delta_T(\omega)]=f_s\sum\limits_{n=-\infty}^{\infty}M(\omega-n\omega_s)$；由低通型抽样定理可知：当 $f_s\geqslant 2f_H$ 时，抽样后频谱不重叠，当 $f_s<2f_H$ 时，抽样后频谱重叠。

答：(1) 由分析里面所给的抽样信号频谱表达式，有

$$M_S(\omega)=f_s\sum_{n=-\infty}^{\infty}M(\omega-n\omega_s)$$

又题目给了抽样频率为 $f_s=300$ Hz，所以抽样信号频谱为

$$\begin{aligned}M_S(\omega)&=f_s\sum_{n=-\infty}^{\infty}M(\omega-n\omega_s)\\&=300\sum_{n=-\infty}^{\infty}M(\omega-600\pi n)\end{aligned}$$

因为信号的频率为 200 Hz，而抽样频率为 300 Hz，所以该抽样信号的频谱图有重叠现象，如图 7.5 所示。

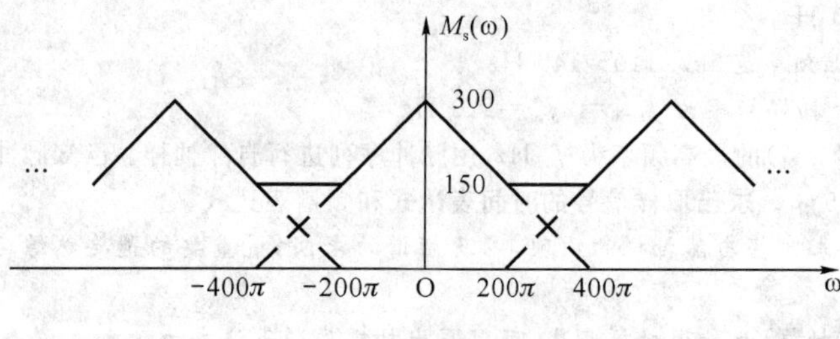

图 7.5

(2) 同理可求得抽样信号频谱表达式为

$$\begin{aligned}M_S(\omega)&=f_s\sum_{n=-\infty}^{\infty}M(\omega-n\omega_s)\\&=400\sum_{n=-\infty}^{\infty}M(\omega-800\pi n)\end{aligned}$$

因为信号的频率为 400 Hz，而抽样频率为 300 Hz，所以该抽样信号的频谱图不会出现重叠现象，如图 7.6 所示。

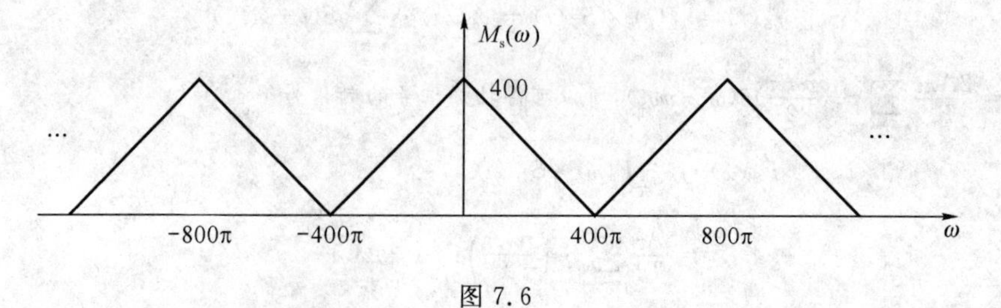

图 7.6

【例 7.1.10】 已知信号的频谱为理想矩形，如图 7.7 所示，当它通过如图 7.8 所示的 $H_1(\omega)$ 网络后再

进行理想取样。

(1) 最低取样角频率应为多少,频谱组成如何;

(2) 若设抽样速率 $f_s=3f_1$,试画出已抽样信号 $m_s(t)$ 的频谱;

(3) 接收网络 $H_2(\omega)$ 应为多少才能没有信号失真。

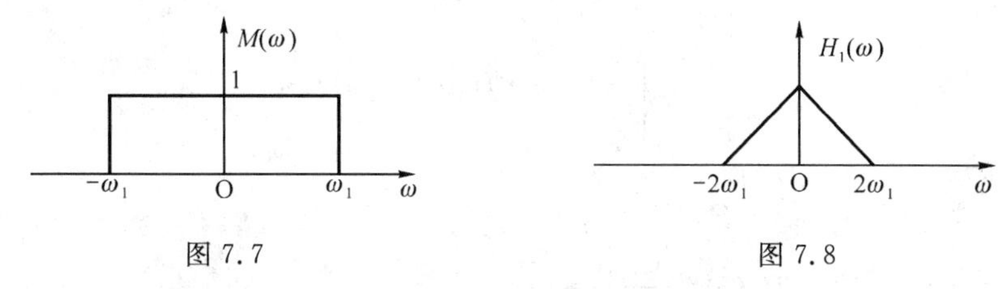

图 7.7　　　　图 7.8

答:(1) 通过 $H_1(\omega)$ 后信号的最高频率仍为 f_1,所以抽样频率最小应为 $2f_1$。

通过 $H_1(\omega)$ 后信号的频谱如图 7.9 所示。

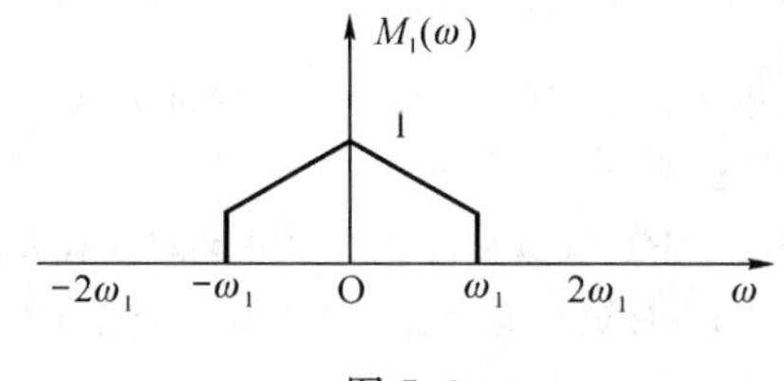

图 7.9

以 $2f_1$ 的抽样频率抽样后,频谱就是将原来的基带信号按 $2nf_1$ 进行平移叠加所得。如图 7.10 所示。

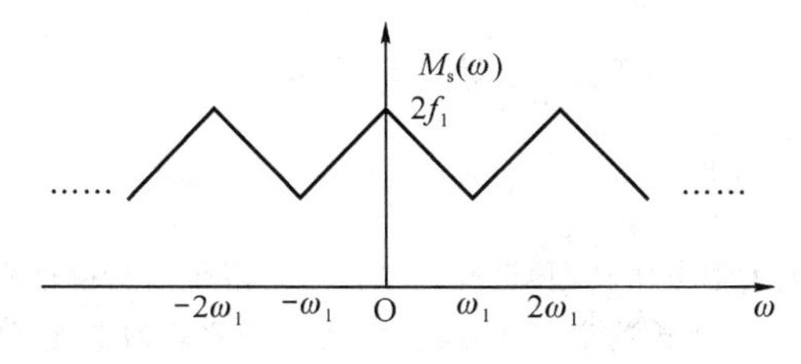

图 7.10

(2) 若抽样频率为 $f_s=3f_1$ 时,则频谱如图 7.11 所示。

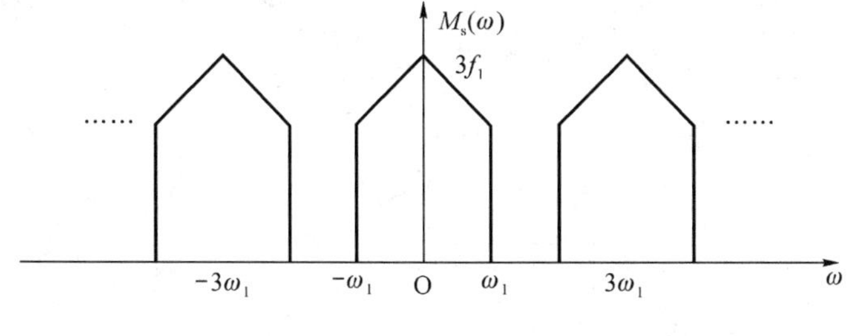

图 7.11

(3) 当不失真恢复时,有

$$M(\omega)=H_2(\omega)\cdot M_s(\omega)$$

又有

$$M(\omega)=H_2(\omega)\cdot M_s(\omega)$$
$$=\frac{1}{2\pi}\delta_T(\omega)*[M(\omega)\cdot H_1(\omega)]$$
$$=\frac{1}{T}\sum_{n=-\infty}^{\infty}M(\omega-n\omega_s)$$
$$=\begin{cases}\frac{1}{T}M(\omega)\cdot H_1(\omega) & |\omega|\leqslant\omega_1\\ 0 & |\omega|>\omega_1\end{cases}$$

所以可得：

$$H_2(\omega)=\frac{M(\omega)}{M_s(\omega)}=\begin{cases}\frac{T}{H_1(\omega)} & |\omega|\leqslant\omega_1\\ 0 & |\omega|>\omega_1\end{cases}$$

题型 2　模拟信号的量化

【例 7.2.1】 设信号 $m(t)=9+A\cos\omega t$，其中 $A\leqslant10$ V。若 $m(t)$ 被均匀量化为 41 个电平，试确定所需的二进制码组的位数 l 和量化间隔 Δ。

分析：求编码位数的原则是使这 l 个位所编出的 2^l 个二进制码能代表所有的量化电平值，即应有 $2^l\geqslant N$（N 为量化级数），在满足此要求下，应使编码的位数越少越好。量化间隔＝量化值范围/量化级数。

答：由已知条件可知量化级数 $N=41-1=40$，而 $2^5<40<2^5$，
所以二进制编码位数为 $l=6$

量化间隔为

$$\Delta=\frac{U-(-U)}{N}$$
$$=\frac{19-(-1)}{40}=0.5\text{ V}$$

【例 7.2.2★】 （北京邮电大学考研真题）已知模拟信号是限带的平稳过程，其一维概率密度 $p(x)$ 如图 7.12 所示。对此模拟信号按奈奎氏速率取样后经过一个 4 电平均匀量化器的量化。试求出：

(1) 图中的 $a=p(0)=?$

(2) 量化器输入信号的平均功率；

(3) 量化器输出信号的平均功率；

(4) 量化噪声的平均功率。

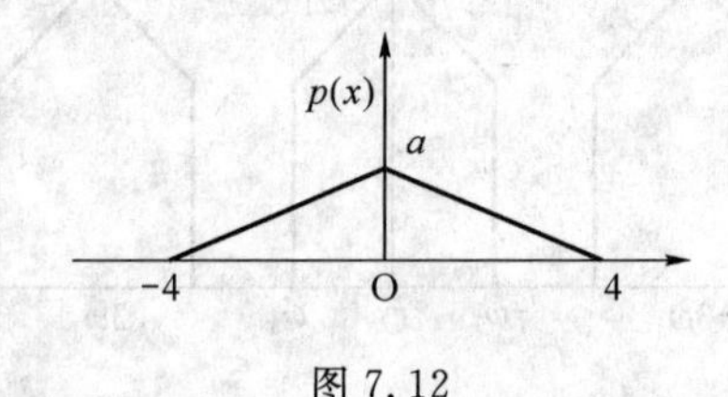

图 7.12

分析：本题结合前面的平稳随机过程，重点考查均匀量化输入功率和输出功率以及量化噪声的基本计算方法。

答：(1) 由 $p(x)$ 的面积必须是 1，可以求出 $a=p(0)=\frac{1}{4}$。

(2) 量化器输入信号的功率为

$$S=2\int_0^4\frac{x^2}{16}(4-x)\mathrm{d}x=\frac{8}{3}$$

(3) 由题目条件可知：

量化区间分隔点依次为　$-4,-2,0,2,4$

量化电平为　$-0.1875,-0.0625,0.0625,0.1875$

量化器输出信号的功率为

$$S_q = 2\times\left[1^2\int_0^2\frac{4-x}{16}dx + 3^2\int_2^4\frac{4-x}{16}dx\right] = 3$$

(4) 量化噪声的平均功率为

$$N_q = \frac{\Delta^2}{12} = \frac{(8/4)^2}{12} = \frac{1}{3}$$

【例 7.2.3】 在 CD 播放机中，假设音乐是均匀分布，抽样速率为 44.1 kHz，采用每抽样 16 bit 的均匀量化线性编码进行量化编码。试确定存储 50 分钟时间段的音乐所需的比特数和字节数，并求出量化信噪比的分贝数。

分析：注意比特数和字节数的转化关系，熟练运用均匀量化信噪比的计算公式。

答：(1) $44.1\times10^3\times\frac{16}{8}\times50\times60$ bit$=2.1168$ Gbit$=264.6$ MByte

(2) 量化级数为 $M=2^{16}$，对于均匀量化器，当输入为均匀分布时的量化信噪比为

$$\frac{S}{N_q} = M^2 = 2^{32}$$

换成分贝值为

$$10\lg\left(\frac{S}{N_q}\right)\approx 96.33 \text{ dB}$$

【例 7.2.4】 某话音信号 $m(t)$ 按 PCM 方式传输，设 $m(t)$ 的频率范围为 0～4 kHz，取值范围为 -3.2～3.2 V，对其进行均匀量化，且量化间隔为 $\Delta=0.00625$ V。

(1) 若对信号 $m(t)$ 按奈奎斯特速率进行抽样，试求下列情况下的码元传输速率；

① 量化器输出信号按二进制编码传输；

② 量化器输出信号按四进制编码传输；

(2) 试确定上述两种情况下，传输系统所需的最小带宽；

(3) 若信号 $m(t)$ 在取值范围内具有均匀分布，试确定量化器输出的信噪比。

分析：码元传输速率为抽样频率和每个抽样点的编码位数的乘积，最好的信道的频带利用率为 2 Baud/Hz，对于均匀分布的信号进行均匀量化的输出信噪比有固定的公式。

答：(1) 由信号的频率范围，而且是按奈奎斯特速率进行抽样，所以可得该信号的抽样频率为

$$f_s = 2\times4000 = 8 \text{ kHz}$$

由取值范围及量化间隔可以求量化级数为 $N=\frac{3.2-(-3.2)}{0.00625}=1024$

① 如果按二进制编码，则编码位数为 $l_1=\log_2 1024=10$

所以码元传输速率为 $R_{B1}=10\times8000=80\times10^3$ Baud

② 如果按二进制编码，则编码位数为 $l_1=\log_4 1024=5$

所以码元传输速率为：$R_{B1}=5\times8000=40\times10^3$ Baud

(2) 理想的传输系统信道的频带利用率为 2 Baud/Hz，所以：

以二进制传输的情况下，系统所需的最小带宽为 40 kHz；

以四进制传输的情况下，系统所需的最小带宽为 20 kHz。

(3) 由公式

$$\left(\frac{S}{N_q}\right)_{dB} = 20\lg M$$

且 $M=1024$，则可算出输出的信噪比为

$$\left(\frac{S}{N_q}\right)_{dB}=20\lg M=20\times\lg 1\,024=60.2\text{ dB}$$

※**点评**：抽样频率、码元速率、信道最小带宽及编码位数之间的关系一定要弄清楚。

【例 7.2.5】 已知话音信号的最高频率为 $f_m=4\,000$ Hz，用 PCM 系统传输，要求量化信噪比不低于 30 dB。试求该系统所需的最小带宽。

分析：知道了最高频率，求最小带宽，就一定要知道编码位数，这道题就是从信噪比反过来求编码位数的。

答：由

$$\left(\frac{S}{N_q}\right)_{dB}=20\lg M=20\lg 2^l=20\times l\times\lg 2=30$$

可得编码位数为 $l=5$

所以系统所需的最小带宽为 $B=l\times f_m=20$ kHz。

【例 7.2.6*】(西安电子科技大学考研真题) 均匀量化 PCM 中，当抽样频率为 8 kHz，输入单频正弦信号时，若编码后比特率由 16 kbit/s 增加到 64 kbit/s，则量化信噪比增加多少 dB。

分析：量化信噪比主要由编码位数来决定，而编码位数可以由码速率和抽样频率来求出，这就是本题的主要思路。

答：抽样频率为 8 kHz，

若码速率为 16 kbit/s，则编码位数为 $\frac{16}{8}=2$；

若码速率为 64 kbit/s，则编码位数为 $\frac{64}{8}=8$。

由量化信噪比公式

$$\left(\frac{S}{N_q}\right)_{dB}=20\lg M$$

所以量化信噪比增加的 dB 数位

$$20\lg 2^8-20\lg 2^2=36.12\text{ dB}$$

【例 7.2.7】 双极性信号均匀量化器的量化等级 $M=2^8=256$，$A_m=2$ V。

(1) 输入信号为 $\sin\omega_m t$，求 N_q、SNR、SNR_{dB}；

(2) 输入信号为正弦波，要求 $SNR_{dB}\geqslant 10$ dB，求信号的动态范围。

分析：均匀量化的量化噪声的平均功率为 $N_q=\frac{\Delta^2}{12}$。

答：(1) 量化间隔 $\Delta=\frac{2A_m}{M}=0.015\,625$ V，因此噪声的平均功率为

$$N_q=\frac{\Delta^2}{12}=2.034\,5\times10^{-5}\text{ W}$$

又信号功率为

$$S=\frac{1^2}{2}=0.5\text{ W}$$

所以量化信噪比为

$$SNR=\frac{S}{N_q}=24\,576$$

则

$$SNR_{dB}=10\lg SNR=44\text{ dB}$$

(2) 正弦波的最大幅度为 2 V，设最小幅度为 A_{min}，则有

$$\frac{A_{min}^2}{2}\Big/\frac{\Delta^2}{12}=10$$

解得 $A_{min}=0.020\,174$，所以信号的动态范围为

$$\frac{A_{max}}{A_{min}}=\frac{2}{0.020\,174}\approx 99.1$$

【例 7.2.8】 采用对数压缩特性（μ 律）对信号进行压缩，令 $\mu=100, 0\leqslant x\leqslant x_{max}$。

(1) 求相应的扩张特性；

(2) 若划分为 32 个量化级，计算经过压扩后对小信号量化误差改善了多少。

分析：压缩特性中的 x、y 都是归一化的值，计算小信号时，一般就设为一个量化单位，而且要主要压缩特性和扩张特性的运用。

答：(1) 令 $x_1=\dfrac{x}{x_{max}}, y_1=\dfrac{y}{y_{max}}$

而 $\mu=100$，所以压缩特性为

$$y_1=\frac{\ln(1+\mu x_1)}{\ln(1+\mu)}=\frac{\ln(1+100x_1)}{\ln(1+100)}, 0\leqslant x_1\leqslant 1$$

则相应的扩张特性为

$$x_1-\frac{1}{100}(e^{4.615y_1}-1)$$

(2) 均匀量化时各级的绝对误差相同，为 $\dfrac{1}{2}\Delta=\dfrac{1}{2}\times\dfrac{1}{32}=\dfrac{1}{64}$。

对于小信号 $x_1=\dfrac{1}{32}$，按均匀量化输出为 $\dfrac{1}{64}$，误差也为 $\dfrac{1}{64}$。

所以当 $y_1=\dfrac{1}{32}$ 时，对应的输出为

$$x_1=\frac{1}{100}(e^{\frac{4.615}{32}}-1)=1.55\times 10^{-3}$$

当 $y_1=\dfrac{1}{64}$ 时，对应的输出为

$$x_1=\frac{1}{100}(e^{\frac{4.615}{64}}-1)=0.748\times 10^{-3}$$

绝对误差为 0.8×10^{-3}。

则量化误差改善的倍数为 $\dfrac{1/64}{0.000\,8}=19.53=25.8$ dB。

题型 3 脉冲编码调制

【例 7.3.1】 某模拟信号 $m(t)$ 是一个均值为 0 的平稳随机过程，一维统计特性服从均匀分布，其频率范围是 200～8 000 Hz，电压范围是 −5～+5 V。

(1) 最小奈奎斯特抽样速率为多少；

(2) 求 $m(t)$ 的平均功率 P_m；

(3) 若按间隔 $\Delta=\dfrac{1}{25}V$ 进行均匀量化，量化信噪比是多少分贝？

(4) 如果改用标准 PCM 所用的 A 律 13 折线编码，问码字 11111111 的出现概率是多少？

答：

(1) 因为模拟信号的最高频率为 8 000 Hz，所以奈奎斯特抽样速率为 16 000 Hz。

(2) 由已知可得：该模拟信号是一个均值为 0 的平稳随机过程，且一维统计特性服从均匀分布。所以 $m(t)$ 的平均功率为

$$P_m=E[m^2(t)]=\int_{-5}^{5}\frac{1}{10}x^2\,dx=\frac{25}{3}\text{W}$$

(3) 因为量化间隔为 $\Delta=\frac{1}{25}$V，所以量化级数为

$$M=\frac{10}{\frac{1}{25}}=250$$

则量化信噪比为

$$10\lg M^2=10\lg(250^2)\approx48\ \text{dB}$$

(4) 因为 $m(t)$ 是均匀分布，所以 $m(t)$ 的电压出现在各个小段的概率是相同的，所以码字 11111111 出现的概率，也即是出现在正半轴、第 8 段、第 16 小段的概率为

$$\frac{1}{2}\times\frac{1}{2}\times\frac{1}{16}=\frac{1}{64}$$

【例 7.3.2】 若输入 A 律 PCM 编码器的正弦信号为 $x(t)=\sin(1\,600\pi t)$，此编码器的设计输入电压范围是[−1,+1]。求在一个正弦信号周期内所有取样点 $x(n)=\sin(0.2\pi n)$，$n=0,1,\cdots,9$ 的 PCM 编码器的输出码组序列。

分析：这道题就是求出每个点的抽样值，转化为多少个量化单位，再进行编码。

答：对于每个抽样点的电平值、绝对量化单位数、以及编码过程和输出的码字如表 7.2 所示。

表 7.2

n	x(n)	绝对值的量化单位个数	极性码	段落码	段内码	码字
0	0	0	1	000	0000	10000000
1	0.587 8	2 047.6	1	111	0010	11110010
2	0.951 1	3 895.5	1	111	1110	11111110
3	0.951 1	3 895.5	1	111	1110	11111110
4	0.587 8	2 047.6	1	111	0010	11110010
5	−0	0	0	000	0000	00000000
6	−0.587 8	2 047.6	0	111	0010	01110010
7	−0.951 1	3 895.5	0	111	1110	01111110
8	−0.951 1	3 895.5	0	111	1110	01111110
9	−0.587 8	2 047.6	0	111	0010	01110010

【例 7.3.3】 幅度范围为 −1～1 V 的话音信号的某个抽样点，经过 A 律 13 折线编码后的记过是 01110001，此码字经过信道传输后，由于误码的原因，收到的是 01100001，请问译码记过中纯由误码造成的输出电压误差是多少 V。(不考虑量化自身引起的误差)

分析：明确量化误差和误码误差的区别，以及 A 律 13 折线的量化误差的计算。

答：01110001 的码字对应的量化单位数为 1 024+64=1 088；

而 01100001 经过译码后对应的量化单位数为 512+32+16=560；

所以不考虑量化误差，则纯由传输误码造成的量化单位数为：1 088−560=528；

对应的电压为：$\frac{528}{2\,048}=0.257\,8$ V。

【例 7.3.4】 采用 13 折线 A 律编码，设最小的量化级为 1 个单位，已知抽样脉冲值为+635 个单位。

(1) 试求此时编码器输出的码组；

(2) 写出对应于该 7 位码(不包括极性码)的均匀量化 11 位码。

分析：学会 13 折线的编码方法，由 7 位非线性码变为 11 位线性码时，当段内是自然二进制码时，可有

简便方法：当段落码为 2^l 时，则11位线性码中的第 $l+1$ 位为1；然后把段内码紧跟在这个1后面，并且前后补0补足11位即可。

答：(1) 极性码：因为 $+635>0$ 所以 $X_1=1$

段落码：因为 $635>128$ 所以 $X_2=1$

$635>512$ 所以 $X_3=1$

$635<1024$ 所以 $X_4=0$

段内码：因为 $512+256=768$ $635<768$ 所以 $X_5=0$

$512+128=640$ $635<640$ 所以 $X_6=0$

$512+64=576$ $635>576$ 所以 $X_7=1$

$512+64+32=608$ $635>608$ 所以 $X_8=1$

所以编码器输出的码组为{11100011}。

(2) 由分析里面的方法，很方便的就可以写出对应的11位线性码为01001100000。

【例 7.3.5】 某A律13折线PCM编码器的设计输入电压范围为(−5,5)V。若抽样脉冲幅度为 $x=+1.2$ V，按照CCITT G.711建议进行PCM编码。

(1) 求编码器的输出码组；

(2) 求解码器输出的量化电平值，并计算量化误差；

(3) 写出对应于A律13折线PCM码组的均匀量化线性编码的码组(13位码)。

分析：充分掌握A律13折线PCM编码和解码、量化误差和译码的计算规则。

答：(1) 由 $x=+1.2$，为正数，所以极性码为1；

$|x|=1.2$ V，所以有 $\frac{1.2}{5}\times 4\,096=983.04$ 个量化单位，则段落码为101；

此段落的量化间隔为32个量化单位，因此段内码为

$$\left|\frac{983.04-512}{\Delta}\right|=14=(1\,110)_2$$

所以输出码组为11011110。

(2) 由编码输出的码组可以知道解码器输入为960个量化单位，所以解码器输出的量化电单位数为

$$960+16=976$$

由于是正极性，则对应的电平值为

$$976\times\frac{5}{4\,096}=1.191\,4\text{ V}$$

量化误差为 $983.04-976=7.04$ 个量化单位，也即0.008 6 V。

(3) 由 $976=512+256+128+64=2^9+2^8+2^7+2^6+2^4$，可得13位线性编码为 $(1001111010000)_2$，第1位是极性码。

※**点评**：本题中采用4 096个量化单位，和知识点里面讲的2 048个量化单位的做法是一致的，但是不同的是每个段落的量化间隔不同。

【例 7.3.6★】(西安电子科技大学考研真题) 在模拟信号数字传输系统中，对模拟话音信号 $m(t)$ 进行13折线A律编码，已知编码器的输入信号范围为±5 V，输入抽样脉冲幅度为−3.984 375 V，最小量化间隔为1个单位。求

(1) 编码器的输出码组，并计算量化误差(段内码采用自然二进制)；

(2) 对应该码组的线性码(带极性的12位码)；

(3) 若采用PCM24路时分多路系统传输24路模拟话音信号，试确定PCM24路时分多路系统信息传输速率。

分析：13折线A律编码及量化误差的计算前面已经讲过，这里需注意PCM编码是采用8位编码，而

且话音信号的抽样频率为 8 kHz,所以计算信息传输速率的时候要注意。

答:(1) 由$-3.984\,375$ V,为负数,所以极性码为 0;

绝对值为 3.984 375 V,所以有$\frac{3.984\,375}{5}\times 2\,048=1\,632$ 个量化单位,则段落码为 111;

此段落的量化间隔为 34 个量化单位,因此段内码为

$$\left|\frac{1\,632-1\,024}{\Delta}\right|=9=(1\,001)_2$$

所以输出码组为 01111001。

由编码出的码组可以知道解码器输入为 1 600 个量化单位,所以解码器输出的量化电单位数为

$$1\,600+32=1\,632$$

量化误差为 0。

(2) 由 $1\,632=1\,024+512+64+32=2^{10}+2^9+2^6+2^5$,可得 12 位线性编码为$(011001100000)_2$,第 1 位是极性码。

(3) 话音信号的抽样频率为 8 KHz,而且采用 8 位编码,所以每一路的信息传输速率为

$$8\,000\times 8=6.4\times 10^4\ \text{bit/s}$$

由于该系统采用 24 路时分复用,所以总的信息传输速为

$$24\times 6.4\times 10^4=1.536\times 10^6\ \text{bit/s}$$

【例 7.3.7】 单路话音信号的最高频率为 4 kHz,抽样速率为 8 kHz,将得到的脉冲由 PAM 方式或 PCM 方式传输。设传输信号的波形为矩形脉冲,其宽度为 τ,且占空比为 1。

(1) 计算 PAM 系统的最小带宽;

(2) 在 PCM 系统中,抽样后信号按 8 级量化,求 PCM 系统的最小带宽又为多少?并与上一问的结果比较;

(3) 若抽样后信号按 128 级量化,PCM 系统的最小带宽又为多少?

分析:一般情况下,PAM 系统的带宽比 PCM 系统的带宽小,但是误差比较大;在 PCM 系统中,编码位数越多,带宽就越大,但量化误差越小。

解:(1) $f_s=8$ kHz,$T=\frac{1}{f_s}=125\ \mu s$,$\tau=T$

所以 PAM 系统的最小带宽为

$$B_{PAM}=\frac{1}{2\tau}=4\ \text{kHz}$$

(2) 采用 8 级量化,则

$$B_{PCM}=B_{PAM}\cdot\log_2 8=12\ \text{kHz}$$

可以看出:$B_{PCM}>B_{PAM}$

(3) 采用 128 级量化,则

$$B_{PCM}=B_{PAM}\cdot\log_2 128=28\ \text{kHz}$$

题型 4　简单增量调制及差分脉冲编码调制

【例 7.4.1】 信号 $m(t)=M\sin 2\pi f_0 t$ 进行简单增量调制,若台阶 σ 和抽样频率选择得既能保证不过载,又不至于因为振幅太小而使增量调制器不能正常编码,试证明此时要求抽样频率满足 $f_s>\pi f_0$。

分析:从不过载和能正常编码两个方向去考虑,从而求出各参量的关系。

证明:要使增量调制不过载,则

$$2\pi f_0 M\leqslant\sigma f_s$$

要使得能正常编码，则

$$\sigma \leqslant 2M$$

所有

$$f_s \geqslant \frac{2\pi f_0 M}{\sigma} \geqslant \pi f_0$$

故证得 $f_s > \pi f_0$。

※**点评**：过载条件和最小编码条件。

【例 7.4.2】 若对一模拟信号 $m(t)$ 进行简单增量调制，如图 7.13 所示，其中判决器的抽样速率为 f_s，量化台阶为 σ。试求：

(1) 若输入信号为 $m(t)=A\cos\omega_k t$，不过载时的最大振幅值；

(2) 若输入调幅信号频率 $f_m=3$ kHz，抽样速率 $f_s=32$ kHz，台阶 $\sigma=0.1$ V，确定该编码器的最小编码电平和编码范围。

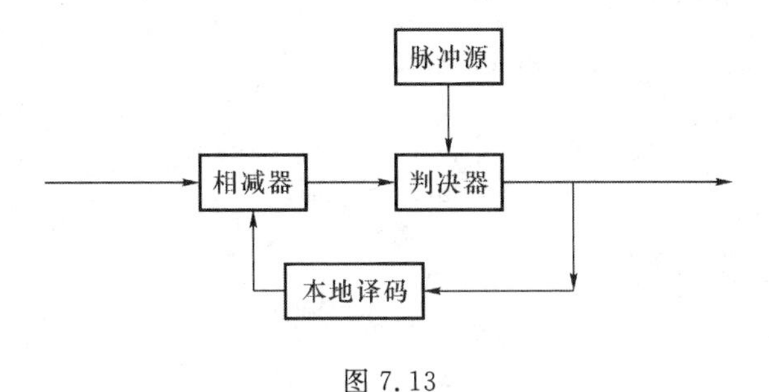

图 7.13

分析：运用增量调制的不过载条件 $A \leqslant \frac{\sigma f_s}{\omega_k}$。

答：(1) 直接由增量调制不过载的条件就可以得到不过载时的最大振幅值为

$$A_{\max} = \frac{\sigma f_s}{\omega_k}$$

(2) 将题目所给的信号频率 $f_m=3$ kHz 和抽样频率 $f_s=32$ kHz，台阶 $\sigma=0.1$ V 代入，可得：

$$A_{\max} = \frac{\sigma f_s}{\omega_k} = \frac{\sigma f_s}{2\pi f_m} = 0.17 \text{ V}$$

最小编码电平为 $\frac{\sigma}{2}=0.05$ V。

所以编码范围为 0.05～0.17 V。

【例 7.4.3★】(北京邮电大学考研真题) 设有模拟信号 $f(t)=3\sin 4\,600\pi t$ V，今对其分别进行增量调制(ΔM)编码和 A 律 13 折线 PCM 编码。

(1) ΔM 编码时的台阶 $\Delta=0.1$ V，求不过载时的编码器输出码速率；

(2) PCM 编码时的最小量化级 $\Delta=0.00\,146$ V，试求出 $f(t)$ 为最大值时编码器输出的码组和码速率。

分析：简单增量调制的码速率只要求出抽样频率就可以了，抽样频率就根据台阶及不过载条件来求。

答：(1) 由已知条件可得：振幅为 $A=3$，信号角频率为 $\omega_k=4\,600\pi$，台阶为 $\Delta=0.1$。

则不过载时的抽样频率为

$$f_s \geqslant \frac{\omega_k A}{\Delta} = 1.38\times10^5 \text{ Hz}$$

即不过载时的编码器输出码速率最小为：$f_{s\min}=1.38\times10^5$ Baud

(2) $f(t)$ 的最大值为 3 V，所以化为最小量化单位数就是

$$\frac{3}{\Delta}=\frac{3}{0.00146}=2\,054.8$$

对这个进行 A 律 13 折线 PCM 编码可得码组为：11110000。

因为 A 律 13 折线 PCM 编码采用的是 8 位编码，所以码速率为

$$2f_s\times8=3.68\times10^4 \text{ Baud}$$

【例 7.4.4】 对输入正弦信号 $x(t)=A_m\cos\omega_m t$ 分别进行 PCM 和 ΔM 调制编码。要求 PCM 中采用均匀量化，量化级为 Q，在 ΔM 中，量化台阶 σ 和抽样 f_s 的选择使信号不过载。

(1) 分别求出 PCM 和 ΔM 的最小码元速率；

(2) 若两者的码元速率相同，ΔM 中的量化台阶该怎样取值。

分析：掌握 PCM 和 ΔM 性能的比较。

答：(1) PCM 的最小码元速率为

$$R_{\text{Bmin}}=2f_m\cdot\log_2 Q$$

在 ΔM 中，要使不过载，必有 $|x'(t)|_{\max}\leqslant\sigma f_s$，即

$$A_m\omega_m\leqslant\sigma f_s,\ f_s\geqslant\frac{A_m\omega_m}{\sigma}$$

所以 ΔM 中的最小码元速率为

$$R_{\text{Bmin}}=\frac{A_m\omega_m}{\sigma}$$

(2) 由题意可知

$$2f_m\cdot\log_2 Q=\frac{A_m\omega_m}{\sigma}$$

$$\sigma=\frac{A_m\omega_m}{2f_m\cdot\log_2 Q}=\frac{\pi\omega_m}{\log_2 Q}$$

σ 与 A_m 及 Q 有关，当 Q 增大时，只有 σ 减少，才能不发生过载现象。

※**点评**：增量调制是一位编码，所以码元传输速率就是抽样频率。

【例 7.4.5】 已知 $m(t)$是频带限制在 $f_m=3.4$ kHz 内的低通信号，以$\frac{1}{2f_m}=T_s$ 间隔进行理想抽样得 $m_S(t)$。

(1) 若对 $m_S(t)$进行 8 位 PCM 线性编码，求平均量化信噪比$\left(\frac{S}{N}\right)_{\text{PCM}}$ 和所需要的最小信道带宽 B_{PCM}；

(2) 若对 $m(t)$中的 800 Hz 正弦波进行 ΔM 编码，并给定信号幅度与量化间距之比为$\frac{A}{\sigma}=\frac{40}{\pi}$，试求不发生斜率过载的抽样频率 $f_{s\Delta M}$、最小信道带宽 $B_{\Delta M}$和量化信噪比$\left(\frac{S}{N}\right)_{\Delta M}$。

答：(1)

$$\left(\frac{S}{N}\right)_{\text{PCM}}\simeq2^{2l}=2^{2\times8}$$

所以化为 dB 就是

$$\left(\frac{S}{N}\right)_{\text{dB}\cdot\text{PCM}}=10\lg2^{2\times8}=48.2 \text{ dB}$$

又有

$$N=2^8=256$$

$$R_b=nlf_s=8\times2\times3.4=54.4 \text{ kHz}$$

则信道的最小带宽为

$$B_{\text{PCM}}=\frac{R_b}{2}=27.2 \text{ kHz}$$

(2) 若不发生过载，则要求

$$A\omega_k\geqslant\sigma\cdot f_{s\Delta M}$$

则

$$f_{s\Delta M} \leqslant \frac{A\omega_k}{\sigma} = \frac{40}{\pi} \times 2\pi \times 800 = 64\ \text{kHz}$$

$$B_{\Delta M} = \frac{f_{s\Delta M}}{2} = 32\ \text{kHz}$$

$$\left(\frac{S}{N}\right)_{\Delta M} \approx 0.04\,\frac{f_s^3}{f_k^2 f_m} \approx 0.04 \times \frac{(64 \times 10^3)^3}{800^2 \times 3\,400} = 120\,471$$

$$\left(\frac{S}{N}\right)_{dB \cdot \Delta M} = 10\lg 120\,471 = 50.8\ \text{dB}$$

【例 7.4.6】 ΔM 系统原理方框图如图 7.14 所示，其输入信号 $m(t) = A\cos \omega_m t$，抽样速率为 f_s，量化台阶为 σ。

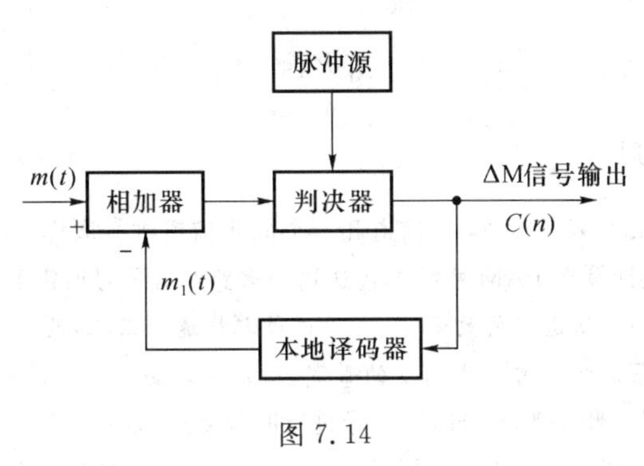

图 7.14

试求：

(1) ΔM 系统的最大跟踪斜率 K；

(2) 若要是系统不出现过载现象并能正常编码，输入信号 $m(t)$ 的幅度范围如何；

(3) 本地译码器采用理想积分器，若系统输出信号 $C(n) = (11-1-1-1-111)$，画出本地译码输出信号 $m_1(t)$ 的波形(设初始电平为零)。

分析：最大跟踪斜率为 $k = \sigma f_s$，知道最大跟踪斜率的定义，就可以求出及幅度范围；掌握 ΔM 系统的译码规则，1 表示上升一个台阶，而 −1 表示下降一个台阶。

答：(1) 如分析所说，可得最大跟踪斜率为

$$K_{\max} = \sigma f_s$$

(2) 又

$$K_{\max} = \left| \left(\frac{dm(t)}{dt}\right) \right| = |A\omega_m|$$

所以可得

$$|A\omega_m| \leqslant \sigma f_s$$

解得

$$-\frac{\sigma f_s}{\omega_m} \leqslant A \leqslant \frac{\sigma f_s}{\omega_m}$$

即为 $m(t)$ 的幅度范围。

(3) 根据 ΔM 系统的译码规则：1 表示上升一个台阶，而 −1 表示下降一个台阶。所以对于 $C(n) = (11-1-1-1-111)$，其波形如图 7.15 所示。

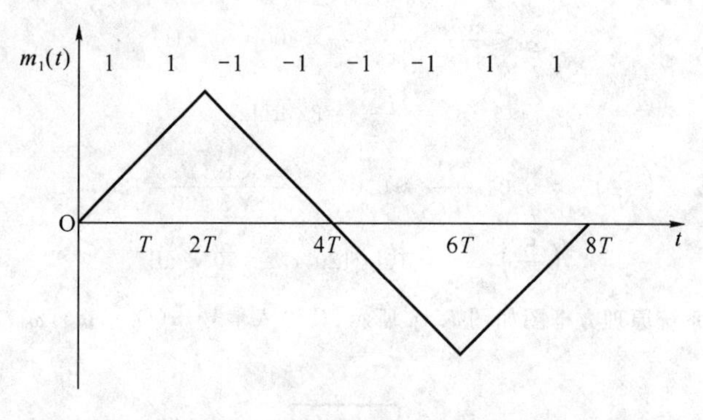

图 7.15

题型 5　时分多路复用

【例 7.5.1】 设以 8 kHz 的速率对 24 个信道和一个同步信道进行取样，并按时分组合。各信道的频带限制在 3.3 kHz 以下。试计算在 PAM 系统内传送这个多路组合信号所需的带宽。

分析：关键是要求出每一个信道需要的带宽，可以通过取样速率来求，两者是一致的。

答：总共有 25 个信道，每个信道需要 8 kHz 的带宽，所以共需要 200 kHz 的带宽。

【例 7.5.2】 对 24 路最高频率为 4 kHz 的信号进行时分复用，采用 PAM 方式传输，假定所用的脉冲为周期性矩形脉冲，脉冲的宽度 τ 为每路应占用时间的一半。试求此 24 路 PAM 系统的最小带宽。

分析：宽度为 τ 的矩形脉冲的信号有 $f=\frac{1}{\tau}$，所以一路信号的带宽为 $\frac{1}{\tau}$；在理想情况下，基带传输的系统带宽应为信号带宽的一半。

解：抽样频率为

$$f_s \geqslant 2f_H = 8\ \text{kHz}$$

则抽样间隔为

$$T=\frac{1}{f_s}=125\ \mu\text{s}$$

因为 $\tau=\frac{T}{2}=62.5\ \mu\text{s}$，路数 24 路，所以系统的最小带宽为

$$B=\frac{1}{2}\left(\frac{1}{\tau}\times 24\right)=192\ \text{kHz}$$

【例 7.5.3】 对 10 路带宽均为 300～3 400 Hz 的模拟信号进行 PCM 时分复用传输抽样速率为 800 Hz，抽样后进行 8 级量化，并编为自然二进制码，码元波形是宽带为 τ 的矩形脉冲，且占空比为 1。试求传输此时分复用 PCM 信号所需的带宽。

分析：占空比为 1 的矩形脉冲作为码元波形的 PCM 系统的信号带宽可用 $B=nlf_s$ 来计算，其中 n 表示时分复用的路数，l 表示编码位数，f_s 表示抽样频率；而对于占空比 P 不为 1 的，则 $B=Pnlf_s$。

解：抽样频率为 $f_s=8$ kHz，

因为是 8 级，所以编码位数为 3，而且是 10 路复用信号，则带宽为

$$B=nlf_s=240\ \text{kHz}$$

【例 7.5.4】 对五个信号取样并按时分复用组合，再使用组合后的信号通过一个低通滤波器，其中三个信道传输频率为 300～4 000 Hz 范围的信号，其余两个信道传输 50 Hz～10 kHz 范围的频率。

(1) 若采用统一的取样频率，可用的最小取样周期为多少？

(2) 对于这个取样速率，低通滤波器的最小带宽为多少？

(3) 若五个信号各按本身最高频率的两倍来抽样，是否能进行时分复用。

分析：本题要理解时分复用的原理，特别是对于不同频率信号抽样要想进行时分复用的话，就要考虑用复帧技术。

答：(1) 采用统一的取样频率时，则信号最高频率为 10 kHz，则取样频率为 $f_s=20$ kHz
所以取样周期为

$$T_s=\frac{1}{f_s}=50\ \mu s$$

(2) 每个取样周期分为五个时隙，定义信号带宽为矩形脉冲频谱的第一个零点，此时低通滤波器的带宽为

$$B_L=\frac{1}{T_s/5}=100\ \text{kHz}$$

(3) 由分析里面所讲，要用复帧技术，这里有

$$T_{s1}=50\ \mu s$$

$$T_{s2}=125\ \mu s$$

两者的最小公倍数为 250 μs，这个就是复帧的长度，因此可以进行时分复用。

【例 7.5.5】 4 路独立信源的频带分别为 W、W、$2W$、$2W$。若采用时分复用制进行传输，每路信源均采用 A 律 13 折线 PCM 编码。

(1) 设计该系统的帧结构和总时隙数，求每个时隙占有时隙宽度和脉冲宽度；

(2) 求信道最小传输频带。

分析：设计帧结构要注意信源是多少路的，以及怎么安插时隙；至于脉宽，一定要记住 A 律 13 折线 PCM 编码是 8 位编码。

答：(1) 系统帧结构如图 7.16 所示。

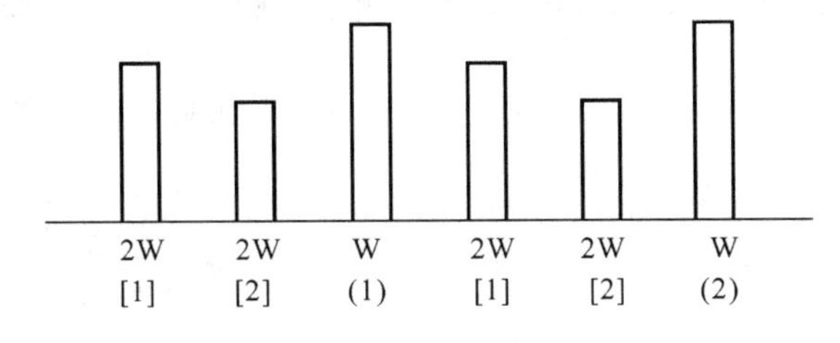

图 7.16

图中，标号[1]、[2]代表两路 $2W$ 带宽的信号；标号(1)、(2)代表两路 W 带宽的的信号。

所以抽样频率为

$$f_s=2\times 2\text{W}=4\text{W}$$

则时隙宽度为

$$T_s=\frac{1}{3}T_b=\frac{1}{3f_s}=\frac{1}{12\text{W}}$$

由于每次编码需要 8 位，所以脉宽为

$$\tau=\frac{1}{8}T_s=\frac{1}{96\text{W}}$$

(2) 信道的最小传输频带为

$$B=\frac{1}{\tau}=96\text{W}$$

【例 7.5.6★】(北京邮电大学考研真题) 设有四个音频信号，其中 $m_1(t)$ 的频带限制在 3 kHz 以下，$m_2(t)$、$m_3(t)$、$m_4(t)$ 的频带限制在 1 kHz 以下，今以时分复用方式对这四个信号进行抽样、量化、再编成二进制码。试求：

(1) 最低抽样速率；

(2) 画出适用的时分复用装置示意图；

(3) 若采用A律13折线进行量化编码，总的输出比特速率是多少？

(4) 若采用量化级数为$M=2\ 048$的均匀量化编码，总输出的比特速率是多少？

分析：对于时分复用信号进行抽样，因为各路信号的最高频率有可能不同，所以各路信号的抽样速率也就不同；输出比特速率为编码位数和抽样频率的乘积，则不同的编码方式，由于编码位数不同，即使抽样频率相同，其输出的比特速率也不相同。

答：(1) 因为$m_1(t)$的频带限制在3 kHz以下，所以$m_1(t)$的最低抽样速率为6 kHz；而$m_2(t)$、$m_3(t)$、$m_4(t)$的频带限制在1 kHz以下，所以$m_2(t)$、$m_3(t)$、$m_4(t)$的最低抽样频率为2 kHz。

(2) 时分复用装置示意图如图7.17所示。

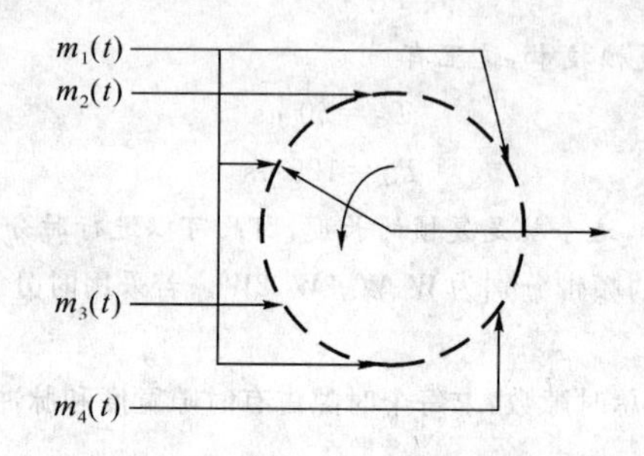

图7.17

(3) A律13折线编码时，每个样值为8位，所以总的比特速率为

$$R_b=6\ 000\times8+2\ 000\times8\times3=96\ \text{kbit/s}$$

(4) 若采用量化级数为$M=2\ 048$的均匀量化编码，则每个量化电平需要11 bit来表示，因此总的速率为

$$R_b=6\ 000\times11+2\ 000\times11\times3=132\ \text{kbit/s}$$

第 8 章

数字信号的基带传输

【基本知识点】数字基带信号常用码型的特点及功率谱密度;常用线路传输码的种类及编码规则;数字基带信号的接收分类及不同接收方法的噪声性能分析;限带基带信道;最佳基带传输;无码间干扰的奈奎斯特准则;眼图的意义;信道均衡的作用和种类;部分响应系统的特点等。

【重点】各种数字基带信号常用码型的特点,特别是差分码;各种线路传输码的特点,特别是 AMI 码和 HDB_3 码的编码规则;基于低通滤波器的接收的误码率分析;基于匹配滤波器的最佳接收的误码率分析;奈奎斯特准则;升余弦滤波器的概念和参数;理解眼图的意义;时域均衡的实现方法;部分响应系统的概念等。

8.1 答疑解惑

8.1.1 什么是数字基带信号、基带信道?

数字基带信号:是指未经过调制的信号,其功率谱密度为低通型的数字信号,所在频带是从直流或低频开始。

基带信道:是指通信信道的传递函数为低通型的信道。

8.1.2 什么是数字基带传输系统?

数字基带传输系统:是指将数字基带信号通过基带信道传输的传输系统,其结构框图如图 8.1 所示。

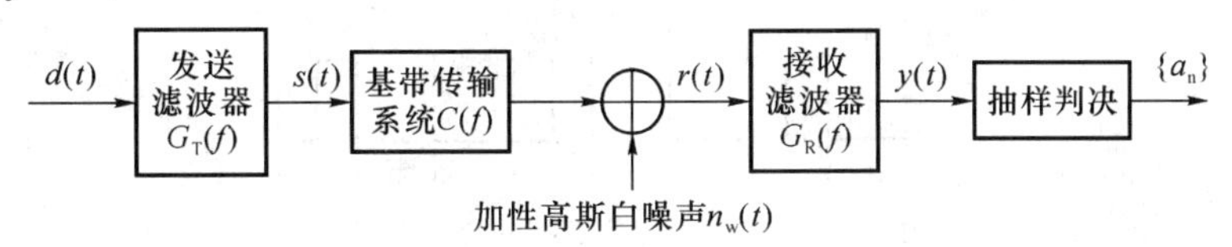

图 8.1　结构框图

8.1.3 数字基带信号码型的设计原则有哪些?

(1) 码型中低频、高频分量要尽量少;

(2) 码型编译码过程应对任何信源具有透明性,即与信源的统计特性无关;

(3) 便于从基带信号中提取位定时信息;

(4) 具有内在的检错能力,便于监测信号传输质量;

(5) 误码增殖越少越好;

(6) 编译码设备尽量简单。

8.1.4 数字基带信号常用码型及特点有哪些?

1. 单极性非归零码

单极性非归零码:是指在一个码元时间内用脉冲的有或无来对应表示 1 或 0,简称 NRZ,如图 8.2 所示。

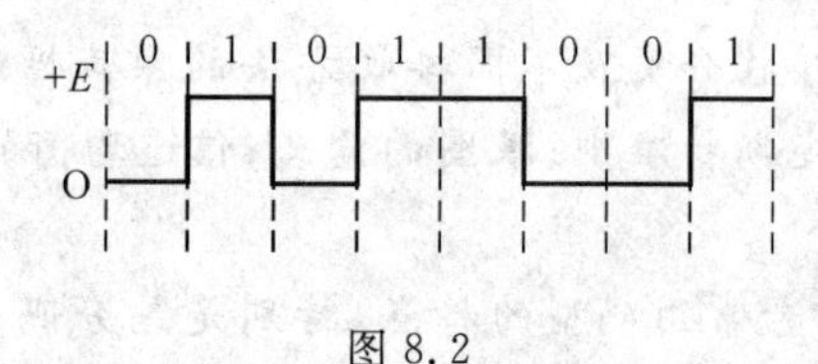

图 8.2

单极性非归零码的特点:极性单一;有直流分量;脉冲之间无间隔,位同步信息包含在电平的转换之中,当出现连 0 序列时,没有位同步信息。

2. 双极性非归零码

双极性非归零码:是指脉冲的正、负电平分别对应于二进制代码 1、0,简称为 BNRZ,如图 8.3 所示。

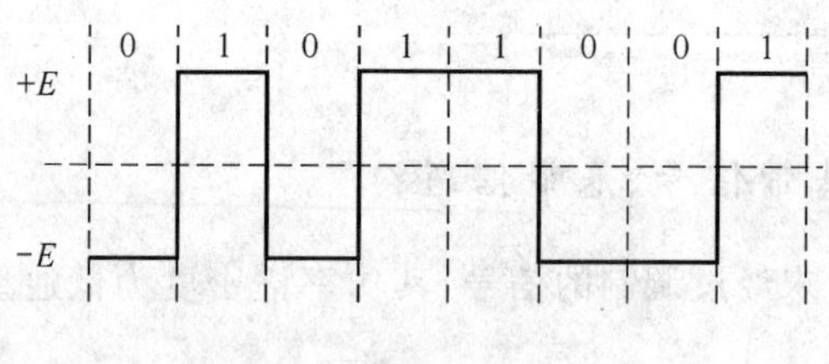

图 8.3

双极性非归零码的特点:无直流分量;恢复信号的判决电平为 0;抗干扰能力较强。

3. 单极性归零码

单极性归零码:与单极性非归零码的区别是脉冲的宽度小于码元宽度,简称为 RZ,如图 8.4 所示。

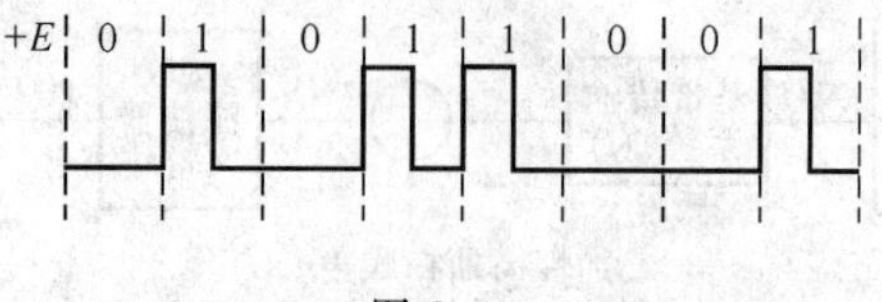

图 8.4

单极性归零码的特点:可以直接提取位同步信号,是其他波形提取定时信号时需要采用的一种过渡波形；其他特点与单极性非归零码的特点一致。

4. 双极性归零码

双极性归零码：是双极性波形的归零形式，简称为 BRZ，如图 8.5 所示。

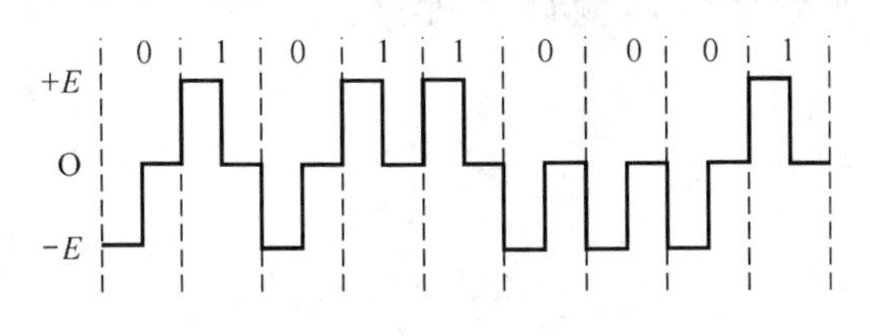

图 8.5

双极性归零码的特点：具有双极性非归零码的特点外，还有利于同步信号的提取。

5. 差分码

差分码：是以相邻脉冲电平的相对变化来表示代码，因此也称为相对码。相应地称前面的单极性或双极性码为绝对码。

设绝对码序列为 a_n，差分码序列为 b_n，则编码公式为

$$b_n = a_n \otimes b_{n-1}$$

相应的解码公式为

$$a_n = b_n \otimes b_{n-1}$$

差分码可以分为传号差分码和空号差分码，传号差分码是指 $b_{-1}=1$，而空号差分码是指 $b_{-1}=0$。如图 8.6 所示为传号差分码。

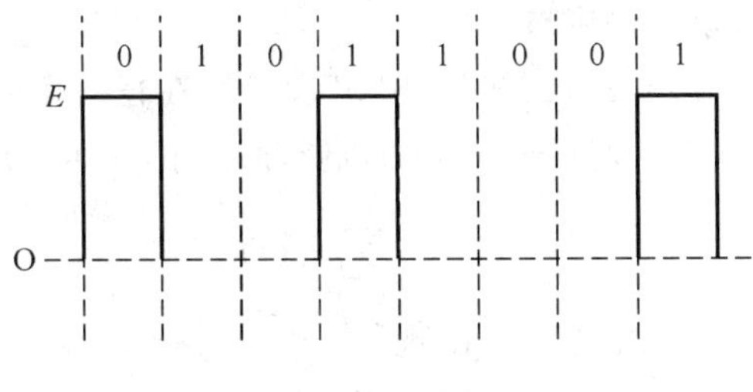

图 8.6

差分码的特点：有效地解决了信道传输过程中的极性模糊现象。

极性模糊：是指在交流信道中传输，信号经过多次方向放大后，在接收端不能正确地确定原先时对应的高低电平的现象，在相位调制中，称为载波相位模糊现象。

6. 多电平波形

多电平波形是指用多于一个二进制符号表示一个脉冲的形式。例如用 4 种电平 00、01、10、11 表示 4 种信息符号，用 11 表示＋3E、10 表示＋E、01 表示－E、00 表示－3E，如图 8.7 所示。

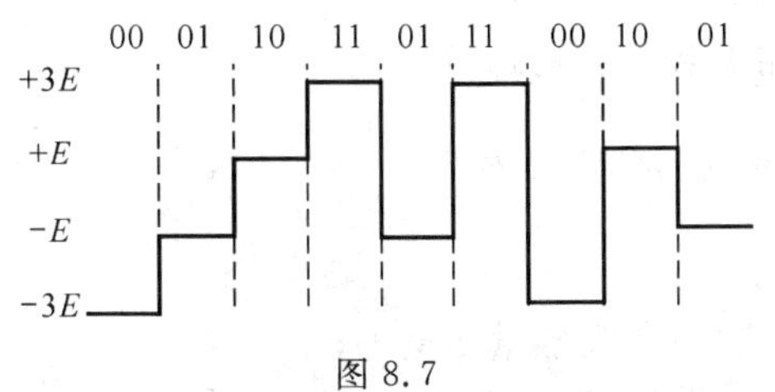

图 8.7

注意：画波形的时候一定要注意是否是归零码。

8.1.5 什么是数字基带信号的频谱分析？

1. 时域表达式

数字基带信号的时域表达式为：

$$s(t)=\sum_{n=-\infty}^{\infty}a_n g_T(t-nT_s)$$

式中，a_n 为第 n 个消息符号所对应的电平值，是一个随机量。

可以知道：$s(t)$是周期平稳随机过程 $S(t)$的样本函数，也是周期平稳的。

2. 频谱特性

先对自相关函数在它的周期内求时间平均，然后再计算该平均自相关函数的傅里叶变换，可以求得它的频谱表达式为

$$\begin{aligned}P_s(f)&=\frac{1}{T_s}P_a(f)\cdot|G_T(f)|^2\\&=\frac{\sigma_a^2}{T_s}|G_T(f)|^2+\frac{m_a^2}{T_s^2}\sum_{n=-\infty}^{\infty}\left|G_T\left(\frac{n}{T_s}\right)\right|^2\delta\left(f-\frac{n}{T_s}\right)\end{aligned}$$

式中，表达式中第一项是连续谱分量，其形状取决于 $G_T(f)$；第二项是离散线谱分量，各线谱间隔为$\frac{1}{T_s}$，当$\{a_n\}$的均值 $m_a=0$ 时，离散线谱消失。

3. 二进制随机脉冲的功率谱密度

假设脉冲 $g_1(t)$、$g_2(t)$分别表示二进制码“0”和“1”，在任一个码元时间内，$g_1(t)$、$g_2(t)$出现的概率分别为 P 和 $1-P$。则对于一个随机脉冲序列 $s(t)$可以表示为

$$s(t)=\sum_{n=-\infty}^{\infty}s_n(t)$$

式中，$s_n(t)=\begin{cases}g_1(t-nT_b) & \text{以概率 } P \text{ 出现}\\ g_2(t-T_b) & \text{以概率}(1-P)\text{出现}\end{cases}$

则其双边带功率谱密度为

$$\begin{aligned}P_s(f)=&f_bP(1-P)|G_1(f)-G_2(f)|^2\\&+\sum_{m=-\infty}^{\infty}|f_b[PG_1(mf_b)+(1-P)G_2(mf_b)]|^2\delta(f-mf_b)\end{aligned}$$

式中，$G_1(f)$和 $G_2(f)$分别为 $g_1(t)$和 $g_2(t)$的傅里叶变换。

4. 频谱分析的目的

进行数字基带信号频谱分析的目的为：选择合适的码元脉冲，以求最有效的传输；利用离散谱分量来提取同步信息。

注意：离散分量的作用是提取定时脉冲。

8.1.6 传输码元设计的原则有哪些？

传输码元设计的原则有：

(1) 避免直流分量，低频和高频分量尽量小；

（2）含有时钟分量或者经过简单变换就含有定位时钟分量；

（3）具有一定的误码检测能力；

（4）误码增殖小；

（5）设备经济。

8.1.7　常用的传输码型及特点有哪些？

1. 传号交替反转码

传号交替反转码简称为 AMI 码，其编码规则为：1 码交替变为＋1、－1，0 码不变，＋1 和－1 分别用正负电平来表示，脉冲为占空比为 50％的归零脉冲，如图 8.8 所示。

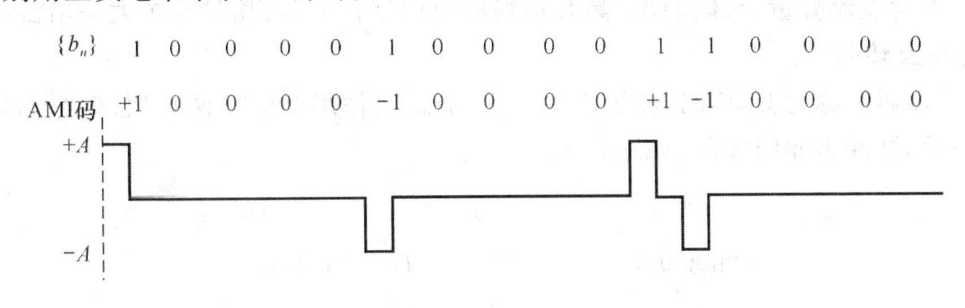

图 8.8

特点：没有直流分量，低频分量少；编码规则简单；发生错码易于检验；传输效率较低，约为 63％。

2. 三阶高密度双极性码

三阶高密度双极性码简称为 HDB_3 码，其连 0 个数最多为 3，编码规则为

（1）当码字的连 0 个数不超过 3 时，按 AMI 码进行编码；

（2）当连 0 个数超过 3 个时，将第 4 个 0 变为与前一个 1 码同极性符号，记为＋V 或－V，称为破坏点；

（3）当两个相邻 V 之间的 1 码个数为偶数时，则将后一个 V 所在的连 0 码中的第一个 0 码强制变为＋B 或－B，其极性与 B 前一个 1 码的极性相反，称为补偿点。脉冲为占空比为 50％的归零脉冲，如图 8.9 所示。

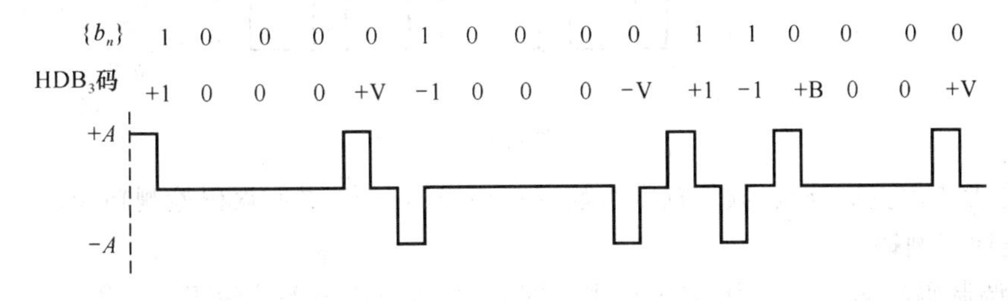

图 8.9

特点：无直流分量，低频分量小；编码较复杂，但译码简单；抑制了连 0，便于提取位同步信号；易于检错；传输效率较低，约为 63％。

注意：破坏点和补偿点的极性。

3. 数字双相码

数字双相码又称为曼彻斯特码，其编码规则为：0 码用 01 两位码来表示，1 码用 10 两位

码来表示，码元宽度为原码元宽度的$\frac{1}{2}$，脉冲为非归零码，如图 8.10 所示。

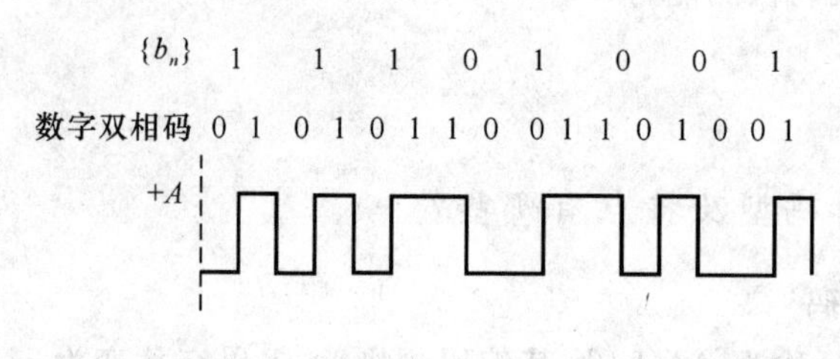

图 8.10

特点：不含直流分量；编码简单；具有很强的位同步信号；占用带宽扩大一倍。

4. 传号反转码

传号反转码简称为 CMI 码，其编码规则为：1 码交替用 00、11 两位码来表示，0 码固定用 01 来表示，脉冲为非归零码，如图 8.11 所示。

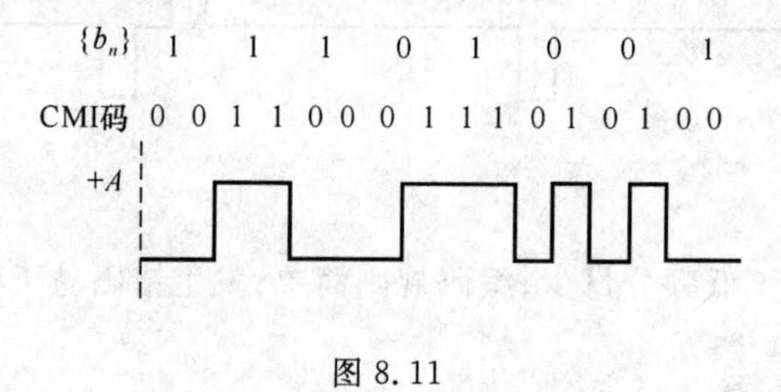

图 8.11

特点：易于提取位同步信息；具有检错能力。

5. 密勒码

密勒码的编码规则为：1 用 01 表示，0 用 00 或 10 来表示（相对于前一输入比特有跃变），如图 8.12 所示。

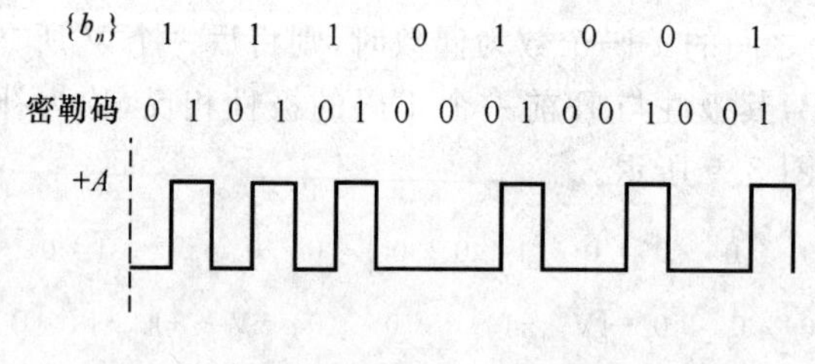

图 8.12

特点：无离散直流分量；频带宽度为数字双相码的一半；具有误码检测功能。

6. 延迟调制码

延迟调制码的编码规则为：先进性密勒编码，再进行空号差分编码。

特点：和密勒码的特点一致。

7. *nBmB* 码

nBmB 码即是线性分组码，把 n 个二进制的原码转变为 m 个二进制的线路码，通常有 $m=n+1$。

特点：便于误码检测。

8.1.8 什么是数字基带传输系统的抗噪声性能分析？

数字基带传输系统的接收解调方案有两种，分别为基于低通滤波器的接收解调方案和基于匹配滤波器的接收解调方案。

在分析数字基带传输系统的抗噪声性能时，我们一般都认为信道的噪声是加性高斯白噪声，噪声的均值为0，双边带功率谱密度为$\frac{N_0}{2}$(W/Hz)，所以噪声分布为$N(0,\sigma^2)$，其中$\sigma^2=BN_0$，B为滤波器的带宽。

假设无码间干扰，发送1码的概率为$P(1)$，发送0码的概率为$P(0)$，则误码率为

$$P_e=P(0)P(1/0)+P(1)P(0/1)$$

式中，$P(1/0)$表示接收到0，判为1的概率；$P(0/1)$为接收到1，判为0的概率。

8.1.9 什么是基于低通滤波器的接收？

当输入的码形为双极性或者是单极性时，噪声性能是不同的。

1. 双极性非归零码

对于双极性非归零码，电平为$\pm A$，噪声为高斯白噪声，噪声分别为$N(0,\sigma^2)$，则使得误码率最小的最佳判决门限为

$$V_T=\frac{\sigma^2}{2A}\ln\frac{P(0)}{P(1)}$$

当$P(0)=P(1)=\frac{1}{2}$时，$V_T=0$，此时则有误码率为

$$P_e=\frac{1}{2}\mathrm{erfc}\left(\sqrt{\frac{A^2}{2\sigma^2}}\right)=\frac{1}{2}\mathrm{erfc}(\sqrt{r})$$

式中，$r=\frac{A^2}{2\sigma^2}$表示输入信噪比；$\mathrm{erfc}(x)$为互补函数。

2. 单极性非归零码

对于单极性非归零码，最佳判决门限为

$$V_T=\frac{A}{2}+\frac{\sigma^2}{A}\ln\frac{P(0)}{P(1)}$$

当$P(0)=P(1)=\frac{1}{2}$时，$V_T=\frac{A}{2}$，此时则有误码率为

$$P_e=\frac{1}{2}\mathrm{erfc}\left(\frac{1}{2}\sqrt{\frac{A^2}{2\sigma^2}}\right)=\frac{1}{2}\mathrm{erfc}\left(\frac{\sqrt{r}}{2}\right)$$

从得到的误码率表达式可以看出：B一定时，增大A(增大发送信号功率)或者减少N_0，可以减少P_e。

注意：单极性码和双极性码的最佳门限电平的区别。

8.1.10 什么是基于匹配滤波器的最佳接收？

同样，当输入的码形为双极性或者是单极性时，噪声性能是不同的。

1. 双极性非归零码

当输入为双极性非归零码时，输入信号表达式为

$$S_i(t)=\begin{cases}S_1(t)=A & 发 1\\ S_2(t)=-A & 发 0\end{cases}\quad 0\leqslant t\leqslant T_b$$

假设匹配滤波器的冲激响应 $h(t)$ 与 $S_1(t)$ 相匹配，则最佳判决门限为

$$V_T=\frac{\sigma^2}{2E_b}\ln\frac{P(0)}{P(1)}$$

式中，$E_b=\int_0^{T_b}S_1^2(\tau)\mathrm{d}\tau=A^2T_b$ 称为比特能量；$\sigma^2=\frac{N_0E_b}{2}$。

当 $P(0)=P(1)=\frac{1}{2}$ 时，$V_T=0$，此时则有误码率为

$$P_e=\frac{1}{2}\mathrm{erfc}\left(\sqrt{\frac{E_b}{N_0}}\right)$$

2. 单极性非归零码

当输入为单极性非归零码时，输入信号表达式为

$$S_i(t)=\begin{cases}S_1(t)=A & 发 1\\ S_2(t)=0 & 发 0\end{cases}\quad 0\leqslant t\leqslant T_b$$

假设匹配滤波器的冲激响应 $h(t)$ 与 $S_1(t)$ 相匹配，则最佳判决门限为

$$V_T=\frac{A}{2}+\frac{\sigma^2}{E_b}\ln\frac{P(0)}{P(1)}$$

当 $P(0)=P(1)=\frac{1}{2}$ 时，$V_T=\frac{A}{2}$，此时则有误码率为

$$P_e=\frac{1}{2}\mathrm{erfc}\left(\sqrt{\frac{E_b}{2N_0}}\right)$$

从得到的误码率表达式可以看出：B 一定时，增大 A（增大发送信号功率）或者减少 N_0，可以减少 P_e。

注意：误码率表达式中各个参量的含义。

8.1.11 什么是两种解调方案的比较？

从得到的误码率表达式可以看出：在加性高斯白噪声干扰下，利用匹配滤波器的最佳接收的平均误比特率比利用低通滤波器的要小；在相同 $\frac{E_b}{N_0}$ 的条件下，双极性不归零码的最佳接收平均误码率比单极性非归零码要小。

8.1.12 什么是码间干扰？

1. 码间干扰的概念

对于图 8.1 所示的数字基带系统框图，设输入的基带信号为

$$d(t)=\sum_{n=-\infty}^{\infty}a_n g_T(t-nT_b)$$

不考虑噪声干扰，经过 $H(\omega)$ 信道传输后，收到的波形为 $y(t)$，则

$$y(t)=\sum_{n=-\infty}^{\infty}a_n h(t-nT_b)=\sum_{n=-\infty}^{\infty}a_n\times\frac{1}{2\pi}\int_{-\infty}^{+\infty}H(\omega)\mathrm{e}^{\mathrm{j}\omega t}\mathrm{d}\omega$$

式中，$H(\omega)=G_T(\omega)C(\omega)G_R(\omega)$ 称为基带系统的频率特性。因此取样判决输入序列为

$$y(kT_b+t_0)=a_k h(t_0)+\sum_{n\neq k}a_k h[(k-n)T_b+t_0]+n_R(kT_b+t_0)$$

式中，等式右边第二项是接收信号中除了第 k 个外所有其他波形的拖尾在第 k 个抽样时刻的总和，称为码间干扰。

2. 无码间干扰的条件

无码间干扰的时域条件为

$$h(kT_b)=\begin{cases}C & k=0\\ 0 & k\neq 0\end{cases}$$

这就是奈奎斯特第一准则，其传输函数为

$$H_{eq}(\omega)=\sum_i H\left(\omega+\frac{2\pi i}{T_b}\right)=\begin{cases}T_b & |\omega|\leqslant\dfrac{\pi}{T_b}\\ 0 & |\omega|>\dfrac{\pi}{T_b}\end{cases}$$

系统可得到的最大频带利用率为

$$\eta_B=R_B/W=2\ \text{Baud/Hz}$$

无码间干扰时的最高传码率 $R_B=2W$ 称为奈奎斯特速率，系统带宽 W 称为奈奎斯特带宽，只有在 $2W$ 的整数分之一的速率下，才能做到无码间干扰。

3. 升余弦滤波器

可以看出无码间干扰时，基带传输系统的传输函数是理想低通型的，但是在物理上，理想低通特性是不可实现的。一般通过互补叠加来实现等效理想低通，通常采用的是升余弦滤波器，余弦滚降特性的传输函数为

$$H(\omega)=\begin{cases}T_b & 0\leqslant|\omega|\leqslant\dfrac{(1-\alpha)\pi}{T_b}\\ \dfrac{T_b}{2}\left[1+\sin\dfrac{T_b}{2\alpha}\left(\dfrac{\pi}{T_b}-\omega\right)\right] & \dfrac{(1-\alpha)\pi}{T_b}\leqslant|\omega|\leqslant\dfrac{(1+\alpha)\pi}{T_b}\\ 0 & |\omega|\geqslant\dfrac{(1+\alpha)\pi}{T_b}\end{cases}$$

冲激响应为

$$h(t)=\frac{\sin(\pi t/T_b)}{\pi t/T_b}\times\frac{\cos(\alpha\pi t/T_b)}{1-4\alpha^2t^2/T_b^2}$$

式中，α 称为滚降系数。则该系统的等效带宽、传码速率和频带利用率分别为

$$W=\frac{1+\alpha}{2T_b}$$

$$R_B=\frac{1}{T_b}$$

$$\eta_B=\frac{2}{1+\alpha}$$

注意：当 $\alpha=0$ 时，就是理想低通。

4. 最佳基带传输

基带传输系统的合成传递函数为

$$H(\omega)=G_T(\omega)C(\omega)G_R(\omega)$$

要使接收端抽样时刻的码间干扰为 0,则 $H(\omega)$要符合无码间干扰基带传输的升余弦特性,即

$$H(\omega)=\left|H_{余弦}(\omega)\right|\cdot e^{-j\omega t_0},\ |\omega|\leqslant W$$

假设传输信道是理想低通特性,要使抽样时刻的信噪比最大,则接收滤波器的传输函数应于发送滤波器的传输函数是共轭的,即

$$G_R(\omega)=G_T^*(\omega)\cdot e^{-j\omega t_0}$$

式中,t_0 是时延。

8.1.13 什么是部分响应系统?

在实际应用中,希望找到频带利用率高、脉冲"拖尾"衰减大、收敛快的传输脉冲,这就是部分响应系统发展的原因。

1. 部分响应系统基本设计思想

在确定的传输速率下,采用相关编码,使前后码元之间产生相关性(有控制地在某些码元的抽样时刻引入码间干扰),用以改变码元波形的频谱特性,使系统频带利用率达到理论上的最大值(2 Baud/Hz),同时又可以降低对定时的精度要求,称为奈奎斯特第二准则。

2. 部分响应系统的概念

部分响应系统:是指允许存在一定的、受控制的码间串扰,而在接收端可以加以消除,它能使频带利用率提高到理论上的最大值,又可以形成"尾巴"衰减大、收敛快的传输波形,从而降低对定时精度的要求,这类系统称为部分响应系统。

3. 第一类部分响应系统

部分响应系统传递函数的一般表达式为

$$h(t)=R_1\frac{\sin\frac{\pi}{T_b}t}{\frac{\pi}{T_b}t}+R_2\frac{\sin\frac{\pi}{T_b}(t-T_b)}{\frac{\pi}{T_b}(t-T_b)}+\cdots+R_N\frac{\sin\frac{\pi}{T_b}[t-(N-1)T_b]}{\frac{\pi}{T_b}[t-(N-1)T_b]}$$

当 $R_1=R_2=1$ 时,就是第一类部分响应系统,则

$$h(t)=\frac{\sin\frac{\pi}{T_b}t}{\frac{\pi}{T_b}t}+\frac{\sin\frac{\pi}{T_b}(t-T_b)}{\frac{\pi}{T_b}(t-T_b)}$$

也可以写为

$$h(t)=\frac{\sin\frac{\pi}{T_b}\left(t+\frac{T_b}{2}\right)}{\frac{\pi}{T_b}\left(t+\frac{T_b}{2}\right)}+\frac{\sin\frac{\pi}{T_b}\left(t-\frac{T_b}{2}\right)}{\frac{\pi}{T_b}\left(t-\frac{T_b}{2}\right)}$$

其频谱为

$$H(\omega)=\begin{cases}2T_b\cos\frac{\omega T_b}{2} & |\omega|\leqslant\frac{\pi}{T_b}\\ 0 & |\omega|>\frac{\pi}{T_b}\end{cases}$$

8.1.14 什么是眼图?

1. 眼图的概念

如果将接收端信号波形输入示波器的 Y 轴,并且把示波器的水平扫描周期和码元定时同步,则在示波器上可观察到类似人眼的图案,称为眼图。它是评定实际的基带传输系统性能的一种定性的方便的方法。

2. 眼图的性质

眼图如图 8.13 所示。

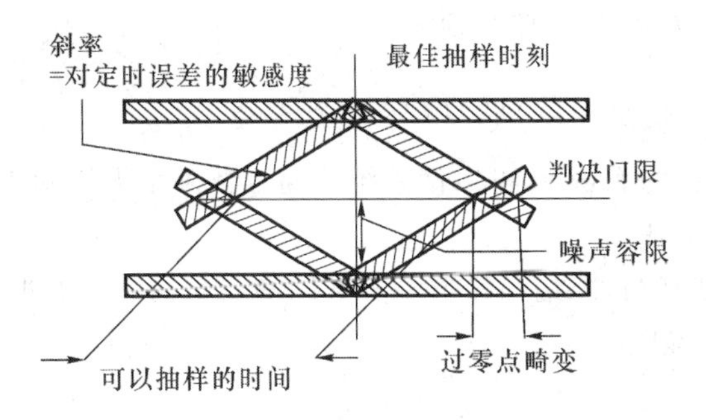

图 8.13 眼图

性质有:

(1) 在“眼睛”张开度最大时刻是抽样的最佳时刻;

(2) “眼睛”张开部分的宽度决定了接收波形可以不受串扰影响而进行抽样,再生的时间间隔;

(3) “眼睛”在特定时刻张开的高度决定了系统的噪声容限;

(4) “眼睛”的闭合斜率决定了系统对定时误差的敏感程度,斜率越大则对定时误差越敏感;

(5) 当码间干扰十分严重时,“眼睛”会完全闭合,系统误码严重。

8.1.15 什么是信道均衡?

1. 信道均衡的概念

信道均衡:是指对信道传输特性补偿和校正,以达到改善传输特性和减少误码干扰的目的。有频域均衡和时域均衡两种。

频域均衡:接收端串接滤波器,以补偿整个系统的幅频和相频特性。

时域均衡:利用数字信号处理算法,直接校正整个系统的单位冲激响应。

2. 时域均衡

时域均衡常用方法是在滤波器之后接一个由带抽头的延时线构成的横向滤波器,其模型如图 8.14 所示。

横向滤波器的冲激响应为

$$h_{\mathrm{T}}(kT_{\mathrm{b}}) = \sum_{n=-N}^{N} c_n \delta(t - nT_{\mathrm{b}})$$

其频谱为

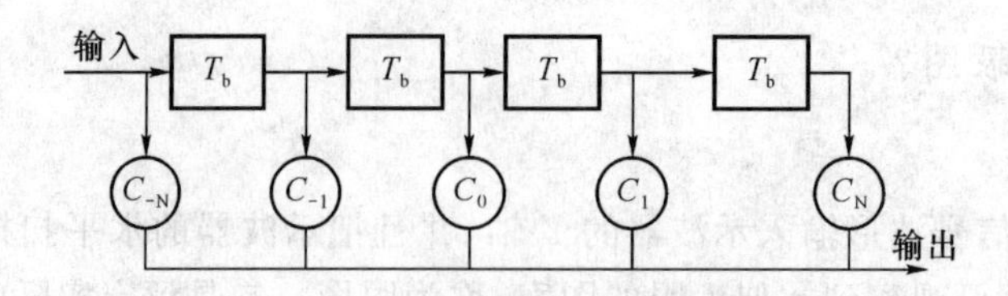

图 8.14　时域均衡的模型

$$H_T(\omega)=\sum_{n=-N}^{N}c_N e^{-jnT_b\omega}$$

横向滤波器的输出在 kT_b 取样时刻为

$$y(kT_b)=\sum_{n=-N}^{N}c_n x_{k-n}$$

可以看出:调整抽头的系数 c_n 可以使系统传递函数满足无码间干扰条件。

3. 均衡滤波器的准则

均衡滤波器的准则有两种:最小峰值畸变准则和最小均方畸变准则。

(1) 最小峰值畸变准则

$$D=\frac{1}{y_0}\sum_{\substack{k=-\infty\\k\neq 0}}^{\infty}|y_k|$$

当无码间干扰时,$D=0$。最小峰值畸变准则的物理意义是要求总的码间干扰的电平值最小。

(2) 最小均方畸变准则

$$\varepsilon^2=\frac{1}{y_0^2}\sum_{\substack{k=-\infty\\k\neq 0}}^{\infty}y_k^2$$

最小均方畸变准则的物理意义是要求码间干扰的功率电平值趋于最小。

4. 均衡滤波器的实现

均衡滤波器的实现有:基于迭代式的均衡算法、预置式均衡和自适应均衡三种。

8.2 典型题解

题型 1　基带传输系统概念和数字基带信号波形

【例 8.1.1】 已知码元序列为 1 0 1 0 0 0 0 0 1 1 0 0 0 0 1 1,写出相应的 AMI 码及 HDB_3 码,分别画出它们的波形图。

答:由 AMI 码及 HDB_3 码的编码规则,可以求出 AMI 码及 HDB_3 码。

AMI 码为:+1　0　−1　0　0　0　0　0　+1　−1　0　0　0　0　+1　−1

HDB_3 码为:+1　0　−1　0　0　0　−V　0　+1　−1　+B　0　0　+V　−1　+1

AMI 码的波形图如图 8.15 所示。

HDB_3 码的波形图如图 8.16 所示。

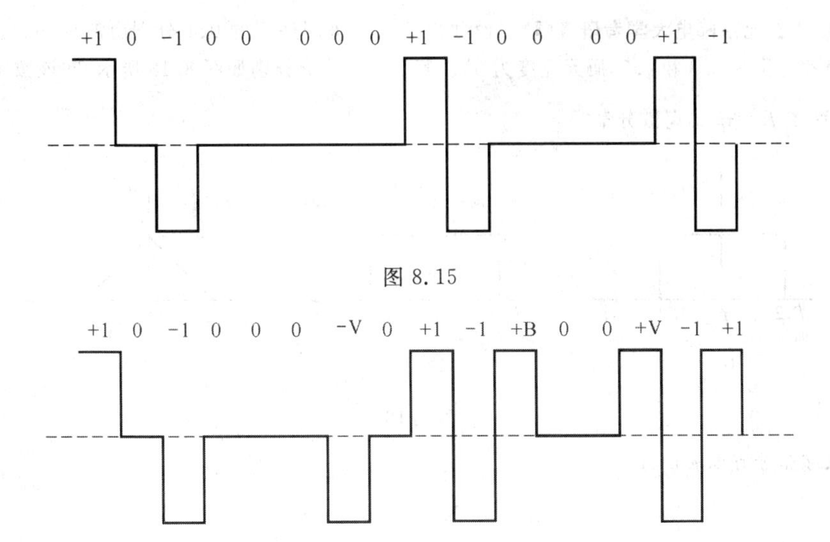

图 8.15

图 8.16

※**点评**:AMI 码及 HDB_3 码的编码规则,特别是 HDB_3 码的编码规则;破坏点和补偿点的概念及极性。

【例 8.1.2】 已知信息代码为 1100000000011,求相应的双相码。

分析:数字双相码的编码规则为:0 码用 01 两位码来表示,1 码用 10 两位码来表示。

答:由分析里面的规则,对应信息代码,可以得到相应的双相码为

10100101010101010101011010

【例 8.1.3★】(北京邮电大学考研真题) 已知设序列(1)、(2)分别为 HDB_3 码和双相码(Manchester 码),试求与之对应的二进制信息代码。

(1) HDB_3 码:1 0 0 0 1 −1 0 0 −1 0 1 −1

(2) 双相码:1 0 1 0 0 1 0 1 1 0 0 1 1 0

分析:HDB_3 码的解码规则:中间有三个 0 的,则后一个 1 变为 0,如果只有两个 0,且两边的 1 的极性相同,则两个 1 都变为 0;最后将所有的 1,不管是正的还是负的,都变为正的。双相码的解码规则:就是将 10 变为 1,将 01 变为 0。

答:(1) 由分析可以很容易得出该 HDB_3 码的原码是:1 0 0 0 0 0 0 0 0 0 1 1。

(2) 参照双相码的解码规则,求得该双相码的原码是:1 1 0 0 1 0 1。

※**点评**:HDB_3 码的解码规则。

【例 8.1.4】 已知信息代码 11100101 试求:

(1) 写出传号相对码;

(2) 画出该相对码的波形图(单极性矩形不归零码)。

分析:相对码就是差分码,差分码分为传号和空号差分码,它们的区别就是参考不同;差分码的编码规则为 $b_n = a_n \otimes b_{n-1}$。

答:(1) 传号相对码是参考码为 1,所以该信息码的传号相对码为:101000110。

(2) 则该相对码的波形如图 8.17 所示,不过需要注意的是,一定要把参考码画出来。

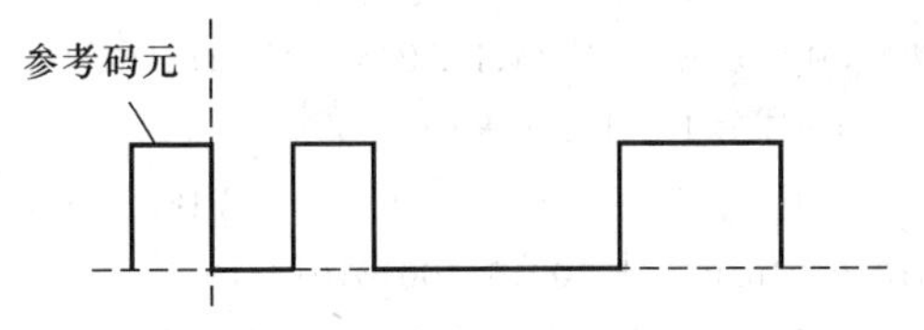

图 8.17

【例 8.1.5★】(北京邮电大学考研真题) 设独立随机二进制序列的 0、1 分别由波形 $s(t)$ 及 $-s(t)$ 表示，出现的概率分别为 0.3 和 0.7，码元宽度为 T_s。若 $s(t)$ 的波形分别如图 8.18 所示，问该数字信号的功率谱中是否存在 $f_s=\frac{1}{T_s}$ 的离散分量？

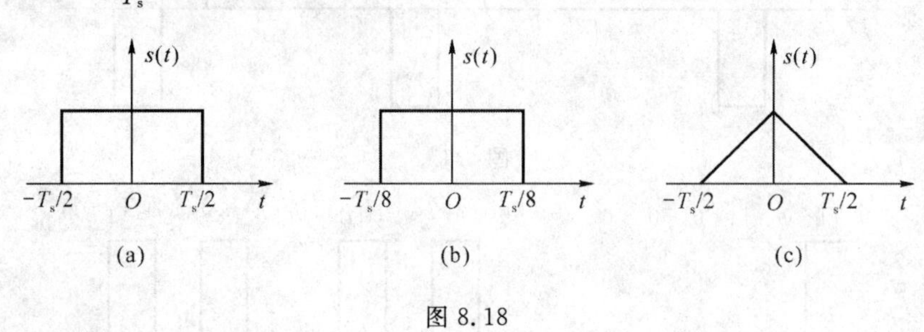

图 8.18

答：该数字信号可以表示为

$$d(t)=\sum_{n=-\infty}^{\infty}a_n s(t-nT_s)$$

式中，$a_n\in\{+1,-1\}$表示发送的二进制的 0、1。

$d(t)$的线谱分量包含在 $E[d(t)]$中，又 0、1 出现的概率分别为 0.3 和 0.7，所以 $E[d(t)]$为

$$E[d(t)]=\sum_{n=-\infty}^{\infty}E[a_n]s(t-nT_s)=-0.4\sum_{n=-\infty}^{\infty}s(t-nT_s)$$

对于图 8.18 中的(a)图，可知 $\sum\limits_{n=-\infty}^{\infty}s(t-nT_s)$为常数，因此 $E[d(t)]$是直流，所以 $d(t)$的频谱中不包含 $f_s=\frac{1}{T_s}$的离散谱分量。

对于图 8.18 中的(b)图和(c)图，可知 $\sum\limits_{n=-\infty}^{\infty}s(t-nT_s)$是周期为 T_s 的周期信号。有可能包含 $f_s=\frac{1}{T_s}$的离散谱分量。

进一步来说，若忽略幅度系数。则对于(b)图，$s(t)$的傅里叶变换为

$$S(f)=\sin c\left(f\frac{T_s}{4}\right)$$

而对于(c)图，$s(t)$的傅里叶变换为

$$S(f)=\sin c\left(f\frac{T_s}{2}\right)$$

因为 $\sin c\left(\frac{f}{2}\right)$不等于 0，所以在图 8.18(b)和图 8.18(c)的条件下，存在 $f_s=\frac{1}{T_s}$的离散谱分量。

【例 8.1.6】 已知信息代码为：1 0 0 0 0 0 0 0 0 1 1 1 0 0 1 0 0 0 0 1 0，请就 AMI 码、HDB_3 码、Manchester 码三种情形。

(1) 给出编码结果；

(2) 画出提取时钟的框图。

分析：求编码结果就是按它们各自的编码规则进行编码就可以了；提取时钟的方法对于双极性和单极性是不同的。

答：(1) 按各自的编码规则，可以求出 AMI 码、HDB_3 码、Manchester 码。

AMI 码：+1 0 0 0 0 0 0 0 0 −1 +1 −1 0 0 +1 0 0 0 0 −1 0

HDB_3 码：+1 0 0 0 +V −B 0 0 −V +1 −1 +1 0 0 −1 +B 0 0 +V −1 0

Manchester 码：100101010101010101101010010110010101011001

(2) AMI 码和 HDB_3 码可以看成是一种双极性归零码，经过全波整流后成为单极性归零码，包含时钟

的线谱分量，故此可直接提取。提取时钟的框图如图 8.19 所示。

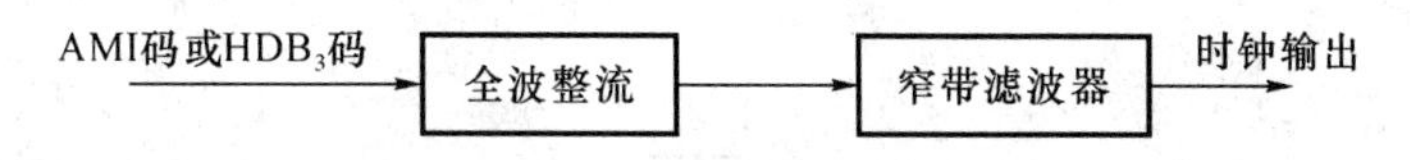

图 8.19

Manchester 码经过全波整流后是直流，不能用上述办法。需要先微分，使之成为一种双极性归零码，然后再用上述办法，不过注意这里提出的是二倍频时钟，需要二分频。提取时钟的框图如图 8.20 所示。

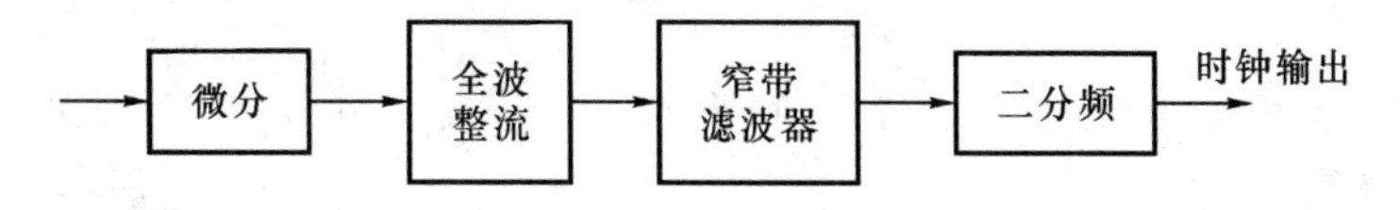

图 8.20

【例 8.1.7】 有某二进制序列 1 0 1 0 0 0 0 1 1 0 0 0 0 0 1 0 1，试求：

(1) 设差分码的首位为 0，写出差分码序列；

(2) 画出产生此差分信号的框图；

(3) 画出接收此差分信号的框图，阐明将此差分码判为数字信号的规律。

分析：差分码的编码规则为 $b_n = a_n \otimes b_{n-1}$，本题给出第一位为 0，所以从第二位开始进行编码。

答：(1)根据分析给出的编码规则，以及首位为 0，对该二进制序列进行差分编码，可以得到差分码序列为：0 0 1 0 0 0 0 0 1 0 0 0 0 0 0 1 1 0 。

(2) 此差分信号的产生框图如图 8.21 所示。

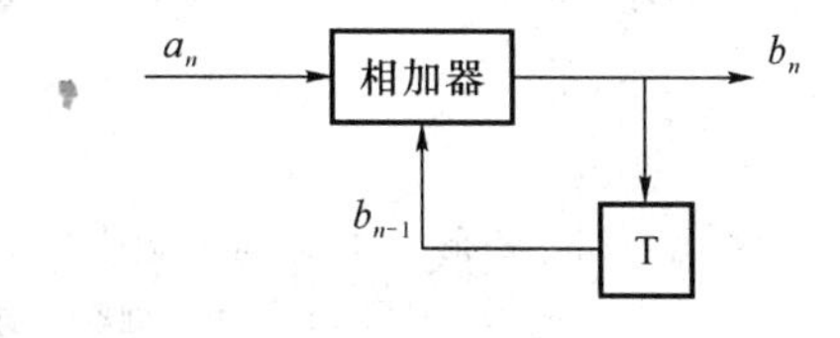

图 8.21

(3) 接收此差分码的方框图如图 8.22 所示。

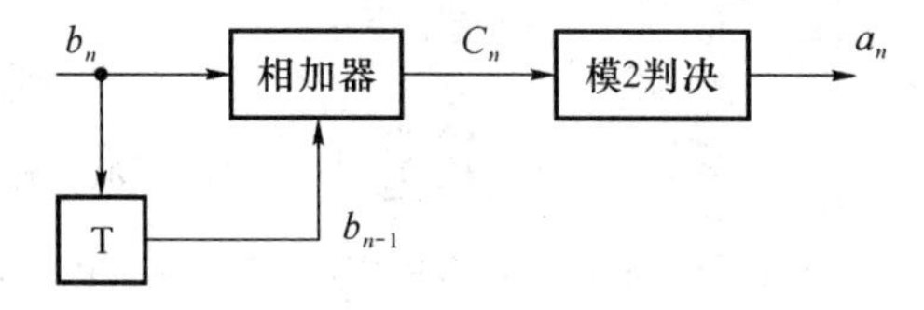

图 8.22

由接收框图可以看出

$$C_n = b_n + b_{n-1}$$

经过模 2 判决，输出为

$$a_n = [C_n]_{\mathrm{mod2}}$$

综上所述，差分码判为数字信号的规律是：将本次输入与上次输入的进行相加，再通过一个模 2 判决器，也就是对 2 求余，就可以恢复原始码元了。

【例 8.1.8】 假设信息比特 1、0 以独立等概率方式出现，求数字分相码的功率谱密度。

答：数字分相码可以表示成二进制 PAM 信号的形式为

$$s(t) = \sum_{n=-\infty}^{\infty} a_n g(t - nT_{\mathrm{b}})$$

式中，序列 $\{a_n\}$ 以独立等概率方式取值于 ± 1，则期望为 $m_a = 0$，方差为 $\sigma_a^2 = 1$；$g(t)$ 的波形图如图 8.23

所示。

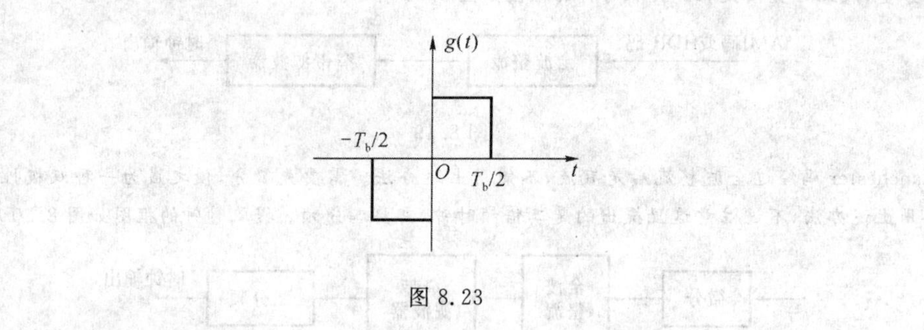

图 8.23

所以 $g(t)$的傅里叶变换为

$$G(f)=-\frac{AT_b}{2}\sin c\left(f\frac{T_b}{2}\right)e^{j2\pi f\frac{T_b}{4}}+\frac{AT_b}{2}\sin c\left(f\frac{T_b}{2}\right)e^{-j2\pi f\frac{T_b}{4}}$$

$$=-jAT_b\sin\frac{\pi fT_b}{2}\sin c\left(f\frac{T_b}{2}\right)$$

所以有

$$P_s(f)=\frac{\sigma_a^2}{T_b}|G(f)|^2=A^2T_b\sin^2\frac{\pi fT_b}{2}\sin c^2\left(f\frac{T_b}{2}\right)$$

【例 8.1.9】 对与单极性波形，若设 $g_1(t)=0$，$g_2(t)=g(t)$，且随机脉冲序列的双边带功率谱密度为

$$P_s(f)=f_bP(1-P)|G_1(f)-G_2(f)|^2$$
$$+\sum_{m=-\infty}^{\infty}|f_b[PG_1(mf_b)+(1-P)G_2(mf_b)]|^2\delta(f-mf_b)$$

发送“0”码和“1”码的概率相同。试求：

(1) 脉冲序列的双边带功率谱密度；

(2) 若表示“1”码的波形 $g_2(t)=g(t)$为不归零矩形脉冲，求其双边带功率谱密度，并加以说明；

(3) 若表示“1”码的波形 $g_2(t)=g(t)$为占空比为 50%的归零矩形脉冲，求其双边带功率谱密度，并加以说明。

答：(1) 因为发送“0”码和“1”码的概率相同，所以 $P=\frac{1}{2}$，又 $g_1(t)=0$，所以有 $G_1(f)=0$，代入题目所给的公式，可以得到

$$P_s(f)=\frac{1}{4}f_b|G(f)|^2+\frac{1}{4}f_b^2\sum_{m=-\infty}^{\infty}|G(mf_b)|^2\delta(f-mf_b)$$

(2) 若表示“1”码的波形 $g_2(t)=g(t)$为不归零矩形脉冲，则其时域表达式为

$$g(t)=\begin{cases}1 & |t|\leqslant\frac{T_b}{2}\\ 0 & \text{其他}\end{cases}$$

进行傅里叶变换，可得其频谱为

$$G(f)=T_b\left(\frac{\sin\pi fT_b}{\pi fT_b}\right)=T_b\mathrm{Sa}(\pi fT_b)$$

对于 $f=mf_b$ 时，$G(f)$的取值情况：

当 $m=0$ 时，$G(f)=T_b\mathrm{Sa}(0)=T_b$，因此离散谱中有直流分量；

当 m 为不等于零的整数时，$G(f)=0$，离散谱为 0，因此无定时信息。

将 $G(f)=T_b\mathrm{Sa}(\pi fT_b)$代入 $P_s(f)$中，可得：

$$P_s(f)=\frac{T_b}{4}\mathrm{Sa}^2(\pi fT_b)+\frac{1}{4}\delta(f)$$

由以上可以看出：单极性非归零信号的功率谱只有连续谱和直流分量；不含有定时信息；带宽

为$B=f_b$。

(3) 若表示"1"码的波形$g_2(t)=g(t)$为占空比为50%的归零矩形脉冲，则其频谱为：

$$G(f)=\frac{T_b}{2}\mathrm{Sa}\left(\frac{\pi f T_b}{2}\right)$$

对于$f=mf_b$时，$G(f)$的取值情况：

当$m=0$时，$G(f)=\frac{T_b}{2}\mathrm{Sa}(0)=\frac{T_b}{2}$，因此离散谱中有直流分量；

当m为奇数时，$G(f)=\frac{T_b}{2}\mathrm{Sa}\left(\frac{m\pi}{2}\right)\neq 0$，则有离散谱，因而有定时信号；

当m为偶数时，$G(f)=\frac{T_b}{2}\mathrm{Sa}\left(\frac{m\pi}{2}\right)=0$，此时无离散谱。

将$G(f)=\frac{T_b}{2}\mathrm{Sa}\left(\frac{\pi f T_b}{2}\right)$代入$P_s(f)$中，可得：

$$P_s(f)=\frac{T_b}{16}\mathrm{Sa}^2\left(\frac{\pi f T_b}{2}\right)+\frac{1}{16}\sum_{m=-\infty}^{\infty}\mathrm{Sa}^2\left(\frac{m\pi}{2}\right)\delta(f-mf_b)$$

由上可以看出：单极性归零信号的功率谱既有连续谱也有离散谱；含有同步信息；带宽为$B=2f_b$。

※**点评**：单极性的这些结论和性质可以直接引用。

【例 8.1.10】 对于双极性波形，若设$g_1(t)=-g_2(t)=g(t)$，则其双边带功率谱密度为

$$P_s(f)=4f_bP(1-P)\,|G(f)|^2+\sum_{m=-\infty}^{\infty}|f_b(2P-1)G(mf_b)|^2\delta(f-mf_b)$$

发送"0"码和"1"码的概率相同。试求：

(1) 双极性脉冲序列的双边带功率谱密度；

(2) 若$g(t)$是高为1、脉宽等于码元周期的矩形脉冲，求其双边带功率谱密度，并加以说明；

(3) 若$g(t)$是高为1、宽度τ的矩形脉冲，求其双边带功率谱密度，并加以说明。

答：(1) 因为发送"0"码和"1"码的概率相同，所以$P=\frac{1}{2}$，代入题目所给的双边带频率谱密度公式，可得

$$P_s(f)=f_b\,|G(f)|^2$$

(2) 若$g(t)$是高为1、脉宽等于码元周期的矩形脉冲，用【例 8.1.9】一样的分析方法，则双边带功率谱密度可化为

$$P_s(f)=T_b\mathrm{Sa}^2(\pi f T_b)$$

由此可见：双极性非归零信号的功率谱不含离散分量，也即不能提取时钟信号；带宽为$B=f_b$。

(3) 若$g(t)$是高为1、宽度τ的矩形脉冲，同理如【例 8.1.9】的分析方法，则双边带功率谱密度可化为

$$P_s(f)=f_b\tau^2\mathrm{Sa}^2(\pi f\tau)$$

由此可以看出：双极性归零信号的功率谱不含离散分量，即不含定时信息；带宽为$B=\frac{1}{\tau}$。

※**点评**：双极性的这些结论和性质可以直接引用。

【例 8.1.11】 设某二进制数字基带信号的基本脉冲为三角形脉冲，如图 8.24 所示，图中T_s为码元间隔，数字信息"1"和"0"分别用$g(t)$的有无来表示，且"1"和"0"出现的概率相等，试求：

(1) 该数字基带信号的功率谱密度；

(2) 能否从该数字基带信号中提取码元同步所需的频率分量？若能，计算该分量的功率。

答：(1) 由图 8.24 可得

$$g(t)=\begin{cases}A\left(1-\frac{2}{T_s}|t|\right), & |t|\leqslant\frac{T_s}{2}\\ 0, & \text{其他}\end{cases}$$

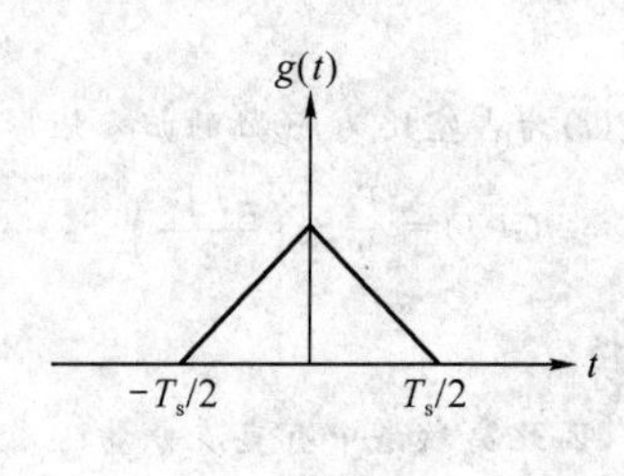

图 8.24

所以其频谱为

$$G(\omega)=\frac{AT_s}{2}\mathrm{Sa}^2\left(\frac{\omega T_s}{4}\right)$$

又由题意可知

$$P(0)=P\left(\frac{1}{2}\right)=\frac{1}{2}$$

令

$$g_1(t)=g(t)$$
$$g_2(t)=0$$

则

$$G_1(f)=G(f)$$
$$G_2(f)=0$$

代入二进制数字基带信号的双边带功率谱密度公式

$$P_s(f)=f_bP(1-P)|G_1(f)-G_2(f)|^2+\sum_{m=-\infty}^{\infty}|f_b[PG_1(mf_b)+(1-P)G_2(mf_b)]|^2\delta(f-mf_b)$$

则可得其功率谱密度为

$$P_s(\omega)=f_sP(1-P)|G(f)|^2+\sum_{m=-\infty}^{\infty}|f_sPG(mf_s)|^2\delta(f-mf_s)$$
$$=\frac{A^2T_s}{16}\mathrm{Sa}^4\left(\frac{\omega T_s}{4}\right)+\frac{A^2}{16}\sum_{m=-\infty}^{\infty}\mathrm{Sa}^4\left(\frac{m\pi}{2}\right)\delta(f-mf_s)$$

(2) 从得到的功率谱密度公式可以看出，其离散谱分量为

$$P_v(\omega)=\frac{A^2}{16}\sum_{m=-\infty}^{\infty}\mathrm{Sa}^4\left(\frac{m\pi}{2}\right)\delta(f-mf_s)$$

当 $m=\pm1$ 时，$f=\pm f_s$，代入上式可得

$$P_v(\omega)=\frac{A^2}{16}\mathrm{Sa}^4\left(\frac{\pi}{2}\right)\delta(f-f_s)+\frac{A^2}{16}\mathrm{Sa}^4\left(\frac{\pi}{2}\right)\delta(f+f_s)$$

所以可以看出，该二进制数字基带信号中存在 $f_s=\frac{1}{T_s}$ 的离散谱分量，即同步分量。

该频率分量的功率为

$$S=\frac{A^2}{16}\mathrm{Sa}^4\left(\frac{\pi}{2}\right)+\frac{A^2}{16}\mathrm{Sa}^4\left(\frac{\pi}{2}\right)=\frac{2A^2}{\pi^4}$$

【例 8.1.12】 设二进制数字基带信号中，数字信息“1”和“0”分别由 $g(t)$ 和 $-g(t)$ 表示，且“1”、“0”出现的概率相等，其中 $g(t)$ 是升余弦频谱脉冲，为

$$g(t)=\frac{1}{2}\times\frac{\cos(\pi t/T_b)}{1-4t^2/T_b^2}\mathrm{Sa}(\pi t/T_b)$$

试求：

(1) 写出该数字基带信号的功率谱密度表达式，并画出功率谱密度图；

(2) 从该数字基带信号中能够直接提取频率 $f_b=\frac{1}{T_b}$的分量；

(3) 若码元间隔等于 10^{-3} s,求该数字基带信号的传码率和频带宽度。

分析:先计算出该时域表达式的频谱,再利用双极性等概率的功率谱密度可以得到该数字信号的功率谱密度表达式;从得到的功率谱密度中可以看出是否包含时钟分量;数字基带信号的频带宽度是指从频谱零点到第一个过零点的宽度。

答:(1) 由时域表达式可以求得频谱为

$$G(\omega)=\begin{cases}\frac{T_b}{4}\left(1+\cos\frac{\omega T_b}{2}\right) & |\omega|\leqslant\frac{2\pi}{T_b}\\ 0 & |\omega|>\frac{2\pi}{T_b}\end{cases}$$

由双极性等概率数字基带信号的功率谱为

$$P_s(f)=f_b|G(f)|^2$$

代入可得

$$P_s(\omega)=f_b|G(\omega)|^2=\frac{T_b}{16}\left(1+\cos\frac{\omega T_b}{2}\right),|\omega|\leqslant\frac{2\pi}{T_b}$$

其功率谱密度图如图 8.25 所示。

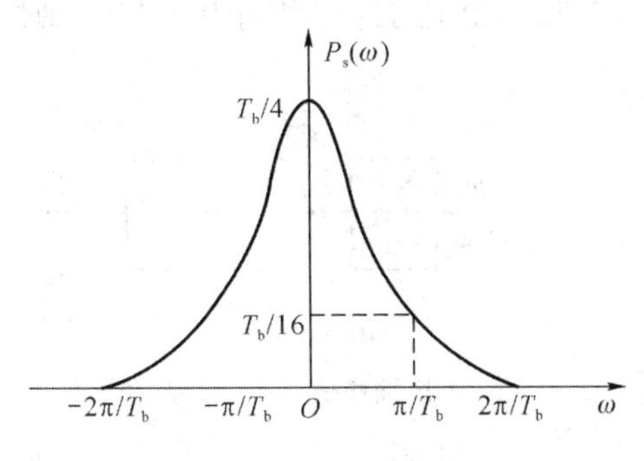

图 8.25

(2) 因为该数字基带信号功率谱离散部分为 0,不含离散分量,所以不能直接提取 $f_b=\frac{1}{T_b}$的频率分量。

(3) 传码率为

$$R_B=\frac{1}{T_b}=1\ 000(\text{Baud})$$

带宽为

$$W=\frac{2\pi}{T_b}\Big/2\pi=1\ 000(\text{Hz})$$

题型 2 数字基带传输系统的抗噪声性能分析

【例 8.2.1】 某二进制数字基带系统所传送的是单极性基带信号,且数字信息“1”和“0”的出现概率相等。

(1) 若数字信息位“1”时,接收滤波器输出信号在抽样判决时刻的值 $A=1$ V,且接收滤波器输出噪声是均值为 0、均方根值为 0.2 V 的高斯噪声,试求这时的误码率;

(2) 若要求误码率不大于 10^{-5},试确定 A 最少应为多少。

分析:对于单极性基带信号的误码率有公式 $P_e=\frac{1}{2}\text{erfc}\left(\frac{1}{2}\sqrt{\frac{A^2}{2\sigma^2}}\right)$可求,注意是等概率的情况。

答:(1) 由已知可得:

$$\sigma^2=0.2,A=1$$

则误码率为

$$P_e=\frac{1}{2}\text{erfc}\left(\frac{1}{2}\sqrt{\frac{A^2}{2\sigma^2}}\right)$$

$$=\frac{1}{2}\text{erfc}\left(\frac{1}{2}\sqrt{\frac{1}{0.08}}\right)=6.21\times10^{-3}$$

(2) 由题意可以得到不等式

$$P_e=\frac{1}{2}\text{erfc}\left(\frac{1}{2}\sqrt{\frac{A^2}{2\sigma^2}}\right)\leqslant10^{-5}$$

可以解得

$$A\geqslant8.6\sigma$$

※**点评**:充分掌握各种接收方式和不同信息码的等概率发送时的误码率公式。

【例 8.2.2】 已知二进制序列的"1"和"0"分别由波形 $s_1(t)=\begin{cases}A & 0\leqslant t\leqslant T_b\\0 & 其他\end{cases}$ 及 $s_2(t)=0$ 表示,"1"与"0"等概率出现。此信号在信道传输中受到功率谱密度为 $N_0/2$ 的加性白高斯噪声 $n(t)$ 的干扰,接收端用如图 8.26 所示的框图进行接收。图中低通滤波器的带宽是 B,B 足够大使得 $s_i(t)$ 经过滤波器后近似无失真。

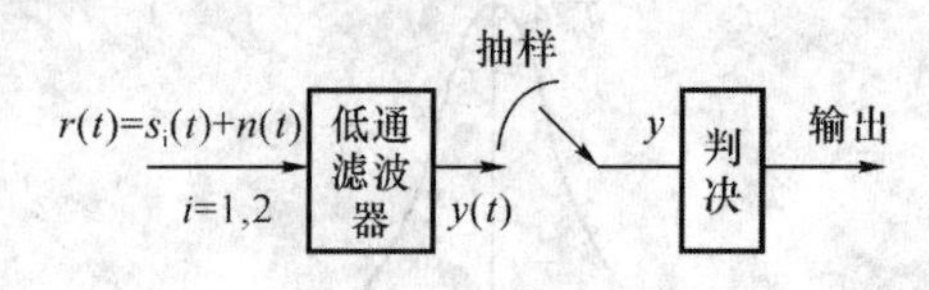

图 8.26

(1) 若发送 $s_1(t)$,请写出 $y(t)$ 表示式,求出抽样值 y 的条件均值 $E[y|s_1]$ 及条件方差 $D[y|s_1]$,写出此时 y 的条件概率密度函数 $p_1(y)=p(y|s_1)$。

(2) 若发送 $s_2(t)$,请写出 $y(t)$ 表示式,求出抽样值 y 的条件均值 $E[y|s_2]$ 及条件方差 $D[y|s_2]$,写出此时 y 的条件概率密度函数 $p_2(y)=p(y|s_2)$。

(3) 求最佳判决门限 V_T 值。

(4) 推导出平均误比特率。

分析:本题是考查基于低通滤波器方式的接收方式,只要掌握基本的概念的意义,知道怎么去求这些基本概念,本题就比较容易求出,对于概率密度函数有直接的公式可以套,但是计算过程有一点复杂。

答:(1) 在发送 $s_1(t)$ 时,有:

在 $0\leqslant t\leqslant T_b$ 时间范围内,有 $y(t)=A+\xi(t)$。

式中,$\xi(t)$ 是白高斯噪声 $n(t)$ 通过低通滤波器后的输出,所以 $\xi(t)$ 是均值为 0 的高斯平稳过程,其方差为 $\sigma^2=N_0B$。

所以,在发送 $s_1(t)$ 的条件下,抽样值 y 的条件均值为 A,条件方差为 N_0B。

则其条件概率密度函数为

$$p_1(y)=\frac{1}{\sqrt{2\pi N_0B}}e^{-\frac{(y-A)^2}{2N_0B}}$$

(2) 同理可知在发送 $s_2(t)$ 时有

在 $0\leqslant t\leqslant T_b$ 时间范围内,有 $y(t)=\xi(t)$。

因此抽样值 y 的条件均值是 0,条件方差是 N_0B。

则其条件概率密度函数为

$$p_2(y)=\frac{1}{\sqrt{2\pi N_0 B}}e^{-\frac{y^2}{2N_0 B}}$$

(3) 最佳门限 V_T 是后验概率相等的分界点，也即是解方程

$$P(s_1|y)=P(s_2|y)$$

由

$$P(s_i|y)==\frac{p(y|s_i)P(s_i)}{p(y)}$$

可知 V_T 是方程 $P(s_1)p_1(y)=P(s_2)p_2(y)$ 的解。

由于"1"与"0"等概率出现，所以 V_T 是 $p_1(y)=p_2(y)$ 的解。代入到前面求出的概率函数可以解得$V_T=y=\frac{A}{2}$。

(4) 根据平均误比特率的概念，可以得出：

$$\begin{aligned}P_b&=P(s_1)P(e|s_1)+P(s_2)P(e|s_2)\\&=\frac{1}{2}[P(e|s_1)+P(e|s_2)]\end{aligned}$$

其中：

$$\begin{aligned}P(e|s_1)&=P(y<V_T|s_1)\\&=P(A+\xi<\frac{A}{2})\\&=P\left(\xi<-\frac{A}{2}\right)\\&=\frac{1}{2}\mathrm{erfc}\left(\frac{A/2}{\sqrt{2N_0B}}\right)=\frac{1}{2}\mathrm{erfc}\left(\sqrt{\frac{A^2}{8N_0B}}\right)\\P(e|s_2)&=P(y>V_T|s_2)\\&=P\left(\xi>\frac{A}{2}\right)\\&=P\left(\xi<-\frac{A}{2}\right)\\&=\frac{1}{2}\mathrm{erfc}\left(\frac{A/2}{\sqrt{2N_0B}}\right)=\frac{1}{2}\mathrm{erfc}\left(\sqrt{\frac{A^2}{8N_0B}}\right)\end{aligned}$$

所以，可得平均误比特率为

$$P_b=\frac{1}{2}\mathrm{erft}\left(\sqrt{\frac{A^2}{8N_0B}}\right)$$

※**点评**：低通滤波器的这些结论可以直接用。

【例 8.2.3★】(北京邮电大学考研真题) 在图 8.27 中，二进制确定信号 $s_i(t)$，$i=1,2$ 在信道传输中受到双边功率谱密度为 $N_0/2$ 的加性高斯白噪声 $n(t)$的干扰。今用冲激响应为 $h(t)$的匹配滤波器进行最佳解调。设 $s_1(t)$和 $s_2(t)$等概率出现，E_b 为平均每个比特的信号能量，y 表示在最佳抽样时刻对 $y(t)$进行采样得到的抽样值 $y(T_b)$。

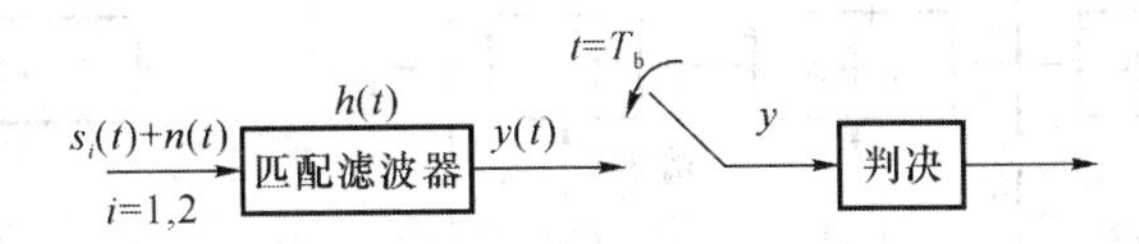

图 8.27

(1) 证明 y 中信号分量的瞬时功率是 E_b^2；

(2) 证明 y 中噪声分量的平均功率为$\frac{N_0E_b}{2}$；

(3) 若发送 $s_2(t)$，请写出 y 的条件功率密度函数 $p(y|s_2)$ 表达式。

答：(1) 匹配滤波器的冲激响应为

$$h(t)=s_1(T_b-t)$$

抽样值为

$$\begin{aligned} y=y(T_b)&=\int_0^{T_b}[s_i(t)+n(t)]h(T_b-\tau)d\tau \\ &=\int_0^{T_b}s_i(t)s_1(\tau)d\tau+\int_0^{T_b}n(t)h(T_b-\tau)d\tau \\ &=\begin{cases}E_b+Z & i=1\\ -E_b+Z & i=2\end{cases}\end{aligned}$$

式中，$Z=\int_0^{T_b}n(t)h(T_b-\tau)d\tau$ 为抽样值中的噪声分量。

因此无论发送的是 $s_1(t)$ 还是 $s_2(t)$，信号分量的瞬时功率都是 E_b^2。

(2) $y(t)$ 中的噪声 $Z(t)$ 是高斯白噪声通过线性系统的输出，它是一个 0 均值的平稳高斯过程。设 $h(t)$ 的傅里叶变换为 $H(f)$，则 $Z(t)$ 的功率谱密度为

$$P_Z(f)=\frac{N_0}{2}|H(f)|^2$$

所以 Z 的平均功率为

$$\begin{aligned} \sigma_E^2&=\int_{-\infty}^{\infty}P_Z(f)df \\ &=\frac{N_0}{2}\int_{-\infty}^{\infty}|H(f)|^2df \\ &=\frac{N_0}{2}\int_{-\infty}^{\infty}h^2(t)dt=\frac{N_0E_b}{2}\end{aligned}$$

(3) 若发送 $s_2(t)$，则 $y=-E_b+Z$，其均值为 $-E_b$，方差为 $\frac{N_0E_b}{2}$，因此 y 的条件功率密度函数为

$$p(y|s_2)=\frac{1}{\sqrt{\pi N_0E_b}}e^{-\frac{(y+E_b)^2}{N_0E_b}}$$

【例 8.2.4★】(北京邮电大学考研真题) 在图 8.28 中，$s(t)$ 等概率取值于 $\pm v(t)$，$v(t)$ 是基带信号且只有 $0<t<T_s$ 内部为 0，$n(t)$ 是高斯白噪声。"过零判决"通过识别采样结果的极性判断 $s(t)$ 是 $+v(t)$ 还是 $-v(t)$。问：

(1) $g(t)$ 满足什么条件时，判决错误率为 $\frac{1}{2}$；

(2) $g(t)$ 满足什么条件时，判决错误率最小；

(3) 如果每一个线性系统替代图中虚线框内的部分，并希望采样结构不发生变化，那么此线性系统的冲激响应应该是什么？

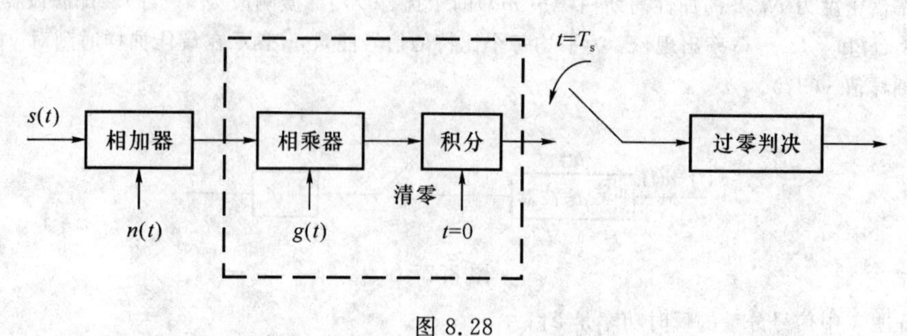

图 8.28

答:(1) 当 $g(t)$ 与 $v(t)$ 正交时,有$\int_0^{T_s} g(t)v(t)\mathrm{d}t = 0$,此时抽样结果与 $s(t)$ 极性无关,则判决的错误率为$\frac{1}{2}$。

(2) 当 $g(t)=v(t)$时,构成最佳接收机,因而错误率最小。

(3) 设线性系统的冲激响应为 $h(t)$,令 $x(t)=s(t)+n(t)$,则为了保持抽样结果不变,则必须满足

$$\int_0^{T_s} x(t)g(t)\mathrm{d}t = \int_{-\infty}^{\infty} h(T_s-\tau)x(\tau)\mathrm{d}\tau$$

$$\Rightarrow h(t) = g(T_s - t)$$

【例 8.2.5】 在图 8.29 中,$s_1(t)$和 $s_2(t)$等概率出现,高斯白噪声的功率谱密度为$\frac{N_0}{2}$,试求:

(1) 画出匹配滤波器的冲击响应 $h(t)$;

(2) 求发 $s_1(t)$条件下抽样瞬时值 y 中信号分量的幅度及功率、噪声分量的平均功率;

(3) 求发 $s_2(t)$条件下抽样值 y 的均值、方差和概率密度函数 $p_2(y)$;

(4) 求平均误码率。

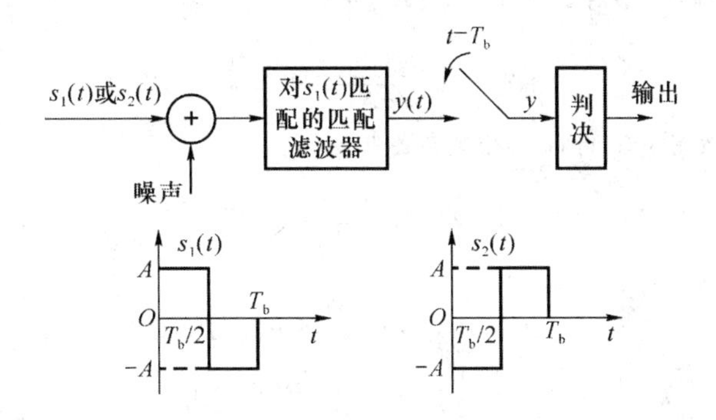

图 8.29

答:(1) 根据匹配滤波器的冲击响应的公式有

$$h(t)=s_1(T_b-t)=s_2(t)$$

所以可以画出 $h(t)$的波形如图 8.30 所示。

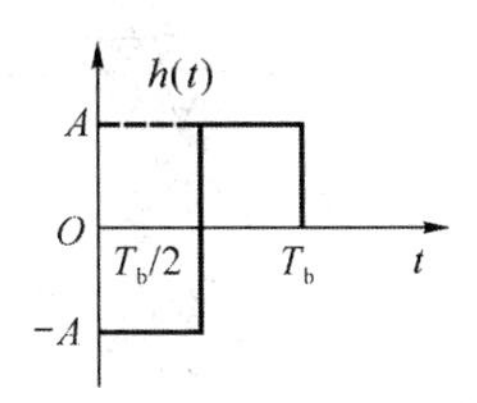

图 8.30

(2) 在发 $s_1(t)$条件下,抽样瞬时值 y 抽样值中的信号分量是:

$$\int_{-\infty}^{\infty} s_1(T-\tau)h(t)\mathrm{d}\tau = \int_{-\infty}^{\infty} s_2(\tau)s_2(\tau)\mathrm{d}\tau$$

$$= A^2 T_b = E_b$$

式中,E_b 表示每个比特的能量。

抽样瞬时值中信号分量的功率为 E_b^2。

抽样值中的噪声分量的功率为

$$\sigma^2 = \int_{-\infty}^{\infty} \frac{N_0}{2} |H(f)|^2 \mathrm{d}f$$
$$= \frac{N_0}{2} \int_{-\infty}^{\infty} |S_2(f)|^2 \mathrm{d}f$$
$$= \frac{N_0 E_b}{2}$$

(3) 在发 $s_2(t)$ 条件下，抽样值 y 的信号分量为

$$\int_{-\infty}^{\infty} s_2(T-\tau)h(\tau)\mathrm{d}\tau = \int_{-\infty}^{\infty} s_1(\tau)s_2(\tau)\mathrm{d}\tau$$
$$= -A^2 T_b = -E_b$$

所以抽样值为

$$y = -E_b + \xi$$

式中，ξ 是均值为 0，方差为 $\frac{N_0 E_b}{2}$。

因此在发送 $s_2(t)$ 的时候，抽样值的均值为 $-E_b$，方差为 $\frac{N_0 E_b}{2}$，所以概率密度函数为

$$p_2(y) = \frac{1}{\sqrt{\pi N_0 E_b}} \mathrm{e}^{\frac{-(y+E_b)^2}{N_0 E_b}}$$

(4) 同理可以求出发送 $s_1(t)$ 时，概率密度函数为

$$p_1(y) = \frac{1}{\sqrt{\pi N_0 E_b}} \mathrm{e}^{\frac{-(y-E_b)^2}{N_0 E_b}}$$

则平均误码率为

$$P_b = P(s_1)P(e|s_1) + P(s_2)P(e|s_2)$$
$$= \frac{1}{2}[P(e|s_1) + P(e|s_2)]$$

其中

$$P(e|s_1) = P(y<0|s_1)$$
$$= P(E_b + \xi < 0)$$
$$= P(\xi < -E_b)$$
$$= \frac{1}{2}\mathrm{erfc}\left(\sqrt{\frac{E_b}{N_0}}\right)$$

同理可得

$$P(e|s_2) = \frac{1}{2}\mathrm{erfc}\left(\sqrt{\frac{E_b}{N_0}}\right)$$

所以，可得平均误比特率为

$$P_b = \frac{1}{2}\mathrm{erfc}\left(\sqrt{\frac{E_b}{N_0}}\right)$$

※点评：匹配滤波器的接收方式的这些结论是可以直接套用的。

【例 8.2.6★】（北京邮电大学考研真题） 一数字通信系统在收端抽样时刻样值为

$$y = s_i + n, i = 1,2,3$$

其中 s_i 是发送端发出的三个可能值之一：$s_1=-2$、$s_2=0$、$s_3=2$，它们的出现概率各为 1/3，n 是均值为零、方差为 $\sigma^2=1$ 的高斯随机变量，现在要根据 y 的统计特性来进行判决，使平均错判概率最小，请写出以下计算公式：

(1) 发 s_1 时错判的概率 $P(e|s_1)$；

(2) 发 s_2 时错判的概率 $P(e|s_2)$；

(3) 发 s_3 时错判的概率 $P(e|s_3)$；

(4) 系统的平均错误概率 P_e。

分析:本题就是要掌握判错概率的公式以及误码率的计算。对于等概率,门限值为两个的中间值;对于发送不同的信号时判错的概率有固定的公式。

答:本题没有给出门限电平,但是由于是等概率,根据分析所讲的,所以最佳判决的两个门限值分别为:-1和1。

(1) 发 s_1 时错判的概率为

$$P(e|s_1)=P(y>-1|s_1)$$
$$=P(n>1)=\frac{1}{2}\mathrm{erfc}\left(\frac{1}{\sqrt{2\sigma^2}}\right)=\frac{1}{2}\mathrm{erfc}\left(\frac{1}{\sqrt{2}}\right)$$

(2) 发 s_2 时错判的概率为

$$P(e|s_2)=P(|y|>1|s_2)$$
$$=P(|n|>1)=\mathrm{erfc}\left(\frac{1}{\sqrt{2}}\right)$$

(3) 发 s_3 时错判的概率为

$$P(e|s_3)=P(y<1|s_3)$$
$$=P(n<-1)=\frac{1}{2}\mathrm{erfc}\left(\frac{1}{\sqrt{2}}\right)$$

(4) 所以平均误码率为

$$P_e=\sum_{i=1}^{3}P(e\mid s_i)P(s_i)=\frac{1}{3}\times\frac{4}{2}\mathrm{erfc}\left(\frac{1}{\sqrt{2}}\right)=\frac{2}{3}\mathrm{erfc}\left(\frac{1}{\sqrt{2}}\right)$$

题型3 码间干扰和部分响应系统

【**例8.3.1**】 设基带传输系统的发送滤波器、信道和接收滤波器的总传输特性 $H(f)$ 如图8.31所示,其中 $f_1=1$ MHz,$f_2=3$ MHz。试确定该系统无码间干扰传输时的最高码元速率和频带利用率。

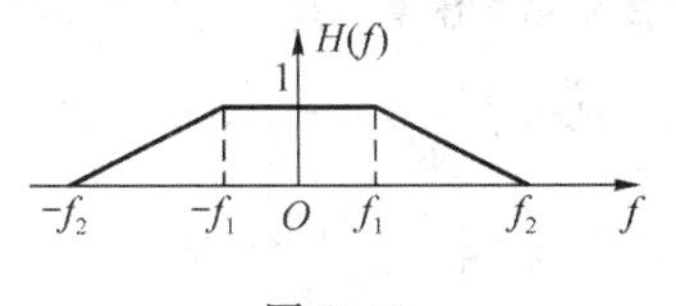

图8.31

答:由图8.31所示,可以看出:

当 $f_s=f_1+f_2$ 时,有 $\sum_{n=-\infty}^{\infty}H(f-nf_s)=1$,且不存在更大的 f_s 使得 $\sum_{n=-\infty}^{\infty}H(f-nf_s)$ 等于常数。

因此该系统码无码间干扰传输时的最高码元速率为

$$R_s=f_1+f_2=4\ \text{MBaud}$$

对应的频带利用率为

$$\frac{R_s}{f_2}=\frac{4}{3}\text{Baud/Hz}$$

※**点评**:对于知道传输函数图形的无码间干扰问题,知道如何去求最高传输码元速率。

【**例8.3.2**】 设滚降系数为 $\alpha=1$ 的升余弦滚降无码间干扰基带传输系统的输入是十六进制的码元,其码元速率是 $R_s=1\ 200$ Baud,求此基带传输系统的截止频率、该系统的频带利用率以及该系统的信息传输速率。

分析:对于升余弦滤波器有截止频率为 $B=\frac{1+\alpha}{2T_b}=(1+\alpha)\frac{R_s}{2}$;频带利用率为 $\frac{R_s}{B}$;信息传输速率就要看

是多少进制了，知道码元传输速率和多少进制就很容易求出。

答：由分析所讲的，直接代入就可以求得此系统的截止频率为

$$B=(1+\alpha)\frac{R_s}{2}=1\ 200\ \text{Hz}$$

所以频带利用率为

$$\eta=\frac{R_s}{B}=1\ \text{Baud/Hz}$$

由于该系统输入的是十六进制，所以频带利用率也为 4 bit/s/Hz。

从而也可以求得信息传输速率为

$$R_B=R_s\log_2 16=4\ 800\ \text{bit/s}$$

※**点评**：升余弦滤波器的带宽。

【例 8.3.3★】(西安科技学院考研真题) 若给定低通信道的带宽为 2 400 Hz，在此信道上进行基带传输，当基带形成滤波器特性分别为理想低通、50%余弦滚降、100%余弦滚降，试问无码间干扰传输的最高码速率及相应的频带利用率各为多少。

分析：对于升余弦滚降，最高码元速率为 $R_s=\frac{2W}{1+\alpha}$，频带利用率为 $\frac{2}{1+\alpha}$，而理想低通可以认为是 $\alpha=0$。

答：理想低通时，由分析可知 $\alpha=0$，所以最高码元速率和频带利用率分别为

$$R_s=\frac{2W}{1+\alpha}=2W=4\ 800\ \text{Baud}$$

$$\eta=\frac{2}{1+\alpha}=2\ \text{Baud/Hz}$$

50%余弦滚降时，有 $\alpha=\frac{1}{2}$，所以最高码元速率和频带利用率分别为

$$R_s=\frac{2W}{1+\alpha}=\frac{4}{3}W=3\ 200\ \text{Baud}$$

$$\eta=\frac{2}{1+\alpha}=\frac{4}{3}\text{Baud/Hz}$$

100%余弦滚降时，有 $\alpha=1$，所以最高码元速率和频带利用率分别为

$$R_s=\frac{2W}{1+\alpha}=W=2\ 400\ \text{Baud}$$

$$\eta=\frac{2}{1+\alpha}=1\ \text{Baud/Hz}$$

※**点评**：升余弦滤波器的频带利用率。

【例 8.3.4】 二进制信息序列经 MPAM 调制及升余弦滚降频谱成形后通过基带信道传输，已知基带信道的带宽是 $W=3\ 000$ Hz。若滚降系数分别为 0、0.5、1。试求：

(1) 分别求出该系统无码间干扰传输时的符号速率；

(2) 若 MPAM 的进制数为 16，求出其相应的二进制信息速率。

分析：和上一题一样，不过这里是知道带宽来求码元速率，但是所用的公式没有变化。

答：(1) 由升余弦滚进频谱的带宽公式

$$W=(1+\alpha)\frac{R_s}{2}$$

可得

$$R_s=\frac{2W}{1+\alpha}$$

所以有

当 $\alpha=0$ 时，有 $R_s=\frac{2\times 3\ 000}{1+0}=6\ 000$ Baud；

当 $\alpha=0.5$ 时，有 $R_s=\frac{2\times3\ 000}{1+0.5}=4\ 000$ Baud；

当 $\alpha=1$ 时，有 $R_s=\frac{2\times3\ 000}{1+1}=3\ 000$ Baud。

(2) 由于 $R_b=R_s\log_2 M$，所以

当 $\alpha=0$ 时，有 $R_b=R_s\times4=24$ kbit/s；

当 $\alpha=0.5$ 时，有 $R_b=R_s\times4=16$ kbit/s；

当 $\alpha=1$ 时，有 $R_b=R_s\times4=12$ kbit/s；

※**点评**：码元速率和比特信息速率。

【例 8.3.5】 设基带传输系统特性为 $H(\omega)$，若要求以 $2/T_b$Baud 的速率进行数据传输，试检验如图 8.32 所示中各 $H(\omega)$是否满足无码间干扰的条件。

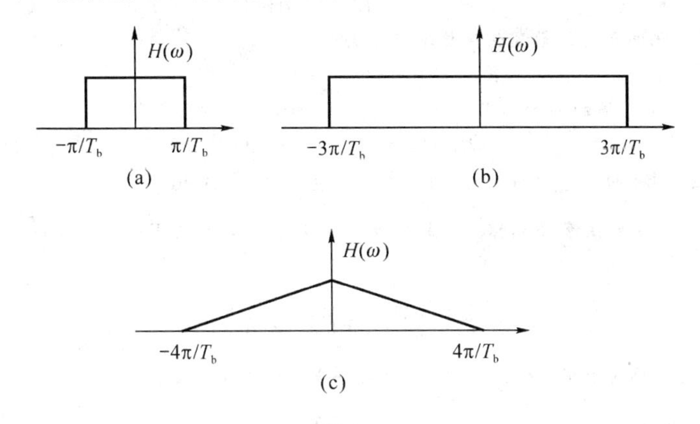

图 8.32

分析：由已知的传输特性可以得到等效理想低通的带宽，再通过比较 R_B 与 $2/T_b$ 的大小，就可以知道是否满足无码间干扰了。

答：(1) 由 $H(\omega)$可知等效理想低通的带宽为

$$W=\frac{1}{2T_b}$$

由理想低通的最大频带利用率为 2 Baud/Hz，所以可以求出最大的码速率为

$$R_{Bmax}=2W=\frac{1}{T_b}$$

与要求的码速率比较，有

$$R_{Bmax}<\frac{2}{T_b}$$

所以不能满足无码间干扰的条件。

(2) 同理可得等效理想低通的带宽为

$$W=\frac{3}{2T_b}$$

所以有

$$R_{Bmax}=2W=\frac{3}{T_b}$$

可以看出，$R_{Bmax}>\frac{2}{T_b}$，但是因为不是整数倍，所以仍然无法满足无码间干扰的条件。

(3) 由 $H(\omega)$可知等效理想低通的带宽为

$$W_{eq}=\frac{1}{T_b}$$

所以有

$$R_{\mathrm{Bmax}}=2W=\frac{2}{T_{\mathrm{b}}}$$

可以看出以要求的码速率相等，即满足无码间干扰条件。

※**点评**：等效理想低通的带宽，无码间干扰的条件及比较方法。

【例 8.3.6】 一个理想低通滤波器特性信道的截止频率为 6 kHz。

(1) 若发送信号采用 8 电平基带信号，求无码间干扰的最高信息传输速率；

(2) 若发送信号采用 3 电平第一类部分响应信号，重发无码间干扰的最高信息传输速率；

(3) 若发送信号采用 $\alpha=0.5$ 的升余弦滚降频谱信号，请问在此信道上如何实现 24 kbit/s 的无码间干扰的信息传输速率？并画出最佳基带通信系统的框图。

答：(1) 因为是理想低通滤波器，所以最高的码元速率为

$$R_{\mathrm{s}}=2B=12\times10^{3}\ \mathrm{Baud}$$

由于是 8 电平，所以无码间干扰的最高信息传输速率为

$$R_{\mathrm{b}}=R_{\mathrm{s}}\log_2 8=36\times10^{3}\ \mathrm{bit/s}$$

(2) 第一类部分响应系统的频带利用率和理想低通一样，所以码元速率为

$$R_{\mathrm{s}}=2B=12\times10^{3}\ \mathrm{Baud}$$

每个 3 电平符号传送 1 bit 的信息，所以最高的信息速率为 12×10^{3} Baud。

(3) 采用 $\alpha=0.5$ 的升余弦滚降频谱时，带宽和码元速率的关系为 $W=(1+\alpha)\frac{R_{\mathrm{s}}}{2}$，所以可得码元速率为

$$R_{\mathrm{s}}=\frac{2W}{1+\alpha}=8\ 000\ \mathrm{Baud}$$

为了实现 24 kbit/s 的无码间干扰的信息传输速率，则每个码元表示的比特数为

$$\frac{24}{8}=3\ \mathrm{bit}$$

所以采用八进制，即采用 8PAM 传输。最佳基带通信传输系统如图 8.33 所示。

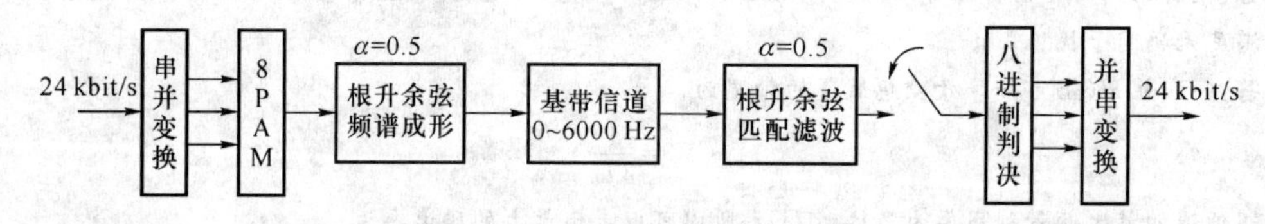

图 8.33

※**点评**：最佳基带通信系统的设计。

【例 8.3.7】 设某基带传输系统具有如图 8.34 所示的三角形传输函数：

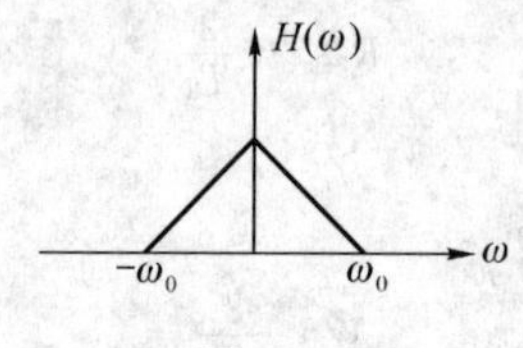

图 8.34

(1) 求该系统接收滤波器输出基本脉冲的时间表达式；

(2) 当数字基带信号的传码率 $R_{\mathrm{B}}=\omega_0/\pi$ 时，用奈奎斯特准则验证该系统能否实现无码间干扰传输。

分析：判断无码间干扰，第一就是要看它的传输特性是否满足无码间干扰的传输函数的特性；第二就是看它的传码率和要求的传码率之间的关系。

答：(1) 由图可得系统传输函数为

$$H(\omega)=\begin{cases}\left(1-\frac{1}{\omega_0}|\omega|\right), & |\omega|\leqslant\omega_0\\ 0, & \text{其他}\end{cases}$$

由

$$g(t)=\begin{cases}\left(1-\frac{1}{T_s}|t|\right), & |t|\leqslant T_s\\ 0, & \text{其他}\end{cases}$$

可得

$$G(\omega)=T_s\mathrm{Sa}^2\left(\frac{T_s\omega}{2}\right)$$

根据对称性，可得该系统接收滤波器输出基本脉冲的时间表达式为

$$h(t)=\frac{\omega_0}{2\pi}\mathrm{Sa}^2\left(\frac{\omega_0 t}{2}\right)$$

(2) 当数字基带信号的传码率 $R_B=\omega_0/\pi$ 时，需要以

$$\omega=2\pi R_B=2\omega_0$$

为间隔对 $H(\omega)$ 进行分段叠加，所以需要求在区间 $[-\omega_0,\omega_0]$ 上叠加函数的特性，此时有

$$T_s=\frac{\pi}{\omega_0}$$

因为

$$\sum_i H\left(\omega+\frac{2\pi i}{T_s}\right)=\sum_i H(\omega+2i\omega_0)$$

所以可得

$$\sum_i H\left(\omega+\frac{2\pi i}{T_s}\right)=\begin{cases}1-\frac{|\omega|}{\omega_0} & ,|\omega|\leqslant\omega_0\\ 0 & ,\text{其他}\end{cases}$$

根据无码间干扰传输条件，所以该系统不能以 $R_B=\omega_0/\pi$ 速率实现无码间干扰传输。

【例 8.3.8】 设二进制基带系统的传输函数 $H(\omega)$ 为

$$H(\omega)=\begin{cases}\frac{T_b}{2}\left(1+\cos\frac{\omega T_b}{2}\right) & ,|\omega|\leqslant\frac{2\pi}{T_b}\\ 0 & ,|\omega|>\frac{2\pi}{T_b}\end{cases}$$

试证明其单位冲激响应为 $h(t)=\frac{\sin\left(\frac{\pi t}{T_b}\right)}{\frac{\pi t}{T_b}}\cdot\frac{\cos\left(\frac{\pi t}{T_b}\right)}{1-\frac{4t^2}{T_b}}$，并说明用 $1/T_b$ Baud 速率传输数据时，抽样时刻上是否存在码间串扰。

答:(1) 由传输函数可得

$$H(\omega)=\frac{T_b}{2}G_{\frac{4\pi}{T_b}}(\omega)\left(1+\cos\frac{\omega T_b}{2}\right)$$
$$=\frac{T_b}{2}G_{\frac{4\pi}{T_b}}(\omega)+\frac{T_b}{4}G_{\frac{4\pi}{T_b}}(\omega)\mathrm{e}^{-\mathrm{j}\frac{\omega T_b}{2}}+\frac{T_b}{4}G_{\frac{4\pi}{T_b}}(\omega)\mathrm{e}^{\mathrm{j}\frac{\omega T_b}{2}}$$

又

$$G_{\frac{4\pi}{T_b}}(t)\Leftrightarrow\frac{4\pi}{T_b}\mathrm{Sa}\left(\frac{2\pi\omega}{T_b}\right)$$

根据对称性可得

$$G_{\frac{4\pi}{T_b}}(\omega)\Leftrightarrow\frac{2}{T_b}\mathrm{Sa}\left(\frac{2\pi t}{T_b}\right)$$

代入传输函数，可得到冲激响应为

$$\begin{aligned}h(t)&=\mathrm{Sa}\left(\frac{2\pi t}{T_b}\right)+\frac{1}{2}\mathrm{Sa}\left(\frac{2\pi(t-T_b/2)}{T_b}\right)+\frac{1}{2}\mathrm{Sa}\left(\frac{2\pi(t+T_b/2)}{T_b}\right)\\&=\mathrm{Sa}\left(\frac{2\pi t}{T_b}\right)-\mathrm{Sa}\left(\frac{2\pi t}{T_b}\right)\cdot\frac{1}{1-T_b^2/4t^2}\\&=\mathrm{Sa}\left(\frac{2\pi t}{T_b}\right)\left(\frac{1}{1-4t^2/T_b^2}\right)\\&=\frac{\sin(\pi t/T_b)}{\pi t/T_b}\cdot\frac{\cos(\pi t/T_b)}{1-4t^2/T_b}\end{aligned}$$

所以第一问被验证。

(2) 当$\frac{T_b}{2}\left(1+\cos\frac{\omega T_b}{2}\right)=0$时，有

$$\omega=\frac{2\pi}{T_b}$$

根据奈奎斯特第一准则可得

$$R_B=\frac{2\pi/T_b}{2\pi}=\frac{1}{T_b}(\mathrm{Baud})$$

所以可以用$1/T_b$Baud速率传输数据。

【例8.3.9】 某二进制数字基带传输系统由发送滤波器、信道和接收滤波器等构成，已知发“0”和“1”的概率分别为0.3和0.7，是单极性基带波形，系统总的传输函数为

$$H(\omega)=G_T(\omega)C(\omega)G_R(\omega)=\begin{cases}T & ,|\omega|\leqslant\frac{2\pi}{T}\\0 & ,|\omega|>\frac{2\pi}{T}\end{cases}$$

噪声$n(t)$是双边功率谱密度为$\frac{n_0}{2}$W/Hz、均值为0的高斯白噪声，信道$C(\omega)=1$。

(1) 要使系统最佳化，试问$G_T(\omega)$与$G_R(\omega)$应如何选择；

(2) 该系统无码间干扰的最高码元传输速率为多少；

(3) 试求该系统的最佳判决门限和最小误码率。

分析：本题考查的是理想信道下最佳基带系统的性质。

答：(1) 因为$C(\omega)=1$，且系统信道为理想信道。在理想信道下，系统传输特性为：

$$H(\omega)=G_T(\omega)G_R(\omega)$$

要消除码间干扰，且误码率最小，则

$$G_T(\omega)=G_R(\omega)$$

所以可得

$$G_T(\omega)=G_R(\omega)=H^{1/2}(\omega)=\sqrt{T}$$

(2) 要使系统无码间干扰，则必须使

$$\pi R_b=\frac{2\pi}{T}$$

所以最高码元传输速率为$\frac{2}{T}$。

(3) 对于单极性，最佳判决门限为

$$V_d=\frac{A}{2}+\frac{\sigma_n^2}{A}\ln\frac{P(0)}{P(1)}$$

又发“0”和“1”的概率分别为0.3和0.7，代入可得

$$V_d=\frac{A}{2}+\frac{\sigma_n^2}{A}\ln\frac{3}{7}$$

系统最小误码率是在等概率时候得到的，为

$$P_e=\frac{1}{2}\text{erfc}\,\frac{A}{2\sqrt{2}\sigma_n}$$

题型 4　眼图和信道均衡

【例 8.4.1★】(北京邮电大学考研真题)　在数字通信系统中，当信道特性不理想时，采用均衡器的目的是什么？

分析：基本概念。

答：采用均衡器的目的是补偿信道特性的不理想，减少码间干扰。

【例 8.4.2★】(西安电子科技大学考研真题)　衡量均衡滤波器均衡效果的两个准则是什么？

分析：基本概念。

答：衡量均衡滤波器均衡效果的两个准则为：最小峰值畸变准则和最小均方畸变准则。

它们的表达式为

$$\text{峰值畸变为 } D=\frac{1}{y_0}\sum_{\substack{k=-\infty\\k\neq 0}}^{\infty}|y_k|$$

$$\text{均方畸变为 } \varepsilon^2=\frac{1}{y_0^2}\sum_{\substack{k=-\infty\\k\neq 0}}^{\infty}y_k^2$$

【例 8.4.3】　设有一个三抽头的时域均衡器，如图 8.35 所示。$x(t)$在各抽样点的值依次为 $x_{-2}=\frac{1}{8}$、$x_{-1}=\frac{1}{3}$、$x_0=1$、$x_1=\frac{1}{4}$、$x_2=\frac{1}{16}$(在其他抽样点均为零)，试求输入波形 $x(t)$峰值畸变值，以及时域均衡器输出波形 $y(t)$峰值的畸变值 D 和均方畸变 ε^2。

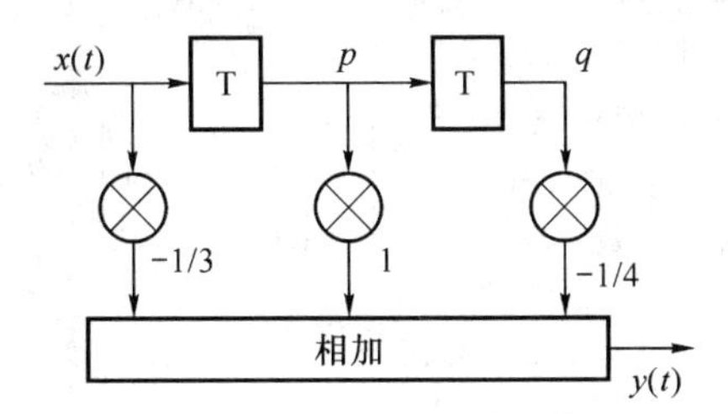

图 8.35

分析：输出 $y(kT_b)=\sum\limits_{n=-N}^{N}c_nx_{k-n}$，峰值畸变 $D=\frac{1}{y_0}\sum\limits_{\substack{k=-\infty\\k\neq 0}}^{\infty}|y_k|$，均方畸变 $\varepsilon^2=\frac{1}{y_0^2}\sum\limits_{\substack{k=-\infty\\k\neq 0}}^{\infty}y_k^2$。

答：x_k 的峰值畸变为

$$D_x=\frac{1}{x_0}\sum_{\substack{k=-\infty\\k\neq 0}}^{\infty}|x_k|=\frac{1}{8}+\frac{1}{3}+\frac{1}{4}+\frac{1}{16}=\frac{37}{48}$$

由图可以看出横向滤波器抽头权值为：$c_{-1}=-\frac{1}{3}$、$c_0=1$、$c_1=-\frac{1}{4}$。

所以由 $y(kT_b)=\sum\limits_{n=-N}^{N}c_nx_{k-n}$，可得出 y_k 为

$$y_{-3}=c_{-1}x_{-2}=-\frac{1}{3}\times\frac{1}{8}=-\frac{1}{24}$$

$$y_{-2}=c_{-1}x_{-1}+c_0x_{-2}=-\frac{1}{3}\times\frac{1}{3}+1\times\frac{1}{8}=\frac{1}{72}$$

$$y_{-1}=c_{-1}x_0+c_0x_{-1}+c_1x_{-2}=-\frac{1}{3}\times1+1\times\frac{1}{3}-\frac{1}{4}\times\frac{1}{8}=-\frac{1}{32}$$

$$y_0=c_{-1}x_1+c_0x_0+c_1x_{-1}=-\frac{1}{3}\times\frac{1}{4}+1\times1-\frac{1}{4}\times\frac{1}{3}=\frac{5}{6}$$

$$y_1=c_{-1}x_2+c_0x_1+c_1x_0=-\frac{1}{3}\times\frac{1}{16}+1\times\frac{1}{4}-\frac{1}{4}\times1=-\frac{1}{48}$$

$$y_2=c_0x_2+c_1x_1=1\times\frac{1}{16}-\frac{1}{4}\times\frac{1}{4}=0$$

$$y_3=c_1x_2=-\frac{1}{4}\times\frac{1}{16}=-\frac{1}{64}$$

代入分析里面所给的公式，可以得到 y_k 的峰值畸变为

$$D=\frac{1}{y_0}\sum_{\substack{k=-\infty\\k\neq0}}^{\infty}|y_k|=\left(\frac{1}{24}+\frac{1}{72}+\frac{1}{32}+\frac{1}{48}+0+\frac{1}{64}\right)\Big/\frac{5}{6}=\frac{71}{480}$$

y_k 的均方畸变为

$$\varepsilon^2=\frac{1}{y_0^2}\sum_{\substack{k=-\infty\\k\neq0}}^{\infty}y_k^2$$

$$=\left(\left(\frac{1}{24}\right)^2+\left(\frac{1}{72}\right)^2+\left(\frac{1}{32}\right)^2+\left(\frac{1}{48}\right)^2+0+\left(\frac{1}{64}\right)^2\right)\Big/\left(\frac{5}{6}\right)^2=\frac{1\ 189}{230\ 400}$$

※**点评**：横向滤波器的抽头系数、峰值畸变、均方畸变。

【例 8.4.4】 设计 3 个抽头的迫零均衡器，以减小码间串扰。已知，$x_{-2}=0$、$x_{-1}=0.1$、$x_0=1$、$x_1=-0.2$、$x_2=0.1$。求 3 个抽头的系数，并计算均衡前后的峰值失真。

答：由迫零均衡器的性质，可列方程组为

$$\begin{bmatrix}x_0 & x_{-1} & x_{-2}\\x_1 & x_0 & x_{-1}\\x_2 & x_1 & x_0\end{bmatrix}\cdot\begin{bmatrix}C_{-1}\\C_0\\C_1\end{bmatrix}=\begin{bmatrix}0\\1\\0\end{bmatrix}$$

将已知条件代入，可得

$$\begin{cases}C_{-1}+0.1C_0=0\\-0.2C_{-1}+C_0+0.1C_1=1\\0.1C_{-1}-0.2C_0+C_1=0\end{cases}$$

解方程得到

$$\begin{cases}C_{-1}=-0.096\ 06\\C_0=0.960\ 6\\C_1=0.201\ 7\end{cases}$$

将 x 和 C 的值代入 $y(kT_{\mathrm{b}})=\sum_{n=-N}^{N}c_nx_{k-n}$，可得

$$\begin{cases}y_{-3}=0\\y_{-2}=0.009\ 6\\y_{-1}=0\\y_0=1\\y_1=0\\y_2=0.055\ 7\\y_3=0.020\ 16\end{cases}$$

将 x 的值代入公式 $D_0=\frac{1}{x_0}\sum\limits_{\substack{k=-\infty\\k\neq 0}}^{\infty}|x_k|$，可得输入峰值失真为

$$D_0=0.4$$

同理代入公式 $D=\frac{1}{y_0}\sum\limits_{\substack{k=-\infty\\k\neq 0}}^{\infty}|y_k|$，可得输出峰值失真为

$$D=0.0869$$

可见均衡后的峰值失真减小 4.6 倍。

【例 8.4.5】 一随机二进制序列为 1 0 1 1 0 1 0 0，符号“1”对应的基带波形为升余弦波形，持续时间为 T_b，符号“0”对应的基带波形与“1”反相。试求：

(1) 当示波器扫描周期 $T_0=T_b$ 时，画出眼图。

(2) 当 $T_0=2T_b$ 时，重画眼图。

(3) 比较以上两种眼图的最佳抽样判决时刻、判决门限及噪声容限值。

分析：画眼图的步骤：确定扫描周期、分段、叠加、标识；熟悉眼图上的各个参数的意义。

答：(1) 码元序列的波形如图 8.36 所示。

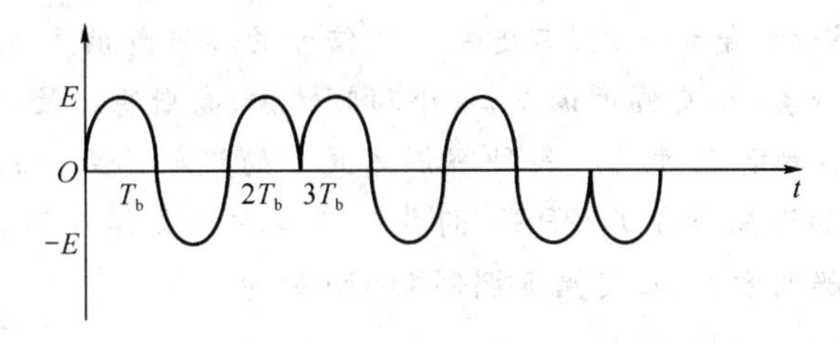

图 8.36

所以当 $T_0=T_b$ 时，眼图如图 8.37 所示。

(2) 所以当 $T_0=2T_b$ 时，眼图如图 8.38 所示。

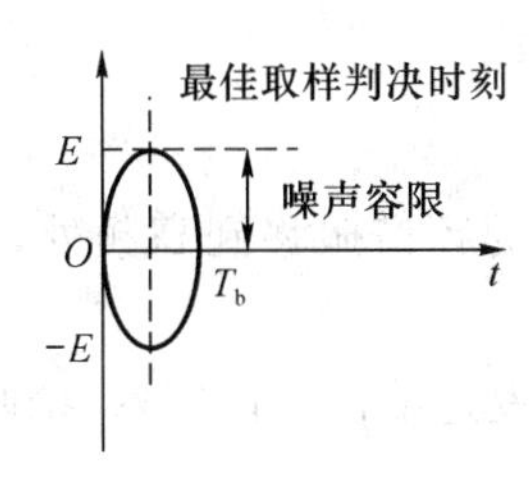

图 8.37

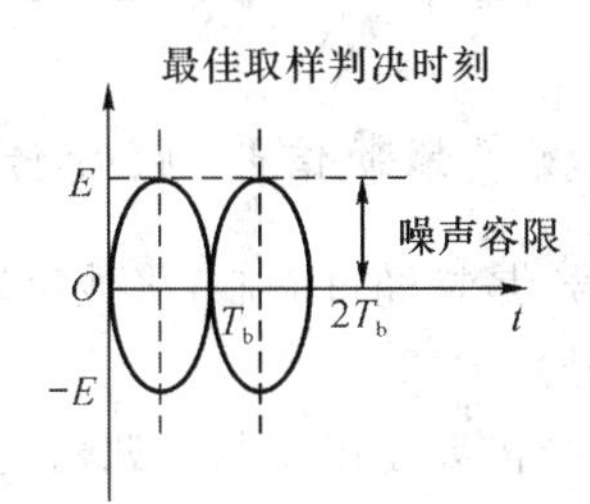

图 8.38

(3) 最佳抽样时刻见各自的眼图上所示；判决门限都为 0；相比较而言，$T_0=T_b$ 时的同步周期比恰当，多次叠加后便于定性分析系统性能。

第9章

数字信号的频带传输

【基本知识点】二进制数字信号正弦载波调制的种类；各种二进制数字信号调制的原理和性质；二进制数字信号的解调方式；二进制数字信号的各种解调方式的误码率分析；多进制数字调制的概念及分类；正交幅度调制；最小移频键控；高斯滤波最小频移键控等。

【重点】2ASK 的各种解调方式及各种解调方式下的误码率分析；2FSK 的各种解调方式及各种解调方式下的误码率分析；2PSK 的各种解调方式及各种解调方式下的误码率分析；2DPSK 的产生及解调方式；正交幅度调制 QAM 的原理等。

9.1 答疑解惑

9.1.1 什么是数字频带信号、频带传输？

数字频带信号：是指经过调制，将数字基带信号的频谱搬移到高频处，其功率谱密度为带通型的数字信号。

频带传输：是指需要使用调制解调器的传输，即发送端使用调制器，接收端使用解调器。

9.1.2 什么是数字频带传输系统？

数字频带传输系统：是指将数字基带信号通过调制产生数字频带信号，再在频带传输信道中传输，在接收端进行解调的系统，其结构框图如图 9.1 所示。

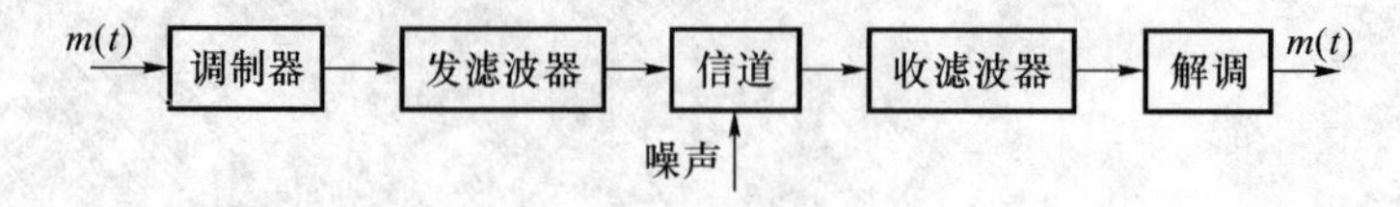

图 9.1 结构框图

9.1.3 什么是二进制数字调制原理？

二进制数字调制的原理：是指用二进制的数字基带信号去控制正弦型载波的某个参量。

常见的有二进制幅移键控(2ASK)、二进制频移键控(2FSK)、二进制相移键控(2PSK)和差分相移键控(DPSK)。

9.1.4 什么是二进制幅移键控?

二进制幅移键控:是用二进制的数字基带信号去调制等幅的载波。其实现框图如图 9.2 所示。

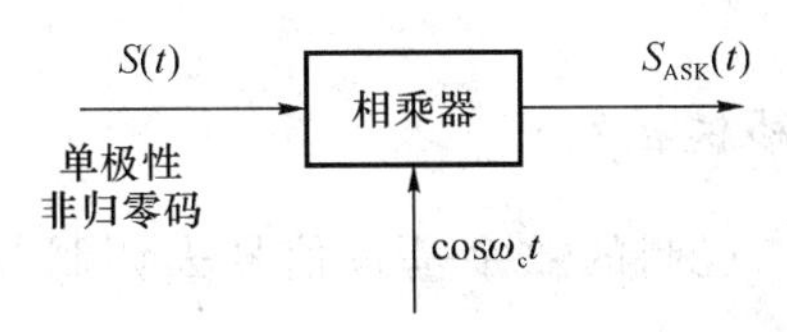

图 9.2 实现框图

2ASK 的信号的表达式为

$$S_{ASK}(t)=\begin{cases} A\cos\omega_c t & ,发1 \\ 0 & ,发0 \end{cases}$$

频谱特性为

$$P_{ASK}(f)=\frac{A^2}{4}[P_S(f-f_c)+P_S(f+f_c)]$$

式中,$P_S(f)$是数字基带信号的功率密度谱。

其频带宽度为

$$B=\frac{2}{T_b}(\text{Hz})$$

频带利用率为

$$\eta_{ASK}=\frac{1}{2}(\text{bit/s/Hz})$$

9.1.5 什么是二进制频移键控?

二进制频移键控:是用二进制的数字基带信号去调制载波的频率。其实现框图如图 9.3 所示。

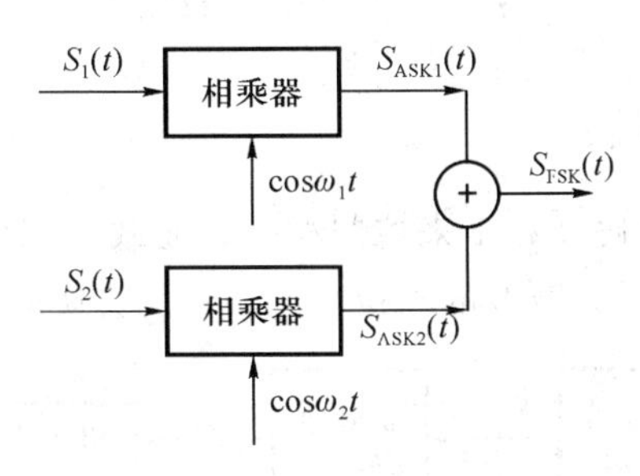

图 9.3 实现框图

2FSK 的信号的表达式为

$$S_{FSK}(t)=\begin{cases} A\cos\omega_1 t & ,发1 \\ A\cos\omega_2 t & ,发0 \end{cases}$$

频谱特性为

$$P_{FSK}(f)=P_{ASK1}(f)+P_{ASK2}(f)$$
$$=\frac{A^2}{4}[P_{S1}(f-f_1)+P_{S1}(f+f_1)]+\frac{A^2}{4}[P_{S2}(f-f_2)+P_{S2}(f+f_2)]$$

其频带宽度为

$$B=|f_2-f_1|+\frac{2}{T_b}(\text{Hz})$$

9.1.6 什么是二进制相移键控?

二进制相移键控:是用二进制的数字基带信号去调制载波的相位。其实现框图如图 9.4 所示。

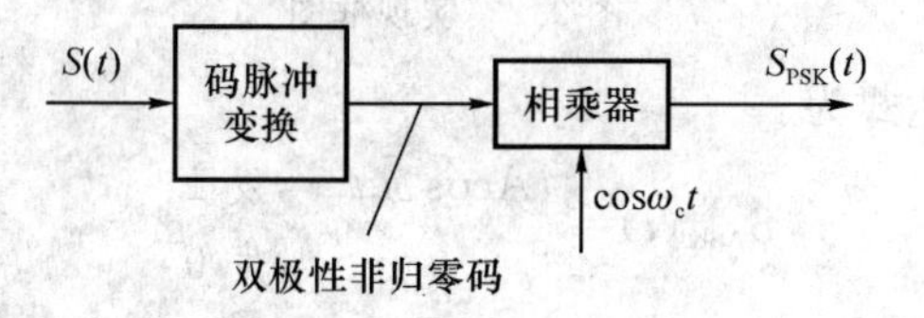

图 9.4 实现框图

2PSK 的信号的表达式为

$$S_{PSK}(t)=\begin{cases}A\cos(\omega_c t+0), & 发\ 1\\ A\cos(\omega_c t+\pi), & 发\ 0\end{cases}$$

频谱特性为

$$P_{PSK}(f)=\frac{A^2}{4}[P_{S'}(f-f_c)+P_{S'}(f+f_c)]$$

式中,$P_{S'}(f)$是双极性基带信号的功率密度谱。

其频带宽度为

$$B=\frac{2}{T_b}(\text{Hz})$$

频带利用率为

$$\eta_{PSK}=\frac{1}{2}(\text{bit/s/Hz})$$

9.1.7 什么是差分相移键控?

差分相移键控:是指用代码 0 和 1 来控制相邻码元载波相位的变化,0 表示相邻码元载波的相位差为 0,1 表示相邻码元载波的相位差为 π。其实现框图如图 9.5 所示。

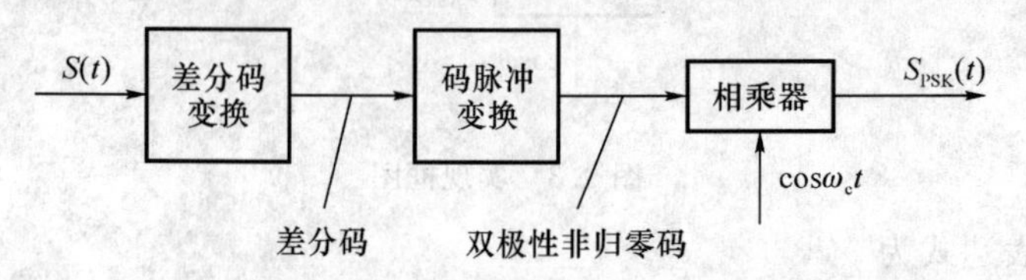

图 9.5 实现框图

9.1.8 什么是2ASK的分析？

2ASK的解调有：非相干解调（包络检波）和相干解调（同步检测法）两种。

1. 非相干解调

非相干解调不需要本地提供相干载波，解调框图如图9.6所示。

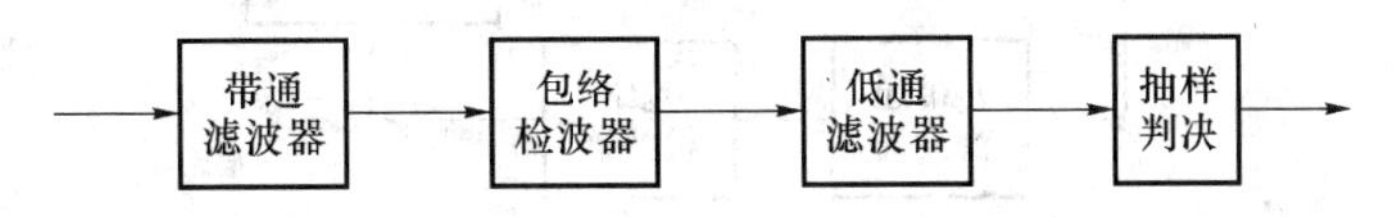

图9.6 解调框图

在加性高斯白噪声干扰下，噪声分别为$N(0,\sigma^2)$，其中$\sigma^2=BN_0$；当发0、发1等概率，且信噪比$r=\dfrac{A^2}{2\sigma^2}\gg 1$时。有

最佳门限值为

$$V_T=\frac{A}{2}$$

此时误码率为

$$P_e=\frac{1}{2}e^{-\frac{r}{4}}+\frac{1}{4}\mathrm{erfc}\left(\frac{\sqrt{r}}{2}\right)\approx\frac{1}{2}e^{-\frac{r}{4}}$$

注意：用误码率公式时要看信噪比的情况来选择用哪个。

2. 相干解调

相干解调：是指利用与接收信号的载波同频同相的恢复载波来进行的解调，解调框图如图9.7所示。

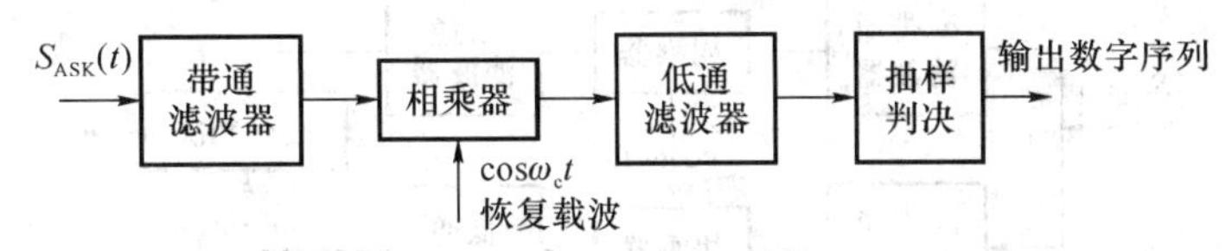

图9.7 解调框图

在加性高斯白噪声干扰下，当发0、发1等概率时，有

最佳门限值为

$$V_T=\frac{A}{2}$$

此时误码率为

$$P_e=\frac{1}{2}\mathrm{erfc}\left(\frac{\sqrt{r}}{2}\right)$$

9.1.9 什么是2FSK的分析？

2FSK的解调有：非相干解调和相干解调两种。

1. 非相干解调

非相干解调有：包络检波法和过零检测法两种。

(1) 包络检波法

包络检波法的原理框图如图 9.8 所示。

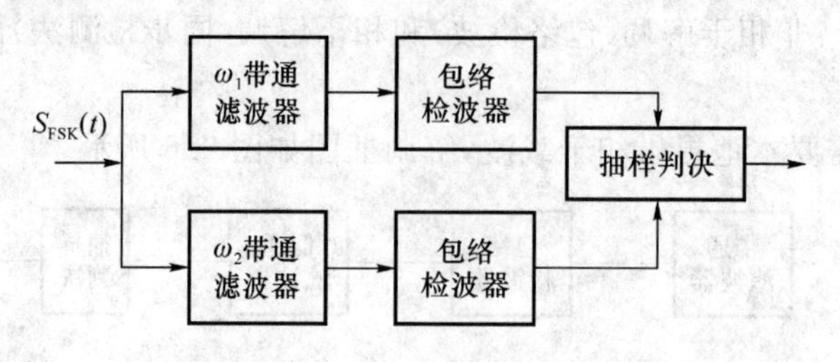

图 9.8 原理框图

在加性高斯白噪声干扰下,当发 0、发 1 等概率时,有误码率为

$$P_e=\frac{1}{2}e^{-\frac{A^2}{4\sigma^2}}=\frac{1}{2}e^{-\frac{r}{2}}$$

(2) 过零检测法

过零检测法的原理框图如图 9.9 所示。

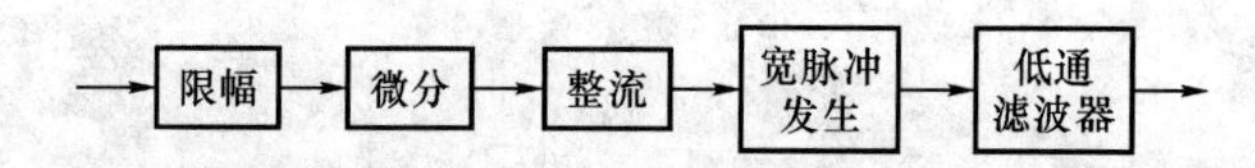

图 9.9 原理框图

注意:过零检测法的各个过程的波形图。

2. 相干解调

相干解调的原理框图如图 9.10 所示。

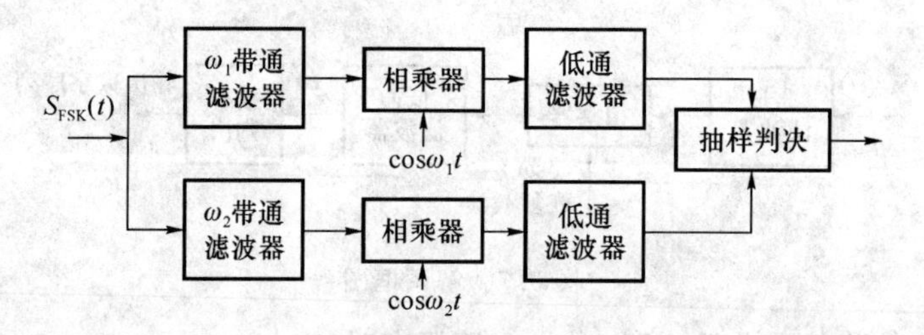

图 9.10 原理框图

在加性高斯白噪声干扰下,当发 0、发 1 等概率时,有误码率为

$$P_e=\frac{1}{2}\mathrm{erfc}\left(\frac{A}{2\sigma}\right)=\frac{1}{2}\mathrm{erfc}\left(\sqrt{\frac{r}{2}}\right)$$

当 $r\gg1$ 时,误码率为

$$P_e\approx\frac{1}{\sqrt{2\pi r}}e^{-r}$$

9.1.10 什么是 2PSK 的分析?

2PSK 的解调只能采用相干解调,解调原理框图如图 9.11 所示。

在加性高斯白噪声干扰下,当发 0、发 1 等概率且 $V_T=0$ 时,有误码率为

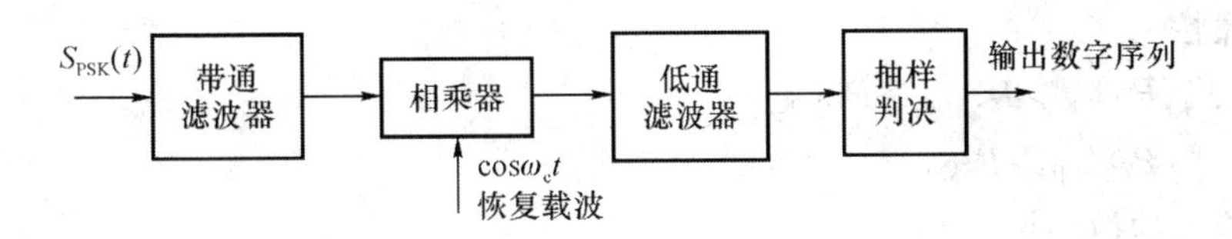

图 9.11 原理框图

$$P_e=\frac{1}{2}\text{erfc}\left(\frac{A}{\sqrt{2}\sigma}\right)=\frac{1}{2}\text{erfc}(\sqrt{r})$$

当 $r\gg1$ 时，误码率为

$$P_e\approx\frac{1}{2\sqrt{\pi r}}e^{-r}$$

9.1.11 什么是DPSK的分析？

DPSK的解调有：码变换和差分相干解调两种。

1. 码变换

码变换的原理框图如图9.12所示。

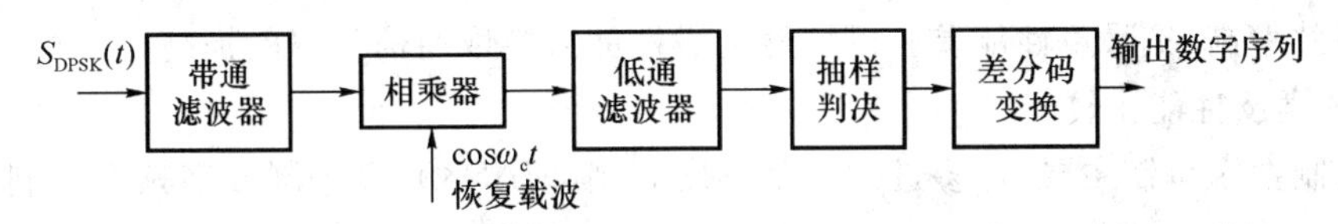

图 9.12 码变换的原理框图

在加性高斯白噪声干扰下，当发0、发1等概率且2PSK的 P_e 很小时，DPSK的平均误码率为

$$P_{ed}=2P_e=\text{erfc}(\sqrt{r})$$

2. 差分相干解调

差分相干解调的原理框图如图9.13所示。

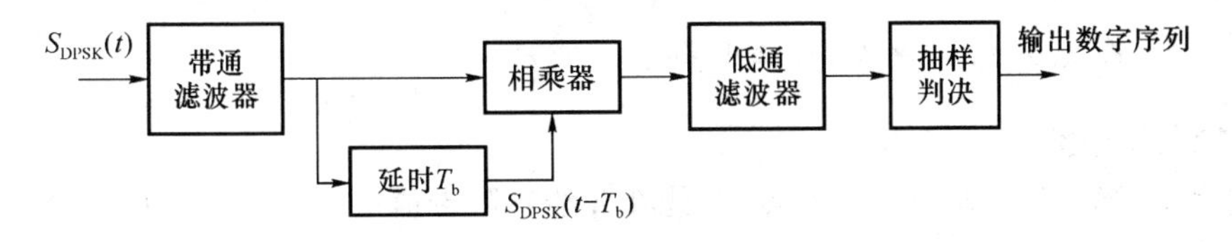

图 9.13 差分相干解调的原理框图

在加性高斯白噪声干扰下，当发0、发1等概率时，误码率为

$$P_e=\frac{1}{2}e^{-\frac{A^2}{2\sigma^2}}=\frac{1}{2}e^{-r}$$

9.1.12 怎么比较各种调制系统？

1. 有效性

2ASK、2PSK、DPSK的有效性相同，2FSK较差。

2. 可靠性

调制方式：$P_{e2ASK}>P_{e2FSK}>P_{e2PSK}$

解调方式：$P_{e非相干}>P_{e相干}$

3. 对信道的敏感性

2ASK 敏感，2PSK、2FSK 不敏感。

4. 设备复杂度

相干解调设备比非相干解调复杂；

相干解调中，2ASK 最简单，2FSK 比较简单，DPSK 最复杂。

5. 应用

相干 DPSK 用于高速数据传输，非相干 DPSK 用于中、低速数据传输。

9.1.13 什么是多进制数字调制的基本概念？

1. 定义

多进制数字调制：是指采用多进制数字基带信号对载波进行调制的方式。

2. 特点

传输效率高，抗噪声性能差。以牺牲抗噪性能来换取通信效率的提高。

3. 分类及性能比较

多进制数字调制主要有：多进制数字幅度调制(MASK)、多进制数字频率调制(MFSK)和多进制数字相位调制(MPSK)。其性能如表 9.1 所示。

表 9.1 分类及性能比较

调试方式	MASK	MFSK	MPSK
带宽	$B_{MASK}=B_{2ASK}=2B_b$	$B_{MFSK}=2B_b+\|f_m-f_1\|$	$B_{MPSK}=B_{2PSK}=2B_b$
误码率	$P_e=\left(1-\frac{1}{M}\right)\mathrm{erfc}\left(\sqrt{\frac{3r_M}{M^2-1}}\right)$	$P_e=\frac{M-1}{2}\mathrm{e}^{-\frac{r}{2}}$	$P_e\approx \mathrm{e}^{-r\sin^2\left(\frac{\pi}{M}\right)}$

9.1.14 什么是恒包络连续相位调制？

1. 特点及分类

恒包络连续相位调制方式的特点有：能在非线性限带信道中使用；可用于丙类功率放大器，功放效率高。常用的有最小移频键控(MSK)和高斯滤波最小频移键控(GMSK)。

2. MSK 的概念及特点

若 2FSK 信号的两个载频之间的频率间隔为$\frac{1}{2T_B}$，即两信号正交，此连续相位 2FSK 称为最小移频键控 MSK。

MSK 的特点：振幅恒定；频偏最小为 0.5；码元内信号相位线性变化为$\left(\pm\frac{\pi}{2}\right)$；码元转换时刻信号相位连续；功率谱分布集中；旁瓣功率谱衰减快。

3. GMSK 的实现及特点

GMSK 的实现原理框图如图 9.14 所示。

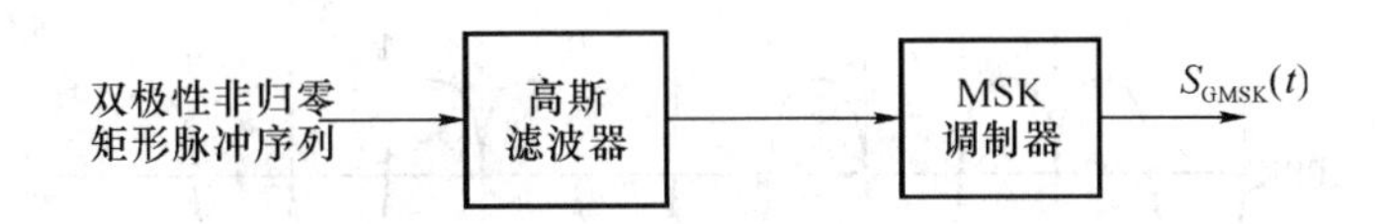

图 9.14 GMSK 的实现原理框图

GMSK 的特点：具备 MSK 信号的优点；带外辐射小，可满足移动通信的苛刻要求抗衰落能力很强。

9.1.15 什么是正交振幅调制(QAM)？

QAM 的概念及误码率

正交振幅调制：是指用两个独立的基带数字信号对两个相互正交的同频载波进行抑制载波的双边带调制，简称为 QAM。利用这种已调信号在同一带宽内频谱正交的性质来实现两路并行数字信号的传输。

M 进制的 QAM 一般表达式为

$$S_{\mathrm{MQAM}}(t)=\sum_n A_n g(t-nT_s)\cos(\omega_c t+\varphi_n)$$

式中，A 是基带信号的幅度；$g(t-nT_s)$ 是宽度为 T_s 的单个基带信号。

其误码率为

$$P_e=\left(1-\frac{1}{L}\right)\mathrm{erfc}\left[\sqrt{\frac{3\log_2 L}{L^2-1}\left(\frac{E_b}{N_0}\right)}\right]$$

式中，$M=L^2$；E_b 为每比特码元能量；N_0 为高斯白噪声单边功率谱密度。

9.2 典型题解

题型 1 频带传输系统概念和二进制调制

【例 9.1.1】 设发送的数字基带信息序列为 011010，信息速率为 1 000 bit/s，载波频率为 1 000 Hz。试画出 2ASK、2PSK 和 2DPSK 的信号波形。

分析：画图的时候第一步是确定每一个码元有几个载波，本题中，码元速率和载波频率相同，所以一个码元就一个载波。

答：对于 2ASK，信息序列为 1 时，是有波形；信息序列为 0 时，没有波形。所以 2ASK 的波形图如图 9.15 所示。

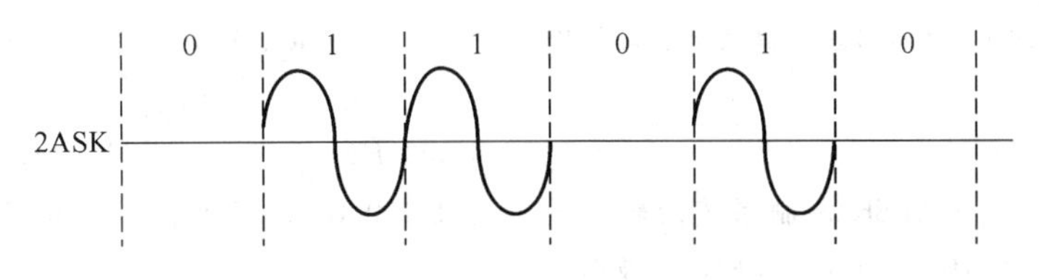

图 9.15

对于 2PSK，信息序列为 1 时，表示初相位为 0；信息序列为 0 时，表示初相位为 π。所以 2PSK 的波形如图 9.16 所示。

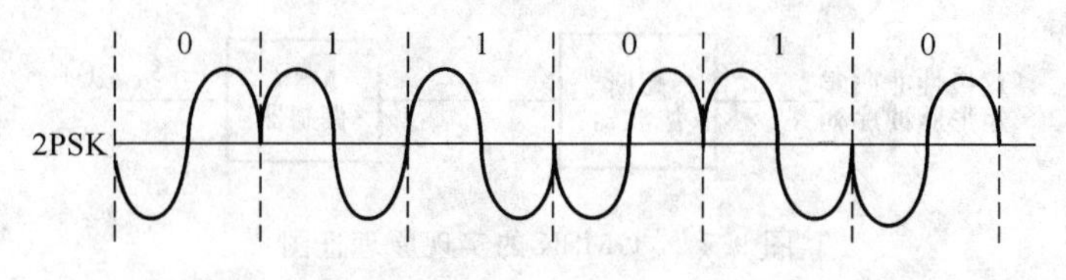

图 9.16

对于 2DPSK，信息序列为 1 时，表示前后相位差为 π；信息序列为 0 时，表示前后相位差为 0。所以 2DPSK 的波形如图 9.17 所示。

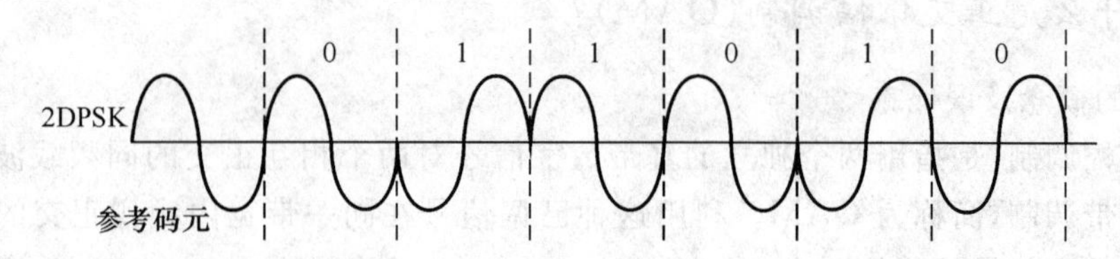

图 9.17

【例 9.1.2】 设发送数字信息序列 01101，已知某 2ASK 系统的码元速率为 1 000 Baud，所用载波频率为 2 000 Hz，试求：

(1) 画出相应的 2ASK 信号的波形图；

(2) 求 2ASK 信号的带宽。

分析：画波形图注意每个码元有几个载波以及 1 和 0 个代表什么；对于二进制数字调制的 2ASK，它的带宽公式为 $B_{2ASK}=2f_s=2R_B$。

答：(1) 由码元速率为 1 000 Baud，而载波频率为 2 000 Hz，所以可以知道，每个码元有两个载波周期。

信息序列 01101 的 2ASK 信号的波形图如图 9.18 所示。

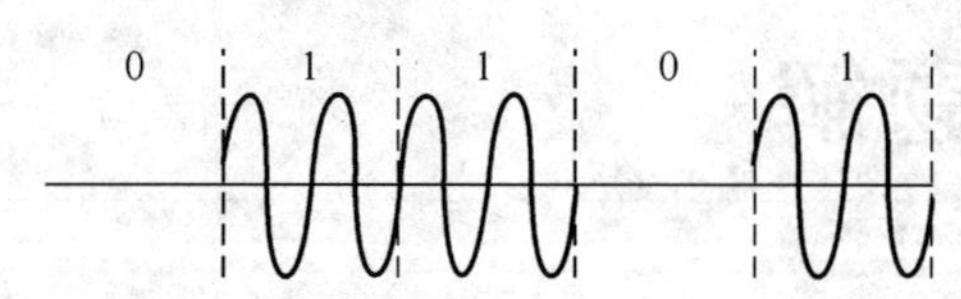

图 9.18

(2) 由分析里面给出的带宽公式，可以求得带宽为

$$B_{2ASK}=2f_s=2\ 000\ \text{Hz}$$

※点评：二进制数字调制的带宽。

【例 9.1.3】 假设数字基带信息的传输速率为 2 000 bit/s，载频为 2 000 Hz，试求 2ASK、2PSK 和 2DPSK 信号的带宽。

分析：对于二进制的带宽公式，有 $B_{2ASK}=B_{2PSK}=B_{2DPSK}=2f_s=2R_B$。

答：因为是二进制，所以信息传输速率也就是码元速率。则 2ASK、2PSK 和 2DPSK 信号的带宽相等，且都为

$$B=2R_B=2R_b=4\ 000(\text{Hz})$$

【例 9.1.4】 设某 2FSK 调制系统的码元速率为 1 000 Baud，已调信号的载频为 1 000 Hz 和 2 000 Hz，若发送 011010，试画出相应的信号波形。

答：假设发"1"时，载频用 2 000 Hz；发"0"时，载频用 1 000 Hz。

由码元速率为 1 000 Baud 可知：发"1"时，每个码元有两个载波周期；发"0"时，每个码元只有一个载波周期。

所以发送信息序列 011010 的 2FSK 的波形如图 9.19 所示。

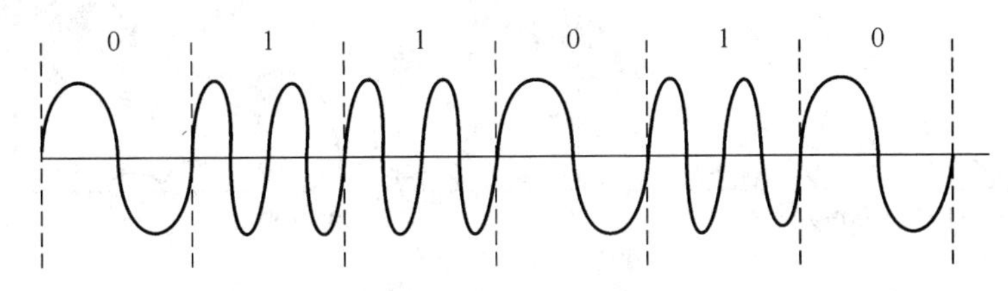

图 9.19

【例 9.1.5】 在图 9.20 中，A 点信号幅度为 1 的单极性不归零码，二进制序列独立等概率，速率为 $R_b=1$ Mbit/s，B 点是 2ASK 信号，载波频率 $f_c=100$ MHz。请给出 A、B 两点信号的功率谱密度，并画出其双边带功率谱密度图。

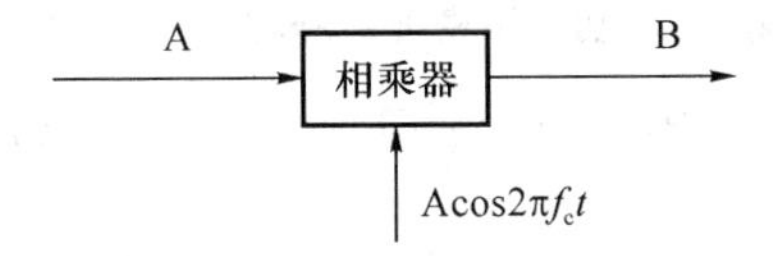

图 9.20

分析：对于 2ASK 信号，其功率谱密度为 $P_{\text{ASK}}(f)=\frac{A^2}{4}[P_S(f-f_c)+P_S(f+f_c)]$，其中 $P_S(f)$是数字基带信号的功率谱密度，所以本题主要是求基带信号的功率谱密度。

答：A 点信号时幅度为 1 的单极性不归零码，所以可以等价于幅度为$\pm\frac{1}{2}$的双极性不归零码信号上叠加了一个幅度为$\frac{1}{2}$的直流信号。

所以该点的功率谱密度为

$$P_A(f)=\frac{1}{4T_b}\left|T_b\sin c(fT_b)\right|^2+\frac{1}{4}\delta(f)=\frac{R_b}{4}\sin c^2\left(\frac{f}{R_b}\right)+\frac{1}{4}\delta(f)$$

A 点功率谱密度图如图 9.21 所示。

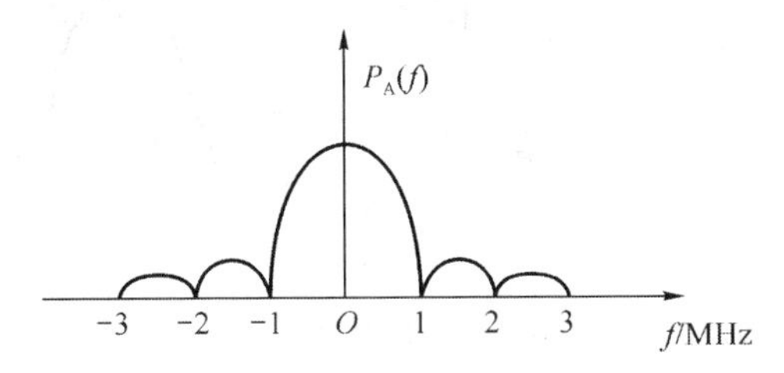

图 9.21

由分析里面所讲的，可以知道 B 点 2ASK 信号的功率谱密度为

$$\begin{aligned}P_B(f)&=\frac{A^2}{4}[P_A(f-f_c)+P_A(f+f_c)]\\&=\frac{A^2R_b}{16}\left[\sin c^2\left(\frac{f-f_c}{R_b}\right)+\sin c^2\left(\frac{f+f_c}{R_b}\right)\right]+\frac{A^2}{16}[\delta(f-f_c)+\delta(f+f_c)]\end{aligned}$$

所以 B 点功率谱密度图如图 9.22 所示。

※**点评**：2ASK 信号的功率谱密度。

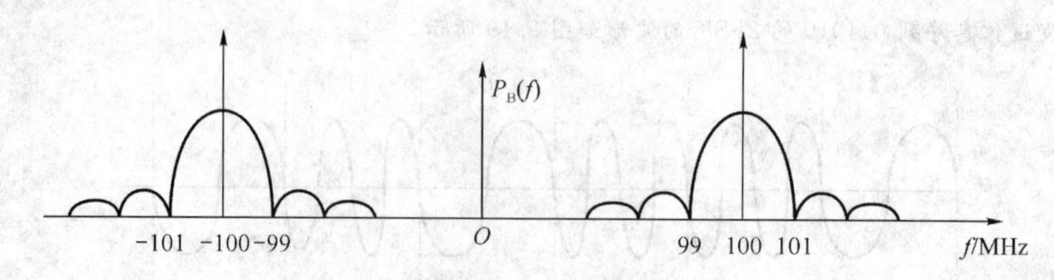

图 9.22

【例 9.1.6】 速率为 R_b 的 2PSK 信号为 $s(t)=\sum_{n=-\infty}^{\infty}a_n g(t-nT_b)\cos(2\pi f_c t+\theta)$，其中 $T_b=1/R_b$ 是比特间隔，$a_n=\{+1,-1\}$为信息比特，载频 $f_c\gg\frac{1}{T_b}$，$g(t)=\begin{cases}A & 0\leqslant t<T_b\\ 0 & 其他\end{cases}$，$\{a_n\}$是独立等概序列，$\theta$是任意的一个载波相位。试求 $s(t)$的功率谱密度，并画图表示。

分析：2PSK 信号的功率谱密度为 $P_{PSK}(f)=\frac{1}{4}[P_s(f-f_c)+P_s(f+f_c)]$，所以重点还是要求出基带信号的频谱。

答：$s(t)$是数字基带信号 $b(t)=\sum_{n=-\infty}^{\infty}a_n g(t-nT_b)$ 对载波 $\cos(2\pi f_c t+\theta)$ 的 DSB 调制，所以 $b(t)$ 的功率谱密度为

$$P_b(f)=\frac{1}{T_b}|AT_b\sin c(fT_b)|^2=\frac{A^2}{R_b}\sin c^2\left(\frac{f}{R_b}\right)$$

因此 $s(t)$的功率谱密度为

$$\begin{aligned}P_s(f)&=\frac{1}{4}[P_b(f-f_c)+P_b(f+f_c)]\\&=\frac{A^2}{4R_b}\left[\sin c^2\left(\frac{f-f_c}{R_b}\right)+\sin c^2\left(\frac{f+f_c}{R_b}\right)\right]\end{aligned}$$

功率谱密度图如图 9.23 所示。

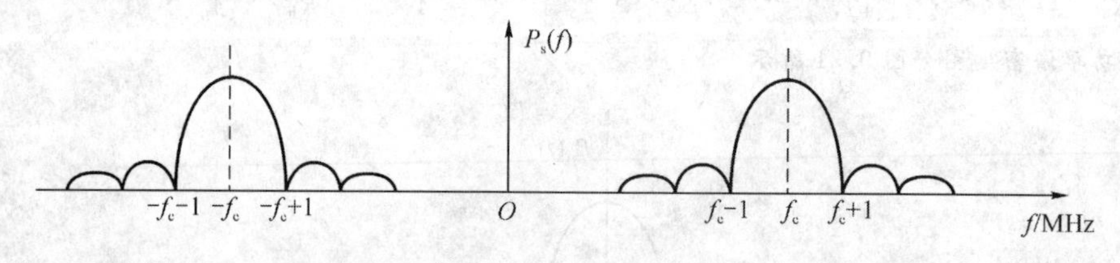

图 9.23

※**点评**：2PSK 信号与 2ASK 信号的功率谱密度的对比。

题型 2 二进制数字调制的解调和抗噪性能

【例 9.2.1】 假设 2PSK 信号在信道传输中受到双边带功率谱密度为$\frac{N_0}{2}=10^{-10}$ W/Hz 的加性高斯白噪声的干扰，发送信号比特能量 $E_b=\frac{A^2T_b}{2}$，其中 T_b 是比特间隔，A 是信号幅度。最佳接收的误码率 $P_b=10^{-3}$，请求出 A 与输入信息速率 R_b 的关系，并计算 R_b 分别为 10 kbit/s、100 kbit/s 条件下的 2PSK 信号幅度 A 的大小。(对于$\frac{1}{2}\text{erfc}\left(\sqrt{\frac{E_b}{N_0}}\right)=10^{-3}$时，有 $10\lg\frac{E_b}{N_0}=6.8$ dB。)

答：所谓最佳接收就是匹配接收，所以误码比特率为

$$P_b=\frac{1}{2}\operatorname{erfc}\left(\sqrt{\frac{E_b}{N_0}}\right)$$

由已知误码比特率为 $P_b=10^{-3}$，所以可得

$$\frac{1}{2}\operatorname{erfc}\left(\sqrt{\frac{E_b}{N_0}}\right)=10^{-3}$$

解得 $\frac{E_b}{N_0}=10^{0.68}$。

代入 $E_b=\frac{A^2T_b}{2}$ 和 $\frac{N_0}{2}=10^{-10}$ 可得

$$\frac{A^2T_b}{2}=10^{0.68}\times 2\times 10^{-10}$$

解得幅度为

$$A=2\times 10^{-4.66}\sqrt{R_b}$$

代入 10 kbit/s 和 100 kbit/s 的信息比特速率，可求出相应的幅度为 0.004 4 V 和 0.013 8 V。

【例 9.2.2】 若采用 2ASK 方式传送二进制数字信息，已知码元传输速率为 $R_B=2\times 10^6$ Baud，接收端解调器输入信号的振幅 $a=40\ \mu$V，信道加性噪声为高斯白噪声、且单边功率谱密度为 $n_0=6\times 10^{-18}$ W/Hz。试求：

(1) 2ASK 信号的带宽；

(2) 非相干接收时，系统的误码率；

(3) 相干接收时，系统的误码率。

分析：2ASK 信号的带宽为码速率的两倍；非相干和相干解调误码率有直接的公式可以带，只要求出信噪比就可以。

答：(1) 2ASK 信号的带宽为

$$B=2R_B=4\times 10^6\ (\text{Hz})$$

(2) 信噪比为

$$r=\frac{\frac{a^2}{2}}{n_0B}=\frac{100}{3}$$

对于非相干解调，有误码率公式为

$$P_e=\frac{1}{2}e^{-\frac{r}{4}}+\frac{1}{4}\operatorname{erfc}\left(\frac{\sqrt{r}}{2}\right)$$

又 $r\gg 1$，所以系统的误码率为

$$P_e=\frac{1}{2}e^{-\frac{r}{4}}=\frac{1}{2}e^{-\frac{100}{12}}=1.24\times 10^{-4}$$

(3) 对于相干解调，有误码率公式为

$$P_e=\frac{1}{2}\operatorname{erfc}\left(\frac{\sqrt{r}}{2}\right)$$

代入可得系统误码率为

$$P_e=\frac{1}{2}\operatorname{erfc}\left(\frac{\sqrt{r}}{2}\right)\approx\frac{1}{2}\cdot\frac{2}{\sqrt{\pi r}}\cdot e^{-\frac{r}{4}}=2.42\times 10^{-5}$$

※**点评**：2ASK 系统非相干解调和相干解调的误码率。

【例 9.2.3】 已知 2FSK 信号的两个频率 $f_1=1\ 080$ Hz，$f_2=2\ 380$ Hz，码元速率为 300 Baud，信道有效带宽为 3 000 Hz，信道输出端的信噪比为 6 dB。试求：

(1) 2FSK 信号的谱零点带宽；

(2) 非相干解调的误码率；

(3) 相干解调的误码率。

分析：考察2FSK系统的抗噪性能，对于2FSK系统，有带宽为 $B_{2FSK}=|f_2-f_1|+2f_s$，非相干解调的误码率为 $P_e=\frac{1}{2}e^{-\frac{r}{2}}$，相干解调的误码率为 $P_e=\frac{1}{2}\mathrm{erfc}\left(\sqrt{\frac{r}{2}}\right)$，本题主要的任务就是求出信噪比。

答：(1) 由分析可知2FSK信号的谱零点带宽为

$$B_{2FSK}=|f_2-f_1|+2f_s=(2\ 380-1\ 080)+2\times300=1\ 900(\mathrm{Hz})$$

(2) 非相干接收机中有两个支路带通滤波器，它们的带宽为600 Hz，信道带宽为3 000 Hz，是接收机带通滤波器带宽的5倍，所以带通滤波器输出的信噪比是信道输出信噪比的5倍，所以带通滤波器输出的信噪比为

$$r=5\times10^{0.6}=20$$

则非相干解调的误码率为

$$P_e=\frac{1}{2}e^{-\frac{r}{2}}=2.27\times10^{-5}$$

(3) 根据上一问求出的信噪比，以及分析里面给出的相干解调的误码率公式，可以得到2FSK相干解调的误码率为

$$P_e=\frac{1}{2}\mathrm{erfc}\left(\sqrt{\frac{r}{2}}\right)=\frac{1}{2}\mathrm{erfc}(\sqrt{10})=3.93\times10^{-6}$$

※**点评**：2FSK系统非相干解调和相干解调的误码率，信道信噪比和带通滤波器输出信噪比与哪些因素有关。

【例9.2.4】 在二进制移相键控系统中，已知解调器输入端的信噪比为 $r=10$ dB，试分别求出相干解调2PSK、相干解调-码变换和差分相干解调2DPSK信号时的系统误码率。

分析：相干解调2PSK的误码率为 $P_e=\frac{1}{2}\mathrm{erfc}(\sqrt{r})$；相干解调-码变换的误码率为 $P_e=2P_e(1-P_e)$；差分相干解调2DPSK的误码率为 $P_e=\frac{1}{2}e^{-r}$。

答：本题信噪比给的是dB，所以化为普通形式为

$$r=10$$

对于相干解调2PSK，系统误码率为

$$\begin{aligned}P_e&=\frac{1}{2}\mathrm{erfc}(\sqrt{r})\\&=\frac{1}{2}\mathrm{erfc}(\sqrt{10})\\&\approx\frac{\frac{1}{2}e^{-10}}{\sqrt{\pi\times10}}=4\times10^{-6}\end{aligned}$$

对于相干解调-码变换，系统误码率为

$$P_e'=2P_e(1-P_e)=8\times10^{-6}$$

对于2DPSK信号的差分相干解调，其系统误码率为

$$P_{ed}=\frac{1}{2}e^{-r}=\frac{1}{2}e^{-10}=2.27\times10^{-5}$$

【例9.2.5】 已知发送端发出的信号振幅为5 V，输入接收端解调器的高斯噪声功率为 $\sigma_n^2=3\times10^{-12}$ W，今要求误码率 $P_e=10^{-4}$。试求：

(1) 若采用2ASK方式传送二进制数字信息，在非相干接收及相干接收时，由发送端到解调器输入端的衰减应分别为多少；

(2) 若采用2FSK方式传送二进制数字信息，在非相干接收及相干接收时，由发送端到解调器输入端的衰减应分别为多少。

分析:从发送端到接收端的解调输入端的衰减是指发送信号功率与接收信号功率之比的分贝值,如果用的是电压,需要注意电压分贝衰减的公式。在相同条件下,2FSK 衰减比 2ASK 要大。

答:(1) 采用 2ASK 方式时,

若采用非相干接收时,则有

$$P_e=\frac{1}{2}e^{-\frac{r}{4}}=10^{-4}$$

解得 $r=-4\ln(2\times10^{-4})=34$,

又

$$r=\frac{\frac{a^2}{2}}{\sigma_n^2}$$

所以可得

$$a=\sqrt{2r\sigma_n^2}=1.42\times10^{-5}\,\text{V}$$

则由发送端到解调输入端的衰减分贝数为

$$20\lg\frac{A}{a}=20\lg\frac{5}{1.42\times10^{-5}}=110.8\ \text{dB}$$

若采用相干接收时,则有

$$P_e=\frac{1}{2}\text{erfc}\left(\frac{\sqrt{r}}{2}\right)=10^{-4}$$

解得 $r=27$

又

$$r=\frac{\frac{a^2}{2}}{\sigma_n^2}$$

所以可得

$$a=\sqrt{2r\sigma_n^2}=1.28\times10^{-5}\,\text{V}$$

则由发送端到解调输入端的衰减分贝数为

$$20\lg\frac{A}{a}=20\lg\frac{5}{1.28\times10^{-5}}=111.8\ \text{dB}$$

(2) 采用 2FSK 方式

若采用非相干接收时,则有

$$P_e=\frac{1}{2}e^{-\frac{r}{2}}=10^{-4}$$

解得 $r=-2\ln(2\times10^{-4})=17$

所以可得

$$a=\sqrt{2r\sigma_n^2}=1.01\times10^{-5}\,\text{V}$$

则由发送端到解调输入端的衰减分贝数为

$$20\lg\frac{A}{a}=20\lg\frac{5}{1.01\times10^{-5}}=113.9\ \text{dB}$$

若采用相干接收时,则有

$$P_e=\frac{1}{2}\text{erfc}\left(\sqrt{\frac{r}{2}}\right)=10^{-4}$$

解得 $r=13.8$

所以可得

$$a=\sqrt{2r\sigma_n^2}=0.91\times10^{-5}\,\text{V}$$

则由发送端到解调输入端的衰减分贝数为

$$20\lg\frac{A}{a}=20\lg\frac{5}{0.91\times10^{-5}}=114.8\ \text{dB}$$

※**点评**:2ASK 系统和 2FSK 系统非相干解调和相干解调的比较。

【例 9.2.6】 已知码元传输速率 $R_B=10^3$ Baud,接收机输入噪声的双边功率谱密度为$\frac{n_0}{2}=10^{-10}$ W/Hz,今要求误码率 $P_e=10^{-5}$。试分别计算出相干 2ASK、非相干 2FSK、差分相干 2DPSK 以及 2PSK 系统所要求的输入信号功率。

分析:求出噪声功率,根据误码率公式求出信噪比,进而就可以求出输入信号功率。

答:噪声功率为

$$\sigma_n^2=n_0B=2R_Bn_0=2\times10^3\times2\times10^{-10}=4\times10^{-7}\ \text{W}$$

对于相干 2ASK

由

$$P_e=\frac{1}{2}\text{erfc}\left(\frac{\sqrt{r}}{2}\right)=10^{-5}$$

可得

$$r=36$$

又 $r=\frac{\frac{a^2}{2}}{\sigma_n^2}=\frac{S}{\sigma_n^2}$,则可得输入信号功率为

$$S=r\sigma_n^2=1.44\times10^{-5}\ \text{W}$$

对于非相干 2FSK

由

$$P_e=\frac{1}{2}e^{-\frac{r}{2}}=10^{-5}$$

可得

$$r=21.6$$

又 $r=\frac{\frac{a^2}{2}}{\sigma_n^2}=\frac{S}{\sigma_n^2}$,则可得输入信号功率为

$$S=r\sigma_n^2=8.64\times10^{-6}\ \text{W}$$

对于差分相干 2DPSK

由

$$P_e=\frac{1}{2}e^{-r}=10^{-5}$$

可得

$$r=10.8$$

又 $r=\frac{\frac{a^2}{2}}{\sigma_n^2}=\frac{S}{\sigma_n^2}$,则可得输入信号功率为

$$S=r\sigma_n^2=4.32\times10^{-6}\ \text{W}$$

对于相干 2PSK

由

$$P_e=\frac{1}{2}\text{erfc}(\sqrt{r})=10^{-5}$$

可得

$$r=9$$

又 $r=\dfrac{\frac{a^2}{2}}{\sigma_n^2}=\dfrac{S}{\sigma_n^2}$，则可得输入信号功率为

$$S=r\sigma_n^2=3.6\times10^{-5}\,\mathrm{W}$$

【例 9.2.7★】（北京邮电大学考研真题） 如图 9.24 所示是对一种特别的二相移相键控信号进行相干解调的框图。其中

$$s_{2\mathrm{PSK}}(t)=\begin{cases}s_1(t)=\sqrt{2}\cos(2\pi f_c t-\pi/4)\\ s_2(t)=\sqrt{2}\cos(2\pi f_c t+\pi/4)\end{cases},0\leqslant t<T_b$$

$s_1(t)$和 $s_2(t)$以独立等概方式出现；$n_w(t)$是均值为 0、双边带功率谱密度为 $N_0/2$ 的加性高斯白噪声；BPF 的等效噪声带宽是 B，对信号近似无失真；LPF 用于滤除二分频分量；$f_c\gg1/T_b$；抽样时刻为码元的中点。

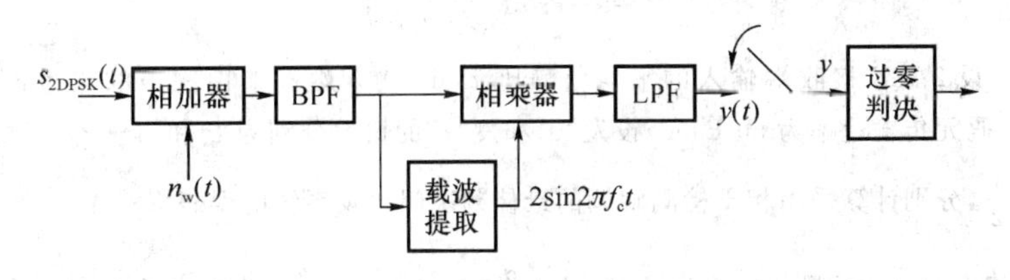

图 9.24

(1) 画出此 2PSK 信号的平均功率谱密度图；

(2) 画出图中载波提取的框图，并加以说明；

(3) 推导出平均误比特率的计算公式。

答：(1) 由题目说给的二相移相键控信号的表达式

$$s_{2\mathrm{PSK}}(t)=\begin{cases}s_1(t)=\sqrt{2}\cos(2\pi f_c t-\pi/4)\\ s_2(t)=\sqrt{2}\cos(2\pi f_c t+\pi/4)\end{cases},0\leqslant t<T_b$$

经过变化，可以表示为

$$s_{2\mathrm{DPSK}}(t)=u(t)+v(t)$$

其中：$u(t)=\cos2\pi f_c t$，与发送的是 $s_1(t)$还是 $s_2(t)$无关；$v(t)=\pm\sin2\pi f_c t$ 分别对应发送 $s_1(t)$还是 $s_2(t)$。

经过这样的变换之后，我们可以看到 $u(t)$是余弦信号，而 $v(t)$是常规的 2PSK。所以该信号的功率谱密度图如图 9.25 所示。

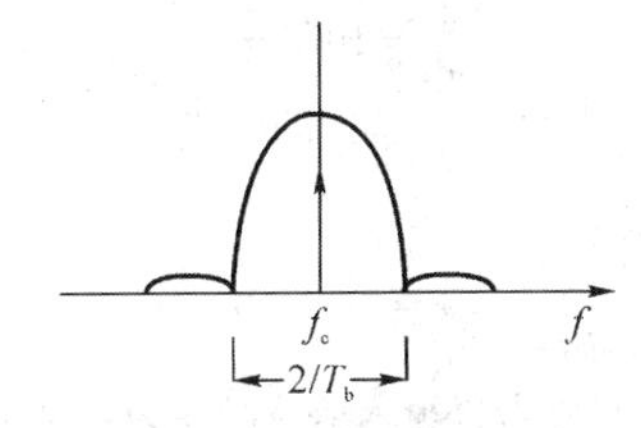

图 9.25

(2) 由上面求出的频谱，可以看出，存在载频的线谱分量，所以可以可直接提取载波，载波提取的框图如图 9.26 所示。

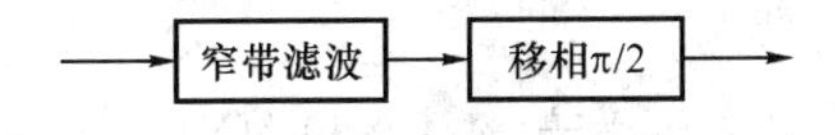

图 9.26

说明：为了能够提取频谱中的那个线谱分量，就需要经过一个窄带滤波器；由于提取出来的是余弦信号，而频谱中的信号分量是正弦信号，所以需要再经过一个移相器，将余弦信号变为正弦信号，以便进行相干解调。

(3) 在接收端进行抽样时，抽样值可表示为

$$y=\pm 1+n_s$$

其中 n_s 为 $N(0,N_0B)$。

所以发+1而判错的概率为 $P(n_s<-1)=\dfrac{1}{2}\mathrm{erfc}\left(\dfrac{1}{\sqrt{2N_0B}}\right)$

同理发−1而判错的概率为 $P(n_s>1)=\dfrac{1}{2}\mathrm{erfc}\left(\dfrac{1}{\sqrt{2N_0B}}\right)$

又 $s_1(t)$ 和 $s_2(t)$ 以独立等概方式出现，所以总的误码率为

$$P_b=\frac{1}{2}\mathrm{erfc}\left(\frac{1}{\sqrt{2N_0B}}\right)$$

【例 9.2.8】 设 2ASK 接收端输入的平均信噪比 7 dB，输入端高斯白噪声的双边带功率谱密度为 2×10^{-14} W/Hz。码元传输速率为 50 Baud，设发"0"和发"1"的概率分别为 P 和 $(1-P)$。试求：

(1) 若 $P=\dfrac{1}{2}$，分别计算采用相干检测解调的最佳判决门限及系统的误码率；

(2) 试证明相干解调时的最佳门限为 $v_{d0}=\dfrac{A}{2}+\dfrac{\sigma_n^2}{A}\ln\dfrac{P}{1-P}$，其中 σ_n^2 为噪声功率，A 为信号幅度；

(3) 试说明 $P>1/2$ 时的最佳门限比 $P=1/2$ 是大还是小。

分析：对于等概率发送 0、1 的 2ASK 信号，采用相干检测解调的最佳判决门限值为 $V_T=\dfrac{A}{2}$ 误码率为 $P_e=\dfrac{1}{2}\mathrm{erfc}\left(\dfrac{\sqrt{r}}{2}\right)$，所以主要是求信号幅度和输入信噪比。

答：(1) "1"码的平均功率为 $S_1=\dfrac{A^2}{2}$，"0"码的平均功率为 $S_0=0$。

又 $P=\dfrac{1}{2}$，所以信号的平均功率为

$$S=PS_0+(1-P)S_1=\frac{A^2}{4}$$

由已知输入的平均信噪比 7 dB，则

$$\frac{\frac{A^2}{4}}{\sigma_n^2}=10^{0.7}=5$$

故输入信号的信噪比为

$$r=\frac{\frac{A^2}{2}}{\sigma_n^2}=10$$

根据题目给出的噪声功率谱密度，可以求得输入噪声功率为

$$N=\sigma_n^2=n_0B_{2ASK}=2\times10^{-14}\times2\times50\times2=4\times10^{12}\ (\mathrm{W})$$

所以可求信号幅度为

$$A=\sqrt{2r\sigma_n^2}=8.94\times10^{-6}\ (\mathrm{V})$$

因此最佳判决门限为

$$v_{d0}=\frac{A}{2}=4.47\times10^{-6}\ (\mathrm{V})$$

误码率为

$$P_e=\frac{1}{2}\text{erfc}\left(\frac{\sqrt{r}}{2}\right)=1.27\times10^{-2}$$

(2) 在发送 0、1 不等概率的时候，最佳判决门限和发送它们的概率有关。

假设通过低通滤波器后的信号为

$$s_o(t)=\begin{cases}A+n_c(t) & \text{发“1”，均值为 } A \text{ 的高斯噪声}\\ n_c(t) & \text{发“0”，均值为 0 的高斯噪声}\end{cases}$$

所以误码率公式为

$$\begin{aligned}P_e &= P(1)P_{e1}+P(0)P_{e0}\\ &=(1-P)\int_{-\infty}^{v_d}\frac{1}{\sqrt{2\pi}\sigma_n}e^{\frac{-(v-A)^2}{2\sigma_n^2}}dv+P\int_{v_d}^{\infty}\frac{1}{\sqrt{2\pi}\sigma_n}e^{\frac{-v^2}{2\sigma_n^2}}dv\end{aligned}$$

要求最佳判决时，误码率最小，求出来的 v 就是最佳判决门限。

令 $\frac{\partial P_e}{\partial v_d}=0$，则可得

$$(1-P)\frac{1}{\sqrt{2\pi}\sigma_n}c^{\frac{-(v_d-A)^2}{2\sigma_n^2}}+P\frac{1}{\sqrt{2\pi}\sigma_n}e^{\frac{-v_d^2}{2\sigma_n^2}}=0$$

解得 $v_d=\frac{A}{2}+\frac{\sigma_n^2}{A}\ln\frac{P}{1-P}$

也即是最佳判决门限为

$$v_{d0}=\frac{A}{2}+\frac{\sigma_n^2}{A}\ln\frac{P}{1-P}$$

(3) 当 $1>P>\frac{1}{2}$ 时，有 $0<1-P<\frac{1}{2}$，所以 $\frac{P}{1-P}>1$，则 $\ln\frac{P}{1-P}>0$，故 $v_{d0}>\frac{A}{2}$，也即 $P>1/2$ 时的最佳门限比 $P=1/2$ 要大。

【例 9.2.9】 若相干 2PSK 和差分相干 2DPSK 系统的输入功率相同，系统工作在大信噪比条件下，试计算：

(1) 它们达到同样误码率所需的相对功率电平 $\left(k=\frac{r_{2DPSK}}{r_{2PSK}}\right)$；

(2) 若要求输入信噪比一样，则系统性能相对比 $\left(\frac{P_{e2PSK}}{P_{e2DPSK}}\right)$ 为多大。并讨论以上结果。

分析：采用相干解调的 2PSK 系统和差分相干解调 2DPSK 系统在大信噪比条件下的误码率分别为 $P_e\approx\frac{1}{2\sqrt{\pi r}}e^{-r}$ 和 $P_e=\frac{1}{2}e^{-r}$。

答：(1) 由分析可知，在大信噪比条件下，相干解调的 2PSK 系统的误码率为

$$P_{e2PSK}\approx\frac{1}{2\sqrt{\pi r}}e^{-r_{2PSK}}$$

差分相干 2DPSK 系统的误码率为

$$P_{e2DPSK}=\frac{1}{2}e^{-r_{2DPSK}}$$

要达到相同的误码率，令 $P_{e2DPSK}=P_{e2PSK}$，可得

$$\frac{1}{2\sqrt{\pi r}}e^{-r_{2PSK}}=\frac{1}{2}e^{-r_{2DPSK}}$$

所以求出相对功率电平为

$$k=\frac{r_{2DPSK}}{r_{2PSK}}=\frac{\ln(\pi r_{2PSK})}{r_{2PSK}}+1>1$$

综上所述：要想达到相同的误码率，差分相干解调 2DPSK 系统所需的信噪比要大于采用相干解调的 2PSK 系统。

(2) 当输入信噪比相同时，则有

$$P_{e2PSK}=\frac{1}{2\sqrt{\pi r}}e^{-r},P_{e2DPSK}=\frac{1}{2}e^{-r}$$

所以可得：

$$\frac{P_{e2PSK}}{P_{e2DPSK}}=\frac{1}{\sqrt{\pi r}}<1$$

综上所述：当输入信噪比相同时，差分相干解调 2DPSK 系统的误码率大于采用相干解调的 2PSK 系统。

※**点评**：相干 2PSK 和差分相干 2DPSK 系统的性能比较。

【例 9.2.10】 试证明在大信噪比条件下，当信噪比相同时，相干 2DPSK 系统的误码率是相干 2PSK 系统的 2 倍。

答：假设 2PSK 相干解调的误码率为 P_e，通过对相干 2DPSK 系统的分析可以知道：2PSK 相干解调输出中的任何一串 n 个连续码元错误，经过码变换后都会引起两个码元的错误。

所以 DPSK 系统的误码率为

$$P_{e2DPSK}=2P_1+2P_2+\cdots+2P_n+\cdots$$

式中，n 个连续码元错误发生的概率为 $P_n=(1-P_e)^2P_e^n$，$n=1,2,\cdots$。

因此可得：

$$P_{e2DPSK}=(1-P_e)^2P_e=\frac{1}{2}\left[1-(\text{erfc}\sqrt{r})^2\right]$$

一般有 $P_e\ll 1$，所以

$$P_{e2DPSK}\approx 2P_e=\text{erfc}\sqrt{r}$$

即证明了：在大信噪比条件下，当信噪比相同时，相干 2DPSK 系统的误码率是相干 2PSK 系统的 2 倍。

【例 9.2.11】 已知发送载波幅度 $A=10$ V，在 4 kHz 带宽的电话信道中分别利用 2ASK、2FSK 和 2PSK 系统进行传输，信道衰减为 1 dB/km，噪声功率谱密度为 $n_0=10^{-8}$ W/Hz，若采用相干解调，试求：

(1) 误码率为 10^{-5} 时，各种传输方式分别传输多少公里。

(2) 若 2ASK 所用载波幅度为 20 V，并分别是 2FSK 和 2PSK 的 1.4 倍和 2 倍，重做第(1)问。

分析：本题综合考查 2ASK、2FSK 和 2PSK 系统的带宽、误码率等性能。为了充分利用信道，信道中传输的信号带宽应该和信道的带宽一样，为 4 kHz。因为 2FSK 分为上下两条支路滤波，所以 2FSK 两支路接收机的带通滤波器只能为 2 kHz，而 2ASK 和 2PSK 接收机的带通滤波器均为 4 kHz 带宽。

答：(1) 相干解调的 2ASK 系统的误码率为 $P_e=\frac{1}{2}\text{erfc}\left(\frac{\sqrt{r}}{2}\right)$，由已知可得

$$\frac{1}{2}\text{erfc}\left(\frac{\sqrt{r}}{2}\right)=10^{-5}$$

解得信噪比为 $r=36.13$。

而 2ASK 接收机的噪声功率为

$$N=n_0B_{2ASK}=10^{-8}\times 4\times 10^3=4\times 10^{-5}(\text{W})$$

所以信号功率为

$$S=\frac{A^2}{2}=rN=36.13\times 4\times 10^{-5}=1.445\times 10^{-3}(\text{W})$$

所以接收机接收到信号的幅度为

$$A=\sqrt{2S}=5.38\times 10^{-2}(\text{V})$$

已知发送信号幅度为 $A=10$ V，所以幅度衰减为

$$20\lg\frac{10}{5.38\times 10^{-2}}=45.4\text{ dB}$$

又信道衰减为 1 dB/km，故 2ASK 信号传输的距离为 45.4 km。

相干解调的 2FSK 系统的误码率为 $P_e=\frac{1}{2}\text{erfc}\left(\sqrt{\frac{r}{2}}\right)$，由已知可得：

$$\frac{1}{2}\text{erfc}\left(\sqrt{\frac{r}{2}}\right)=10^{-5}$$

解得信噪比为 $r=18.07$。

而 2FSK 接收机的噪声功率为

$$N=2\times10^{-5}\,(\text{W})$$

所以信号功率为

$$S=\frac{A^2}{2}=rN=18.07\times2\times10^{-5}=3.614\times10^{-4}\,(\text{W})$$

所以接收机接收到信号的幅度为

$$A=\sqrt{2S}=2.69\times10^{-2}\,(\text{V})$$

已知发送信号幅度为 $A=10$ V，所以幅度衰减为

$$20\lg\frac{10}{2.69\times10^{-2}}=51.4\ \text{dB}$$

又信道衰减为 1 dB/km，故 2FSK 信号传输的距离为 51.4 km。

相干解调的 2PSK 系统的误码率为 $P_e=\frac{1}{2}\text{erfc}(\sqrt{r})$，由已知可得

$$\frac{1}{2}\text{erfc}(\sqrt{r})=10^{-5}$$

解得信噪比为 $r=9.035$。

而 2PSK 接收机的噪声功率和 2ASK 接收机的噪声功率一样，为

$$N=n_0B_{2\text{ASK}}=10^{-8}\times4\times10^3=4\times10^{-5}\,(\text{W})$$

所以信号功率为

$$S=\frac{A^2}{2}=rN=9.035\times4\times10^{-5}=3.614\times10^{-4}\,(\text{W})$$

与 2FSK 系统的一样，所以传输距离也一样，为 51.4 km。

(2) 当 2ASK 信号幅度变为 20 V 时，则发送功率增大了 6 dB，故传输距离也增大了 6 km，即能传输 51.4 km。

由 2ASK 和 2PSK 系统的误码率公式可知：当误码率和噪声功率均相等时，2PSK 接收机的信号功率可以比 2ASK 接收机小 6 dB，即 2ASK 信号的幅度为 2PSK 的$\sqrt{4}=2$ 倍。而本题说给的条件是 2ASK 的幅度为 2PSK 信号幅度的 2 倍，所以在这个条件下，2PSK 和 2ASK 系统传输的距离相同，均为 51.4 km。

由 2ASK 和 2FSK 系统的误码率公式可知：当误码率相同，而 2FSK 噪声功率为 2ASK 噪声功率一半的情况下，2FSK 接收机的信号功率可以比 2ASK 接收机小 6 dB。而本题说给的条件是 2ASK 的幅度为 2FSK 信号幅度的 1.4 倍，也即是功率为 3 dB，所以 2FSK 可以比 2ASK 多传输 3 km，为 54.4 km。

【例 9.2.12】 设 2PSK 方式的最佳接收机与实际接收机有相同的输入信噪比$\frac{E_b}{n_0}$，如果$\frac{E_b}{n_0}=10$ dB，实际接收机带通滤波器的带宽为$\frac{4}{T}$Hz，其中 T 是码元宽度，则两种接收机的误码率性能差异为多少。

分析：2PSK 实际一般采用相干解调，其误码率为 $P_e=\frac{1}{2}\text{erfc}(\sqrt{r})$，而采用最佳接受误码率为 $P_e=\frac{1}{2}\text{erfc}\left(\sqrt{\frac{E_b}{n_0}}\right)$。所以本题需要根据$\frac{E_b}{n_0}$求出 r，再进行比较。

答：对于 2PSK 信号来说，$B=\frac{4}{T}$，令 $\varepsilon=\frac{E_b}{n_0}$，则有

$$r=\frac{S}{N}=\frac{S}{Bn_0}=\frac{ST}{4n_0}=\frac{E_b}{4n_0}=\frac{\varepsilon}{4}$$

由于 $\varepsilon=\frac{E_b}{n_0}=10\ \text{dB}=10$，所以可得：

$$r=\frac{\varepsilon}{4}=2.5$$

则对于最佳接受，其误码率为

$$P_e=\frac{1}{2}\text{erfc}\left(\sqrt{\frac{E_b}{n_0}}\right)=\frac{1}{2}\text{erfc}(\sqrt{10})\approx 2\times 10^{-5}$$

对于实际接收，其误码率为

$$P_e=\frac{1}{2}\text{erfc}(\sqrt{r})=\frac{1}{2}\text{erfc}(\sqrt{2.5})\approx 2\times 10^{-2}$$

两者的比值为

$$\frac{P_{e最佳}}{P_{e相干}}=1\ 000$$

即误码率相差约 1 000 倍。

※**点评**：2PSK 系统的相干解调以及最佳匹配解调的比较。

【例 9.2.13★】(北京邮电大学考研真题) 图 9.27 是 2FSK 信号的非相干解调框图。假设 2FSK 发送的两个信号 $s_1(t)$、$s_2(t)$ 出现的概率相同，载频之差为 $f_2-f_1=\Delta f$，并且 $\Delta f\gg R_b$(R_b 为二进制比特率)使得 $s_1(t)$、$s_2(t)$ 的频谱不重叠。图中的两个带通滤波器的传递函数在频率域上也不重叠。判决规则是：若 $y_1\geqslant y_2$，则判发 $s_1(t)$，否则判发 $s_2(t)$。

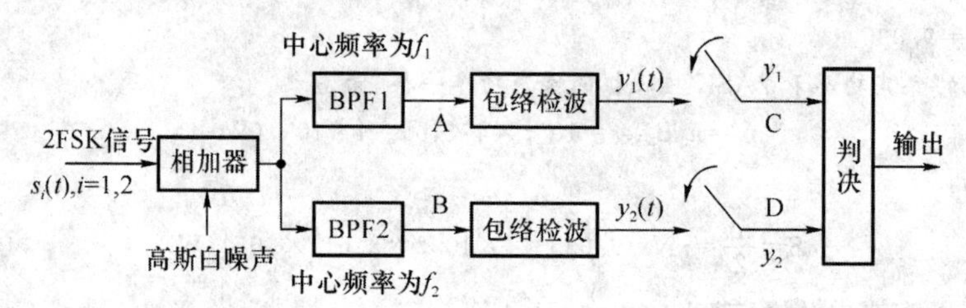

图 9.27

(1) 在图中 A 点及 B 点的带通噪声 $n_A(t)$ 和 $n_B(t)$ 是否统计独立，为什么？

(2) 若发送 $s_1(t)$，请问图中 C 点的抽样值 y_1 的条件概率密度函数 $p(y_1|s_1)$ 与 D 点的抽样值 y_2 的条件概率密度函数 $p(y_2|s_1)$ 是什么分布。

(3) 若发端发送 $s_1(t)$，请写出收端误判为 $s_2(t)$ 的概率 $P(e|s_1)$ 的计算公式。

答：(1) A、B 两点处的噪声成分 $n_A(t)$ 和 $n_B(t)$ 是高斯白噪声通过线性系统的输出，所以它们都是均值为 0 的高斯平稳随机过程。

又因为两个带通滤波器的传递函数在频率域上不重叠，所以 $n_A(t)$ 和 $n_B(t)$ 的互功率谱密度为 0，也即 $n_A(t)$ 和 $n_B(t)$ 的互相关函数为 0，故 $n_A(t)$ 和 $n_B(t)$ 统计不相关，因此两者统计独立。

(2) 发送 $s_1(t)$ 时，A 点的输出是正弦波加窄带噪声，故 C 点输出抽样值 y_1 的条件概率密度函数 $p(y_1|s_1)$ 呈现为莱斯分布；B 点输出是窄带噪声，故 D 点的抽样值 y_2 的条件概率密度函数 $p(y_2|s_1)$ 呈现为瑞利分布。

(3) 发送 $s_1(t)$ 而误判为 $s_2(t)$ 的概率 $P(e|s_1)$ 为

$$\begin{aligned}P(e\mid s_1)&=P(y_2>y_1\mid s_1)\\&=\iint\limits_{y_2>y_1}p(y_1\mid s_1)p(y_1\mid s_2)\mathrm{d}y_1\mathrm{d}y_2\\&=\int_0^{\infty}p(y_1\mid s_1)\left[\int_0^{\infty}p(y_1\mid s_2)\mathrm{d}y_2\right]\mathrm{d}y_1\end{aligned}$$

题型 3　多进制数字调制

【例 9.3.1】 设发送数字信息序列为 01011000110100，试按表 9.2 所示的 A 方式分别画出相应的 4PSK 和 4DPSK 信号的所有可能波形。

表 9.2

双比特码元	载波相位	
	A 方式	B 方式
00	0	$\frac{5\pi}{4}$
10	$\frac{\pi}{2}$	$\frac{7\pi}{4}$
11	π	$\frac{\pi}{4}$
01	$\frac{3\pi}{2}$	$\frac{3\pi}{4}$

分析：注意相位。

答：4PSK 的波形如图 9.28 所示。

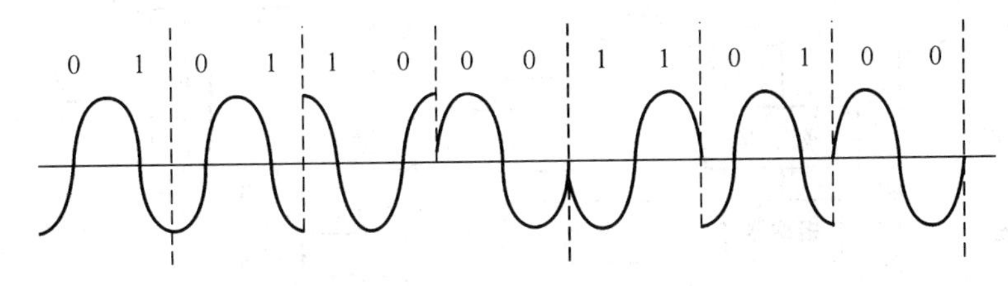

图 9.28

4DPSK 的波形如图 9.29 所示。其中参考相位为 0。

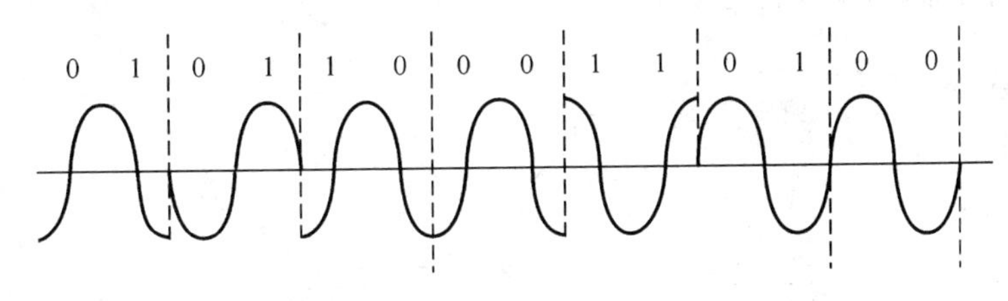

图 9.29

【例 9.3.2】 某 8QAM 调制器输入的信息速率为 $R_b=90$ Mbit/s，求符号速率 R_s。

分析：这是基本的符号速率和信息速率之间的转换，关键是要看多少进制。

答：因为是 8QAM 调制，所以每一个符号（即码元）表示 3 比特的信息，所以对于信息速率为 $R_b=90$ Mbit/s 的信号，其符号速率为

$$R_s=\frac{R_b}{3}=30\ \text{Baud}$$

【例 9.3.3】 在四相绝对移相（QPSK）系统中：

(1) 若二进制数字信息的速率为 128 kbit/s，请计算 QPSK 信号的主瓣带宽；

(2) 试给出 QPSK 调制及解调器的原理框图，请画出 QPSK 信号的功率谱示意图。

分析：对于 MPSK 调制，其带宽为 $B_{MPSK}=2B_b$。

答:(1) 因为是四进制,所以每个码元表示 2 bit 的信息。

又由已知说给信息的速率为 128 kbit/s,所以码元速率为$\frac{128}{2}=64$ kBaud。

则该信号的主瓣带宽为

$$B_{\text{QPSK}}=2B_{\text{b}}=128\ \text{kHz}$$

(2) QPSK 调制器的原理框图如图 9.30 所示。

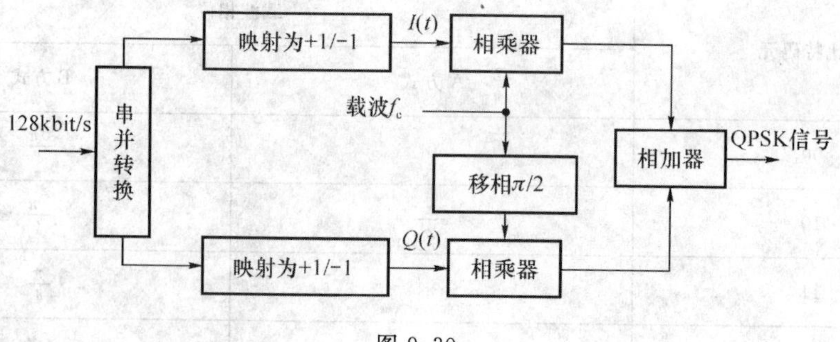

图 9.30

QPSK 解调器的原理框图如图 9.31 所示。

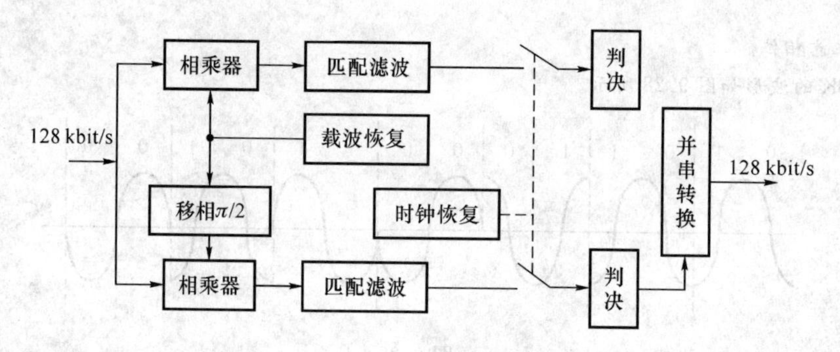

图 9.31

QPSK 的功率谱示意图如图 9.32 所示。

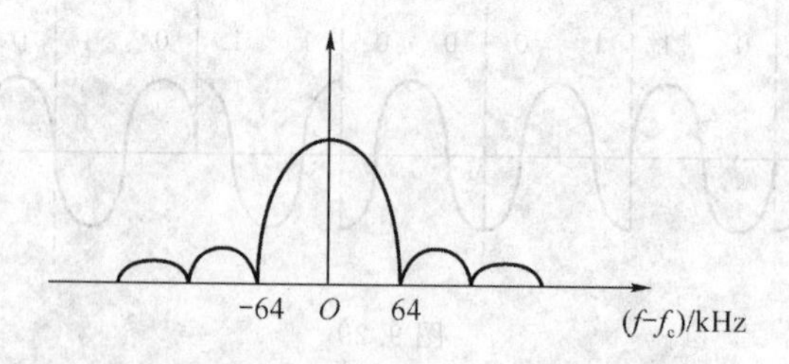

图 9.32

【例 9.3.4】 已知接收机输入平均信噪功率 $\rho=10$ dB,试分别计算单极性非相干 4ASK、单极性相干 4ASK、双极性相干 4ASK 系统的误码率。

答:对于单极性非相干 4ASK 系统,$M=4$,所以误码率为

$$\begin{aligned}P_{\text{e}}&=\left(1-\frac{3}{2M}\right)\text{erfc}\left[\sqrt{\frac{3\rho}{2(M-1)(2M-1)}}\right]+\frac{1}{M}\text{e}^{-\frac{3\rho}{2(M-1)(2M-1)}}\\&=\left(1-\frac{3}{8}\right)\text{erfc}\left(\sqrt{\frac{3\times10}{2\times3\times7}}\right)+\frac{1}{4}\text{e}^{-\frac{3\times10}{2\times3\times7}}\\&=0.264\ 1\end{aligned}$$

对于单极性相干 4ASK 系统的误码率为

$$P_e=\left(\frac{M-1}{M}\right)\mathrm{erfc}\left[\sqrt{\frac{3\rho}{2(M-1)(2M-1)}}\right]$$
$$=\frac{3}{4}\mathrm{erfc}\left(\sqrt{\frac{3\times10}{2\times3\times7}}\right)$$
$$=0.167$$

对于双极性相干 4ASK 系统的误码率为

$$P_e=\left(\frac{M-1}{M}\right)\mathrm{erfc}\left[\sqrt{\frac{3\rho}{M^2-1}}\right]$$
$$=\frac{3}{4}\mathrm{erfc}\left(\sqrt{\frac{3\times10}{15}}\right)$$
$$=0.035\,8$$

【例 9.3.5】 对最高频率为 6 MHz 的模拟信号进行线性 PCM 编码，量化电平数为 $M=8$，编码信号先通过 $\alpha=0.2$ 的升余弦滚降滤波器处理，再对载波进行调制。

(1) 若采用 2PSK 调制(量化后进行二进制等长编码)，求占用信道的带宽和频带利用率；

(2) 若采用 8PSK，求占用信道带宽和频带利用率。

答:(1) 根据抽样定理可知:取样频率为 $f_s=2f_m=12$ MHz;量化电平 $M=8$，所以编码位数为 3。则编码后的码速率为 $R_B=f_s\times3=12\times10^6\times3=36\times10^6$ Baud

所以升余弦滚降信号带宽为

$$B_s=\frac{(1+\alpha)R_B}{2}=\frac{(1+0.2)\times36\times10^6}{2}=21.6\ \text{MHz}$$

2PSK 信号的带宽为基带信号带宽的 2 倍，所以占用信道的带宽即调制后信号的带宽为

$$B_c=2B_s=43.2\ \text{MHz}$$

则频带利用率为

$$\eta=\frac{R_B}{B_c}=0.83(\text{Baud/Hz})$$

(2) 采用 8PSK 调制的话，则码速率为

$$R_B=f_s=12\times10^6\ \text{Baud}$$

升余弦滚降信号带宽为

$$B_s=\frac{(1+\alpha)R_B}{2}=\frac{(1+0.2)\times12\times10^6}{2}=7.2\ \text{MHz}$$

8PSK 信号的带宽为基带信号的 2 倍，所以占用信道的带宽即调制后信号的带宽为 $B_c=2B_s=14.4$ MHz。

则频带利用率为

$$\eta=\frac{R_B}{B_c}=0.83(\text{Baud/Hz})$$

【例 9.3.6】 试说明 MSK 信号的相位关系满足

$$\varphi_k=\varphi_{k-1}+(a_{k-1}-a_k)\left[\frac{\pi}{2}(k-1)\right]=\begin{cases}\varphi_{k-1}, & \text{当 } a_k=a_{k-1}\text{ 时}\\ \varphi_{k-1}\pm(k-1)\pi, & \text{当 } a_k\neq a_{k-1}\text{ 时}\end{cases}$$

答:因为

$$\theta_k(t)=\frac{\pi a_k}{2T_s}t+\varphi_k,(k-1)T_s\leqslant t\leqslant kT_s$$

$$\theta_{k-1}(t)=\frac{\pi a_{k-1}}{2T_s}t+\varphi_{k-1},(k-2)T_s\leqslant t\leqslant(k-1)T_s$$

令 $t=(k-1)T_s$，根据在码元转换时刻信号相位连续，所以可得

$$\theta_k[(k-1)T_s]-\theta_{k-1}[(k-1)T_s]=\frac{\pi}{2}(k-1)a_k+\varphi_k-\frac{\pi}{2}(k-1)a_{k-1}-\varphi_{k-1}=0$$

则可得：

$$\varphi_k=\varphi_{k-1}+(a_{k-1}-a_k)\left[\frac{\pi}{2}(k-1)\right]=\begin{cases}\varphi_{k-1}, & \text{当 } a_k=a_{k-1} \text{ 时}\\ \varphi_{k-1}\pm(k-1)\pi, & \text{当 } a_k\neq a_{k-1} \text{ 时}\end{cases}$$

【例 9.3.7】 设发送数字信息序列为＋－－＋＋－＋－－＋，其中“＋”表示发送数据“1”；“－”表示发送数据“0”，若码元速率为 2 400 Baud，载频为 4 200 Hz。试求：

(1) 写出最小频移键控(MSK)信号的表达式；

(2) 画出 MSK 信号的波形；

(3) 画出 MSK 信号的相位变化图；

(4) 简要说明 MSK 信号与 2FSK 信号的异同点。

答：(1) MSK 信号的表达式为：

$$\begin{aligned}S_{\mathrm{MSK}}(t)&=\cos\left(\omega_c t+\frac{\pi a_k t}{2T_s}+\varphi_k\right)\\&=\cos(2\pi\times 4\ 200t+1\ 200\pi a_k t+\varphi_k)\\&=\cos(8\ 400\pi t+1\ 200\pi a_k t+\varphi_k)\end{aligned}$$

(2) 从上面的表达式可以看出：

当发送“＋”时，有 $a_k=1$，则信号频率为 $f_1=4\ 800$ Hz

当发送“－”时，有 $a_k=0$，则信号频率为 $f_2=3\ 600$ Hz

而码元速率为 2 400 Baud，所以：

发送“＋”时，一个码元需要两个载波；发送“－”时，一个码元需要一个半个载波。

则 MSK 信号的波形如图 9.33 所示。

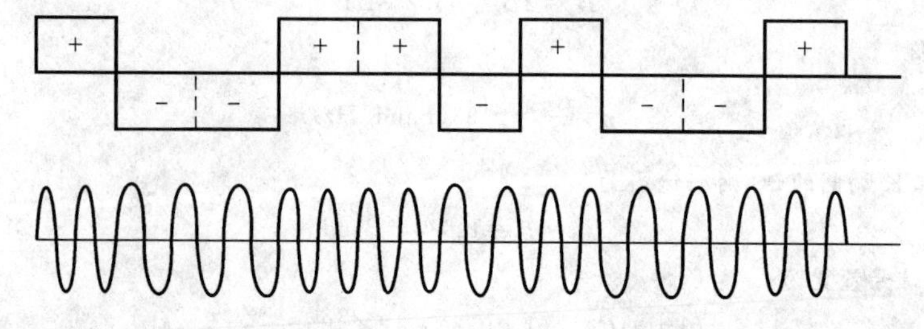

图 9.33

(3) MSK 信号的相位变化图如图 9.34 所示。

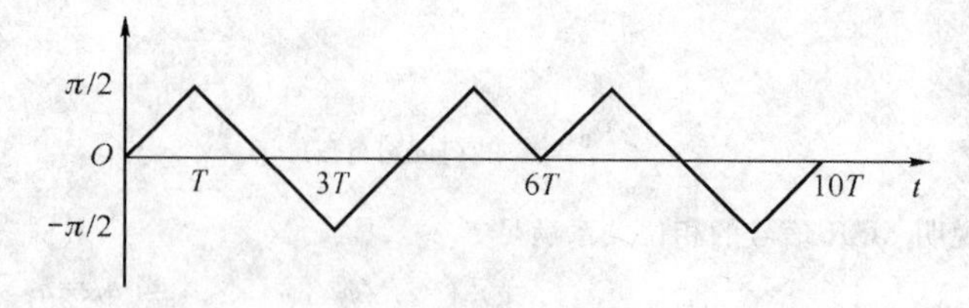

图 9.34

(4) MSK 是 FSK 的一种改进型。

MSK 信号相位始终保持连续变化，即 f_1 和 f_2 信号在一个码元期间的相位积累严格地相差 180°；MSK 以最小的调制指数获得正交信号，频带一定时，MSK 比 FSK 传送更高的比特率。

【例 9.3.8★】(北京邮电大学考研真题) 在图 9.35 中，五路电话信号分别进行 A 律 13 折线 PCM 编码，然后时分复用成为一个双极性不归零矩形脉冲序列，再转换为 M 进制脉冲幅度调制(M 电平 PAM)，再通过频谱成形滤波器使输出脉冲具有 $\alpha=1$ 的根号升余弦滚降傅氏频谱，然后将此数字基带信号送至基带信道中传输。

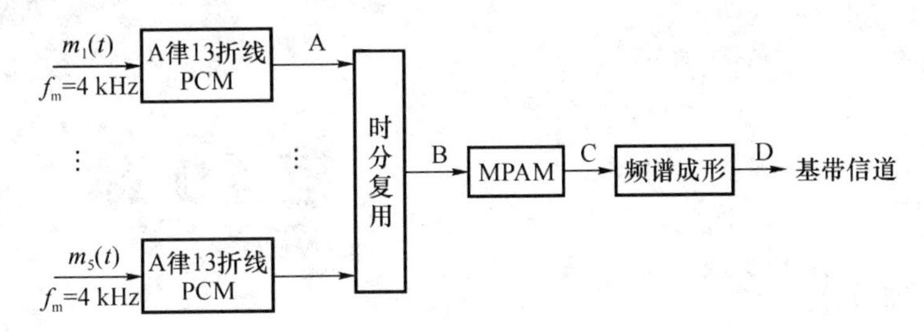

图 9.35

(1) 请分别写出 A 点及 B 点的二进制码元速率；

(2) 若基带信道要求限带于 64 kHz，请求出满足要求的最小 M 值，并写出 C 点的 M 进制符号速率；

(3) 画出 C 点和 D 点的双边功率谱密度图。

答:(1) 由最高频率为 4 kHz 可知，按奈奎斯特抽样频率抽样时，抽样频率为 8 kHz，又是进行 A 律 13 折线 PCM 编码，所以每个样值点用 8 位来编码，所以 A 点的数据速率为

$$R_{bA}=8\times 8\ 000=64\ \text{kbit/s}$$

B 点是无路信号的时分复用，所以，B 点的数据速率为

$$R_{bB}=5R_{bA}=320\ \text{kbit/s}$$

(2) 基带信号的带宽为 64 kHz，因此 D 点的符号速率最高为 128 000 symbol/s。

此时，每个符号携带的数据比特数为

$$\frac{320\ 000}{128\ 000}=2.5$$

所以满足条件的最小 $M=8$，即每个符号携带 3 比特的信息。

又 $\alpha=1$，则出 C 点的 M 进制符号速率为

$$\frac{320\ 000}{3}=106\ 667\ \text{symbol/s}$$

(3) C 点功率谱如图 9.36 所示。

由

$$\frac{R_s}{2}(1+\alpha)=B$$

可得滚降系数为

$$\alpha=\frac{2B}{R_s}-1=0.2$$

所以 D 点功率谱如图 9.37 所示。

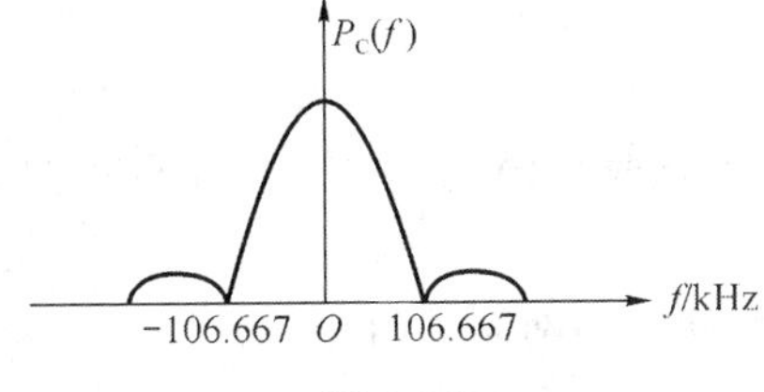

图 9.36

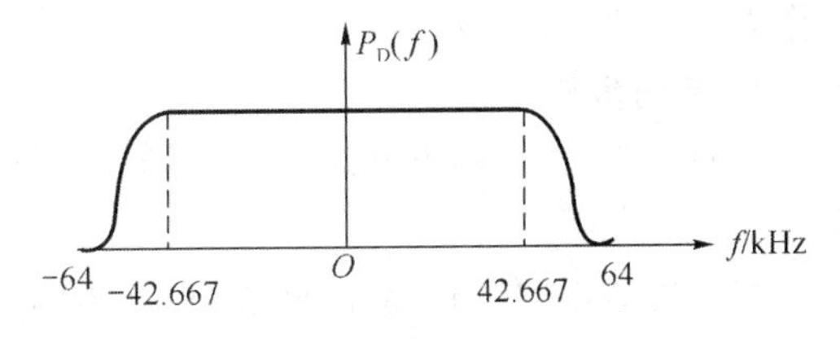

图 9.37

第10章

同步原理

【基本知识点】同步的概念及分类；载波同步的概念、意义及提取的方式；位同步的概念、意义及位同步信号的提取方式；帧同步的概念及意义；网同步的概念及意义等。

【重点】平方变换法、平方环法以及科斯塔斯环法提取载波的原理及框图；滤波法和锁相环法提取位同步信号的原理和框图；位同步的性能参数分析；巴克码；帧同步的性能参数分析等。

10.1 答疑解惑

10.1.1 什么是同步的基本概念及分类有哪些？

同步是数字通信系统、以及某些采用相干解调的模拟通信系统中一个非常重要的问题，它也是一种信息，它的提取和传输可以采用的方式有：外同步法和自同步法。

1. 外同步法

外同步法：由发送端发送专门的同步信息(即导频信号)，接收端把这个导频信号提取出来作为同步信号的方法。

2. 自同步法

自同步法：发送端不发送专门的同步信息，接收端设法从收到的信号中提取同步信息的方法。

同步的基本类型有：载波同步、位同步(码元同步)、帧同步和网同步四种。

10.1.2 什么是载波同步？

1. 定义

载波同步：当采用同步检测或相干解调时，接收端需要提供一个与接收信号中的调制载波同频同相的相干载波，这个载波提取的过程称为载波提取，也称为载波同步。

2. 分类及介绍

载波同步有两种：直接提取法和插入导频法。

直接提取法:在接收端对已调信号进行某种非线性变换后,得到载波对应的谐波分量,再经过分频可以得到载波同步信号。直接提取法主要有平方变换法、平方环法和同相正交法(科斯塔斯环法)三种方式。

(1) 平方变换法

平方变换法如图 10.1 所示。

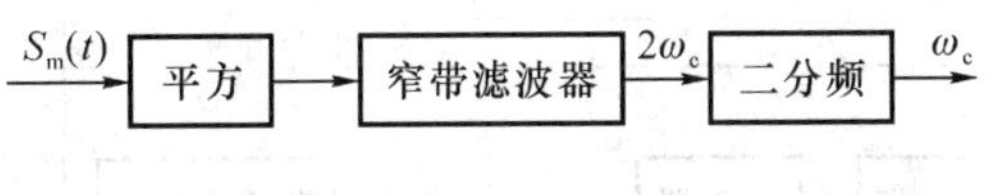

图 10.1 平方变换法

假设 $S_m(t)=m(t)\cos\omega_c t$,
则经过平方后为

$$
\begin{aligned}
S_m^2(t)&=m^2(t)\cos^2(\omega_c t)\\
&=\frac{1}{2}m^2(t)+\frac{1}{2}m^2(t)\cos(2\omega_c t)
\end{aligned}
$$

(2) 平方环法

平方环法如图 10.2 所示。

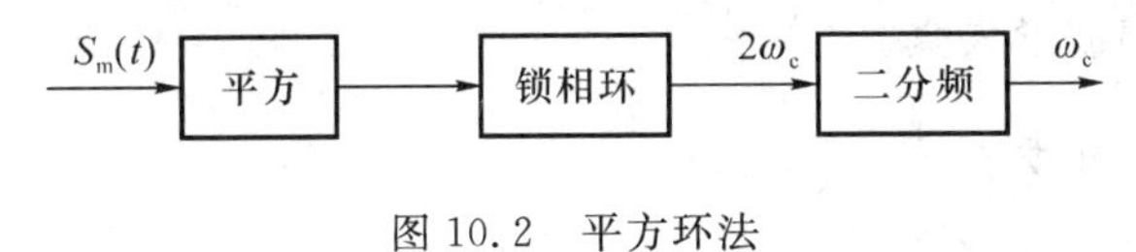

图 10.2 平方环法

(3) 同相正交法

同相正交法如图 10.3 所示。

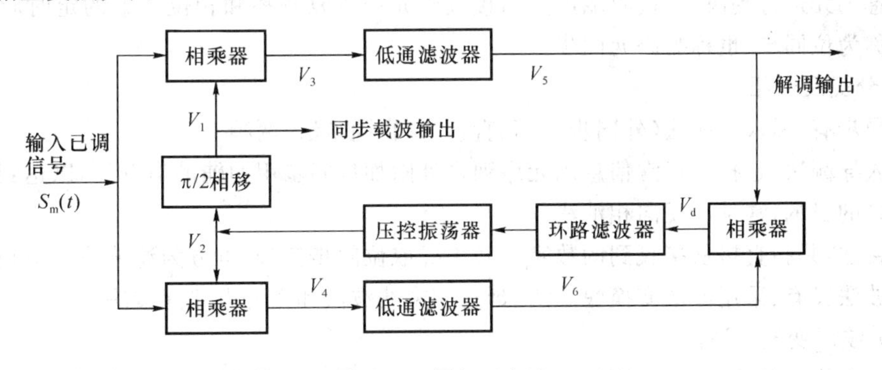

图 10.3 同相正交法

插入导频法:在发送端的已调信号频谱中额外插入一个导频信号,以便在接收端作为载波同步信号加以恢复。其原理框图如图 10.4 所示。

3. 性能参数分析

(1) 精确度

要求提取的载频与接收信号的载频同频同相,一般同频很容易满足,但是同相比较困难,有一定的相位误差。

(2) 同步建立时间和保持时间

同步建立时间:从开始接收到信号或从系统失步状态到提取出稳定的载频所需的时间,

此时间越短越好。

同步保持时间:从开始失去信号到失去载频同步的时间,此时间越长越好。

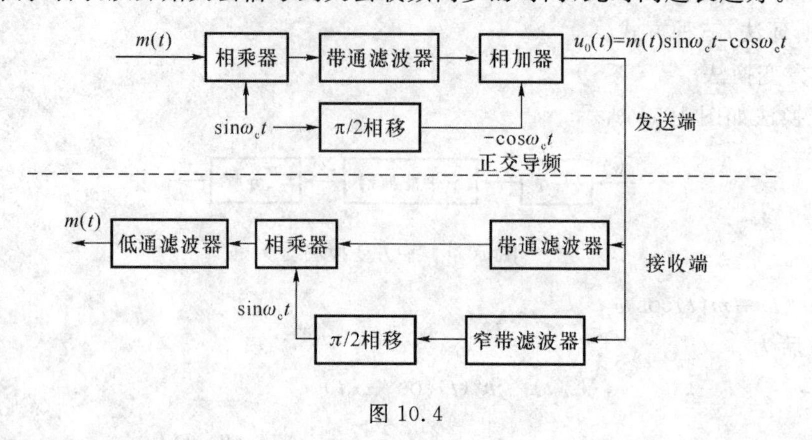

图 10.4

4. 载波同步误差的影响

载波相位误差对不同信号的解调所带来的影响是不同的:对双边带调制信号,只引起信噪比的下降;对 PSK 信号,导致误码率增加;对单边带和残留边带信号,不仅引起信噪比的下降,而且会引起输出波形失真。

10.1.3 什么是位同步?

1. 定义

位同步:在数字通信系统中,为了正确识别发送端传送的每一位码元,接收端需要对收到的信息码元进行判决,在接收端产生与接收码元的重复频率和相位一致的定时脉冲序列的过程称为位同步,也称为码元同步。

2. 分类及介绍

位同步有:插入导频法(外同步法)和直接法(自同步法)两种。

插入导频法:是指在正常信息码元序列之外附加位同步用的辅助信息位,以达到提取位同步信息的目的,常采用反向相消法。

直接法:是指直接从接收到的数字信号中提取位同步信号,可分为滤波法和锁相环法。

滤波法又有:采用波形变换滤波法、延迟相乘滤波法和微分电路滤波法。

(1) 波形变换滤波法

波形变换滤波法:是指采用波形变换将非归零码变成归零码,通过窄带滤波器,经过移相从而得到同步脉冲。其实现框图如图 10.5 所示。

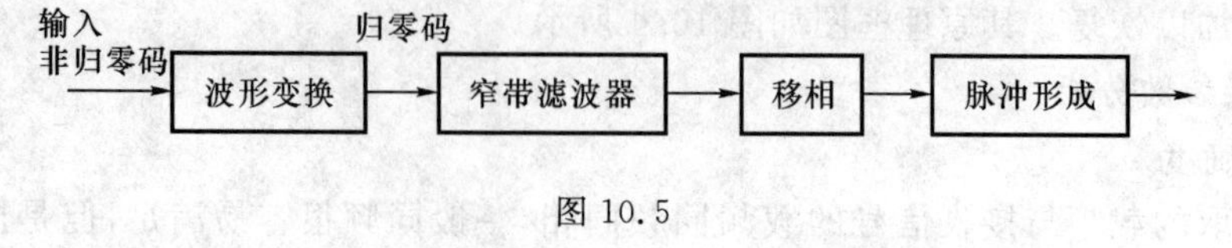

图 10.5

(2) 延迟相乘滤波法

采用延迟相乘的滤波法如图 10.6 所示。

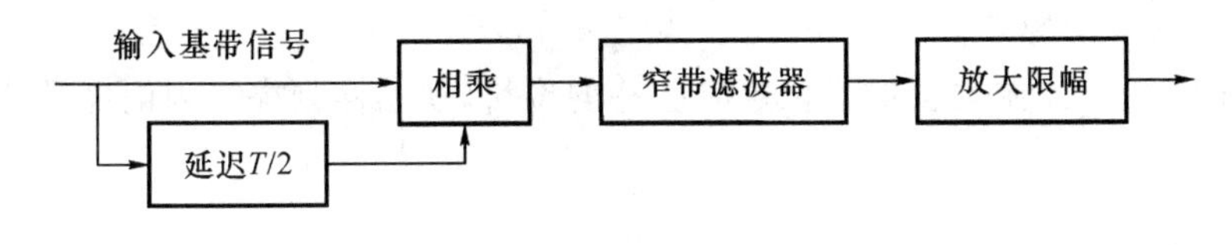

图 10.6

(3) 微分电路滤波法

采用微分电路的滤波法如图 10.7 所示。

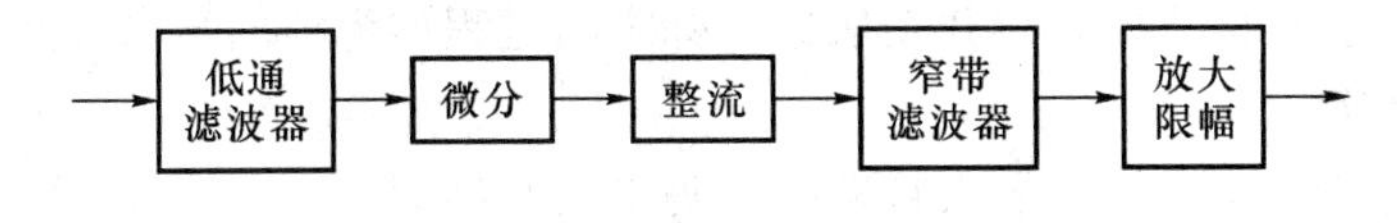

图 10.7

锁相环法是利用相位比较器来实现,其实现框图如图 10.8 所示。

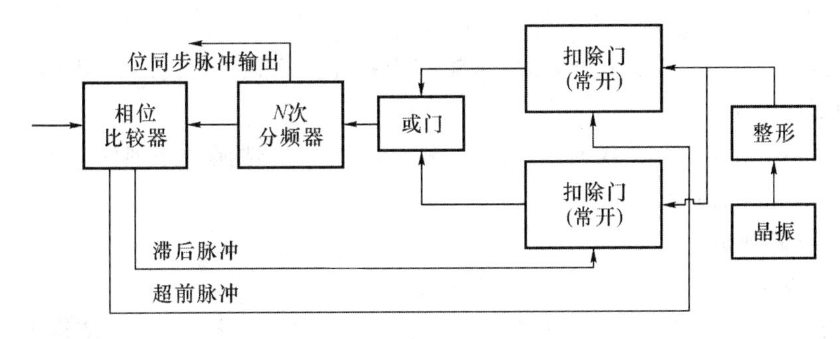

图 10.8

3. 性能参数分析

(1) 相位误差

相位误差是指由于位同步脉冲的相位在跳变点调整所引起的。

当分频次数为 n 时,相位误差为

$$\theta_e=\frac{360^\circ}{n}$$

对应的时间差为

$$T_e=\frac{T}{n}$$

式中,T 为码元长度。

(2) 同步建立时间和保持时间

同步建立时间:开机或者失去同步后重新建立同步所需的最长时间,为 $t_s=nT$;

同步保持时间:同步建立后到失去同步所保持的最短时间。

(3) 同步带宽

同步带宽:是指能够调整到同步状态所允许的收、发振荡器的最大频差,为

$$\Delta f_s=\frac{F_0}{2n}$$

式中,F_0 为收发两端固有码元重复频率的几何平均值。

4. 位同步误差的影响

位同步的相位误差主要会造成位定时脉冲的位移，使抽样判决时刻偏离最佳位置，导致误码率增大。

10.1.4 什么是帧同步？

1. 定义

帧同步：在数字时分多路通信系统中，为了能正确分离各路时隙信号，在发送端必须提供每帧的起始标记，在接收端检测并获取这一标志的过程称为帧同步。

2. 分类及介绍

帧同步有：起止式同步法和插入特殊同步码组法两种。

起止式同步法：是在发送端利用特殊的码元编码规则使码组本身自带分组信息。

插入特殊同步码组法：是指在发送码元序列中插入用于帧同步的若干同步码，主要有集中式插入和间隔式插入两种。

集中式插入，也称为连贯式插入，要求帧同步特殊码组具有优良的自相关特性。常用的帧同步码组是巴克码。

间隔式插入，也称为分散式插入，通常采用简单的周期性循环序列作为帧同步码，并分散的均匀插入信息码流中。

3. 性能参数分析

(1) 漏同步概率 P_1

漏同步概率是由于干扰，接收的同步码组中可能出现一些错误码元，使得识别器漏识别已发出的同步码组。其计算式为

$$P_1 = 1 - \sum_{r=0}^{m} C_n^r P^r (1-P)^{n-r}$$

式中，P 为码元错误概率；n 为同步码组的码元数；m 为允许码组中的错误码元的最大数。

(2) 假同步概率 P_2

假同步概率是由于在信息码中可能出现于同步码组相同的码组，使识别器认为是同步码，从而出现假同步的现象。其计算式为

$$P_2 = 2^{-n} \sum_{r=0}^{m} C_n^r$$

(3) 同步平均建立时间 t_s

对于集中式插入法，同步平均建立时间为

$$t_s = (1 + P_1 + P_2) NT$$

式中，N 为每帧的码元数；T 为码元长度。

对于分散式插入法，0、1 交替时，同步建立时间为

$$t_s = (2N^2 - N - 1) T$$

注意：集中式插入和分散式插入的同步建立时间是不同的。

4. 帧同步的保护

为了保证同步系统的性能可靠，漏同步概率和假同步概率都要低，但是这一要求是矛盾

的，为了解决这个问题，将帧同步的工作状态划分为捕捉态和维持态，在不同的状态时对识别器的判决门限提出不同的要求，从而达到降低假同步和漏同步的目的。

10.1.5 什么是网同步？

1. 定义

网同步：是指通信网的时钟同步，解决网中各站的载波同步、位同步和帧同步等问题。

2. 分类

网同步可分为：主从同步法和相互同步法。

主从同步法又可分为主从同步、等级主从同步和外基准。

相互同步法可分为单端控制和双端控制。

典型题解 同步原理

10.2 典型题解

题型1 同步原理

【例 10.1.1】 已知单边带信号的表达式为 $s(t)=m(t)\cos\omega_c t+\hat{m}(t)\sin\omega_c t$，试证明不能用图 10.9 所示的平方变换法提取载波。

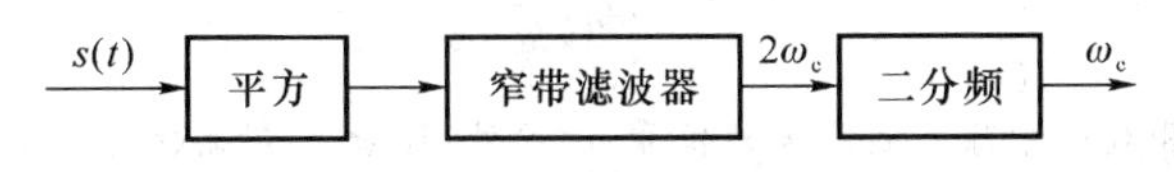

图 10.9

分析：本题主要考查计算能力，就按照图 10.9 所示的过程，一步一步计算，最后来看结果如何。

证明：设经过平方后输出信号为 $V(t)$，则

$$
\begin{aligned}
V(t)&=s^2(t)\\
&=[m(t)\cos\omega_c t+\hat{m}(t)\sin\omega_c t]^2\\
&=m^2(t)\cos^2\omega_c t+\hat{m}^2(t)\sin^2\omega_c t+2m(t)\hat{m}(t)\sin\omega_c t\cos\omega_c t\\
&=\frac{1}{2}m^2(t)(1+\cos 2\omega_c t)+\frac{1}{2}\hat{m}^2(t)(1-\cos 2\omega_c t)+m(t)\hat{m}(t)\sin 2\omega_c t\\
&=\frac{1}{2}[m^2(t)+\hat{m}^2(t)]+\frac{1}{2}[m^2(t)-\hat{m}^2(t)]\cos 2\omega_c t+m(t)\hat{m}(t)\sin 2\omega_c t
\end{aligned}
$$

因为 $m^2(t)-\hat{m}^2(t)$ 及 $m(t)\hat{m}(t)$ 中不含有直流分量，所以 $V(t)$ 中不含有 $2f_c$ 分量，所以不能采用平方变换法来提取载波。

【例 10.1.2】 如图 10.10 所示的插入导频法发送端中，$\sin\omega_c t$ 不经 90°相移，而是直接与已调信号相加输出，试证明经过接收端的解调输出后，输出信号中含有直流分量。

分析：插入导频法插入的应该是正交载波，否则接收端除了有调制信号外，还有别的分量。

证明：发送端输出信号为

$$u_0(t)=[m(t)\cdot\sin\omega_c t+\sin\omega_c t]$$

则从接收端的相乘器输出的信号为

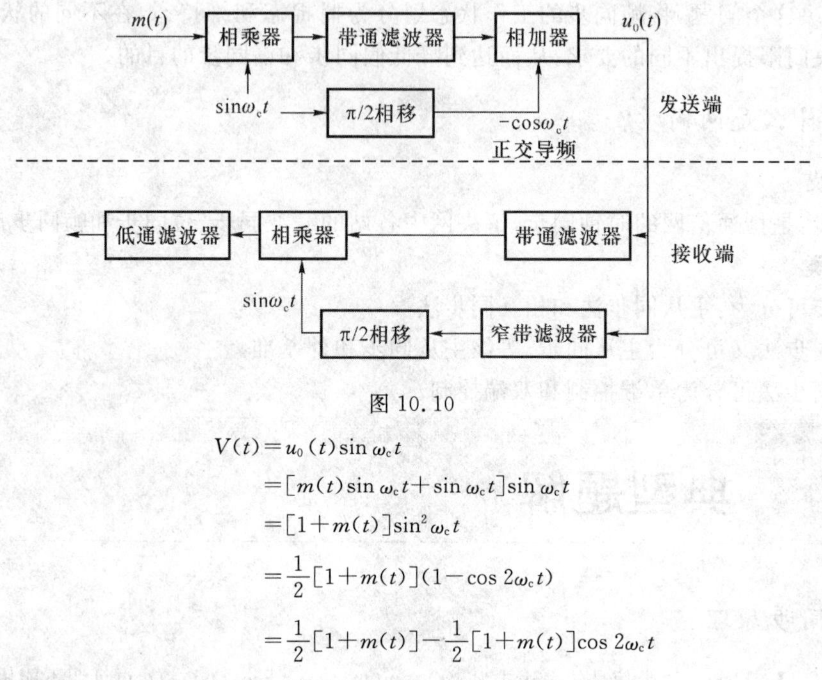

图 10.10

$$
\begin{aligned}
V(t) &= u_0(t)\sin\omega_c t \\
&= [m(t)\sin\omega_c t+\sin\omega_c t]\sin\omega_c t \\
&= [1+m(t)]\sin^2\omega_c t \\
&= \frac{1}{2}[1+m(t)](1-\cos 2\omega_c t) \\
&= \frac{1}{2}[1+m(t)]-\frac{1}{2}[1+m(t)]\cos 2\omega_c t
\end{aligned}
$$

再经过低通滤波器后输出为

$$V'(t)=\frac{1}{2}[1+m(t)]=\frac{1}{2}+\frac{1}{2}m(t)$$

所以在接收端的解调输出信号中除了还有原始信号 $m(t)$ 外，还含有直流分量 $\frac{1}{2}$，而这个直流分量对数字信号会产生影响。

【例 10.1.3】 已知单边带信号的表示式为

$$s(t)=m(t)\cos\omega_c t+\hat{m}(t)\sin\omega_c t$$

(1) 若采用与抑制载波双边带信号导频插入完全相同的方法，试证明接收端可正确解调；

(2) 若发送端插入的导频是调制载波，试证明解调输出中也含有直流分量，并求出该值。

答：(1) 调制器和解调器框图如图 10.11 所示。

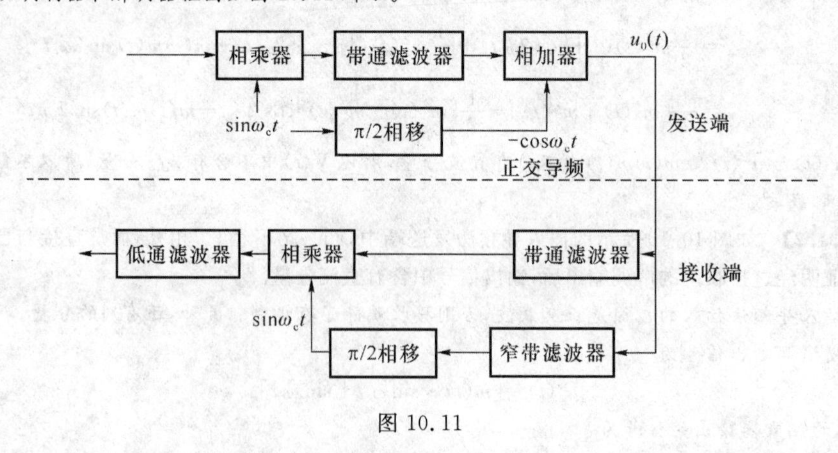

图 10.11

所以发送端输出的信号为

$$u_0(t)=s(t)-a_c\cos\omega_c t$$

式中，$s(t)=m(t)\cos\omega_c t+\hat{m}(t)\sin\omega_c t$；$\hat{m}(t)$ 是 $m(t)$ 的希尔伯特变换。

则接收端的相乘器输出信号为

$$\begin{aligned}V(t)&=u_0(t)\cdot\sin\omega_c t\\&=[m(t)\cdot\cos\omega_c t+\hat{m}(t)\cdot\sin\omega_c t-\cos\omega_c t]\cdot\sin\omega_c t\\&=\frac{1}{2}m(t)\sin 2\omega_c t+\frac{1}{2}\hat{m}(t)(1-\cos 2\omega_c t)-\frac{1}{2}\sin 2\omega_c t\\&=\frac{1}{2}\hat{m}(t)+\frac{1}{2}[m(t)\sin 2\omega_c t-\hat{m}(t)\cos 2\omega_c t-\sin 2\omega_c t]\end{aligned}$$

经过低通滤波器后输出

$$V'(t)=\frac{1}{2}\hat{m}(t)$$

上面的信号经过90°相移后,就可得到正确的解调信号。

(2) 当插入导频是调制载波时,则发送端输出的信号为

$$u_0(t)=s(t)+\sin\omega_c t$$

则接收端的相乘器输出为

$$\begin{aligned}V(t)&=u_0(t)\cdot\sin\omega_c t\\&=[m(t)\cdot\cos\omega_c t+\hat{m}(t)\cdot\sin\omega_c t+\sin\omega_c t]\cdot\sin\omega_c t\\&=\frac{1}{2}m(t)\sin 2\omega_c t+\frac{1}{2}[\hat{m}(t)+1](1-\cos 2\omega_c t)\\&=\frac{1}{2}\hat{m}(t)+\frac{1}{2}+\frac{1}{2}m(t)\sin 2\omega_c t-\frac{1}{2}\hat{m}(t)\cos 2\omega_c t-\frac{1}{2}\cos 2\omega_c t\end{aligned}$$

经过低通滤波器后输出

$$V'(t)=\frac{1}{2}\hat{m}(t)+\frac{1}{2}$$

所以,最后输出信号中含有直流分量为$\frac{1}{2}$。

【例 10.1.4★】(西安科技学院考研真题) 同相正交环法提取载波如图10.12所示,设压控振荡器输出信号为$\cos(\omega_c t+\theta)$,输入已调信号为抑制载波的双边带信号$m(t)\cos\omega_c t$,求$V_1,V_2,V_3,V_4,V_5,V_6,V_7$的数学表达式。

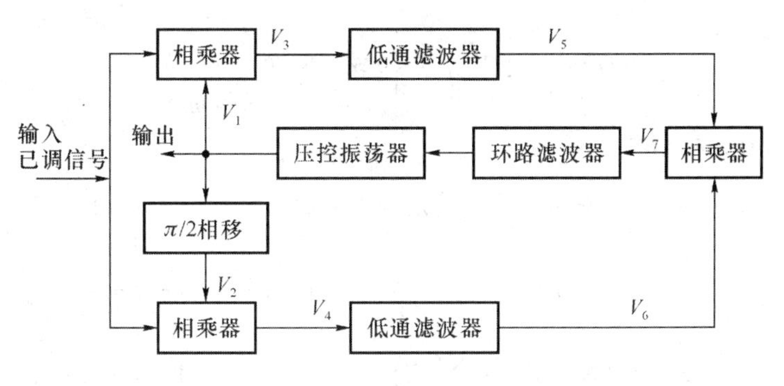

图 10.12

答:由已知条件可得振荡器输出的V_1为

$$V_1=\cos(\omega_c t+\theta)$$

经过相移后,输出为

$$V_2=\sin(\omega_c t+\theta)$$

将已调信号和V_1相乘可得V_3为

$$\begin{aligned} V_3 &= m(t)\cos\omega_c t \cdot V_1 \\ &= m(t)\cos\omega_c t \cdot \cos(\omega_c t+\theta) \\ &= \frac{1}{2}m(t)[\cos\theta+\cos(2\omega_c t+\theta)] \end{aligned}$$

将已调信号和 V_2 相乘可得 V_4 为

$$\begin{aligned} V_4 &= m(t)\cos\omega_c t \cdot V_2 \\ &= m(t)\cos\omega_c t \cdot \sin(\omega_c t+\theta) \\ &= \frac{1}{2}m(t)[\sin\theta+\sin(2\omega_c t+\theta)] \end{aligned}$$

V_3 经过低通后,输出为

$$V_5=\frac{1}{2}m(t)\cos\theta$$

V_4 经过低通后,输出为

$$V_6=\frac{1}{2}m(t)\sin\theta$$

最后将 V_5 和 V_6 相乘,输出为

$$\begin{aligned} V_7 &= V_5\times V_6 \\ &= \frac{1}{4}m^2(t)\sin\theta\cos\theta \\ &= \frac{1}{8}m^2(t)\sin 2\theta \\ &\approx \frac{1}{4}m^2(t)\theta \end{aligned}$$

其中上式是假设 θ 很小的情况下。

※**点评**:同相正交环法提取载波的具体过程。

【例 10.1.5】 已知 7 位巴克码为(1,1,1,−1,−1,1,−1),求其自相关函数。

分析:本题考查数字信号的自相关函数的求法。

答:巴克码的局部自相关函数为

$$R(j)=\sum_{i=1}^{n-j}X_iX_{i+j}=\begin{cases} n & j=0 \\ 0\text{ 或 }\pm 1 & 0<j<n \\ 0 & j\geqslant n \end{cases}$$

则由已知条件所给的巴克码,有

$$\text{当 } j=0 \text{ 时}, R(j)=\sum_{i=1}^{7}X_i^2=1+1+1+1+1+1+1=7$$

$$\text{当 } j=1 \text{ 时}, R(j)=\sum_{i=1}^{6}X_iX_{i+1}=1+1-1+1-1-1=0$$

$$\text{当 } j=2 \text{ 时}, R(j)=\sum_{i=1}^{5}X_iX_{i+2}=1-1-1-1+1=-1$$

$$\text{当 } j=3 \text{ 时}, R(j)=\sum_{i=1}^{4}X_iX_{i+3}=-1-1+1+1=0$$

$$\text{当 } j=4 \text{ 时}, R(j)=\sum_{i=1}^{3}X_iX_{i+4}=-1+1-1=-1$$

$$\text{当 } j=5 \text{ 时}, R(j)=\sum_{i=1}^{2}X_iX_{i+5}=1-1=0$$

$$\text{当 } j=6 \text{ 时}, R(j)=X_iX_{i+6}=-1$$

综上所述，该巴克码的自相关函数为

$$R(\tau)=(7,0,-1,0,-1,0,-1)$$

可以看出：仅在0点有最大值，即自相关性最好。

【例 10.1.6】 传输速率为1 kbit/s的一个通信系统，设误码率为10^{-4}，群同步采用连贯式插入法，同步码组的位数$n=7$，试分别计算$m=0$和$m=1$时漏同步概率P_1和假同步概率P_2。若每群中的信息位为153，估算群同步的平均建立时间。

分析：漏同步的计算对象是同步码组，是针对同步码组在传输时出错而提出的概念；而假同步的计算对象是信息位，是指信息位在传输过程中出现的差错。

答：由已知条件可知：同步码组位数为$n=7$，误码率为$P=10^{-4}$。

则漏同步概率为

$$P_1=1-\sum_{r=0}^{m}C_7^r P^r(1-P)^{n-r}$$

假同步概率为

$$P_2=\sum_{i=1}^{m}\frac{C_n^r}{2^n}$$

其中m为错码数，则

当$m=0$时，有

$$\begin{aligned}P_1&=1-C_7^0P^0(1-P)^7\\&=1-(1-10^{-4})^7\approx 7\times 10^{-4}\end{aligned}$$

$$P_2=\frac{C_7^0}{2^7}\approx 7.8\times 10^{-3}$$

当$m=1$时，有

$$\begin{aligned}P_1&=1-\sum_{r=0}^{1}C_7^r P^r(1-P)^{7-r}\\&=1-C_7^0(1-P)^7-C_7^1P(1-P)^7\\&=1-(1-10^{-4})^7-7\times 10^{-4}(1-10^{-4})^6\\&\approx 4.2\times 10^{-8}\end{aligned}$$

$$P_2=\sum_{r=0}^{1}\frac{C_n^r}{2^n}=\frac{1}{2^7}+\frac{C_7^1}{2^7}\approx 6.24\times 10^{-2}$$

群同步平均建立时间为

$$t_s\approx NT(1+P_1+P_2)$$

其中

$$N=\text{信息位}+\text{同步码位}=153+7=160$$

$$T=\frac{1}{R_b}=\frac{1}{10^3}=10^{-3}\text{ s}$$

所以有：

当$m=0$时，$t_s=160\times 10^{-3}(1+7\times 10^{-4}+7.8\times 10^{-3})\approx 161.4$ ms

当$m=1$时，$t_s=160\times 10^{-3}(1+4.2\times 10^{-8}+6.24\times 10^{-2})\approx 170$ ms

※点评：漏同步、假同步、误码率、允许码元错误最大数。

【例 10.1.7★】（西安电子科技大学考研真题） 设某数字传输系统中的群同步采用7位长的巴克码（1 1 1 0 0 1 0），采用连贯式插入法。

（1）画出群同步码识别器原理方框图。

（2）若输入二进制序列为01011100111100100，试画出群同步码识别器输出波形（设判决门限电平为4.5）。

(3) 若码元错误概率为 P_e,群同步码识别器判决门限电平为 4.5,试求该识别器假同步概率。

分析:群同步码识别器中的同步脉冲靠边触发;门限电平为 4.5,实际上允许同步码组出现两位错误,$m=2$。

答:(1) 群同步码识别器原理方框图如图 10.13 所示。

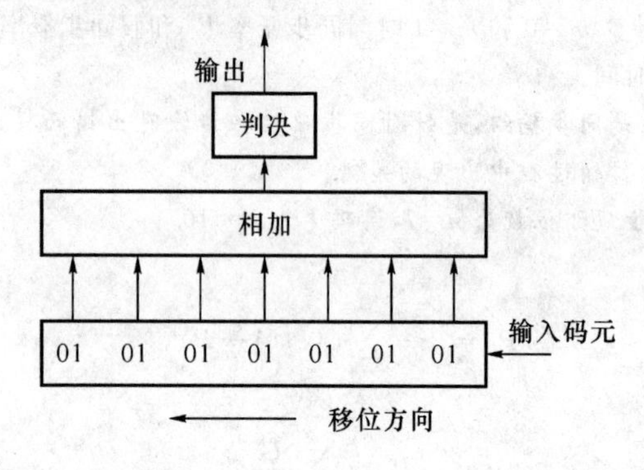

图 10.13

(2) 识别器输出波形如图 10.14 所示。

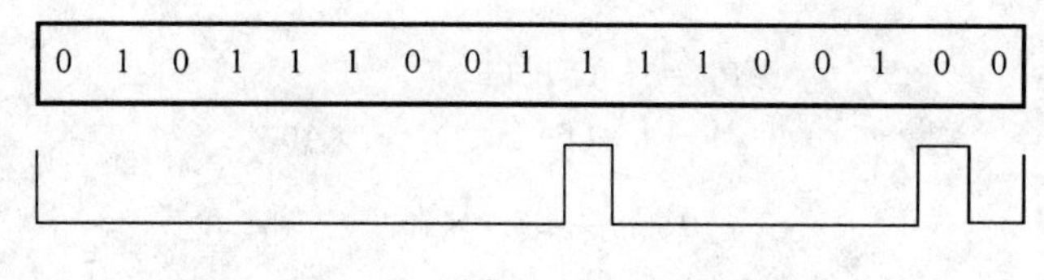

图 10.14

(3) 假同步概率为

$$P_2 = \sum_{r=0}^{m} \frac{C_n^r}{2^n} = \frac{C_7^0}{2^7} + \frac{C_7^1}{2^7} + \frac{C_7^2}{2^7} = \frac{1}{2^7} + \frac{7}{2^7} + \frac{\frac{7 \times 6}{2}}{2^7} \approx 0.227$$

第11章

差错控制和信道编码

【基本知识点】差错控制的分类;信道编码的基本思想及分类;码重、码距及最小码距的意义;奇偶校验码的原理;线性分组码的概念;线性分组码的一致监督矩阵和生成矩阵;校正子的计算方法;汉明码的性质;循环码的概念;循环码的生成多项式;循环码的生成矩阵和监督矩阵;循环码检错码;卷积码的编码及描述方法;卷积码的译码算法;BCH 码、纠正突发错误码、交织码、级联码、Turbo 码及高效率信道编码等。

【重点】码重、码距的计算及最小码距的意义;线性分组码的一致监督矩阵和生成矩阵的求法和它们之间的转换关系;校正子的计算方法;循环码的生成多项式;循环码的生成矩阵及监督矩阵的求法;离散卷积法;生成矩阵法;码多项式法等。

11.1 答疑解惑

11.1.1 降低误码的技术有哪些?

降低误码的技术有两种:

(1) 合理设计基带信道、选择调制解调方式,采用均衡技术;

(2) 采用信道编码,即差错控制编码。

11.1.2 什么是编码信道?

编码信道:是指将调制、解调与信道结合起来等效成的一个信道。

11.1.3 什么是信道编码?

1. 信道编码的目的

信道编码的目的:是改善数字通信系统的传输质量。

2. 信道编码的基本思想

信道编码的基本思想:是在发送端将被传输的信息附上一些监督码元,这些冗余的码元

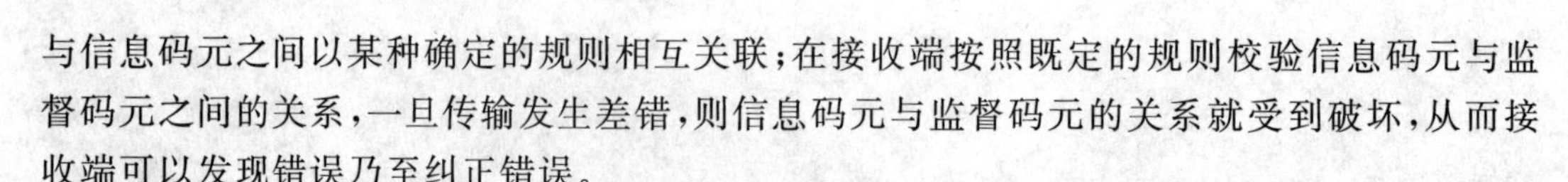

与信息码元之间以某种确定的规则相互关联；在接收端按照既定的规则校验信息码元与监督码元之间的关系，一旦传输发生差错，则信息码元与监督码元的关系就受到破坏，从而接收端可以发现错误乃至纠正错误。

3. 信道编码的任务

信道编码的任务：是构造出以最小冗余度为代价换取最大抗干扰性能的“好码”。

4. 信道编码与信源编码的区别

信源编码是尽量减少信源的冗余度，即尽可能用最少的信息比特来表示信源；而信源编码是在待传输信息中加入冗余信息，以此达到差错控制的目的，从而提高通信系统的可靠性。

5. 信道编码的分类

信道编码按不同的方式可以有很多种分类方法：

(1) 按功能划分可分为：检错码、纠错码和纠删码。

(2) 按信息位和校验位的约束关系可分为：线性码和非线性码。

(3) 按信息码元与监督码元的约束关系可分为：分组码和卷积码。

分组码：是指监督码仅与本码组信息码有关。

卷积码：是指监督码不仅与本码组信息码有关，而且与前面码组的信息码有关。

(4) 按编码后信息码结构是否发生变化可分为：系统码和非系统码。

系统码：是指编码前后信息码结构不变。

非系统码：是指编码前后信息码结构发生变化。

(5) 按码元的进制进行划分可分为：二进制码和多进制码。

6. 信道编码的基本参数

(1) 分组码：将 k 比特信息编成 n 比特一组的码字(码组)，记为 (n,k) 分组码，其中 k 位码元作为信息码元，$r=n-k$ 位码元称作监督码。

(2) 码重 W：码字中 1 的个数。

(3) 码距 d：两码字中对应位不同的比特数，也称为汉明距离。

7. 最小码距

最小码距：是指分组码 (n,k) 中任何两个码字 C_i、C_j 之间的码距的最小值，用 $d_{\min}$ 表示。它是衡量码的一种内在属性。

最小码距决定了码的纠错、检错性能，规则为

(1) 若要发现 e 个独立随机错误，则要求 $d_{\min}\geqslant e+1$；

(2) 若要纠正 t 个独立随机错误，则要求 $d_{\min}\geqslant 2t+1$；

(3) 若要发现 e 个同时又纠正 $t(e>t)$ 个独立随机错误，则要求 $d_{\min}\geqslant e+t+1$。可分为专线和通信网。

注意：发现错误和纠正错误对最小码距的要求，以及同时发现和纠正时，发现的个数和纠正的个数的关系；线性码的最小码距是非 0 码字的最小码重。

8. 常用简单的检错码

常用简单的检错码有：奇偶校验码、行列监督码、恒比码和 ISBN 国际统一图书编号。

(1) 奇偶校验码：是指在一个码组中加入一个监督码元，使得构成的码组中的 1 的个数为奇数或者为偶数，分别称为奇校验和偶校验。其最小码距为 2，只能检出 1 个独立随机

错误。

(2) 行列监督码：是指在垂直方向和水平方向上都进行奇偶校验码，也称为二维奇偶监督码。可以检测出任一行或任一列上所有奇数个错码，但不能检测出任一行或任一列上所有偶数个错码。

(3) 恒比码：每个码组中的1的个数都是一样的。

11.1.4　差错控制方式有哪些？

差错控制主要有三种方式：检错重发、前向纠错和混合方式。

1. 检错重发

检错重发：是在接收端根据编码规则进行检查，如果发现规则被破坏，则通过反馈信道要求发送端重新发送，直到接收端检查无误为止，简称为ARQ。需要反馈信道，效率较低，但是能达到很好的性能。

检错重发有三种重发机制：停等ARQ、回退N步ARQ和选择性重传。

(1) 停等ARQ：是指发送方每发完一帧必须等待接收方确认后才能发下一帧。

(2) 回退N步ARQ：是指发送方可连续发送多帧，若前面某帧出错，从该帧以后的各帧都需要重发。

(3) 选择性重传：是指发送方可连续发送多帧，若前面某帧出错，只需重发该出错的帧，发送方需要缓存前面所有未被确认帧。

2. 前向纠错

前向纠错：是指发送端发送能纠正错误的编码，在接收端根据接收到的码和编码规则，能自动纠正传输中的错误，简称为FEC。不需要反馈信道，实时性好，编译码设备复杂。

3. 混合方式

混合方式：是指结合FEC系统和ARQ系统，在纠错范围内，自动纠正错误，超出纠错范围则要求重发数据。

11.1.5　什么是线性分组码？

线性分组码：是指码组中监督码与信息码之间满足线性方程，任意两个可用码组之和(逐位模2加)仍为一个可用码组。

线性分组码的构成：通常由k个信息码和r个监督码组成，长度为$n=k+r$，其中信息码放在监督码之前，记为线性分组码(n,k)。

11.1.6　线性分组码的性质有哪些？其检错和纠错能力如何？

1. 线性分组码的性质

线性分组码有两个基本性质：

(1) 封闭性：任意两个码组的和还是许用码组；

(2) 码的最小距离等于非零码的最小码重。

2. 检错能力

线性分组码具有r个校正子方程，可以指示(2^r-1)个错误。

3. 纠错能力

对于1位错码，可以指示(2^r-1)个错误位置；若$2^r-1\geqslant n$，可以纠正1 bit或以上的错误。

11.1.7 线性分组码如何分析？

对于线性分组码(n,k)，一般可写为

$$(C_{n-1}C_{n-2}\cdots C_{n-k}C_{r-1}C_{n-2}\cdots C_1C_0)$$

令信息码元与监督码元的约束关系为

$$\begin{cases} C_{r-1}=\sum_{i=1}^{k}\alpha_{i,r-1}\cdot C_{n-i} \\ C_{r-2}=\sum_{i=1}^{k}\alpha_{i,r-2}\cdot C_{n-i} \\ \quad\cdots\cdots \\ C_0=\sum_{i=1}^{k}\alpha_{i,0}\cdot C_{n-i} \end{cases}$$

移项可变为

$$\begin{cases} \sum_{i=1}^{k}\alpha_{i,r-1}\cdot C_{n-i}+C_{r-1}=0 \\ \sum_{i=1}^{k}\alpha_{i,r-2}\cdot C_{n-i}+C_{r-2}=0 \\ \quad\cdots\cdots \\ \sum_{i=1}^{k}\alpha_{i,0}\cdot C_{n-i}+C_0=0 \end{cases}$$

由此可以得出一致监督关系为

$$H\cdot C^{\mathrm{T}}=0^{\mathrm{T}}$$

其中：

$$H=\begin{bmatrix} \alpha_{1,r-1} & \alpha_{2,r-1} & \alpha_{3,r-1} & \cdots & \cdots & \alpha_{k,r-1} & 1 & 0 & \cdots & \cdots & 0 & 0 \\ \alpha_{1,r-2} & \alpha_{2,r-2} & \alpha_{3,r-2} & \cdots & \cdots & \alpha_{k,r-2} & 0 & 1 & \cdots & \cdots & 0 & 0 \\ & \cdots & & & \cdots & & & \cdots & & & \cdots & \\ \alpha_{1,0} & \alpha_{2,0} & \alpha_{3,0} & \cdots & \cdots & \alpha_k & 0 & 0 & \cdots & \cdots & 0 & 1 \end{bmatrix}$$

$$=[P_{r\times k}\,\vdots\,I_{r\times r}]$$

可见监督关系的线性方程组完全由矩阵$\boldsymbol{H}$所决定，所以称$\boldsymbol{H}$为一致监督矩阵。

可分为专线和通信网。

注意：一致监督矩阵的后面是一个单位阵，行数和列数为监督位的个数。

同样可以得到约束关系方程为

$$\begin{cases} C_{n-j} = C_{n-j} \\ C_{r-1} = \sum_{i=1}^{k} \alpha_{i,r-1} \cdot C_{n-i} \\ C_{r-2} = \sum_{i=1}^{k} \alpha_{i,r-2} \cdot C_{n-i} \\ \quad \cdots\cdots \\ C_1 = \sum_{i=1}^{k} \alpha_{i,1} \cdot C_{n-i} \\ C_0 = \sum_{i=1}^{k} \alpha_{i,0} \cdot C_{n-i} \end{cases}$$

由此可以得到关系为

$$C_M \cdot \boldsymbol{G} = C = u \cdot G$$

其中

$$C_M = (C_{n-1} C_{n-2} C_{n-3} \cdots C_{n-k})$$

$$\boldsymbol{G} = \begin{bmatrix} 1 & 0 & \cdots & \cdots & 0 & 0 & \alpha_{1,r-1} & \alpha_{1,r-2} & \cdots & \cdots & \alpha_{1,1} & \alpha_{1,0} \\ 0 & 1 & \cdots & \cdots & 0 & 0 & \alpha_{2,r-1} & \alpha_{2,r-2} & \cdots & \cdots & \alpha_{2,1} & \alpha_{2,0} \\ & \cdots & & \cdots & & & & \cdots & & & \cdots & \\ 0 & 0 & \cdots & \cdots & 0 & 1 & \alpha_{k,r-1} & \alpha_{k,r-2} & \cdots & \cdots & \alpha_{3,1} & \alpha_{3,0} \end{bmatrix}$$

$$= [I_{k\times k} \vdots Q_{k\times r}]$$

可见 n 位码组是由 k 个信息位的输入消息 u 通过一个线性变换矩阵 $\boldsymbol{G}$ 来产生的，所以称矩阵 $\boldsymbol{G}$ 为生成矩阵。

可分为专线和通信网。

注意：生成矩阵的前一部分是一个单位阵，行数和列数为信息位的个数。

对比 $\boldsymbol{H}$ 和 $\boldsymbol{G}$，可以看出：

$$Q_{k\times r} = P_{r\times k}^{\mathrm{T}}, P_{r\times k} = Q_{k\times r}^{\mathrm{T}}$$

11.1.8 什么是校正子(码组伴随式)?

1. 错误图样

发送码组 C 经过传输系统到达接收端时，假设收到的码组为 $B=(B_{n-1}B_{n-2}B_{n-3}\cdots B_0)$，则有差错关系为

$$E = B - C = (e_{n-1}e_{n-2}e_{n-3}\cdots e_0)$$

差错关系 E 也称为错误图样。

其中

$$e_i = \begin{cases} 0 & b_i = c_i \\ 1 & b_i \neq c_i \end{cases}$$

2. 校正子

接收时计算校正子为

$$S=B\cdot H^{T}$$

若 $S=0$,这说明传输过程没有错误;若 $S\neq 0$,这说明传输过程有错误。

11.1.9 什么是汉明码?

1. 定义

汉明码:能纠正单个随机错误的线性分组码。

2. 参数

码长:$n=2^m-1$;

信息位:$k=2^m-1-m$;

监督位:$m=n-k$ 且 $m\geqslant 3$;

最小距离:$d_{min}=3$;

编码效率:$R=\frac{k}{n}=1-\frac{m}{n}$;当 n 很大时,$R\to 1$。

可分为专线和通信网。

注意:汉明码的长度和监督位是有规定的。

11.1.10 什么是循环码?

循环码:任何一个可用码组经过循环移位后所得到的码组仍为一个可用码组。

循环码组 $C(C_{n-1}C_{n-2}\cdots C_{n-k}C_{r-1}C_{n-2}\cdots C_1C_0)$ 可表示为多项式形式

$$C(x)=C_{n-1}x^{n-1}+C_{n-2}x^{n-2}+\cdots+C_1x+C_0$$

设 $C(x)$ 左移 i 后记为 $C^{(i)}(x)$,则有

$$\begin{aligned}C^{(i)}(x)&=C_{n-i-1}x^{n-1}+C_{n-i-2}x^{n-2}+\cdots+C_{n-i+1}x+C_{n-i}\\&=[x^i\cdot C(x)]\bmod(x^n+1)\end{aligned}$$

11.1.11 什么是循环码生成多项式?

1. 基本概念

对于 (n,k) 循环码来说,生成多项式 $g(x)$ 是一个能除尽 x^n+1 的 (n,k) 阶多项式。

阶数低于 n 并能被 $g(x)$ 除尽的一组多项式就构成一个 (n,k) 循环码;阶数小于等于 $(n-1)$ 并能被 $g(x)$ 除尽的每个多项式都是循环码的可用码组多项式。

所以循环码完全由其码组长度 n 和生成多项式 $g(x)$ 所决定。

2. $g(x)$ 的得到

为了得到 $g(x)$,需要对 x^n+1 进行因式分解。对于大部分 n 值,x^n+1 只有很少的几个因式;只有很少的几个 n 值,x^n+1 才有较多的因式。

设 $g(x)\cdot h(x)=x^n+1$,假设 $n=7$ 时,有 $x^7+1=(x+1)(x^3+x^2+1)(x^3+x+1)$。则有循环码种类及各自的生成多项式如表 11.1 所示。

表 11.1

循环码	$d_{\min}$	$g(x)$	$h(x)$
(7,6)	2	$x+1$	$(x^3+x^2+1)(x^3+x+1)$
(7,4)	3	x^3+x^2+1	$(x+1)(x^3+x+1)$
		x^3+x+1	$(x+1)(x^3+x^2+1)$
(7,3)	4	$(x+1)(x^3+x+1)$	x^3+x^2+1
		$(x+1)(x^3+x^2+1)$	x^3+x+1
(7,1)	7	$(x^3+x^2+1)(x^3+x+1)$	$x+1$

11.1.12 什么是循环码生成矩阵 G 和监督矩阵 H？

(1) 生成矩阵

当求出了生成多项式 $g(x)$，则生成矩阵为

$$\boldsymbol{G}(x)=\begin{bmatrix} x^{k-1}\cdot g(x) \\ x^{k-2}\cdot g(x) \\ \vdots \\ 1\cdot g(x) \end{bmatrix}$$

但是由这种方法求得的生成矩阵不是系统码的生成矩阵，所以需要用其他的方式来求系统码的生成矩阵。

为了进一步得到系统码，可作运算：

$$x^{n-k}u(x)=Q(x)g(x)+r(x)$$

所以系统码码组的计算公式为

$$c(x)=x^{n-k}u(x)+r(x)=Q(x)g(x)$$

由此可得系统码的生成矩阵为

$$\boldsymbol{G}(x)=\begin{bmatrix} x^{n-1}+r_{n-1}(x) \\ x^{n-2}+r_{n-2}(x) \\ \vdots \\ x^{n-k}+r_{n-k}(x) \end{bmatrix}, r_{n-i}=x_{n-i}\bmod g(x)$$

由这个生成矩阵得到的码组是系统码。

注意：看一个生成矩阵是不是系统码生成矩阵，就看这个生成矩阵的结构。

(2) 监督矩阵

由于 $x^n+1=g(x)\cdot h(x)$，所以知道 $g(x)$ 就能求出 $h(x)$，假设为

$$h(x)=h_k x^k+\cdots+h_1 x+h_0$$

则监督矩阵为

$$\boldsymbol{H}=\begin{bmatrix} h_0 & h_1 & \cdots & h_k & 0 & \cdots & 0 \\ 0 & h_0 & h_1 & \cdots & h_k & \cdots & 0 \\ & \ddots & \cdots & \cdots & \ddots & & \\ 0 & 0 & \cdots & h_0 & h_1 & \cdots & h_k \end{bmatrix}$$

11.1.13 什么是循环检错码CRC?

1. 检错能力

循环检错码一般能检测的错误为：突发长度$<n-k-1$的错误；大部分突发长度$=n-k-1$的错误，其中不可检出错误仅占$2^{-(n-k-1)}$；大部分突发长度$>n-k-1$的错误，其中不可检出错误仅占$2^{-(n-k)}$；所有与许用码组码距$\leqslant d_{\min}-1$的错误；所有奇数个错误。

2. 校验码生成方法

在待检验数据后面补上0，个数与监督位数一样多；再将这个序列去对生成多项式求余；则求到的余数就是这个数据的校验码。

3. 接收端处理过程

在接收端，将收到的序列对生成多项式求余，如果余数为0说明没有出错，如果余数不为0则说明有错。

11.1.14 什么是卷积码?

1. 定义及描述方法

卷积码：是指编码器有记忆，在任意给定的时候，编码器的n个输出不仅与此时段的k个输入有关，而且与前m个输入有关，一般记为(n,k,m)。

描述卷积码的方法有：解析表示法和图形表示法。

解析表示法有：离散卷积法、生成矩阵法和码多项式法。

图形表示法有：状态图法、树图法和格图法。

2. 离散卷积法

以一个二元(2,1,3)卷积码为例，如图11.1所示。

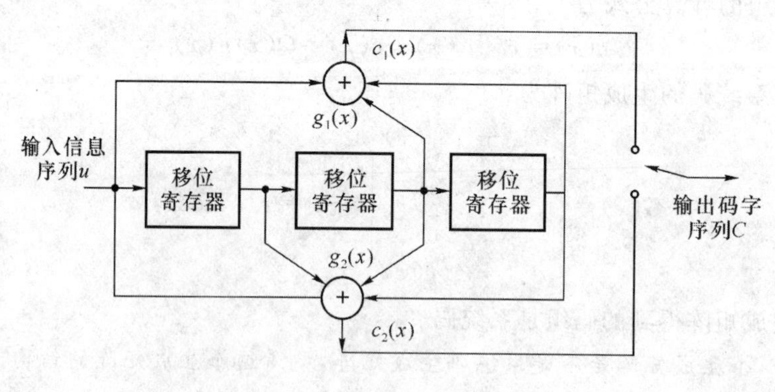

图11.1

由图11.1可知：

$$g_1(x)=1+x^2+x^3 \rightarrow g^{\boxed{1}}=(1011)$$

$$g_2(x)=1+x+x^2+x^3 \rightarrow g^{\boxed{2}}=(1111)$$

设$u=(10111)$，则有

$$c^{\boxed{1}}=(10111)*(1011)=(10000001)$$

$$c^{\boxed{2}}=(10111)*(1111)=(11011101)$$

所以最后输出的码字为

$$c=(1101000101010011)$$

3. 生成矩阵法

仍以上面的例子为例，有

$$g^{(1)}=(1011),g^{(2)}=(1111)$$
$$u=(10111)$$

所以有生成矩阵为

$$G=\begin{bmatrix} g_0^{(1)}g_0^{(2)} & g_1^{(1)}g_1^{(2)} & g_2^{(1)}g_2^{(2)} & g_3^{(1)}g_3^{(2)} & 0 & 0 \\ 0 & g_0^{(1)}g_0^{(2)} & g_1^{(1)}g_1^{(2)} & g_2^{(1)}g_2^{(2)} & g_3^{(1)}g_3^{(2)} & 0 \\ 0 & 0 & g_0^{(1)}g_0^{(2)} & g_1^{(1)}g_1^{(2)} & g_2^{(1)}g_2^{(2)} & g_3^{(1)}g_3^{(2)} \\ & & \cdots & \cdots & \cdots & \end{bmatrix}$$

$$=\begin{bmatrix} 11 & 01 & 11 & 11 & 0 & 0 & 0 & 0 \\ 0 & 11 & 01 & 11 & 11 & 0 & 0 & 0 \\ 0 & 0 & 11 & 01 & 11 & 11 & 0 & 0 \\ 0 & 0 & 0 & 11 & 01 & 11 & 11 & 0 \\ 0 & 0 & 0 & 0 & 11 & 01 & 11 & 11 \end{bmatrix}$$

其中，$g_0^{(1)}$ 表示 $g^{(1)}$ 的第一位。

则可得码组为

$$C=u\cdot G=(10111)\begin{bmatrix} 11 & 01 & 11 & 11 & 0 & 0 & 0 & 0 \\ 0 & 11 & 01 & 11 & 11 & 0 & 0 & 0 \\ 0 & 0 & 11 & 01 & 11 & 11 & 0 & 0 \\ 0 & 0 & 0 & 11 & 01 & 11 & 11 & 0 \\ 0 & 0 & 0 & 0 & 11 & 01 & 11 & 11 \end{bmatrix}$$

$$=(11\quad 01\quad 00\quad 01\quad 01\quad 01\quad 00\quad 11)$$

注意：要移多少次，也就是看要有多少行，这个就由信息位的个数来决定。

4. 码多项式法

仍以上面的例子为例，可知

$$u=(10111)=1+x^2+x^3+x^4$$
$$g^{(1)}=(1011)=1+x^2+x^3$$
$$g^{(2)}=(1111)=1+x+x^2+x^3$$

则卷积码输出为

$$c^{(1)}=(1+x^2+x^3+x^4)(1+x^2+x^3)$$
$$=1+x^7=(10000001)$$

$$c^{(2)}=(1+x^2+x^3+x^4)(1+x+x^2+x^3)$$
$$=1+x+x^3+x^4+x^5+x^7=(11011101)$$

所以输出序列为

$$c=(1101000101010011)$$

5. 状态图法

以(2,1,2)卷积码为例子,可以得到 $k=1,n=2,m=2$。

所以:总的可能状态数位 $2^{km}=2^2=4$,即 00、01、10、11 四个;每次可能的输入有 $2^k=2$ 个;每次可能的输出状态也只有 2 个。

该例子的状态转移图如图 11.2 所示。

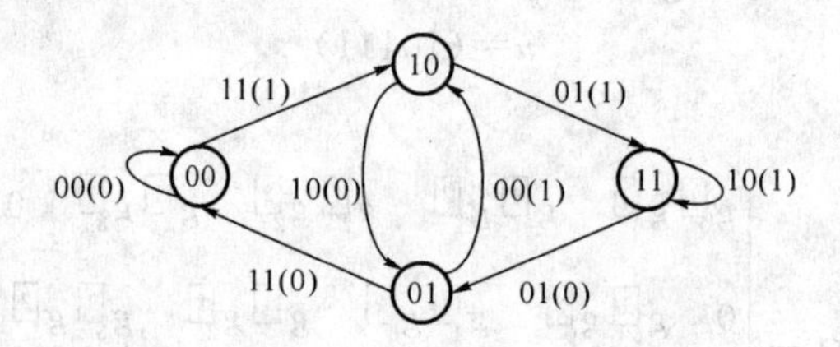

图 11.2 状态转移图

其中:圆圈中的数字表示状态;状态之间的连线和箭头表示转移方向;分支上的数字表示转移时输出的码字;括号内的数字表示转移时输入的信息数字。

6. 树图法

仍以 5. 状态图法中的例子为例,根据状态图,对于每一种状态输入"0"和输入"1"的输出以及进入的状态,可以画出树图如图 11.3 所示。

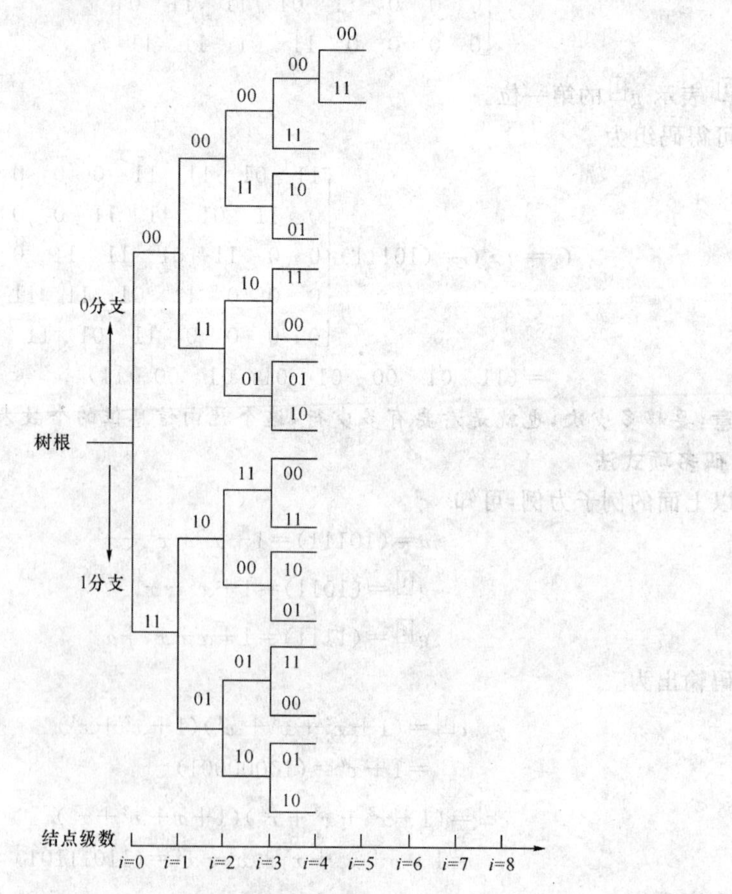

图 11.3 树图

其中:图中分支上的数字表示是输出数字。

根据输入的序列,一步一步往后走,就可以得到最后要输出的码字。

若输入序列为 u=(10111),则输出如图 11.4 所示。

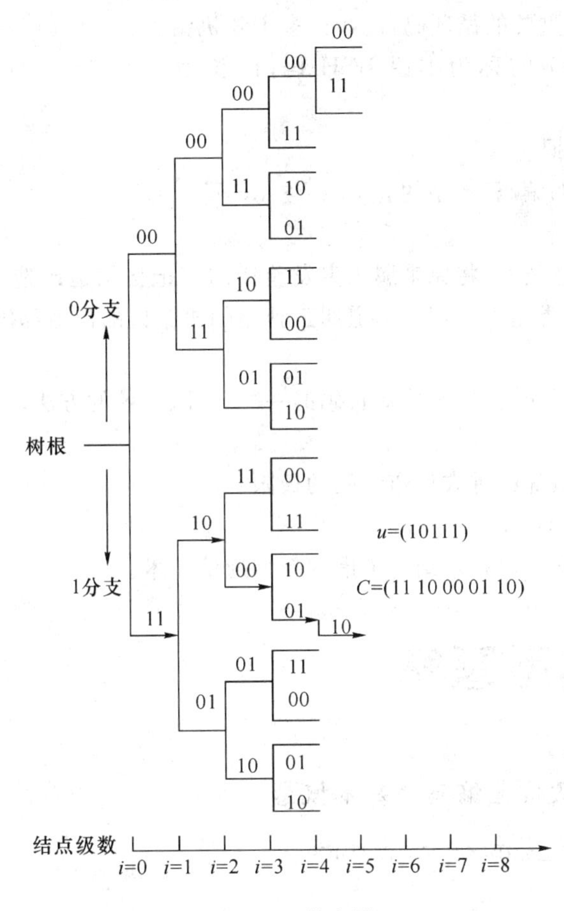

图 11.4 输出图

可知输出的码字为 C=(1110000110)。

7. 卷积码的译码

卷积码的译码有两种:代数译码和概率译码。

概率译码:也即是最大似然译码算法,是指译码器所选择输出总是能给出对数似然函数值为最大的码字,也称为维特比算法。

最大似然法就是求后验概率最大的码字,即

$$\max P(y/\hat{c}=c)$$

式中,c 为发送的码字;$\hat{c}$ 为接收端恢复的码字;y 为接收的码字。

8. 卷积码的距离

最小汉明距离 $d_{\min}$:卷积码中长度为 nm(m 为约束长度)的编码以后序列之间的距离。

自由距离 d_{free}:任意长度卷积码编码后序列之间的最小汉明距离。

11.1.15 其他信道编码有哪些?

1. BCH 码

BCH 码是一类最重要的循环码,能纠正多个随机错误。

码长为 $n=2^m-1$ 的称为本原 BCH 码;码长为 $n=2^m-1$ 的因子的称为非本原 BCH 码。

2. 纠正突发错误码

能纠正突发错误的编码,典型的有 Fire 码、RS 码。

3. 交织码

这是一种信道改造技术,将原来属于突发差错的有记忆信道改造为基本上是独立差错的随机无记忆信道,各类用于无记忆信道纠正独立随机错误的信道编码都可以照样使用。

4. 级联码

能够纠正混合型错误,由短码构造长码的一类特殊、有效的方法。

5. Turbo 码

性能逼近理论上最优的香农信道编码的极限。

6. 高效信道编码 TCM

它是一种将调制和编码技术结合考虑的新型通信技术。

11.2 典型题解

题型 1 差错控制及信道编码的基本概念

【例 11.1.1】 求下列二元码字时间的汉明距离:

(1) 0000,0101;

(2) 01110,11100;

(3) 010101,101001;

(4) 1110111,1101011。

分析:汉明距离的定义就是两个码字中对应位不同的比特数,但需注意的是,这两个码字的位数一定是相同的。

答:(1) 由题目给的两个码字可知对应位不同的比特数为 2。

则由汉明距离的定义,可得这两个码字的汉明距离为 2。

(2) 对比这两个码字,可得这两个码字的汉明距离为 2。

(3) 对比这两个码字,可得这两个码字的汉明距离为 4。

(4) 对比这两个码字,可得这两个码字的汉明距离为 3。

※**点评**:汉明距离、对应位。

【例 11.1.2】 某码字的集合为

0000000 1000111 0101011 0011101

1101100 1011010 0110110 1110001

试求:

(1) 该码字集合的最小汉明距离;

(2) 根据最小汉明距离确定其检错和纠错能力。

分析:最小汉明距离是指码字集合中最小的汉明码距,通常是两两对比分别求出码距,最后选出最小的就是最小的汉明码距,但是很多情况下针对具体的题目有具体的方法;而检错能力和纠错能力就是由最小汉明距离决定的。

答:(1) 本题由于码字的集合中所含的码字比较大,为 8 个,要是两两对比下来,需要进行 $C_8^2=28$ 次,比较麻烦,所以采用另一种方法。

通过对该集合的码字的观察,可以验证这 8 个码字构成了线性码。

如果令 $c_1=1000111$、$c_2=0101011$、$c_3=0011101$,则这三个码字线性无关,而其他的码字都可以由这三个码字线性组合而得到。再由线性码的最小码距是非 0 码字的最小码重的性质可得这个码字集合的最小汉明距离为 4。

(2) 它的检错能力,可由 $t+1=4$ 求出,即该码可以保证检出 3 位错码;

它的纠错能力,可由 $2t+1=4$ 求出,即该码可以保证纠正 1 位错码。

※**点评**:线性码的最小汉明距离、检错能力及纠错能力。

【例 11.1.3★】(北京邮电大学考研真题) 已知两码组为(0000)、(1111)。若用于检错,能检出多少位错;若用于纠错,能纠正多少位错码。

分析:该考研题还是考查两个码组的最小码距和最小码距的检错和纠错能力。

答:由这两个码字(0000)和(1111)可以得出最小码距为 4;

根据检错和纠错的判断规则,可知:

若用于检错,能检出 3 位错码;

若用于纠错,能纠正 1 位错码。

【例 11.1.4】 等重码的所有码字都具有相同的汉明重量,试问这样的等重码是线性码吗,并说明理由。

答:这样的等重码不是线性码。

因为该码的所有码字都具有相同的汉明重量,即都有相同数目的 1,所以它不包括全 0 码字,但是线性码必然包含全 0 的码字,所以该码不是线性码。

【例 11.1.5】 假设二进制对称信道的差错概率为 $P=10^{-2}$。

(1) (5,1)重复码通过此信道传输,不可纠正错误的出现概率是多少?

(2) (4,3)偶校验码通过此信道传输,不可检出错误的出现概率是多少?

分析:(5,1)重复码中发生 3 个或更多错误时不可纠正;(4,3)偶校验中发生偶数个错码时不可检出。

答:(1) 由分析可知(5,1)重复码中发生 3 个或更多错误时不可纠正,因此不可纠正错误的概率为

$$P_1=C_5^3P^3(1-P)^2+C_5^4P^4(1-P)^1+C_5^5P^5(1-P)^0\approx 9.85\times 10^{-6}$$

(2) (4,3)偶校验中发生偶数个错码时不可检出,因此该偶校验不可检出错误出现的概率为

$$P_2=C_4^2P^2(1-P)^2+C_4^4P^4(1-P)^0\approx 5.88\times 10^{-4}$$

【例 11.1.6】 假设一个码字为

0101101100

0101010010

0011000011

试求该码字的二维偶监督码。

分析:二维监督码是在水平方向和垂直方向两个方向上同时进行奇偶校验监督的,可以检测出任一行或任一列上所有奇数个错误,但是不能检测偶数个错误。

答:该码字的二维监督码如表 11.2 所示。

表 11.2

	信息码元	水平监督码
	0101101100	1
	0101010010	0
	0011000011	0
垂直监督码	0011111101	1

从表 11.2 可以很直观的看出该码字的水平监督码和垂直监督码。

【例 11.1.7*】(北京邮电大学考研真题) 某编码的全部许用码字集合是 $C=\{000,010,101,111\}$,该码是线性码吗?是循环码吗?理由。

分析:本题就是考查对线性码和循环码的概念。

答:该码是线性码,因为线性码是指,码字集合中,任何两个码字模 2 加所得码字还在该码字集合中。

该码不是循环码,因为循环码是指码字集合中的任何一个码字移位之后,仍属于该码字集合,但是码字 010 就不符合。

题型 2 线性分组码

【例 11.2.1】 一码长 $n=15$ 的汉明码,监督位 r 应为多少,编码效率为多少。

分析:了解汉明码的构造规则:码长为 n,信息位数为 k,监督位 $r=n-k$,对于汉明码,要求 $2^r-1\geqslant n$,在满足这个条件的情况下,监督位越少越好。

答:由分析及题目说给的码长 $n=15$,则可得

$$2^r-1\geqslant 15$$

从而求出监督位的个数为 $r=4$。

所以该汉明码的编码效率为

$$\frac{k}{n}=1-\frac{r}{n}=1-\frac{4}{15}=\frac{11}{15}$$

※点评:汉明码的规则及编码效率。

【例 11.2.2】 若已知一个(7,4)码的生成矩阵为

$$\boldsymbol{G}=\begin{bmatrix}1&0&0&0&1&1&1\\0&1&0&0&1&0&1\\0&0&1&0&0&1&1\\0&0&0&1&1&1&0\end{bmatrix}$$

请生成下列信息组的码字:

(1) (0100);

(2) (0101);

(3) (1110);

(4) (1001)。

分析:由信息码生成码字的方法就是先求得生成矩阵,本题的生成矩阵已经给出,可以直接带进公式 $C=u\cdot\boldsymbol{G}$,就可以求得各个信息码对应的码组。

答:(1) 由分析及所给的信息码,代入公式可得:

$$C_1=u_1\cdot\boldsymbol{G}$$

$$=(0100)\cdot\begin{bmatrix}1&0&0&0&1&1&1\\0&1&0&0&1&0&1\\0&0&1&0&0&1&1\\0&0&0&1&1&1&0\end{bmatrix}$$

$$=(0100101)$$

(2) 同理可得第二个码字为

$$C_2 = u_2 \cdot \boldsymbol{G}$$

$$= (0101) \cdot \begin{bmatrix} 1 & 0 & 0 & 0 & 1 & 1 & 1 \\ 0 & 1 & 0 & 0 & 1 & 0 & 1 \\ 0 & 0 & 1 & 0 & 0 & 1 & 1 \\ 0 & 0 & 0 & 1 & 1 & 1 & 0 \end{bmatrix}$$

$$= (0101011)$$

(3) 同理可得第三个码字为

$$C_3 = u_3 \cdot \boldsymbol{G}$$

$$= (1110) \cdot \begin{bmatrix} 1 & 0 & 0 & 0 & 1 & 1 & 1 \\ 0 & 1 & 0 & 0 & 1 & 0 & 1 \\ 0 & 0 & 1 & 0 & 0 & 1 & 1 \\ 0 & 0 & 0 & 1 & 1 & 1 & 0 \end{bmatrix}$$

$$= (1110001)$$

(4) 同理可得第四个码字为

$$C_4 = u_4 \cdot \boldsymbol{G}$$

$$= (1001) \cdot \begin{bmatrix} 1 & 0 & 0 & 0 & 1 & 1 & 1 \\ 0 & 1 & 0 & 0 & 1 & 0 & 1 \\ 0 & 0 & 1 & 0 & 0 & 1 & 1 \\ 0 & 0 & 0 & 1 & 1 & 1 & 0 \end{bmatrix}$$

$$= (1001001)$$

※**点评**:由信息码通过生成矩阵求码字的方法,注意是模2加法。

【例 11.2.3】 已知一个系统(7,4)汉明码的监督矩阵为

$$\boldsymbol{H} = \begin{bmatrix} 1 & 1 & 1 & 0 & 1 & 0 & 0 \\ 0 & 1 & 1 & 1 & 0 & 1 & 0 \\ 1 & 1 & 0 & 1 & 0 & 0 & 1 \end{bmatrix}$$

试求:

(1) 生成矩阵;

(2) 当输入信息序列为 $m=(110101101010)$时,求输出码字。

分析:了解监督矩阵和生成矩阵的转换关系,对于 $\boldsymbol{H}=[P_{r\times k} \vdots I_{r\times r}]$和 $\boldsymbol{G}=[I_{k\times k} \vdots Q_{k\times r}]$,有:第一就是 $Q_{k\times r}=P^{\mathrm{T}}_{r\times k}$,$P_{r\times k}=Q^{\mathrm{T}}_{k\times r}$,第二就是单位矩阵的位置,最后就是监督矩阵和生成矩阵的行数和列数的关系、以及和信息码个数的关系。本题还需要注意的一点就是它是一个(7,4)汉明码,所以每次只能用4位信息码去生成码字,因此要对输入的信息序列进行分割。

答:(1) 由

$$\boldsymbol{H} = \begin{bmatrix} 1 & 1 & 1 & 0 & 1 & 0 & 0 \\ 0 & 1 & 1 & 1 & 0 & 1 & 0 \\ 1 & 1 & 0 & 1 & 0 & 0 & 1 \end{bmatrix} = [P_{r\times k} \vdots I_{r\times r}]$$

可得

$$P_{r\times k} = \begin{bmatrix} 1 & 1 & 1 & 0 \\ 0 & 1 & 1 & 1 \\ 1 & 1 & 0 & 1 \end{bmatrix}$$

则有

$$Q_{k\times r}=P_{r\times k}^{\mathrm{T}}=\begin{bmatrix}1&0&1\\1&1&1\\1&1&0\\0&1&1\end{bmatrix}$$

所以生成矩阵为

$$\begin{aligned}\boldsymbol{G}&=[I_{k\times k}\vdots Q_{k\times r}]\\&=\begin{bmatrix}1&0&0&0&1&0&1\\0&1&0&0&1&1&1\\0&0&1&0&1&1&0\\0&0&0&1&0&1&1\end{bmatrix}\end{aligned}$$

(2) 因为对应的信息码应该为4位，所以先将输入的信息序列进行分割，分割的序列为：$m_1=(1101)$、$m_2=(0110)$、$m_3=(1010)$。

则由 m_1 序列所生成的码字为

$$\begin{aligned}c_1&=m_1\cdot\boldsymbol{G}\\&=(1101)\cdot\begin{bmatrix}1&0&0&0&1&0&1\\0&1&0&0&1&1&1\\0&0&1&0&1&1&0\\0&0&0&1&0&1&1\end{bmatrix}=(1101001)\end{aligned}$$

同理，可得 m_2 序列所生成的码字为

$$\begin{aligned}c_2&=m_2\cdot\boldsymbol{G}\\&=(0110)\cdot\begin{bmatrix}1&0&0&0&1&0&1\\0&1&0&0&1&1&1\\0&0&1&0&1&1&0\\0&0&0&1&0&1&1\end{bmatrix}=(0110001)\end{aligned}$$

可得 m_3 序列所生成的码字为

$$\begin{aligned}c_3&=m_3\cdot\boldsymbol{G}\\&=(1010)\cdot\begin{bmatrix}1&0&0&0&1&0&1\\0&1&0&0&1&1&1\\0&0&1&0&1&1&0\\0&0&0&1&0&1&1\end{bmatrix}=(1010011)\end{aligned}$$

则最后输出的码序列为

$$c=(c_1c_2c_3)=(110100101100011010011)$$

※**点评**：监督矩阵和生成矩阵的转化，监督矩阵和生成矩阵的行数和列数与码长、监督码长、信息码长的关系。

【例 11.2.4】 有一个生成矩阵为

$$\boldsymbol{G}=\begin{bmatrix}0&0&0&1&0&1&1\\0&0&1&0&1&1&0\\0&1&0&1&1&0&0\\1&0&1&1&0&0&0\end{bmatrix}$$

试求：

(1) 化为系统码的生成矩阵 $\boldsymbol{G}=[I_{k\times k}\vdots Q_{k\times r}]$ 的形式；

(2) 写出一致监督矩阵。

分析：系统码的生成矩阵有固定的格式，如题说给，只有这样的生成矩阵，才能生成系统码，通常可以

通过初等矩阵变换来求得。

答:(1) 先1行↔4行,2行↔3行,可得:

$$G_1=\begin{bmatrix}1&0&1&1&0&0&0\\0&1&0&1&1&0&0\\0&0&1&0&1&1&0\\0&0&0&1&0&1&1\end{bmatrix}$$

然后2行+4行,1行+3行+4行,可得

$$G_2=\begin{bmatrix}1&0&0&0&1&0&1\\0&1&0&1&1&1&1\\0&0&1&0&1&1&0\\0&0&0&1&0&1&1\end{bmatrix}$$

所以 G_2 就是所求的系统码生成矩阵。

(2) 由生成矩阵和典型监督矩阵的规则,可以很容易得出典型监督矩阵为

$$H=\begin{bmatrix}1&1&1&0&1&0&0\\0&1&1&1&0&1&0\\1&1&0&1&0&0&1\end{bmatrix}$$

※**点评**:对于任意一个生成矩阵,可以通过看它的形式来判断该生成矩阵是不是系统码的生成矩阵,要是不是,可以通过初等矩阵变换来变成系统码的生成矩阵。

【例 11.2.5】 已知某线性分组码生成矩阵为

$$G=\begin{bmatrix}0&0&1&1&1&0&1\\0&1&0&0&1&1&1\\1&0&0&1&1&1&0\end{bmatrix}$$

试求:

(1) 系统码的生成矩阵;

(2) 写出典型监督矩阵;

(3) 若译码器输入 $y=(1110100)$,计算其校正子,并判断是否出错;

(4) 若译码器输入 $y=(1000101)$,计算其校正子,并判断是否出错。

分析:校正子的计算方法 $S=y\cdot H^{T}$。

答:(1) 通过初等行变换,可以得到系统码的生成矩阵为

$$G_1=\begin{bmatrix}1&0&0&1&1&1&0\\0&1&0&0&1&1&1\\0&0&1&1&1&0&1\end{bmatrix}$$

(2) 由系统码生成矩阵和典型监督矩阵的转换规则,可以得到典型监督矩阵为

$$H=\begin{bmatrix}1&0&1&1&0&0&0\\1&1&1&0&1&0&0\\1&1&0&0&0&1&0\\0&1&1&0&0&0&1\end{bmatrix}$$

(3) 由分析里面所说的校正子的计算公式 $S=y\cdot H^{T}$,及译码器输入的码字和上面求得的典型监督矩阵,代入数据,可得校正子为

$$S=y\cdot \boldsymbol{H}^{\mathrm{T}}=(1110100)\cdot\begin{bmatrix}1&1&1&0\\0&1&1&1\\1&1&0&1\\1&0&0&0\\0&1&0&0\\0&0&1&0\\0&0&0&1\end{bmatrix}=(0000)$$

可以看出校正子为(0000),所以没有出错。

(4) 同理可得该输入码字的校正子为

$$S=y\cdot \boldsymbol{H}^{\mathrm{T}}$$

$$=(1000101)\cdot\begin{bmatrix}1&1&1&0\\0&1&1&1\\1&1&0&1\\1&0&0&0\\0&1&0&0\\0&0&1&0\\0&0&0&1\end{bmatrix}=(1011)$$

可以看出,校正子不为(0000),所以出现了错误。

※**点评**:校正子,判断是否出错。

【例 11.2.6】 已知(7,3)分组码的生成矩阵为

$$\boldsymbol{G}=\begin{bmatrix}1&0&0&1&1&1&0\\0&1&0&0&1&1&1\\0&0&1&1&1&0&1\end{bmatrix}$$

试求:

(1) 写出所有许用码组,并求出监督矩阵;

(2) 该编码的编码效率为多少;

(3) 若译码器输入的码组为(1001001),计算它的校正子,并指出此接收码组中是否包含错误。

分析:所有许用码组,就得用所有信息码通过生成矩阵来生成,所有的信息码,就要看有多少位信息码。

答:(1) 因为是(7,3)分组码,所有信息码的位数为 8 位,则信息码字的集合为

{000,001,010,011,100,101,110,111}

通过公式 $c=u\cdot G$ 可以求出,对应的许用码组的集合为

{0000000,0011101,0100111,0111010,1001110,1010011,1101001,1110100}

由监督矩阵和生成矩阵的变换关系,可以得到监督矩阵为

$$\boldsymbol{H}=\begin{bmatrix}1&0&1&1&0&0&0\\1&1&1&0&1&0&0\\1&1&0&0&0&1&0\\0&1&1&0&0&0&1\end{bmatrix}$$

(2) 此码字的编码效率为:$\frac{k}{n}=\frac{3}{7}$

(3) 由监督矩阵和译码器输入的码组,可得校正子为

$$S = y \cdot \boldsymbol{H}^{T}$$

$$= (1001001) \cdot \begin{bmatrix} 1 & 1 & 1 & 0 \\ 0 & 1 & 1 & 1 \\ 1 & 1 & 0 & 1 \\ 1 & 0 & 0 & 0 \\ 0 & 1 & 0 & 0 \\ 0 & 0 & 1 & 0 \\ 0 & 0 & 0 & 1 \end{bmatrix} = (0111)$$

可以看出，校正子不全为0，所以表明接收码字中存在错误。

【例 11.2.7★】(西安电子科技大学考研真题) 设线性码的生成矩阵为

$$\boldsymbol{G} = \begin{bmatrix} 0 & 0 & 1 & 0 & 1 & 1 \\ 1 & 0 & 0 & 1 & 0 & 1 \\ 0 & 1 & 0 & 1 & 1 & 0 \end{bmatrix}$$

(1) 求监督矩阵 $\boldsymbol{H}$，确定 (n,k) 码中 n,k；

(2) 写出监督位的关系式及该 (n,k) 码的所有码字；

(3) 确定最小码距 d_0。

分析：监督位的关系式，就是由监督矩阵所决定，公式为 $A \cdot H^{T}=0$。

答：(1) 从给出的生成矩阵可以看出，该生成矩阵不是系统码的生成矩阵，所以需要经过初等行变换变成系统码的生成矩阵，经过初等行变换可以得到系统码的生成矩阵为

$$\boldsymbol{G} = \begin{bmatrix} 1 & 0 & 0 & 1 & 0 & 1 \\ 0 & 1 & 0 & 1 & 1 & 0 \\ 0 & 0 & 1 & 0 & 1 & 1 \end{bmatrix}$$

所以监督矩阵可以很容易求出为

$$\boldsymbol{H} = \begin{bmatrix} 1 & 1 & 0 & 1 & 0 & 0 \\ 0 & 1 & 1 & 0 & 1 & 0 \\ 1 & 0 & 1 & 0 & 0 & 1 \end{bmatrix}$$

从矩阵的行数和列数，可以很容易求得：$n=6, k=3$。

(2) 假设许用码组为 $A=(a_5a_4a_3a_2a_1a_0)$，

将监督矩阵和 $A=(a_5a_4a_3a_2a_1a_0)$ 代入公式 $A \cdot H^{T}=0$，可得方程组为

$$\begin{cases} a_5 + a_4 + a_2 = 0 \\ a_4 + a_1 = 0 \\ a_5 + a_3 + a_0 = 0 \end{cases}$$

因为加法是模2加，所以上面的方程组可以化为

$$\begin{cases} a_5 \oplus a_4 = a_2 \\ a_4 = a_1 \\ a_5 \oplus a_3 = a_0 \end{cases}$$

上面的方程组就是监督位的关系式。

由于有3位信息码，所以信息码组的集合为

$$\{000,001,010,011,100,101,110,111\}$$

代入公式 $c=u \cdot G$，可得对应的许用码组 A 的集合为

$$\{000000,001011,010110,011101,100101,101110,110011,111000\}$$

(3) 线性码的最小码距也就是非全0码的最小码重，从求得的许用码组很直观的可以看出该线性码的最小码距为

$$d_0=3$$

※**点评**：模2加，本章涉及到矩阵的变换，比较烦琐，应该时时刻刻仔细！

题型3 循环码

【例11.3.1】 下列中的所有多项式都是系数在$GF(2)$上的多项式，试计算下列各式：

(1) $(x^4+x^3+x^2+1)+(x^3+x^2)$；

(2) $(x^3+x^2+1)(x+1)$；

(3) $(x^4+1)\text{mod}(x^2+1)$；

(4) $(x^4+1)\text{mod}(x+1)$

分析：在$GF(2)$上的加法就是模2加，减法就是加法。

答：(1) 由分析的提示可得：

$$\begin{aligned}(x^4+x^3+x^2+1)+(x^3+x^2)&=x^4+(x^3+x^3)+(x^2+x^2)+1\\&=x^4+1\end{aligned}$$

(2) 同理，可得：

$$\begin{aligned}(x^3+x^2+1)(x+1)&=x(x^3+x^2+1)+(x^3+x^2+1)\\&=(x^4+x^3+x)+(x^3+x^2+1)\\&=x^4+x^2+x+1\end{aligned}$$

(3) 因为

$$x^4+1=x^2(x^2+1)+(x^2+1)+x+1$$

所以有：

$$(x^4+1)\text{mod}(x^2+1)=x+1$$

(4) 因为$x=1$是$x^4+1=0$的一个根，

所以可知：x^4+1的因式分解中包含$x+1$项。

则

$$(x^4+1)\text{mod}(x+1)=0$$

【例11.3.2】 已知

$$x^7+1=(x+1)(x^3+x^2+1)(x^3+x+1)$$

(1) 写出(7,3)循环码的生成多项式；

(2) 写出(7,4)循环码的生成多项式；

(3) 写出(7,6)循环码的生成多项式；

(4) 写出(7,1)循环码的生成多项式。

分析：对于(n,k)循环码的生成多项式的最高次幂为$n-k$。

答：(1) 因为对于(n,k)循环码，其生成多项式的最高次幂为$n-k$，所以(7,3)循环码的生成多项式有两个，分别为：$x^4+x^3+x^2+1$和x^4+x^2+x+1。

(2) 同理，可得(7,4)循环码的生成多项式为

$$x^3+x^2+1 \text{ 和 } x^3+x+1$$

(3) 同理可得(7,6)循环码的生成多项式为

$$x+1$$

(4) 同理可得(7,1)循环码的生成多项式为

$$(x^3+x^2+1)(x^3+x+1)=x^6+x^5+x^4+x^3+x^2+x+1$$

※**点评**：$x^7+1=(x+1)(x^3+x^2+1)(x^3+x+1)$是经常要用到的，所以需要特别掌握，对于由此产生的几种循环码也要掌握。

【例 11.3.3】 已知

$$x^{15}+1=(x+1)(x^4+x+1)(x^4+x^3+1)(x^4+x^3+x^2+x+1)(x^2+x+1)$$

试问由它共可以构成多少种码长为 15 的循环码。并列出它们的生成多项式。

分析:可以构成多少种,就看能分解成多少个因式,再根据组合的原理就可以求出。

答:由题意可知:

$$N=C_5^1+C_5^2+C_5^3+C_5^4=30$$

即共可以构成 30 种码长为 15 的循环码。

设 $G_1=x+1, G_2=x^4+x+1, G_3=x^4+x^3+1, G_4=x^4+x^3+x^2+x+1, G_5=x^2+x+1$。则其生成多项式分别为

$G_1;G_2;G_3;G_4;G_5$

$G_1G_2;G_1G_3;G_1G_4;G_1G_5;G_2G_3;G_2G_4;G_2G_5;G_3G_4;G_3G_5;G_4G_5$

$G_3G_4G_5;G_2G_4G_5;G_2G_3G_5;G_2G_3G_4;G_1G_4G_5;G_1G_3G_5;G_1G_3G_4;G_1G_2G_5;G_1G_2G_4;G_1G_2G_3$

$G_1G_2G_3G_4;G_1G_2G_3G_5;G_1G_2G_4G_5;G_1G_3G_4G_5;G_2G_3G_4G_5$。

【例 11.3.4】 若已知一个(7,3)循环码的生成多项式为 $g(x)=x^4+x^3+x^2+1$,试求其生成矩阵。

分析:知道生成多项式来求生成矩阵,有固定的公式,这时候需要看是否要求是求系统码的生成矩阵,根据要求来选择计算公式。

答:对于(7,3)循环码,可知 $k=3$,

再根据生成矩阵的计算公式 $\boldsymbol{G}(x)=\begin{bmatrix} x^{k-1}\cdot g(x) \\ x^{k-2}\cdot g(x) \\ \vdots \\ 1\cdot g(x) \end{bmatrix}$,

可求得

$$\boldsymbol{G}(x)=\begin{bmatrix} x^2\cdot g(x) \\ x\cdot g(x) \\ g(x) \end{bmatrix}=\begin{bmatrix} x^6+x^5+x^4+x^2 \\ x^5+x^4+x^3+x \\ x^4+x^3+x^2+1 \end{bmatrix}$$

所以生成矩阵为

$$\boldsymbol{G}=\begin{bmatrix} 1 & 1 & 1 & 0 & 1 & 0 & 0 \\ 0 & 1 & 1 & 1 & 0 & 1 & 0 \\ 0 & 0 & 1 & 1 & 1 & 0 & 1 \end{bmatrix}$$

【例 11.3.5】 已知一个(7,3)循环码的生成多项式为 $g(x)=x^4+x^3+x^2+1$,试求其监督矩阵。

分析:监督矩阵可以由生成矩阵化为系统码生成矩阵后,根据他们之间的转换关系求得,也可以通过求出 $h(x)$,再根据求监督矩阵的公式直接来求。

答:由生成多项式为 $g(x)=x^4+x^3+x^2+1$,可求得

$$h(x)=x^3+x^2+1$$

求监督矩阵的公式为

$$\boldsymbol{H}=\begin{bmatrix} h_0 & h_1 & \cdots & h_k & 0 & \cdots & 0 \\ 0 & h_0 & h_1 & \cdots & h_k & \cdots & 0 \\ & \ddots & \cdots & \cdots & \ddots & & \\ 0 & 0 & \cdots & h_0 & h_1 & \cdots & h_k \end{bmatrix}$$

代入上面的公式,可以求得监督矩阵为

$$\boldsymbol{H}=\begin{bmatrix} 1 & 0 & 1 & 1 & 0 & 0 & 0 \\ 0 & 1 & 0 & 1 & 1 & 0 & 0 \\ 0 & 0 & 1 & 0 & 1 & 1 & 0 \\ 0 & 0 & 0 & 1 & 0 & 1 & 1 \end{bmatrix}$$

※**点评**:循环码监督矩阵的求法。

【例 11.3.6】 对于(15,5)循环码

(1) 证明该循环码的生成多项式为

$$g(x)=x^{10}+x^8+x^5+x^4+x^2+x+1$$

(2) 求对应的 $h(x)$;

(3) 若信息码多项式为 $u(x)=x^4+x+1$,写出系统码多项式。

分析:判断是否是生成多项式,就要看 $g(x)$的次数是否等于 $n-k$ 而且满足$\frac{x^n+1}{g(x)}$能否整除。

答:(1) 对于(15,5)循环码,可知 $n=15$、$k=5$,
可以看出:$g(x)$的次数等于 $n-k=10$;
而且

$$\frac{x^{15}+1}{g(x)}=x^5+x^3+x+1$$

即能整除,因此 $g(x)=x^{10}+x^8+x^5+x^4+x^2+x+1$ 是该循环码的生成多项式。

(2) $h(x)=\frac{x^{15}+1}{g(x)}=x^5+x^3+x+1$

(3) $r(x)=x^{n-k}u(x)\bmod g(x)=x^8+x^7+x^6+x$

故系统码为

$$c(x)=x^{n-k}u(x)+r(x)=x^{14}+x^{11}+x^{10}+x^8+x^7+x^6+x$$

※**点评**:系统码可以由上面所示的方法来做,也可以先求出系统码生成矩阵再根据输入的信息码来求。

【例 11.3.7★】(北京邮电大学考研真题) 已知某(7,4)循环码的生成多项式为 x^3+x+1,输入信息码元为 1001,求编码后的系统码组。

分析:要求系统码,需要先求出系统码生成矩阵,再根据所给的信息码元,就可以求出系统码码组。

答:由系统码的生成矩阵的求法,可得

$$\boldsymbol{G}(x)=\begin{bmatrix}x^{n-1}+r_{n-1}(x)\\x^{n-2}+r_{n-2}(x)\\\vdots\\x^{n-k}+r_{n-k}(x)\end{bmatrix}=\begin{bmatrix}x^6+x^6\bmod g(x)\\x^5+x^5\bmod g(x)\\x^4+x^4\bmod g(x)\\x^3+x^3\bmod g(x)\end{bmatrix}$$

$$=\begin{bmatrix}x^6+x^2+1\\x^5+x^2+x+1\\x^4+x^2+x\\x^3+x+1\end{bmatrix}$$

所以,可得系统码的生成矩阵为

$$\boldsymbol{G}=\begin{bmatrix}1&0&0&0&1&0&1\\0&1&0&0&1&1&1\\0&0&1&0&1&1&0\\0&0&0&1&0&1&1\end{bmatrix}$$

当输入信息码元为 1001 时,则编码后系统码组为:

$$c=u\cdot\boldsymbol{G}$$

$$=(1001)\begin{bmatrix}1&0&0&0&1&0&1\\0&1&0&0&1&1&1\\0&0&1&0&1&1&0\\0&0&0&1&0&1&1\end{bmatrix}=(1001110)$$

※**点评**:知道生成多项式求系统码的生成矩阵方法。

【例 11.3.8】 已知

$$x^7+1=(x+1)(x^3+x^2+1)(x^3+x+1)$$

我们令

$$g_1(x)=x^3+x^2+1, g_2(x)=x^3+x+1, g_3(x)=x+1$$

分别讨论:

(1) $g(x)=g_1(x)\cdot g_2(x)$;

(2) $g(x)=g_2(x)\cdot g_3(x)$;

两种情况下,由 $g(x)$生成的 7 位循环码的检错和纠错能力。

分析:循环码的生成多项式本身就是一个码多项式,而循环码又是线性码,所以确定循环码的最小码距只需要确定 $g(x)$所对应码组的重量。

答:(1)

$$\begin{aligned} g(x) &= g_1(x)\cdot g_2(x) \\ &= (x^3+x^2+1)(x^3+x+1) \\ &= x^6+x^5+x^4+x^3+x^2+x+1 \end{aligned}$$

所以 $g(x)\leftrightarrow(1111111)$,则最小码距为 7。

若只用于检错,可以检出 6 位错误;

若只用于纠错,可以纠正 3 位错误;

若用于检错和纠错结合,则:可以检出 5 位错误,并纠正 1 位错误;或者检出 4 位错误,并纠正 3 位错误。

(2)

$$\begin{aligned} g(x) &= g_2(x)\cdot g_3(x) \\ &= (x^3+x+1)(x+1) \\ &= x^4+x^3+x^2+1 \end{aligned}$$

所以 $g(x)\leftrightarrow(0011101)$,则最小码距为 4。

若只用于检错,可以检出 3 位错误;

若只用于纠错,可以纠正 1 位错误;

若用于检错和纠错结合,则:可以检出 2 位错误,并纠正 1 位错误。

【例 11.3.9★】(北京邮电大学考研真题) 已知某循环码的生成多项式为

$$x^{10}+x^8+x^5+x^4+x^2+x+1$$

编码效率为$\frac{1}{3}$。求

(1) 该码的输入消息分组长度 k 及编码后码字的长度 n;

(2) 消息码 $m(x)=x^4+x+1$ 编为系统码后的码多项式。

分析:本题不知道码字的长度和信息位的长度,但是给出了生成多项式和编码效率,可以求出。

答:(1) 由已知条件可以列出方程组为

$$\begin{cases} n-k=10 \\ \dfrac{k}{n}=\dfrac{1}{3} \end{cases}$$

所以解得:$k=5, n=15$。

即消息分组长度为 5,编码后的码字长度为 15。

(2)

$$
\begin{aligned}
r(x) &= x^{n-k}m(x)\bmod g(x) \\
&= x^{10}(x^4+x+1)\bmod(x^{10}+x^8+x^5+x^4+x^2+x+1) \\
&= x^8+x^7+x^6+x
\end{aligned}
$$

因此所求的码多项式为

$$
\begin{aligned}
c(x) &= x^{10}m(x)+r(x) \\
&= x^{14}+x^{11}+x^{10}+x^8+x^7+x^6+x
\end{aligned}
$$

【例 11.3.10】 设有一待校验数据为 1101011011，而 $g(x)=x^4+x+1$，则求该待校验数据的校验码。假设收到两码字 11011110111110 和 11010110111110，仍用 $g(x)=x^4+x+1$，试问是否出错。

答：由 $g(x)=x^4+x+1$，也即 10011，因为最高位是 4 次方，所以校验位也为 4 位，

首先：在待校验数据后面加上 4 个 0，变为 11010110110000；

然后将变后的数据对 $g(x)$，也即是 10011 求模 2 余，余数就是该待校验数据的校验码。

将 11010110110000 对 10011 求余可得最后传输的序列为

$$T(x)=11010110111110$$

要判断收到的码字是否出错，就是将收到的码字对 $g(x)$ 求余，要是为 0，就说明没有出错；要是不为 0，就说明出错了。

所以收到 11011110111110 时，求余得到的余数为 1010，则出错；

若收到 11010110111110 时，求余得到的余数为 0，说明没有出错。

【例 11.3.11★】（北京邮电大学考研真题）

(1) 已知(7,4)循环码的全部码字为

0000000	1000101	0001011	1001110
0010110	1010011	0101100	1011000
0100111	1100010	0011101	1101001
0110001	1110100	0111010	1111111

请写出该循环码的生成多项式 $g(x)$ 以及对应系统码的生成矩阵 $\boldsymbol{G}$。（注：约定码组自左至右对应多项式的高次到低次）

(2) 已知 $x^7+1=(x+1)(x^3+x^2+1)(x^3+x+1)$，求(7,3)循环码的生成多项式 $g(x)$。

分析：因为是(7,4)，所以只要找到 4 个线性不相关的码字作为行，就可以构成该码的生成矩阵，但是题目是要求系统码的生成矩阵，所以选择码字的时候须注意；生成多项式对应码字空间中非 0 码中次数最小的。

答：(1) 由分析所说，选择 4 个线性不相关的码字为

$$1000101,0100111,0010110,0001011$$

这样是为了构成系统码的生成矩阵。

所以得到生成矩阵为

$$
\boldsymbol{G}=\begin{bmatrix}
1 & 0 & 0 & 0 & 1 & 0 & 1 \\
0 & 1 & 0 & 0 & 1 & 1 & 1 \\
0 & 0 & 1 & 0 & 1 & 1 & 0 \\
0 & 0 & 0 & 1 & 0 & 1 & 1
\end{bmatrix}
$$

因为生成多项式对应码字空间中非 0 码中次数最小的，通过观察码字空间，可以找到该码字为 0001011，所以对应的生成多项式为

$$g(x)=x^3+x+1$$

(2) (7,3)循环码的生成多项式是 x^7+1 的一个因子，且次数为 4，

而 $x^7+1=(x+1)(x^3+x^2+1)(x^3+x+1)$，所以可得该循环码的生成多项式为

$$g(x)=(x+1)(x^3+x+1)=x^4+x^3+x^2+1$$

或者为

$$g(x)=(x+1)(x^3+x^2+1)=x^4+x^2+x+1$$

题型 4　卷积码及其他信道编码

【例 11.4.1】 某(3,1,3)卷积码 $g_1=100$、$g_2=101$、$g_3=111$，画出该码的编码器。

分析：在卷积码中，二进制比特向量的右起第一位是最高有效位、左起第一位是最低有效位。表达为多项式时，最低位代表 0 次项。

答：由(3,1,3)可知，该编码器有 2 个移位寄存器，3 个轮流输出。

对于 $g(x)$ 中有的 x 次方项或 g 中有 1，表示从该位的寄存器后面要输出过去进行相加，左起第一位记为第 0 位。

所以：

对于 $g_1=100$，表示从输入直接进行输出就可以；

对于 $g_2=101$，表示要将第二个寄存器输出和最开始输入进行相加再输出；

对于 $g_3=111$，表示要将每个寄存器输出和最开始输入进行相加再输出。

综上所述，可以画得该码的编码器如图 11.5 所示。

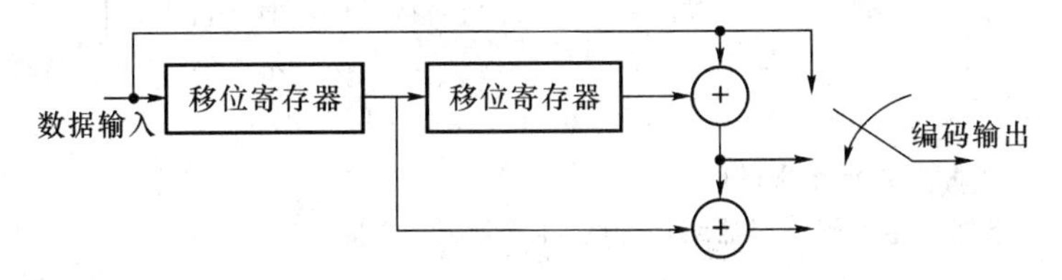

图 11.5

※**点评**：知道怎么由生成多项式来进行设计编码器，主要是由哪个寄存器输出，同样给出编码器的框图，也能写出生成多项式。

【例 11.4.2】 已知一个(2,1,5)卷积码 $g^1=(11101)$，$g^2=(10011)$。试求：

(1) 画出编码器的框图；

(2) 写出该码的生成多项式；

(3) 写出该码生成矩阵；

(4) 若输入信息序列为 11010001，求输出码序列为多少。

分析：知道生成多项式，求生成矩阵，可以按公式

$$G=\begin{bmatrix} g_0^{\boxed{1}}g_0^{\boxed{2}} & g_1^{\boxed{1}}g_1^{\boxed{2}} & g_2^{\boxed{1}}g_2^{\boxed{2}} & g_3^{\boxed{1}}g_3^{\boxed{2}} & 0 & 0 \\ 0 & g_0^{\boxed{1}}g_0^{\boxed{2}} & g_1^{\boxed{1}}g_1^{\boxed{2}} & g_2^{\boxed{1}}g_2^{\boxed{2}} & g_3^{\boxed{1}}g_3^{\boxed{2}} & 0 \\ 0 & 0 & g_0^{\boxed{1}}g_0^{\boxed{2}} & g_1^{\boxed{1}}g_1^{\boxed{2}} & g_2^{\boxed{1}}g_2^{\boxed{2}} & g_3^{\boxed{1}}g_3^{\boxed{2}} \\ & & \cdots & \cdots & \cdots & \end{bmatrix}$$来求。

答：(1) 编码器的框图如图 11.6 所示。

(2) 由 $g^1=(11101)$，$g^2=(10011)$可得：

$$g_1(x)=1+x+x^2+x^4$$
$$g_2(x)=1+x^3+x^4$$

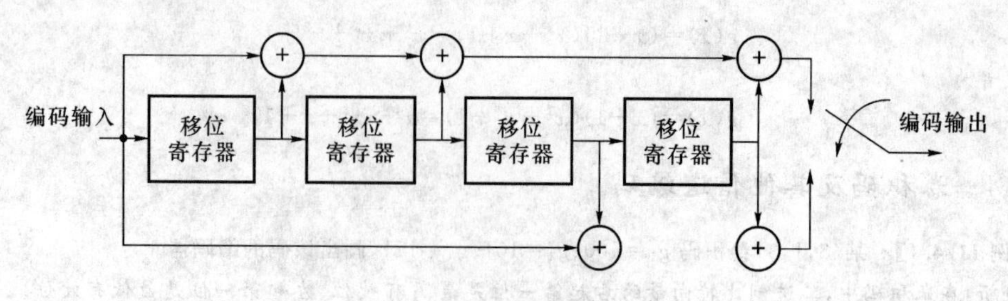

图 11.6

(3) 由分析里面的公式,直接代入就可以求得生成矩阵为

$$G=\begin{bmatrix}11 & 10 & 10 & 01 & 11 & & & & 0\\ & 11 & 10 & 10 & 01 & 11 & & & \\ & & 11 & 10 & 10 & 01 & 11 & & \\ 0 & & & \cdots & \cdots & \cdots & \cdots & \cdots & \end{bmatrix}$$

(4) 若输入为 11010001,则输出码字为

$$y=u\cdot G=(11010001)\begin{bmatrix}11 & 10 & 10 & 01 & 11 & & & & 0\\ & 11 & 10 & 10 & 01 & 11 & & & \\ & & 11 & 10 & 10 & 01 & 11 & & \\ 0 & & & \cdots & \cdots & \cdots & \cdots & \cdots & \end{bmatrix}$$

$$=(11\quad 01\quad 00\quad 00\quad 00\quad 01\quad 01\quad 00\quad 10\quad 10\quad 01\quad 11)$$

※**点评**:输出码字由生成矩阵法得出。

【例 11.4.3】 已知一卷积码编码器结构如图 11.7 所示,试求:

(1) $(n,k,m)=$?

(2) $g^1=$? $g^2=$? 生成矩阵 $\boldsymbol{G}=$?

(3) 若输入 $u=(10111)$,求输出 $c=$?

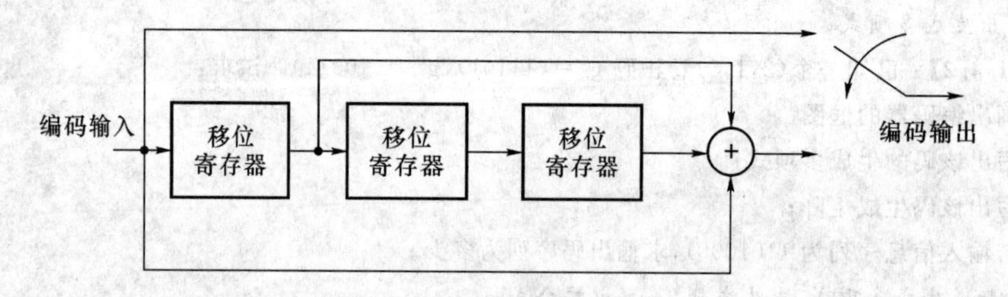

图 11.7

分析:本题考查的就是怎么样从结构图得到生成矩阵。

答:(1) 由结构图很容易看出:

$$n=2,k=1,m=3$$

(2) 由结构图可以看出:

g^1 直接由输入输出,所以为 $g^1=(1000)$

g^2 由第一个、第三个寄存器的输出及输入相加得到,所以 $g^2=(1101)$。从而可以得到生成矩阵为

$$G=\begin{bmatrix}11 & 01 & 00 & 01 & & & & 0\\ & 11 & 01 & 00 & 01 & & & \\ & & 11 & 01 & 00 & 01 & & \\ 0 & & & \cdots & \cdots & \cdots & \cdots & \end{bmatrix}$$

(3) 当输入 $u=(10111)$ 时，编码器上支路输出为：10111000；下支路输出为：11110011。

所以并串转化后，输出的码序列为：(11 01 11 11 10 00 01 01)。

※点评：这里求输出码序列用的是离散卷积法。

【例 11.4.4】 已知一个(3,1,2)卷积码编码器输出序列为 $b_1c_{11}c_{12}b_2c_{21}c_{22}\cdots$，其监督位和信息位之间的关系为

$$c_{i1}=b_i+b_{i-1}$$
$$c_{i2}=b_i+b_{i-2}$$

试写出其截短生成矩阵。

答：由题目给的已知条件可知

$$(b_1c_{11}c_{12}b_2c_{21}c_{22}\cdots)=[b_1b_1b_1b_2(b_1+b_2)b_2\cdots]$$
$$=(b_1b_2\cdots)\begin{bmatrix}111 & 010 & 001 & 000 & \cdots\\ 000 & 111 & 010 & 001 & \cdots\\ 000 & 000 & 111 & 010 & \cdots\\ 000 & 000 & 000 & 111 & \cdots\\ \cdots & \cdots & \cdots & \cdots & \cdots\end{bmatrix}$$

所以可得此卷积码的截短生成矩阵为

$$\boldsymbol{G}=\begin{bmatrix}111 & 010 & 001 & 000\\ 000 & 111 & 010 & 001\\ 000 & 000 & 111 & 010\\ 000 & 000 & 000 & 111\end{bmatrix}$$

【例 11.4.5】 已知一个(3,1,3)卷积码，有 $g_1(x)=1+x+x^2$，$g_2(x)=1+x+x^2$，$g_3(x)=1+x^2$ 试求：

(1) 画出该码编码器框图；

(2) 画出状态图、树图；

(3) 当输入序列为 $u=(1010)$ 时，求输出码字；

(4) 求该码自由距离。

答：(1) $k=1,n=3,m=2$。所以编码器的框图如图 11.8 所示。

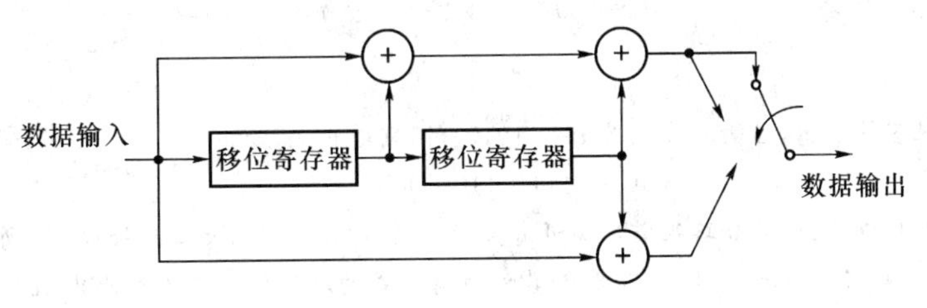

图 11.8

(2) 由编码器的原理框图：从 00 状态输入 1 开始，写出每次输入“1”或“0”时的输出和进入的状态；然后还要考虑到 00 状态输入“0”和 11 状态输入“1”两种情况；最后需要检查是不是每个状态都考虑全了。

状态图如图 11.9 所示。

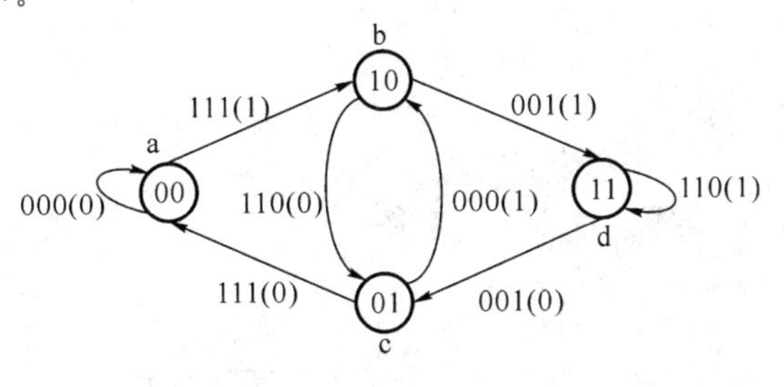

图 11.9

根据得到的状态图很容易画出树图，树图如图 11.10 所示。

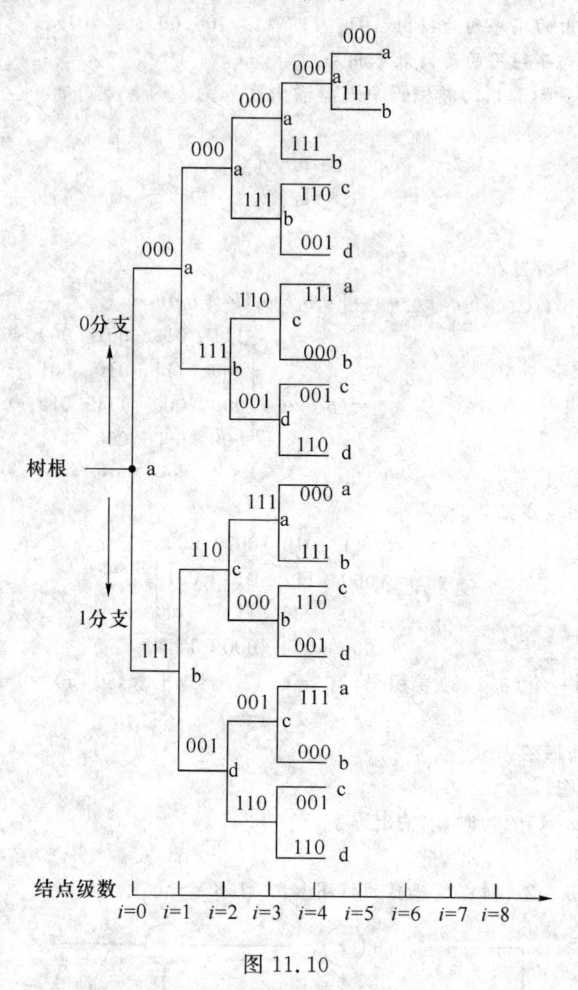

图 11.10

(3) 由树图很容易看出，当输入序列为 $u=(1010)$ 时，则输出码字为

$$C=(111\quad 110\quad 000\quad 110)$$

(4) 观察输入可以看出：非 0 路径首次离开 a 必然经过 b，首次回到 a 必然经过 c。所以只有路径一定是 $ab\cdots ca$ 的形式。路径 $ab\cdots ca$ 的码重为 8，而其他所有形式的路径的码重不可能比 $ab\cdots ca$ 更轻。因此自由码距为 8。

第12章

课程测试及考研真题

12.1 课程测试

一、填空题(共27分,每空格1分)

1. 设某信息源以每秒3 000个符号的速率发送消息,信息源由A,B,C,D,E五个信息符号组成,发送A的概率为$\frac{1}{2}$,发送其余符号的概率相同,且设每一符号出现是相互独立的,则每一符号的平均信息量为________,信息源的平均信息速率为________,可能的最大信息速率为________。

2. 一个均值为零,方差为σ^2的平稳高斯窄带过程$y(t)$,其包络$a_\xi(t)$的一维分布是________,相位$\varphi_y(t)$的一维分布是________;若由正交分量$y_s(t)$和同相分量$y_c(t)$表示其统计特性,则$y_s(t)$和$y_c(t)$的联合二维概率密度$f_2(y_s,y_c)=$________。

3. 对于点对点通信,按消息传送的方向与实践关系,通信方式可分为________、________、________。

4. 信道的时延特性是________,群迟延特性是________,它们对信号传输的影响是________。

5. 信号$s(t)=\begin{cases}2 & T/3\leqslant t\leqslant T\\ 0 & \text{others}\end{cases}$

在功率谱密度为$P_\xi(\omega)=n_0/2$的高斯白噪声信道中传输,接收端采用匹配滤波器接收,则滤波器的冲激响应应为________,输出信号为________,最大输出信噪比为________。

6. 采用A律13折线编码,设最小量化间隔为1个量化单位。已知抽样脉冲值为-252个量化单位,那么此时编码器的输出码组是________,量化误差为________,对应的12位线性码为________。

7. 当接收机输入端的噪声$n(t)$,其单边功率谱密度为n_0,信号$s(t)$的持续时间为T,能量为E_b。在同样条件下,为了获得相同系统性能,相干2ASK,相干2FSK,相干2PSK实际接收系统信噪比分别比最佳接收系统信噪比增加________ dB，________ dB，________ dB。

8. 若消息代码序列为 1 1 0 0 0 0 0 0 1 0 1 0 0 0 0 1，则其 AMI 码为________，HDB_3 码为________，并简述 HDB_3 码的特点________。

9. 设一线性码的生成矩阵为

$$\boldsymbol{G}=\begin{bmatrix}0&0&1&0&1&1\\1&0&0&1&0&1\\0&1&0&1&1&0\end{bmatrix}$$

其监督矩阵为________，信息位 k 为________，最小码矩为 $d_0=$________。

二、(10 分)在传输图片中，每帧含有 2.4×10^6 个像元，为了很好地重现每一像元取 16 个可辨别等概率出现的亮度电平。试计算 2 min 传送一帧图片所需的信道带宽(设 S/N=20 dB)。

三、(12 分)设有 RC 滤波器，其冲激响应为 $h(t)=e^{-at}u(t)$。若输入随机过程 $x(t)$ 是双边功率谱密度为 1 μW/Hz，均值为零的高斯噪声，求：

(1) 滤波器输出端的随机过程 $y(t)$ 的表示式；

(2) 输出随机过程的统计平均值；

(3) 输出随机过程的功率谱密度；

(4) 输出功率。

四、(8 分)设某恒参信道可用如图 12.1 所示的线性网络来等效。试求它的传输函数 $H(\omega)$，并说明信号通过该信道时会产生哪些失真。

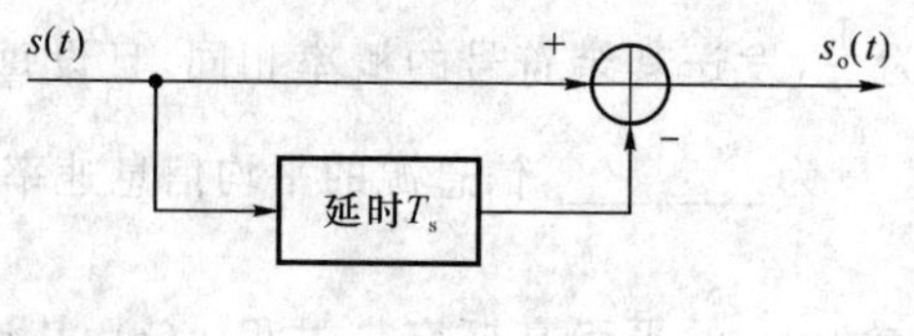

图 12.1

五、(10 分)双边功率谱密度为 $n_0/2$ 的高斯白噪声过程 $n(t)$ 通过一窄带带通滤波器 $H(f)$ 传输，如图 12.2 所示。试用 $n(t)$ 的同相分量 $n_c(t)$ 及正交分量 $n_s(t)$ 来表示滤波器的输出，当此滤波器的中心频率是 100 kHz 时，请求出：

(1) $n_c(t)$ 的功率谱密度 $P_{n_c}(\omega)$；

(2) $n_s(t)$ 的功率谱密度 $P_{n_s}(\omega)$；

(3) 方差 $\sigma^2,\sigma_c^2,\sigma_s^2$。

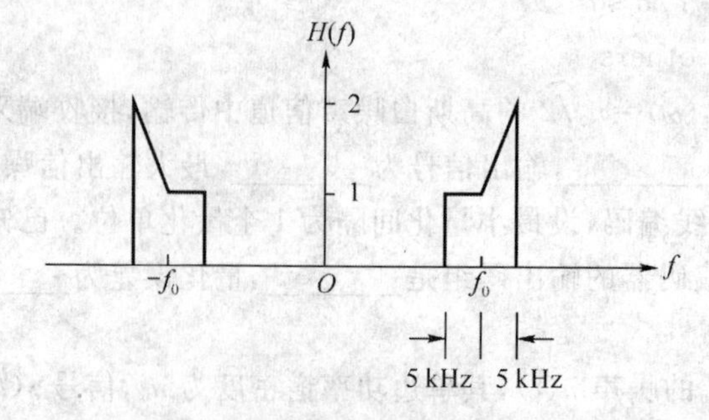

图 12.2

六、(15分)有某二进制符号序列 1 0 1 1 0 0 0 0 1 1 0 0 0 0 0 1 0 1。

(1) 写出相应的 AMI 码，HDB_3 码；

(2) 根据 $B_n = a_n \oplus b_{n-1}$(式中⊕表示模 2 加)的规律产生差分码，设此差分码的第一位码规定为 0，写出此差分码序列；

(3) 画出产生此差分相移键控信号的方框图；

(4) 画出接收次差分相移监控信号的方框图，阐明将此差分码判为数字信号的规律。

七、(10分)设到达接收机输入端的两个可能的确知信号为 $s_1(t)$ 和 $s_2(t)$，它们的持续时间为 $(0,T)$ 且能量相等。相应的先验概率为 $P(s_1)$ 和 $P(s_2)$，接收机输入端的噪声 $n(t)$ 是高斯白噪声，且其均值为零，单边功率谱密度为 n_0。试按照似然比准则，设计一最佳接收机(注：要求有推导过程，并画出最佳接收机结果，有关参数可自行假设)。

八、(8分)已知某(7,4)汗明码就是一个循环码，其生成多项式 $g(x)=x^3+x^2+1$，试求：

(1) 写出(7,4)循环码的生成矩阵，并在信息位为 1 0 1 1 时，求出编出的码字；

(2) 由 $g(x)$ 画出此编码器的编码电路图。

12.2 课程测试参考答案

一、填空题(共 27 分)

1. (1) 2 bit/symbol；(2) 6 000 bit/s；(3) 6 966 bit/s。

2. (1) $f(a_y)=\frac{a_y^2}{\sigma^2}e^{-\frac{a_y^2}{2\sigma^2}}(a_y\geqslant 0)$；(2) $f(\varphi_y)=\frac{1}{2\pi}(0\leqslant\varphi_y\leqslant 2\pi)$；

(3) $f_2(y_c,y_s)=\frac{1}{2\pi\sigma^2}e^{-\frac{y_c^2+y_s^2}{2\sigma^2}}$。

3. (1) 单工通信；(2) 半双工通信；(3) 全双工通信。

4. (1)$\varphi(\omega)\sim\omega$；(2) $\tau(\omega)=\frac{d\varphi(\omega)}{d\omega}\sim\omega$；

(3) $\varphi(\omega)\sim\omega$ 成线性关系，或 $\tau(\omega)=$常数，信号传输后不发生失真。

5. (1) $h(t)=\begin{cases}2 & 0\leqslant t\leqslant 2T/3\\ 0 & \text{others}\end{cases}$；

(2) $S_0(t)=\begin{cases}4\left(t-\frac{T}{3}\right) & \frac{T}{3}\leqslant t\leqslant T\\ 4\left(\frac{5T}{3}-t\right) & T\leqslant t\leqslant\frac{5T}{3}\\ 0 & \text{others}\end{cases}$；

(3) $r_{\max}=\frac{2E}{n_0}=\frac{2\times\frac{8}{3}T}{n_0}=\frac{16T}{3n_0}$。

6. (1) 01001111；(2) 4 个量化单位；(3) 000011111000。

7. (1) 3；(2) >3；(3) 3。

8.（1）AMI码：1－10000010－100001；

（2）HDB_3：1－1 000 V－010－1B_+00V_+－1；

（3）特点：频谱中无直流分量，低频、高频成份少，便于定时时钟提取，码型有检错功能，设备不太复杂，易实现，克服长连“0”现象；但有误码增值现象。

9.（1）$\begin{bmatrix}1 & 1 & 0 & 1 & 0 & 0\\ 0 & 1 & 1 & 0 & 1 & 0\\ 1 & 0 & 1 & 0 & 0 & 1\end{bmatrix}$；

（2）3；（3）3。

二、（10分）

解：每个像元所含信息量为 $\log_2 16=4$ bit

每帧图像的信息量为 $2.4\times10^6\times4=9.6\times10^6$ bit

$$R_b=\frac{I}{t}=\frac{9.6\times10^6}{2\times60}=8\times10^4\ \text{bit/s}$$

$$C\geqslant R_b=8\times10^4\ \text{bit/s}$$

$$\left(\frac{S}{N}\right)_{\text{dB}}=20\ \text{dB}\Leftrightarrow\frac{S}{N}=100$$

由 $C=B\log_2\left(1+\frac{S}{N}\right)$得

$$B=\frac{C}{\log_2\left(1+\frac{S}{N}\right)}=\frac{8\times10^4}{\log_2(1+100)}\approx12\ \text{kHz}$$

三、（12分）

解：（1）$y(t)=x(t)*h(t)$

（2）$E[y(t)]=E[x(t)]\cdot H(0)=0$

（3）$P_y(\omega)=P_x(\omega)\cdot|H(\omega)|^2=\frac{1}{a^2+\omega^2}\mu\text{W/Hz}$

（4）$S=\int_{-\infty}^{\infty}P_y(\omega)\text{d}\omega=\frac{1}{2a}$

四、（8分）

解：

$$S_o(\omega)=S(\omega)-\text{e}^{-\text{j}\omega T_s}S(\omega)$$

所以

$$H(\omega)=\frac{S_o(\omega)}{S(\omega)}=1-\text{e}^{-\text{j}\omega T_s}=2\text{j}\sin\frac{\omega T_s}{2}\cdot\text{e}^{-\text{j}\frac{\omega T_s}{2}}$$

$$|H(\omega)|=2\sin\frac{\omega T_s}{2}\neq\text{常数}$$

$$\varphi(\omega)=-\frac{\omega T_s}{2}$$

五、（8分）略

六、（15分）

解：（1）AMI码：10－110000－1100000－101

HDB_3码：10－11000V_+－11B_-00V_-010－1

(2) 差分码 b_n:00100000100000110

(3) 产生此差分码的方框图如图 12.3 所示。

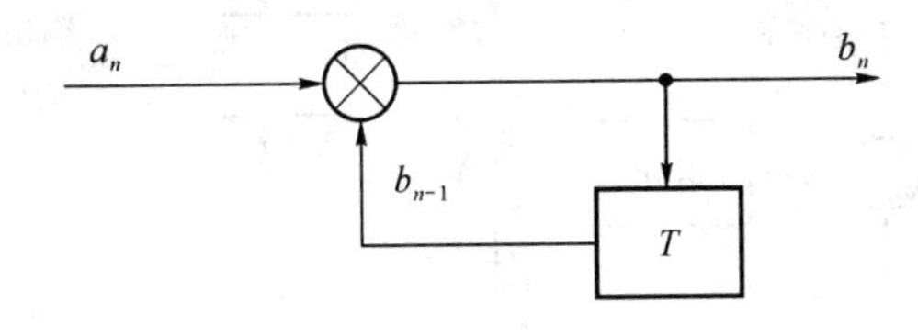

图 12.3

(4) 接收此差分码的方框图如图 12.4 所示。

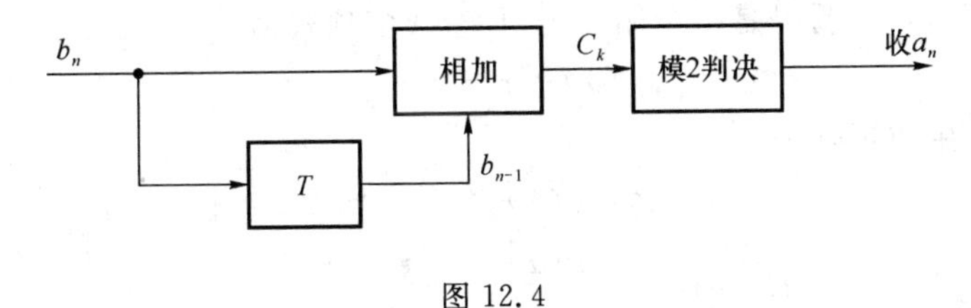

图 12.4

七、(10 分)

解:在观察时间$(0,T)$内,观察到的波形 $y(t)$为

$$y(t)=\{s_1(t)\text{或 }s_2(t)\}+n(t)$$

由题意知 $f_{s1}(y)=\dfrac{1}{(\sqrt{2\pi}\sigma_n)^k}\exp\{-\dfrac{1}{n_0}\int_0^T[y(t)-s_1(t)]^2\mathrm{d}t\}$

$$f_{s2}(y)=\frac{1}{(\sqrt{2\pi}\sigma_n)^k}\exp\{-\frac{1}{n_0}\int_0^T[y(t)-s_2(t)]^2\mathrm{d}t\}$$

由似然比准则

$$\left.\begin{matrix}\dfrac{f_{s1}(y)}{f_{s2}(y)}\begin{matrix}>\\<\end{matrix}\dfrac{P(s_2)}{P(s_1)}\begin{matrix}\text{判为 }\gamma_1\\\text{判为 }\gamma_2\end{matrix}\end{matrix}\right\}\text{得}$$

$$P(s_1)\exp\{-\frac{1}{n_0}\int_0^T[y(t)-s_1(t)]^2\mathrm{d}t\}>P(s_2)\exp\{-\frac{1}{n_0}\int_0^T[y(t)-s_2(t)]^2\mathrm{d}t\}$$

则判为 s_1 出现。

化简上式,考虑 $\int_0^T s_1^2(t)\mathrm{d}t\int_0^T s_2^2(t)\mathrm{d}t=E$

得

$$\frac{n_0}{2}\ln P(s_1)+\int_0^T y(t)s_1(t)\mathrm{d}t>\frac{n_0}{2}\ln P(s_2)+\int_0^T y(t)s_2(t)\mathrm{d}tU_1+$$

$$\int_0^T y(t)s_1(t)\mathrm{d}t>U_2+\int_0^T y(t)s_2(t)\mathrm{d}t$$

最佳接收机结构如图 12.5 所示。

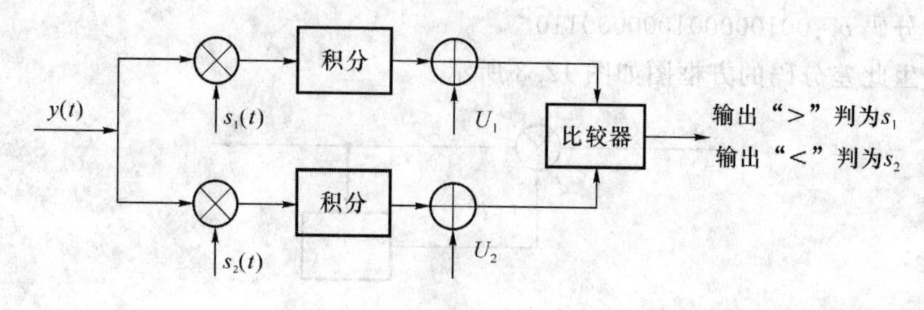

图 12.5

八、(8 分)

解:(1)已知(7,4)汉明码是一个循环码,且组成多项式为

$$g(x)=x^3+x^2+1$$

则(7,4)循环码的生成矩阵为

$$\boldsymbol{G}(*)=\begin{bmatrix}x^3g(x)\\x^2g(x)\\xg(x)\\g(x)\end{bmatrix}=\begin{bmatrix}x^6+x^5+x^3\\x^5+x^4+x^2\\x^4+x^3+x\\x^3+x^2+1\end{bmatrix}$$

故

$$\boldsymbol{G}=\begin{bmatrix}1&1&0&1&0&0&0\\0&1&1&0&1&0&0\\0&0&1&1&0&1&0\\0&0&0&1&1&0&1\end{bmatrix}$$

将其划成典型阵

$$\boldsymbol{G}=\begin{bmatrix}1&0&0&0&1&1&0\\0&1&0&0&0&1&1\\0&0&1&0&1&1&1\\0&0&0&1&1&0&1\end{bmatrix}$$

信息位为 1011 时,编出的码字为

$$[1011]\cdot\boldsymbol{G}=[1011100]$$

(2) $g(x)=x^3+x^2+1=g_3x^3+g_2x^2+g_1x+g_0$

其中

$g_3=g_2=g_0=1$

$g_1=0$

$g_m=1$ 说明对应移存器的输出端有模 2 加法器

$g_m=0$ 则说明没有模 2 加法器

$T=n-k=7-4=3$,故有 3 级移存器

编码电路图如图 12.6 所示。

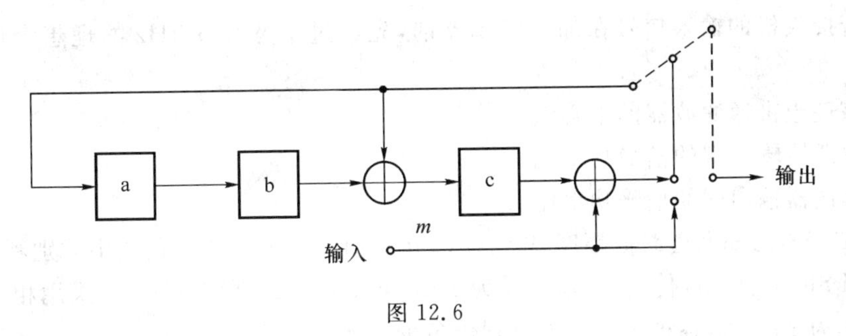

图 12.6

12.3 考研真题

一、填空题(共35分,每空格1分)

1. 数字通信系统的有效性主要性能指标是________或________;可靠性主要性能指标是________或________;信源编码提高通信系统的________,信道差错控制编码提高通信系统的________。

2. 通信使用的频段是按频率划分的,音频的频率范围是________,而卫星或太空通信的频率范围是________。

3. 按香农公式,信道的最大信息传输速率 C 称为________,它与信道带宽 B 和信噪比 S/N 的关系为________,其是在________的条件下得到的。

4. 若基带信号是最高频率为 4.8 kHz 的语音信号,则 AM 信号带宽为________,SSB 信号带宽为________,DSB 信号带宽为________;设信息速率为 2.4 kbit/s,则 2ASK 信号的 4DPSK 信号的带宽分别为________和________。

5. μ 律基群分________路,每帧比特数为________比特/帧,基群速率为________ Mbit/s。

6. AMI 码的主要特点是传号极性交替,为________,其优点是________;________。

7. 平稳随机过程 $\xi(t)$,其均值与________无关,自相关系数只与________有关,而且自相关系数 $R(0)$ 为 $\xi(t)$ 的________,$R(\infty)$ 为 $\xi(t)$ 的________。

8. 对于 900 MHz 的移动无线通信 GSM 系统,信号传输环境受到很多因素限制,其信道特性为________,且限制带外辐射和移动终端(手机)的信号功率尽可能小,因此调制方式中 GSM 不宜采用________等调制方式;又因信道拥挤,也不宜采用________调制方式,较适宜的调制方式有________等,现普遍采用________调制。

9. 通信系统中码间串扰是指________,码间串扰影响通信系统的________;改善码间串扰的主要方法有________、________。

二、(10分)已知调制信号是 8 MHz 的单频余弦信号,若要求输出信噪比为 40 dB,试比较 DSB 系统和频偏 $\Delta f = 40$ MHz 的 FM 系统的带宽和发射功率。设信道中双边噪声功率谱密度为 2.5×10^{-15} W/Hz,信道总的损耗为 70 dB。

三、(10分)设某信道具有均匀的双边噪声功率谱密度:$n_0/2 = 0.5\times10^{-3}$ W/Hz,在该信道中传输抑制载波的单边带(上边带)信号,并设载频为 100 kHz,已调信号功率为

10 kW。若接收机的输入信号在加至解调器前，先经过带宽为 5 kHz 的理想带通滤波器。试求：

(1) 该理想带通滤波器的中心频率；

(2) 解调器输入端的信噪功率比；

(3) 解调器输出端的信噪功率比。

四、(15 分)已知发送载波幅度 $A=10$ V，在 4 kHz 带宽的电话信道中分别利用 2ASK、2FSK 及 2PSK 系统进行传输，信道衰减为 1 dB/km，$n_0=10^{-8}$ W/Hz。若采用相关解调，试求当误码率为 10^{-5}时，各种传输方式分别传多少千米？

(误差函数中：$x=2.36$ 时，$\mathrm{erf}(x)=0.999\,166\,7$；$x=2.738\,6$ 时，$\mathrm{erf}(x)=0.999\,893$；$x=3.02$ 时，$\mathrm{erf}(x)=0.999\,98$)

五、(10 分)已知发送载波幅度 $s(t)=m(t)\cos(\omega_0 t+\theta)$是一幅度调制信号，其中 ω_0 为常数，$m(t)$是零均值平稳基带信号，$m(t)$的自相关函数和功率谱密度分别为 $R_m(\tau)$和 $P_m(\omega)$；相位 θ 为在$[-\pi,+\pi]$区间服从均匀分布的随机变量，$m(t)$和 θ 相关独立。

(1) 证明 $s(t)$是广义平稳过程；

(2) 求 $s(t)$的功率谱密度 P_s。

六、(10 分)2FSK 系统的传码率为 300 Baud，发“1”时的 $s_1(t)=\sin 4\,800\pi t$，发“0”时的 $s_2(t)=\sin 2\,400\,\pi t$，求 $s_1(t)$和 $s_2(t)$等概率出现。

(1) 试求此 2FSK 信号的带宽；

(2) 试画出最佳相关接收机的结构。

七、(10 分)设基带信号 $m(t)=A_m\cos(2\pi f_m t)$，采用均匀量化的线性 PCM 编码。求：

(1) 当编码器输出量化信噪比大于 40 dB 时，所需的二进制码组的最小长度；

(2) 若采用码元周期 $T_s=2\ \mu$s 的不归零矩形波形，当 10 路这种信号进行 PCM 时分复用时，基带信号允许的最高频率。

12.4 考研真题参考答案

一、填空题(共 35 分)

1. (1) 比特率；(2) 单位带宽的比特率、频带利用率；(3) 误码率；(4) 差错率、误比特率；(5) 有效性；(6) 可靠性。

2. (1) 0.3～3 kHz；(2) 3～30 GHz。

3. (1) 信道容量；(2) $C=B\log_2(1+S/N)$；(3) 带限功率的连续 AWGN 信道。

4. (1) 9.6 kHz；(2) 4.8 kHz；(3) 9.6 kHz；(4) 4.8 kHz；(5) 2.4 kHz。

5. (1)24；(2) 193；(3) 1.544 Mbit/s。

6. (1) 伪三电平码；(2) 确保无直流分量，低频分量少，便于耦合传递；(3) 有一定的检错能力。

7. (1) 时间；(2) 时间间隔；(3) 平均功率；(4) 直流功率。

8. (1) 衰落特性、多径特性、非线性；

(2) ASK、MASK；

(3) FSK、MFSK；

(4) QAM、MSK、QPSK、OQPSK；

(5) GMSK 调制。

9. (1) 本码元判决时有别的码元值；(2) 误码率；(3) 部分响应技术；(4) 时域均衡技术。

二、(10分)

解：

$$m_f = \Delta f / f_m = 40/8 = 5$$

FM 带宽

$$B_{FM} = 2(m_f + 1)f_m = 2(5+1) \times 8 \times 10^6 = 96 \text{ MHz}$$

FM 制度增益

$$G_{FM} = 3m_f^2(m_f + 1) = 3 \times 25 \times 6 = 450$$

DSB 带宽

$$B_{DSB} = 2f_m = 2 \times 8 \times 10^6 = 16 \text{ MHz}$$

DSB 制度增益

$$G_{DSB} = 2$$

FM 发射功率

$$S_{FM} = \frac{S_o}{N_o} \cdot \frac{1}{G_{FM}} \cdot \alpha \cdot N_i = \frac{S_o}{N_o} \cdot \frac{1}{G_{FM}} \cdot \alpha \cdot \frac{n_0}{2} \cdot 2B_{FM}$$

$$= 10^4 \times \frac{1}{450} \times 10^7 \times 2.5 \times 10^{-15} \times 2 \times 96 \times 10^6 = 106.7 \text{ W}$$

DSB 发射功率

$$S_{DSB} = \frac{S_o}{N_o} \cdot \frac{1}{G_{DSB}} \cdot \alpha \cdot N_i = \frac{S_o}{N_o} \cdot \frac{1}{G_{DSB}} \cdot \alpha \cdot \frac{n_0}{2} \cdot 2B_{DSB}$$

$$= 10^4 \times \frac{1}{2} \times 10^7 \times 2.5 \times 10^{-15} \times 2 \times 16 \times 10^6 = 4\ 000 \text{ W}$$

三、(10分)

解：

(1) 理想带通滤波器的中心频率：$f_L = 100 + \frac{5}{2} = 102.5 \text{ kHz}$

(2) $N_i = 2 \times \frac{n_0}{2} \times 5 \times 10^3 = 5 \text{ W}, \frac{S_i}{N_i} = \frac{10 \times 10^3}{5} = 2 \times 10^3 = 33 \text{ dB}$

(3) $G_{SSB} = 1, \frac{S_o}{N_o} = \frac{S_i}{N_i} = 33 \text{ dB}$。

四、(15分)

解：

(1) ASK 时：

由 $P_{e,ASK} = \frac{1}{2}\text{erfc}\left(\frac{\sqrt{r}}{2}\right) = 10^{-5}$，可得 $\text{erfc}\left(\frac{\sqrt{r}}{2}\right) = 2 \times 10^{-5}$，查表得：$\frac{\sqrt{r}}{2} = 3.02$

所以 $r=\dfrac{A'^2}{2\sigma_n^2}=36.4816$，则

$$A'^2=2\times 36.4816\times\sigma_n^2=2\times 36.4816\times n_0\times 4\times 10^3=2.92\times 10^{-3}$$

$$A^2=100$$

$$10\lg A^2-10\lg A'^2=20+25.35=45.35\ \text{dB}$$

所以 ASK 方式下传送距离 $L_{ASK}=45.35$ km。

(2) FSK 时：

由 $P_{e.FSK}=\dfrac{1}{2}\text{erfc}\left(\dfrac{\sqrt{r}}{2}\right)=10^{-5}$，可得 $\text{erfc}\left(\dfrac{\sqrt{r}}{2}\right)=2\times 10^{-5}$，查表得：$\dfrac{\sqrt{r}}{2}=3.02$

所以 $r=\dfrac{A'^2}{2\sigma_n^2}=18.2408$，则

$$A'^2=2\times 18.2408\times\sigma_n^2=2\times 18.2408\times n_0\times 2\times 10^3=72.9632\times 10^{-5}$$

$$10\lg A'^2=-31.37\ \text{dB}$$

所以 FSK 方式下传送距离：$L_{FSK}=20+31.37=51.37$ km。

(3) PSK 时：

由 $P_{e.PSK}=\dfrac{1}{2}\text{erfc}\left(\dfrac{\sqrt{r}}{2}\right)=10^{-5}$，可得 $\text{erfc}\left(\dfrac{\sqrt{r}}{2}\right)=2\times 10^{-5}$，查表得：$\dfrac{\sqrt{r}}{2}=3.02$

所以 $r=\dfrac{A'^2}{2\sigma_n^2}=9.1204$，则

$$A'^2=2\times 9.1204\times\sigma_n^2=2\times 9.1204\times n_0\times 4\times 10^3=72.9632\times 10^{-5}$$

所以 PSK 方式下传送距离：$L_{PSK}=51.37$ km。

五、(10 分)

解：

(1) $E[s(t)]=0, R_s(t,t+\tau)=\dfrac{1}{2}\cos(\omega\tau)*R_m(\tau)=R_s(\tau)$，所以 $s(t)$ 是广义平稳过程。

(2) $P_s=\dfrac{1}{2\rho}\pi[\delta(\omega+\omega_0)+\delta(\omega-\omega_0)]*\dfrac{1}{2}P_m(\omega)=\dfrac{1}{4}[P_m(\omega+\omega_0)+P_m(\omega-\omega_0)]$

六、(10 分)

解：

(1) $f_s=R_B=300$ Hz，$f_1=2\,400$ Hz，$f_2=1\,200$ Hz，

则

$$B_{2FSK}=|f_1-f_2|+2f_s=|2\,400-1\,200|+2\times 300=1\,800\ \text{kHz}$$

(2) 最佳相关接收机的结构如图 12.7 所示。

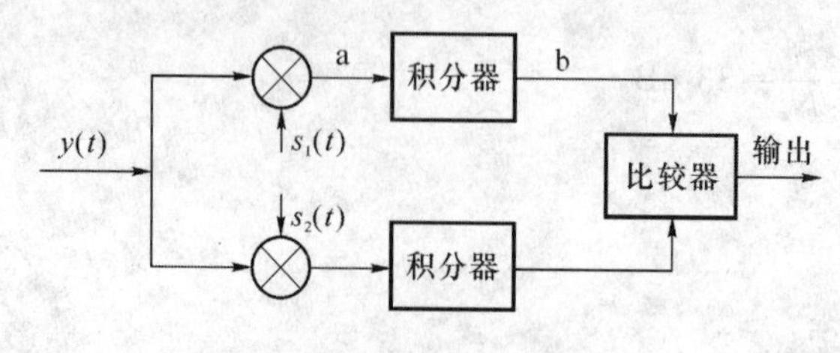

图 12.7

七、(10分)

解:

(1) 因为 $S/N>40$ dB,由 $S/N=6\times M>40$ dB,得二进制码组长度 $M>6.66$,所以 M 最小长度为7;

(2) 基带信号允许的最高频率:

$$f_{\max}=\frac{f_b}{2nM}=\frac{1/T_s}{2\times10\times7}=\frac{5\times10^5}{2\times10\times7}=3.6\times10^3$$